KB246400

그레이트
비욘드

T H E

G R E A T

B E Y O N D

| 옮긴이 **곽영직** |

서울대학교 물리학과를 졸업하고 미국 켄터키 대학교 대학원에서 박사과정을 마쳤다. 현재 수원대학교 물리학과 교수로 있다. 『자연과학의 역사』『물리학이 즐겁다』『큰 인간 작은 우주』『수학의 직관적 이해』 등을 쓰고, 『오리진』『괴델과 아인슈타인』(공역) 등을 우리말로 옮겼다.

THE GREAT BEYOND

Higher Dimensions, Parallel Universes, and the Extraordinary Search for a Theory of Everything

Copyright © 2004 by Paul Halpern

The Korean edition published by arrangement with The Anderson Literary Agency, Inc. through Imprima Korea Agency, Seoul. All rights reserved.
Translation Copyright © 2006 by Chiho Publishing House.

그레이트
비욘드

THE
GREAT
BEYOND

고차원, 평행우주 그리고 만물의 이론을 찾아서

폴 핼펀 지음 곽영직 옮김

지호

오랜 세월 동안 지켜온 우정과 격려에 감사하며

마이클 에를리히와 프레드릭 슈에퍼에게 이 책을 바친다.

차례

비유클리드적 계산과 양자물리학은

어떤 두뇌든지 극도로 긴장시킬 수 있다.

그리고 이들을 전설과 섞어, 벽난로 옆에서 떠들어대는

옛이야기와 무서운 이야기의 괴상한 암시에서

고차원 실재의 이상한 배경을 추적하려고 노력하면

정신적 긴장 상태에서 벗어날 수 없다.

—H. P. 러브크래프트, 「마녀의 집에서의 꿈」(1933)에서

칼루차-클라인의 기적

당신 이론의 형식적 일치는 놀라울 뿐입니다.

—알베르트 아인슈타인, 1919년 칼루차에게 보낸 편지에서

그것은 수학적 창의력으로 정교하게 다듬어신 아름다운 아이디어였다. 그것은 큰 기쁨을 줄 수도 있지만 조롱거리가 될 수도 있는 이론이었다. 그것은 두 번의 세계대전과 20세기 과학의 발전과 반전 속에서도 살아남았을 만큼 끈질긴 이론이었다. 그리고 그것은 자연이 여분의 차원 속에 싸여 있을 때 가장 완전해 보인다는 흥미로운 주장을 하는 강력한 이론이었다.

그동안 잠시 성공을 맛보기도 했고 좌절과 비웃음, 오해 그리고 무관심의 대상이 되기도 했지만, 공간과 시간 너머에 있는 고차원에 대한 개념은 현대 이론 논쟁의 중심에 자리 잡고 있다. 만약 이것이 사실이라면 우리가 느끼고 있는 세상은 보이지 않는 더 큰 실체의 일부분에 지나지 않는다. 우리가 감각할 수 있는 길이, 너비, 넓이 그리고 시간은 우리 감

각으로는 느낄 수 없는 보이지 않는 차원에 의해 보완되고 있는지도 모른다.

과학계는 전통적으로 매우 조심스럽다. 논란이 충분히 무르익지 않는 한 새로운 이론을 받아들이기를 거부한다. 이 머리말에서 다루게 될 매력적인 수학적 표현은 오래된 개념을 뒤흔들 만큼 단호한 것은 아니다. 우리에게 익숙한 세상 너머에 있는 영역을 가정하기 위해서는 확실한 물리학적 정당성이 있어야 한다. 여분의 차원에 대한 최근 이론물리학자들의 관심은 그러한 과감한 발상의 전환만이 자연에 존재하는 힘을 하나의 통합된 힘으로 기술할 수 있는 최선의(어쩌면 유일한) 방법일 것이라는 생각에서 비롯되었다.

과학은 네 가지 근본적인 힘을 밝혀냈다. 그중에서 우리가 가장 잘 이해하고 있는 것은 **전자기력**이다. 19세기에 제임스 클라크 맥스웰은 전자기 현상을 네 개의 식으로 기술하는 데 성공했다. 20세기 중엽에는 가장 작은 세계에서의 전자기적 현상 역시 양자전기역학QED으로 충분히 설명할 수 있게 되었다. 과학의 역사에서 가장 성공적인 이론 중 하나인 양자전기역학은 높은 온도에서 전하를 띤 입자들이 충돌하는 현상은 물론 극저온 상태인 초전도체의 자기적 성질까지도 완전히 이해할 수 있도록 했다.

또 하나의 근본적인 힘인 **중력**이 17세기 뉴턴에 의해 발견되었다는 것은 잘 알려진 사실이다. 그후 20세기에 아인슈타인의 일반상대성 이론은 시공간을 이용해 중력을 새롭게 해석했다. 그러나 전자기력과는 달리 중력은 아주 작은 세계에서는 제대로 이해되지 못하고 있다. 어떤 중력 이론도 원자나 원자보다 작은 세계를 기술하는 양자역학의 원리들과 일치하지 않는다. 양자전기역학과 같은 강력한 예측 능력을 가지는 중력에 대한 양자 이론을 발전시키려는 시도는 물리학자들의 꿈으로 남아 있을 뿐이다.

약한 상호작용은 1896년에 앙리 베크렐이 발견한 방사성 붕괴를 통해서 처음으로 세상에 알려졌다. 그러나 20세기 중반까지는 독립적인 힘인지 알지 못했다. 그러다 물리학자들은 원자핵이 양성자, 전자 그리고 중성미자로 분해되는 베타 붕괴라고 하는 특정한 핵변환은 새로운 힘에 의해서만 설명될 수 있다는 것을 알게 되었다. 이 상호작용은 비슷한 시기에 제안된 강한 상호작용과 대조를 이루어 약한 상호작용(약한 핵력이라고도 한다)이라고 부르게 되었다.

강한 핵력, 또는 강력이라고도 알려진 **강한 상호작용**은 원자핵이 왜 분해되지 않는지를 설명하는 과정에서 등장했다. 물리학자들은 양성자와 중성자가 원자핵을 구성하기 위해서는 무엇인가 강력한 힘이 이들 사이에 존재해야 한다는 것을 깨닫게 되었다. 더구나 이 힘은 양성자들이 아주 가깝게 근접해 있을 때 작용하는 전기적 반발력을 이겨낼 수 있을 만큼 강력해야 했다. 만약 다른 어떤 것이 잡아주지 않는다면 같은 종류의 전하끼리는 서로 밀어낼 것이다. 전자기적 척력을 이기고 양성자들을 서로 잡아주는 어떤 힘이 바로 강력이다.

강력은 원자보다 작은 거리에서만 작용하기 때문에 그 효과는 양자 이론을 통해서만 이해될 수 있다. 지난 수십 년 동안 과학자들은 강력을 양자역학적으로 다루는 양자색역학QCD을 발전시켜 부분적으로 성공을 거두었다. 양자색역학의 계산은 양자전기역학의 계산보다 훨씬 어렵기 때문에 과학자들은 이 이론의 모든 분야를 시험해볼 수는 없었다.

고집 센 형제들처럼 이 네 가지 힘은 저마다의 독특한 방법으로 작용한다. 중력은 입자들이 움직이는 공간을 변형시켜 공간 안에 있는 모든 물체의 운동에 영향을 준다. 반면에 전자기력은 양전하를 띤 양성자나 음전하를 띤 전자와 같이 전하를 띤 입자 사이에서만 작용한다. 쌩쌩 달리는 차들로 가득한 고속도로 한가운데에 앉아 있어도 유령에게는 아무일도 일어나지 않는 것처럼, 아무리 강력한 전자기장 안에서도 중성자나 중성미자같이 전하를 띠고 있지 않은 중성 입자들에게는 아무 일도 일어나지 않는다. 강력은 더욱 알 수 없는 힘이다. 이 힘은 경입자라고 부르는 입자들 사이에서는 작용하지 않고 강입자라고 부르는 입자들 사이에서만 작용한다. 경입자에는 전자, 중성미자 그리고 이들보다 질량이 큰 뮤온과 타우입자가 있다. 강입자는 양성자, 중성자 같은 다른 입자들과 마찬가지로 쿼크라고 부르는 더 작은 성분들로 구성된다. 마지막으로 약력은 베타 붕괴와 같은 특정한 입자 변환 때만 작용한다.

게다가 자연에 존재하는 이 힘들은 크기가 다르고 작용거리도 다르다. 전자기력과 중력은 먼 거리에서도 작용하며 세기는 거리에 따라 다른 힘들에 비해 천천히 작아진다. 나침반이 수천 킬로미터 떨어져 있는 지구의 북극을 가리킬 수 있고, 달의 중력이 밀물과 썰물을 만들어낼 수 있는 것은 이 때문이다. 그러나 약한 핵력과 강한 핵력은 원자핵의 지름과 비슷한 정도의 아주 짧은 거리에서만 작용한다. 그렇기 때문에 1센티미터만 떨어져도 두 개의 양성자 사이에서는 강한 핵력은 작용하지 않고 전기적 반발력만 작용한다. 이들 사이에 강력이 작용하도록 하기 위해서는 전기적 반발력에 대항해서 이들을 아주 가까이 다가가도록 해야 한다. 핵융합 과정에서 양성자와 중성자를 결합시키기 위해서는 태양 내에서와 같은 큰 압력이 필요하다. 큰 압력은 강력이 작용할 수 있는 거리까지 입자들을 밀어 넣어 결합시킬 수 있다.

입자들은 일단 강력이 작용할 수 있는 거리까지 다가가면 아주 강한 힘으로 결합한다. 가까운 거리에서 작용하는 강한 핵력은 모든 힘 중에서 가장 강력한 힘이다. 강력은 전자기력보다 훨씬 강한 근육을 가지고 있다. 따라서 강한 핵력이 작용하는 원자핵 속에서 전자기력은 아무런 힘도 쓰지 못한다. 수소에서 철까지의 대부분의 원자핵이 안정한 것은 이 때문이다.

자연에 존재하는 네 가지 힘 중에서 가장 약한 힘은 중력이다. 우주 체육관에서 중력은 자신의 스코어를 기록할 수도 없을 것이다. 강한 핵력이나 전자기력보다 훨씬 약한 약한 핵력마저도 작은 숨결 하나로 중력을 물리칠 수 있을 것이다. 중력은 다른 힘들보다 수천조 분의 1의 다시 수천조 분의 1보다 작다. 예를 들어 중력과 자기력을 비교해보면 작은 막대자석의 자기력이 지구 전체의 중력보다 커서 막대자석으로 바닥에 있는 클립을 간단히 들어 올릴 수 있다. 왜 중력이 다른 힘들보다 이렇게 작은가 하는 문제를 **계층구조의 문제**라고 부른다.

네 가지 힘은 분명 어울리지 않는 형제들이다. 그러나 대부분의 물리학자들은 이 힘들이 모두 같은 부모에서 태어난 형제들이라고 믿고 있다. 그들이 태어나던 우주 초기에는 모두 비슷한 모습이었을 것이다. 모든 힘들은 비슷한 작용거리를 가지고 있었고, 세기가 비슷했으며, 입자들과 상호작용하는 능력이 비슷했다. 그러나 시간이 흘러 환경이 바뀌면서 각각의 힘들은 각자 고유한 특성을 가지게 되었다. 여러 가지 모양의 얼음이 차가운 창문 위에 얼어붙듯, 우주가 식어가면서 이러한 특성들이 정착하게 된 것이다. 네 가지 힘 중에서 두 힘의 공통성은 이미 과학적으로 밝혀졌다. 1960년대에 물리학자 스티븐 와인버그와 압두스 살람은 셸던 글래쇼가 했던 연구의 연장선상에서 전자기적 상호작용과 약한 상호작용을 통합하여 **전약 모델**electroweak model을 발전시켰다.

　이론물리학자들은 자연의 네 가지 힘 모두를 포함하는 '만물의 이론'을 개발하고 싶어한다. 그러나 다른 힘들과 너무 다른 모습을 하고 있는 중력을 포함시키기 위해서는 관측 가능한 경계 밖까지 내다보지 않을 수 없게 되었다. 강한 상호작용과 전약 상호작용은 와인버그와 살람이 지은 것과 비슷한 집에 동거할 수 있다. 그러나 중력이 형제들과 같이 살기 위해서는 거대한 새 저택이 필요하다. 그리고 그 저택은 더 많은 차원을 가지는 우주여야 한다.

　3차원 이상의 공간 차원을 가지는 고차원을 통해 힘을 통합하려는 생각을 **칼루차-클라인의 기적**이라고 부른다. 이 이름은 1910년대와 1920년대에 발표된 독일의 수학자 테오도르 칼루차와 스웨덴의 물리학자 오스카 클라인의 논문에서 유래했다. 당시에는 다른 두 힘은 아직 발견되지 않았으므로 이 이론은 전자기력과 중력을 통합하기 위해 제안되었다. 최근 수십 년 동안에 이 이론은 다른 상호작용까지 포함할 수 있도록 확장되어 수많은 논문과 토론의 주제가 되었다. 지난 몇 년 동안만 해도 칼루차-클라인의 접근 방법을 변형한 이론들이 다른 어떤 주제보다 이론물리학 분야에서 많이 다루어졌다. 이에 대해 저명한 이론물리학자 개리 기본스는 다음과 같이 말했다. "칼루차와 클라인의 이론을 연구한 사람은 누구나 이 이론의 매력에 빠지지 않을 수 없을 것이다…… 실험적 한계에도 불구하고 이 이론의 기초 아이디어는 중력과 전자기력 그리고 약한 핵력과 강한 핵력을 통합하려는 모든 시도 중에서 가장 뛰어난 것이다."[1]

　테오도르 칼루차가 이런 생각을 해낸 것은 그가 쾨니히스베르크 대학에서 무급 강사로 일하던 때였다. 당시 독일의 교수와 무급 강사의 관계는 오늘날 할리우드의 주연급 배우와 스턴트맨의 관계와 비슷하다고 할 수 있다. 무급 강사의 수입은 학생들이 강의를 듣는 대가로 내는 수업료의 일부를 받거나 대학 내에서 교수를 도와주고 받는 대가가 전부였다. 교수들과는 달리 연구실도 배정받지 못했고 아무런 권위도 주어지지 않았다. 만약 무급 강사가 운이 아주 나쁘거나 강의에 대한 평이 나빠 소수의 학생만 강의를 듣는다면, 그리고 다른 수입이 없다면 말 그대로 굶어야 했다. 이런 어려운 환경에도 불구하고 칼루차는 놀라운 창의력을 발휘했다.

하루는 칼루차가 아인슈타인이 새롭게 제안한 일반상대성 이론을 확장할 수 없을까 하는 생각을 하면서 서재에 앉아 있었다. 그의 아홉 살 난 아들은 방의 다른 쪽에 앉은 채로 일하는 그를 바라보고 있었다. 칼루차는 아인슈타인의 방정식을 가상적인 5차원 우주에 적용해보는 것도 재미있겠다고 생각했다. 그것은 아마도 라벨이 무소르크스키의 〈전람회의 그림〉을 피아노곡을 넘어서 전체 교향악단이 연주할 수 있도록 새롭게 편곡하는 일에 흥미를 느낀 것과 비슷한 경우일 것이다. 새로운 차원을 도입하면 어떤 새로운 성질이 나타나게 될까? 칼루차는 그것을 알고 싶어했다.

문득 칼루차는 계시를 받았다. 차원 하나를 더함으로써 그가 새로 만든 방정식이 아인슈타인의 중력 이론뿐만 아니라 맥스웰의 전자기 이론도 포함할 수 있다는 것을 알게 되었다. 너무 놀란 그는 한동안 꼼짝도 하지 않아 아들을 깜짝 놀라게 했다. 갑자기 그는 벌떡 일어나 모차르트의 아리아를 흥얼거리기 시작했다.

칼루차는 분명히 흥분했다. 자신이 자연을 통합할 수 있는 열쇠를 발견했다고 믿었다. 그는 그 내용을 아인슈타인과 독일의 유수한 학술잡지 편집인에게 보냈다. 처음에 아인슈타인은 이 아이디어를 흥미 있어 했지만 곧 몇 가지 의문을 품게 되었다. 그는 칼루차에게 몇 가지 제안을 하면서 2년 동안 출판을 미루었다. 마침내 출판하지 않기에는 너무 중요한 아이디어라는 생각을 하게 된 아인슈타인은 1921년에 출판하도록 결정했다.

3년 후, 칼루차의 논문에 대해 잘 알지 못했던 오스카 클라인은 같은 아이디어를 독자적으로 이끌어냈다. 그 당시 클라인은 미시간 대학에서 기초 물리학을 강의하고 있었다. 연구 프로젝트의 일환으로 그는 중력장과 전기장 안에서의 입자의 운동을 조사하고 있었다. 중력장과 전자기장이 동시에 작용할 경우 입자들이 어떻게 행동하는지에 대해 연구하는 중에 클라인은 전자기 현상과 중력 현상이 하나의 5차원 방정식 속에 포함될 수 있다는 것을 깨달았다.

물리학자이자 클라인의 사위인 스탠리 데저는 클라인이 이런 생각을 하게 된 것에 대해 다음과 같이 농담을 하곤 했다. "나는 늘 그에게 칼루차-클라인 이론을 개발한 것은 강의 부담을 줄이기 위한 것이 아니냐고 물었다. 그는 다음 학기에 전자기학이나 중력을 강의하고 싶지 않았기 때문에 칼루차-클라인 이론을 만들어냈다."[2]

'재발견'한 것임에도 불구하고 클라인이 이 이론의 공동 발명자로 대접받는 것은 그가 이론에 자신만의 흔적을 남겼기 때문이다. 유럽으로 돌아온 클라인은 그가 했던 작업을 볼프강 파울리에게 보여주었다. 파울리는 그에게 칼루차의 논문에 대해 알려주었다. 클라인은 처음에 크게 실망했으나 곧 충격에서 벗어나 어쨌든 자신의 연구 결과를 출판하기로 했다. 그는 5차원을 양자 이론 안에서 새롭게 해석했다는 것을 강조했다. 클라인의 논문에서 다섯번째 차원은 작은 실패에 감겨 있는 실처럼 루프로 단단히 둘러싸였다. 그것의 길이는 전자의 전하량, 빛의 속도, 중력상수, 그리고 플랑크 상수(양자 현상을 기술하는 데 필요한 상수)와 같은 자연의 여러 가지 상수에 따라 달라졌다. 클라인은 이 상수를 계산하여 이것이 측정 불가능한 매우 작은 값이라는 것을 알아냈다. 이럼으로써 그는 다섯번째 차원을 물리적으로 설명하는 방법을 찾아냈고 우리가 다섯번째 차원을 관측할 수 없는 이유를 설명할 수 있었다. 이후로 힘을 고차원에서 통합하는 방법은 칼루차-클라인 이론이라는 이름으로 알려졌다.

그 중요성을 감안할 때, 이론의 창안자들이 일생 동안 이 이론을 연구하고 홍보하면서 보냈을 것이라고 짐작하는 사람이 많을 것이다. 그러나 그렇지 않다. 역설적이지만 칼루차는 그의 짧은 최초의 논문 이후 이 주제에 대해 다시는 논문을 쓰지 않았다. 클라인은 몇 편의 논문을 썼지만 그후 파울리와 함께 자신의 아이디어를 오랫동안 매장해버렸다. 양자물리학의 발전이 일시적으로 그에게 다섯번째 차원이 더 이상 필요 없다는 생각을 가지도록 했던 것이다. 훨씬 후에 클라인은 5차원 이론에 새롭게 흥미를 가졌다. 그는 새로운 설명과 함께 이 주제를 여러 번 다루었다. 그러나 그는 살아 있는 동안에 이 이론을 통해서가 아니라 물리학의 다른 업적을 통해서 더 잘 알려졌다. 안타깝게도 그는 자신의 이론이 1970년대와 1980년대에 많은 사람들에 의해 새롭게 다루어지는 것을 보지 못하고 죽고 말았다.

최근 십 년 동안에 과학사학자들은 콜럼버스의 항해가 있기 전에 새로운 대륙을 발견한 '레이프 에릭손Leif Eriksson'이 있었다는 것을 알게 되었다. 칼루차와 클라인은 고차원의 세계에 첫발을 내디딘 사람들이 아니었다. 핀란드의 물리학자 군나르 노르드스트룀은 그들보다 몇 년 전에 그 세계에 자신의 깃발을 꽂았다. 그의 공헌은 1980년대에 새롭게 발견될 때까지 역사에서 잊혀졌다. 그렇다면 왜 노르드스트룀의 기적이라고 부르지 않는 것일까? 아마 그것은 레이프 에릭손이 아니라 콜럼버스가 모든 주목을 받는 것과 같은 이유일 것이다. 노르드스트룀의 업적은 잘못된 중력 이론에 근거해 바탕이 빈약했던 데 반해 칼루차가 발전시키고 클라인이 널리 알린 이론은 많은 사람들에게 영감을 주어 따라오게 했다. 그중에는 아인슈타인과 같이 뛰어난 과학자도 있다. 아인슈타인은 말년을 5차원 접근 방법을 포함한 다양한 통일장 이론을 연구하면서 보냈다.

위대한 아인슈타인조차도 여분의 차원이 실제로 존재하느냐 그리고 만약 존재한다면 어떤 형태여야 하는가 하는 문제에 대해서는 우왕좌왕했다. 사람들이 생각하고 있는 것과는 달리 아인슈타인은 자신의 생각을 종이에 옮겨 적을 때마다 빈틈없는 이론을 만들어내는 완벽한 사색가가 아니었다. 그는 과학사학자 에이브러햄 패이스와 존 스타첼이 자주 지적했듯이 수없이 많은 시도를 도중에 포기했고, 놀라울 정도로 빠르게 마음을 바꿨으며, 말한 내용과 행동이 전혀 달랐던 일화도 많이 남겼다. 출판된 그의 논문에서 볼 수 있는 아인슈타인의 비범한 재능은 특히 말년에 두드러진 그만의 독특한 전망과 완고한 고집에서도 발견된다.

아인슈타인은 5차원의 아이디어에 단것을 좋아하면서 다이어트를 하는 사람처럼 접근했다. 처음 칼루차가 논문을 보내왔을 때, 아인슈타인은 이 이론이 매우 흥미롭다고 생각했다. 그러나 곧 이것이 일반상대성

1930년에 클리퍼드 베리먼이 그린 만화에서, 아인슈타인이 의회에 "나는 상대성 이론과 4차원에만 전념하겠습니다"라고 말하고 있다.

이론에 부과하게 될 형이상학적인 수수료를 깨닫고 한동안 이 이론에 점잖게 저항했다. 1920년대에 아인슈타인은 이 이론의 몇 가지 전제를 다루기는 했지만 그 결론을 받아들이는 것은 거부했다. 대신 그는 주로 공간과 시간 외에 다른 어떤 것도 포함하지 않는 방법으로 통일 이론에 접근하려고 했다. 1930년대 초에 아인슈타인은 자신의 조수인 발터 마이어와 함께 칼루차–클라인 이론의 축소 이론을 개발했다. 그것은 새로운 차원을 도입하지 않고 칼루차–클라인 이론의 결과만 취하는 것이었다. 1930년대 말이 되어서야 아인슈타인은 칼루차–클라인의 이론을 충분히 음미했다. 그러나 1940년대에 그는 과식한 사람처럼 이 이론을 던져버렸다.

자연에 대한 실험 가능하고 관측 가능한 설명을 선호했던 아인슈타인이 보이지 않는 여분의 차원에 대한 아이디어를 탐탁지 않게 생각했던 것은 이해할 수 있다. 그는 당시 다른 과학자들과 마찬가지로 신비주의를 경멸했으며, 대부분의 사람들이 더 높은 차원은 영혼의 세계라고 생각한다는 것을 잘 알고 있었다. 어찌되었든 직접 관측할 수 없는 차원에 대한 주장은 과학적인 방법에 의해 이루어진 진전이라고 해도 신비주의로 후퇴하는 것처럼 보였다. 그럼에도 불구하고 그는 일생 동안 여러 번 통일 이론의 꿈을 실현시켜줄지도 모른다는 희망을 가지고 감지할 수 없는 차원에 대한 혐오감을 한 켠으로 밀어놓기도 했다.

이것은 고차원을 통해 자연의 통합을 이룩하려고 시도했지만 정착하는 데는 성공하지 못했던 칼루차, 클라인, 아인슈타인 그리고 많은 다른 과학자들의 이야기이다. 이것은 상대론과 양자론이 아직 유아기를 겪고 있던 20세기 초 십 년간에 시작된 연대기이다. 그 혁명적인 기간 동안에 성스런 벽이 무너지자 시공간을 초월하는 영역을 포함해 거의 모든 것을 생각하는 것이 가능해 보였다. 이것은 초끈과 초중력으로 시작해서 브레인 세계의 M-이론으로 나아가는 새로운 통합 모델이 만들어짐으로써 최근에 그 중요성이 더욱 높아진 이야기이다. 새 모델은 5차원뿐만 아니라 10차원 또는 11차원을 가정하여 칼루차-클라인의 이론을 완전히 새로운 영역으로 확장하고 있다.

최근의 몇몇 이론은 물리적으로 여분의 차원을 검증할 수 있는 가능성을 제시하고 있다. 칼루차와 클라인의 기적적인 가설을 증명하는 것은 실험물리학자들에게 주어진 새로운 과제이다. 우리는 곧 우리가 경험하고 있는 차원과 다른 차원이 실제로 존재하는지 알게 될지도 모른다.

1. 기하학의 힘

오! 공간을 가두기 위한 인간의 비참한 노력이여

저 너머에 놓인 것을 꿰뚫은 그에게

어떤 영광을 바쳐야 할까?

그가 만든 기호는 그를 찬양하고

상상하지 못한 길로 이끌 것이니

아직 창조되지도 않은 새로운 세계를 정복하기 위하여……

전진하라, 기호의 주인이여! 장엄한 걸음으로,

시간과 공간의 불타는 경계까지!

디킨슨이 묘사할 때까지 2차원에 잠시 머물러

우리는 속된 공간에서는 너무 큰 그의 영혼 일부분을

제한 없이 피어나는 n차원에서 이해하리라.

—제임스 클라크 맥스웰, 1887년 케일리 추모 재단의 회의에서

그림자 연극

우주는 그림자 연극에 불과한가? 우주에 대한 이런 묘사를 인도네시아의 전통 연극인 와양 쿨리트Wayang Kulit에서 찾아볼 수 있다. 종교 행사의 일환이면서 오락이기도 한 이 연극은 뒤에서 비춰주는 빛을 배경으로 하는 일종의 인형극이다. 세계에서 가장 오래된 이야기 전통의 하나인 이 연극은 우주의 역사를 만드는 과정에서 있었던 신과 악마의 끝없는 투쟁을 그리고 있다.

펼친 흰 천 앞에 청중들이 자리를 잡고 앉으면 연극은 시작된다. 기름 램프가 저세상 빛처럼 스크린을 비추고 있다. 인형을 조종하는 달랑 dalang이 스크린 뒤에 자리를 잡고 수작업으로 만든 두 세트의 가죽 인형 중에서 한 세트를 선택한다. 한 세트는 영웅적인 주인공을 나타내고 나머지 한 세트는 악한을 나타낸다. 달랑 뒤에는 연주자들이 있는데 그들이 연주하는 초현실적인 운율은 연극에 영적인 분위기를 더해준다. 연극이 진행되는 동안 달랑은 연주자들에게 아무런 말도 하지 않는다. 그러나 연주자들은 이야기의 변화무쌍한 분위기에 맞추어 음악을 연주해간다. 그들이 연주를 계속하는 동안 달랑은 여러 세대를 통해 전해 내려오는 이야기를 불러내 일인극을 연출한다. 초저녁부터 아침 해가 뜰 때까지 숙련된 인형극 연출자는 절대로 쉬지 않는다. 잘 훈련된 목소리와 행동으로 머리가 열 개인 괴물과 싸우는 전설적인 용사들의 용맹함을 불러오고, 오래전에 있었던 종족간의 반목과 갈등을 전해주며, 사랑하고 배반하는 연인들의 감동적인 사랑 이야기를 그려낸다.

눈을 스크린에 고정하고 있는 청중들은 뒷무대에서 행해지는 연극의 그림자만 볼 수 있을 뿐이다. 서로 지나갈 때 갑자기 사라졌다가 다시 나타나는 그림자는 실제 물체와는 다른 방법으로 행동할 수 있다. 고르곤의 유령은 칼을 휘두르는 청년을 아주 쉽게 순식간에 먹어치우고도 배가 불룩해지지 않는다. 그런가 하면 두 괴물의 그림자를 합쳐 거대한 괴물로 변신시킬 수도 있다. 우리는 두 왕국에 적용되는 서로 다른 법칙을 잘 알고 있다. 하나는 스크린 뒤에 있는 다양한 색깔의 왕국이고 또 하나는 스크린 위에 나타나는 흑백의 왕국이다. 달랑은 이 두 세계로부터 얻어낼 수 있는 모든 마술을 이용한다.

이상하게 들릴지 모르지만 이 이국적인 연극은 중요한 사실을 내포하고 있다. 그 내용이 아니라 표현 방법에서 말이다. 물리학의 새로운 경향은 우주 자체를 그림자 극장이라고 상상한다. 이 새로운 관점에 따르면 우리가 보고 있는 우리 주변의 세상은 좀더 근본적인 실체의 단순한 투영에 지나지 않는다. 실제 연극은 스크린 뒤쪽에 있는 더 높은 차원의 무대에서 행해지고 있다. 우리는 시공간 너머에 적어도 하나 이상의 여분의 차원을 가지는 이 무대를 절대로 볼 수 없다. 여기에는 어떤 빛도 들어가는 것이 허용되지 않기 때문이다. 우리는 단지 브레인brane이라고 부르는 3차원 공간의 스크린 위에 나타나는 그림자만 볼 수 있고, 그 뒤에서 일어나는 일은 그림자를 통해 추정할 수 있을 뿐이다.

그럼에도 불구하고 연구자들은 M-이론이라고 부르는 이 새로운 물리학 이론을 시험하려고 노력한다. 그들은 빛보다는 중력과 관계된 실험을 통해서 여분 차원의 존재를 확인하려고 계획하고 있다. 달랑과 그의 연주자들이 그러는 것처럼, 중력을 통한다면 뒤에 있는 무대에 접근할 수 있을 것이라고 생각하고 있다. M-이론에 따르면 중력은 다른 차원으로 파고들어갈 수 있으며 브레인을 따라 다른 장소에 나타날 수 있다. 만약 이것이 사실이라면 중력은 한 지역에서 다른 지역으로 빛의 속도보다 빠른 속도로 건너뛸 수 있다. 물리학자들은 최근에 그러한 가정을 증명하기 위해 여러 가지 수단을 이용하려고 시도하고 있다. 과학자들은 또한 칼루차-클라인 이론에서 변형된 여러 형태의 고차원 모델들도 조사하고 있다.

플라톤의 동굴

M-이론이 등장한 지는 이제 겨우 십여 년 되었고, 보다 기초 이론인 칼루차-클라인 이론이 등장한 것도 백 년이 채 안 되지만, 우리가 보고 있는 세상이 실제 세상의 그림자에 불과할 것이라는 생각은 아주 오래 전부터 있었다. 철학자들은 오랫동안 플라톤의 '이데아'의 개념에 대해 당황스러워했다. 이 그리스 철학자는 우리가 주변에서 보는 모든 것은 완전한 이데아의 불완전한 투영에 불과한 환상이라고 주장했다. 완전한 태양, 완전한 달, 흠이 없는 인간, 순수한 공기, 물 등과 같이 우리가 알고 있는 모든 것의 이상적인 모습은 이데아의 세계에 있다는 것이다.

플라톤은 이러한 그의 생각을 유명한 '동굴의 비유'를 통해 설명했다. 그는 일생의 전부를 동굴 입구 가까이에서 지내야 하는 죄수들을 가정했다. 족쇄가 채워진 그들은 단지 동굴 안쪽의 바위 벽만을 바라볼 수 있다. 그들은 먼 곳에서 오는 빛이 동굴 벽에 만드는 그림자를 통해서만 세상을 관찰할 수 있다. 동굴 입구 앞을 지나는 사람들이 온갖 종류의 물건이나 그릇을 나르는 동안 죄수들은 벽에 비치는 사람들의 그림자만 볼 수 있다. 죄수들은 동굴 밖의 실제 세상을 잘 알지 못하기 때문에 세상에는 입체가 아니라 평평한 그림자만 존재한다고 추정할 것이다.

현대적인 관점에서 보면 이 동굴의 비유는 우리의 3차원 세상은 고차원 실재의 투영에 지나지 않는다는 뜻으로 볼 수도 있다. 당연히 이것이 플라톤이 의도한 바는 아니다. 고대 그리스인들이 고차원에 관심을 가지고 있었다는 증거는 없다. 플라톤은 완전한 세상을 우리 공간의 연장선상에 있는 고차원 세계가 아니라 형이상학적 영역에 두었다. 따라서 그의 이야기는 보이지 않는 차원에 대한 비유가 아니라 보이지 않는 완전성에 대한 비유였다.

이와는 대조적으로 그리스인들은 자연이 길이, 너비, 높이의 3차원으로 한정되어야 하는 이유를 알고 있었다. 기원전 384년에 태어난, 플라톤의 제자 아리스토텔레스는 그가 쓴 「하늘에 관하여」에서 이런 사실을 강조했다. 선에서 평면으로 그리고 다시 입체로의 발전 과정을 충분히 이해했던 아리스토텔레스는 입체 이상의 더 높은 차원은 존재하지 않는다는 사실을 강조했다. 그는 입체가 가장 완전한 수학적 대상물이며 더 이상의 확장은 불가능하다고 생각했다. 따라서 어떤 물체도 입체보다 더 큰 차원을 가질 수 없었다. 자신의 주장을 확실히 하기 위해 그는 모든 것은 시작과 중간 그리고 끝이 있기 때문에 3이라는 숫자가 특별하다고 여긴 피타고라스학파의 생각을 내세우기도 했다. 피타고라스학파는 수학의 능력과 여러 가지 수의 신비한 성질에 관심을 가진 사람들이었다. 수백 년 후에 프톨레마이오스는 『차원에 대하여』라는 제목의 보고서에서 아리스토텔레스의 주장을 강조했다. 이 보고서에서 프톨레마이오스는 한 점을 지나는 서로 수직인 직선을 세 개 이상 그릴 수 없다는 것을 보여주었다.

아마 피타고라스의 성스런 전통을 플라톤과 아리스토텔레스를 비롯한 그리스 철학자들이 발전시켰기 때문에 그리스 사회는 3차원 기하학에 대한 관심을 유지할 수 있었을 것이다. 이것은 예술이나 건축물에도 적용되어 정교하게 균형 잡힌 조각과 대칭 구조가 있는 파르테논 신전을 탄생시켰다. 수학에서 그리스인들은 정다면체는 오직 플라톤의 입체라고 알려져 있는 다섯 개만이 존재한다는 것을 발견하기도 했다. 플라톤의 입체는 정사면체, 정육면체, 정팔면체, 정십이면체, 그리고 정이십면체이다. 평면도형에는 무한대의 정다각형(삼각형, 사각형 등)이 있는 것과 비교하면 정다면체의 수가 다섯 개밖에 안 된다는 것은 이해하기 힘들다. 2차원과 3차원 사이의 이러한 큰 차이는 3차원을 더욱 거룩하게 보이게 했다.

그러한 기본적인 씨앗에서 유클리드는 아름다운 기하학 체계를 꽃피웠다. 유클리드는 자신의 가정을 이용하여 그 당시 알려져 있던 거의 모든 기하학적 성질을 증명했다. 유클리드가 증명한 대부분의 내용은 고등학교 학생들도 잘 알고 있는 것이다. 대표적인 예는 만약 두 개의 삼각형이 똑같은 모양을 하고 있으면 각 변의 길이의 비는 같다는 것이다. 각도에 관한 논증을 통해 유클리드는 다섯 개의 플라톤 입체만 존재할 수 있다는 것을 증명하기도 했다.

유클리드가 증명을 위해 사용한 가정들은 매우 명확해서 19세기까지는 신성하게 여겨질 정도였다. 처음 네 개의 가정은 누가 보아도 명확하다. 두 개의 점은 하나의 직선을 정의한다. 직선은 무한하게 연장할 수 있다. 임의의 점에서 임의의 반지름을 가진 원을 그릴 수 있다. 직각은 모두 같다. 평면기하학에 익숙한 사람이라면 누구도 이것에 대해 반론을 제기하지 않을 것이다.

유클리드의 다섯번째 가정은 처음 네 개보다 훨씬 복잡하다. 두 개의 직선과 이 두 직선을 교차하는 세번째 직선을 생각해보자. 이 직선은 두 개의 교점을 만든다. 두 교점에서 같은 쪽에 있는 두 각 중 하나가 직각보다 작다면 처음 두 직선은 결국 만나게 된다.

다섯번째 가정은 평행선의 문제를 다루고 있기 때문에 '평행선 정리'라고 알려져 있다. 수학적으로 직선과 이 직선에 속하지 않는 한 점이 있을 때 이 점을 지나고 직선에 평행한 직선은 하나밖에 없다고 나타낼 수도 있다. 평행선 정리를 이렇게 정의하면 공간에서 평행한 직선들의 집합을 만들어내는 데 이용할 수 있다. 평행선들의 집합을 만들고 싶다면 하나의 직선을 선택하고 이 직선 위에 있지 않은 점들을 선택하면 된다. 이 점에서 자동적으로 원래의 직선에 평행한 직선 하나를 그릴 수 있을 것이다.

상대적으로 정교한 평행선 정리가 주어진 후 수학자들은 오랫동안 평행선 정리가 다른 네 개의 정리로부터 유도될 수 있는지를 고심했다. 그럴 경우에 이것은 기초적인 공리가 아니라 증명된 정리가 된다. 유클리드 자신도 이것을 다른 공리보다 낮은 등급이라고 생각하고 그의 증명에서 가능한 한 사용하지 않으려 했다. 수학자들의 다양한 시도에도 불구하고 다섯번째 공리를 제거하려는 노력은 실패했다. 그러나 19세기에 비유클리드 기하학이 발견된 후 가우스, 보여이, 그리고 로바체프스키는 평행선 정리는 다른 정리들과 독립적이라는 것과 다른 가설로 대치될 수 있다는 것을 증명했다.

그때까지는 유클리드 기하학이 기하학 분야를 완전히 지배하고 있었다. 유클리드 기하학은 다른 어떤 과학적 연구로도 부정되지 않는 진리였고, 그리스인들의 놀라운 사고에 대한 찬사였다.

레오나르도의 원근법

그리스를 정복했을 때 로마는 자연과 철학에 대한 지식이 가득 담긴 화물을 획득했다. 무척 흥분한 로마인들은 짐을 풀고 그 내용을 받아들였다. 로마에도 많은 유능한 사상가들이 있었지만, 그들 대부분은 다른 사람의 생각을 반복할 뿐 자기 고유의 이론을 발전시키는 것에 큰 흥미를 느끼지 못했다. 그들은 오래된 아이디어를 당연하게 받아들여, 그리스의 수학적 원리로부터 이끌어낸 설계를 이용해 거대한 신전과 조각상, 그리고 공공건물을 건축했다.

기독교의 성장과 로마의 몰락은 유럽에서 과학과 문화에 대한 태도를 급격히 바꾸어놓았다. 사치스러운 그레코-로만 예술과 건축은 검소하고 단조롭게 바뀌었다. 사람들은 현재 세상을 이해하는 것보다는 다가올 세상을 준비하는 데 더 많은 관심을 기울였다.

대략 5세기에서 14세기까지의 중세 시기 동안 장식을 하지 않은 단순한 구조를 강조한 결과 그림 역시도 2차원적으로 접근하게 되었다. 이 당시에 그려진 초상화들은 종이인형처럼 평면적이고 비현실적이다. 화가들이 근엄한 모습의 예수, 성모 마리아, 그리고 사도들과 신약성서의 등장인물들을 그리는 동안 깊이라는 개념은 거의 잊혀졌다.

그후 르네상스 시기가 되자 창조적인 예술 속에서 잠자던 거인이 깊은 잠에서 깨어나 눈을 비비면서 세상을 새롭게 바라보기 시작했다. 곧 보이는 그대로의 자연스런 모습과 그것에서 받은 인상을 사실적으로 세밀하게 묘사하기 시작했다.

이러한 새로운 경향을 추구한 선구자 중 한 사람이 피렌체의 조토 디본도네이다. 풍경화를 그릴 때 조토는 어느 정도 거리를 두고 떨어져서 바라보는 사람의 입장을 상상했다. 그리고는 그 사람의 시선을 마음에 두고 그림을 그렸다. 그 결과 이전의 평면적인 그림과는 다른 훨씬 생생하고 사실적인 그림을 그릴 수 있었다.

원근법의 발견으로 조토는 3차원을 다시 예술 속으로 불러냈다. 조토의 그림을 본 사람들은 어린이들이 텔레비전을 처음 보았을 때처럼 큰 감동을 받았다. 그들은 마치 그 풍경 속에 들어가 있는 것처럼 느끼게 한 조토의 능력에 경탄을 금치 못했다. 곧 다른 예술가들이 자신들도 충격적인 그림을 그려보겠다는 희망을 가지고 그의 화법을 따라 하기 시작했다.

3차원의 환상이 발전함에 따라 예술가들은 오랫동안 잊고 있었던 유클리드 기하학을 공부하기 시작했다. 그들은 빛과 그림자를 적절히 배치하면 사실감을 더욱 강화할 수 있다는 것을 깨달았다. 따라서 가장 위대한 예술가는 동시에 가장 좋은 색깔과 작품의 모든 요소를 적절히 배치하여 최선의 결과를 계산해낼 수 있는 수학자이자 과학자가 되었다.

아마 르네상스 시대의 예술가 중에서 가장 중요한 사람은 15세기 말부터 16세기 초에 활동하면서 가능한 한 살아 있는 것 같은 초상화를 그리려고 노력했던 레오나르도 다 빈치일 것이다. 캔버스를 자연을 비추는 거울로 바꾼 그는 수학, 역학, 광학, 해부학 그리고 다른 과학의 주제들을 놀라운 방법으로 탐구했다. 그의 노트에는 인간과 동물의 구조에 대한 가장 자세한 기록이 남아 있다. 예를 들어 다양한 운동을 하는 동안 어떤 근육이 어떻게 당겨지는지가 자세히 묘사되어 있다. 이러한 연구 덕분에 그는 대상물을 사실적으로 묘사할 수 있었다. 오늘날 그의 초상화는 관람객을 응시하거나 관람객을 향해 미소 짓고 있는 것처럼 보인다.

레오나르도는 빛의 미묘한 변화와 태양 빛이 대상물에 만드는 그림자에 많은 관심을 가졌다. 그는 밝고 어두운 부분을 이용해 가깝고 먼 느낌을 나타낼 수 있다는 것을 알게 되었고, 물감을 밝고 어둡게 적절히 섞어서 작품의 3차원적인 이미지를 강화할 수 있었다.

그림에서 깊이의 개념이 발전하는 것에 부응하여 조각에 대한 관심이 부흥했다. 그리스나 로마 시대의 선배들보다도 르네상스 시대의 조각가들은 모델의 생생한 모습을 사실 그대로 재현했다. 젊은 시절의 강인함과 단호함을 그대로 보여주는 미켈란젤로의 다비드 상은 아마 이러한 경향을 가장 잘 나타내는 작품일 것이다.

나아가는 별

우리는 우주가 상상하기 힘들 정도로 넓다는 것을 알고 있다. 그러나 20세기 이전에는 우주가 이렇게 크다는 것을 몰랐다. 예를 들면 중세에는 세상이 납작한 원반 모양이며 지상에서 그리 멀지 않은 위치에 천체가 붙어 있는 돔이 덮여 있다고 생각했다. 그들의 관점에서 보면 지구상의 존재는 평면 위에 한정되어 있었으며, 위쪽은 영혼의 세계였고 아래쪽은 악마가 지배하는 세계였다.

르네상스 시대에 유럽에서 등장한 원근법과 빛을 창조적으로 사용한 예술적 공간의 확장은 물리적 공간에 대해서도 다시 생각해보게 했다. 15세기 말에서 16세기까지 계속된 탐험의 시기에 콜럼버스와 마젤란 같은 용감한 선원들이 지구가 둥글다는 것을 확인했다. 그리고 17세기 초에 선구자적인 천문학자 갈릴레오 갈릴레이는 망원경을 이용해 금성, 목성, 달 그리고 다른 천체들을 관측했다. 그는 많은 천체들이 비슷한 모양이라는 것을 알게 되었다. 목성은 지구와 마찬가지로 달을 가지고 있었고, 금성은 달과 같은 위상 변화를 보였다. 그리고 달에는 지구의 산과 비슷하게 보이는 산들이 있었다. 그런 증거들로부터 갈릴레오는 지구와 다른 행성들이 모두 태양을 중심으로 돌고 있다고 결론지었다. 이것은 1543년에 코페르니쿠스가 제안한 태양 중심의 천문 체계를 지지하는 것이었다.

갈릴레오는 망원경으로 별 세계도 관측했다. 그는 망원경으로 확대해보아도 별은 크기를 가지지 않는 점으로 보인다는 것을 알게 되었다. 이를 근거로 그는 별들은 행성들보다 훨씬 더 멀리 떨어져 있다고 추정했다. 뿌옇게 보이는 은하수를 망원경으로 관찰하자 수없이 많은 별들이 관측되었다. 갈릴레오는 이것을 하늘에서 가장 먼 곳에 있는 수없이 많은 빛나는 점들이라고 표현했다.

갈릴레오의 발견으로 우주는 끝이 없는 것이 아닐까 하고 생각하는 사람들이 늘어갔다. 1686년에 프랑스의 과학자 베르나르 퐁트넬은 『세계의 복수성에 관한 대화』에서 먼 곳에 있는 별들도 주위를 도는 행성들을 가지고 있을 가능성을 이야기했다. 공간은 끝없는 가능성을 가지고 영원히 계속될 수 있을까? 이런 생각은 나폴리 출신의 수도승 지오다노 브루노의 작품에 영향을 주었다. 갈릴레오의 발견이 있기 이전에 브루노는 이미 철학적인 생각을 기초로 우주는 무한하게 다양한 세상을 포함하고 있다고 주장했다.

퐁트넬의 책이 출판된 것과 비슷한 시기에 영국의 물리학자 아이작 뉴턴은 운동법칙과 중력법칙을 담고 있는 『프린키피아』를 출판했다. 뉴턴의 우주 서사시는 거대한 3차원의 무대 위에서 별, 행성, 위성 그리고 혜성과 같은 주인공들이 중력을 통해 상호작용하면서 엮어가는 이야기였다. 운동은 우주를 통해 무한대까지 뻗어 있는 세 개의 수직축(x, y, z)을 따라 일어난다. 뉴턴 역학에서는 특정한 사건이 일어나는 시간 t를 네번째 좌표축으로 도입했다. 따라서 아인슈타인과 인펠트가 함께 쓴 『물리학의 진화』에서 지적했듯이, 『프린키피아』는 우주가 4차원이라는 생각의 씨앗을 담고 있었다. 네번째 차원은 시간을 뜻했다.

시간의 문제

20세기 초에 도입된 아인슈타인의 상대론이 4차원 우주에 대한 개념을 도입했다는 것은 누구나 알고 있는 사실이다. 그러나 사실 시간을 네번째 차원으로 본 생각은 그보다 훨씬 오래전으로 거슬러 올라간다. H. G. 웰스가 1895년에 발표한 소설 『타임머신』에 "네 개의 차원이 존재한다. 그중 세 개는 공간을 이루는 세 개의 평면이고 다른 하나는 시간이다"[1]라고 쓴 것은 이 주제에 대한 오래된 관심을 잘 나타낸다.

최초로 4차원을 거론한 문서는 1754년에 프랑스의 수학자 장 달랑베르가 쓴 「차원」이라는 글이다. 달랑베르는 뉴턴 역학의 영향력 있는 해설가로 역학에 대해 여러 권의 책을 쓴 사람이다. 「차원」은 당시의 지식을 알파벳 순서로 나열하여 디드로와 달랑베르가 편집한 유명한 『백과

전서』에 실려 있다. 이 글에서 달랑베르는 입체는 길이와 너비 그리고 높이를 가지며 이 세 개의 차원과 시간을 합하면 4차원이 된다고 주장했다.

그러나 우리는 달랑베르가 4차원에 대한 생각을 최초로 주장했다고 믿을 수는 없다. 묘하게도 그는 이것을 생각해낸 공을 아직 역사에 등장하지 않은 다른 학자에게 돌리고 있다. 그는 알려지지 않는 저자를 "시간을 네번째 차원으로 간주함으로써 3차원 이상의 차원을 생각해내는 것이 가능하다"[2]라고 말한 뛰어난 사람이라고만 묘사해놓았다.

이 신비한 사람은 누구였을까? 어떤 학자들은 그가 아마 이탈리아 출신인 프랑스의 뛰어난 수학자로, 달랑베르와 지속적으로 개인적인 친분을 유지했던 조셉 루이 라그랑주라고 주장하기도 한다.[3] 실제로 1797년에 라그랑주가 쓴 『해석함수론』은 4차원을 두번째로 언급한 책이다. 이 책에서 라그랑주는 역학은 x, y, z 그리고 시간을 나타내는 t로 이루어진 4차원 기하학으로 간주할 수 있다고 했다.

라그랑주를 최초의 창안자로 보는 데 가장 큰 걸림돌은 라그랑주가 『백과전서』가 편찬될 당시 겨우 열여덟 살이었다는 사실이다. 그가 아무리 조숙했다 하더라도 그렇게 어린 사람의 생각을 달랑베르 같은 권위 있는 사람이 인용했다는 것은 이해하기 힘들다. 다른 한편으로 라그랑주는 다음해에 교수가 되어 미적분학에 중요한 공헌을 했고 이 분야의 개척자로 인정을 받았다. 아마 우리는 라그랑주, 달랑베르, 아니면 창의력이 풍부한 다른 수학자 중에 누가 현대 과학에서 필수적인 것으로 증명된 공간과 시간을 나란히 놓는 일을 처음 시작했는지 영원히 알 수 없을 것이다.

그리고 신은 공간을 창조했다

시간은 4차원을 상상하는 한 가지 방법이다. 4차원을 생각하는 또 다른 방법은 세 개 이상의 축을 가지는 공간을 생각하는 것이다. 공간에 정말 네번째 차원이 있을 수 있을까? 첫눈에는 프톨레마이오스의 논증이 그런 가능성을 배제하는 것처럼 보인다. 수직인 세 개의 직선 모두에 수직인 또 다른 직선을 그리는 것은 가능하지 않다. 아무리 열심히 노력해도 네번째 축은 적어도 하나의 축과 수직하지 않을 것이다.

그렇다면 네번째 수직축을 그릴 수 없는 것이 공간 자체의 제한 때문이 아니라 우리 인간이 가지고 있는 인식 능력의 한계 때문은 아닐까? 다른 영역에 속하는 이상한 존재는 4차원, 5차원, 아니면 그보다 더 높은 차원을 감지할 수 있는 능력을 가지고 있을까? 동물들이 인간이 가지지 못한 뛰어난 감각 능력을 가지고 있는 경우도 많다. 개는 인간이

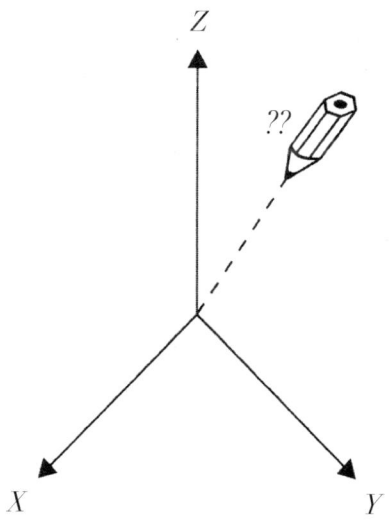

누구도 세 개의 공간축에 모두 수직인 직선을
그릴 수는 없다.

듣지 못하는 높은 소리를 들을 수 있다. 차원에 관한 이런 뛰어난 능력을 가진 존재가 우주 어느 곳에 존재할 가능성은 없을까?

독일의 철학자 임마누엘 칸트는 그런 생각을 한 첫번째 사람이었다. 1747년에 처음 출판한 「생기生氣의 실제 추정에 관한 고찰」에서 그는 세상의 무엇이 우리로 하여금 세상을 3차원으로 인식하게 하는지를 따졌다. 뉴턴의 이론에 근거하여 그는 이 물음의 해답은 자연의 힘과 관계있다고 가정했다. 그는 물체들이 거리의 제곱에 반비례해서 줄어드는 중력을 통해 상호작용한다는 점에 주목했다. 중력법칙의 수학적 형식이 공간이 3차원을 가지도록 한다는 것이다.

중력법칙이 어째서 공간의 차원과 관계있다는 것일까? 질량은 같지만 한 행성의 지름이 다른 행성보다 두 배인 가상적인 두 행성의 중력을 생각해보자. 뉴턴의 중력법칙은 거리 제곱에 반비례하기 때문에 큰 행성의 표면에 있는 돌멩이의 무게는 작은 행성의 표면에 있는 돌멩이의 4분의 1이어야 한다. 그러나 이러한 결과는 행성이 3차원일 때만 성립한다. 만약 행성이 2차원, 4차원 또는 6차원이라면 돌멩이의 무게 사이의 관계는 이와 달라질 것이다. 거리에 따라 중력이 감소하는 방법은 공간의 차원과 관계되어 있기 때문이다.

칸트는 다른 법칙과 다른 차원을 가지는 다른 세상도 존재할 수 있을 것이라고 생각했다. 신은 무엇이든지 창조할 수 있기 때문에 그러한 가능성을 인정해야만 한다. 만약 그런 다른 세상이 존재하는데도 우리가 아직 보지 못했다면 그런 세상은 접촉 가능성이 전혀 없도록 우리 세상으로부터 완전히 분리되어 있을 것이다. 그런 세상은 유럽인들이 도착하기 전의 오스트레일리아나 뉴기니처럼 전혀 다른 조건을 가진 고립된 섬일 것이다. 칸트는 이에 대해 다음과 같이 기술했다.

만약 차원을 확장하는 것이 가능하다면 신이 우주 어딘가에 그런 세상을 만들어놓았을 가능성도 있다. 신의 작업은 가능한 모든 수준에서 그리고 모든 계층구조에서 가능하기 때문이다. 그러나 이런 종류의 공간은 전혀 다른 요소를 가지는 공간과 공존할 수 없다. 따라서 그러한 공간은 우리 세상에 속하지 않고 따로 분리된 세상을 형성하고 있을 것이다.[4]

그러한 이상하고 분리된 영역을 생각해낸 후에 칸트는 그런 세상이 존재하지 않을 것이라는 점을 증명하기 위해 신학적인 논증을 이용했다. 그는 신이 부조화보다는 조화를 선호한다고 주장했다. 따라서 모든 종류의 가능성을 생각해보는 것은 좋지만 신은 아마도 여러 가지 차원을 가진 세상을 만들어 우주를 혼란스럽게 하는 대신 3차원으로 통일된 우주를 만들었을 것이라고 결론지었다.

거울을 통해서

말년에 칸트는 오른손잡이와 왼손잡이의 개념 때문에 당황했다. 왜 어떤 것은 오른 방향이고 어떤 것은 왼 방향일까? 그리고 이 두 가지를 명확하게 묘사하는 방법은 무엇일까? 예를 들어 오른쪽에서 여는 문과 왼쪽에서 여는 문이 있다고 하자. 그리고 시계 방향으로 돌리는 나사와 시계 반대 방향으로 돌리는 나사가 있다고 하자. 오른쪽이나 왼쪽 또는 시계 방향이나 시계 반대 방향이라는 방향을 나타내는 말을 빼고 이들을 명확하게 구분할 수 있는 방법이 있을까?

오른손잡이와 왼손잡이를 구별하는 것은 겉보기보다 훨씬 깊은 의미가 있는 문제이다. 만약 당신이 외계인과 통신하고 있다고 가정해보자. 자일이라는 이름의 그 외계인은 인간의 모습을 전혀 알지 못하고 몸의 형체가 불분명하다. 당신은 자일에게 당신이 왼손으로 글씨를 쓰고 있다는 것을 알리고 싶다. 당신은 오른손과 왼손의 차이를 설명하려고 하겠지만 자일은 혼란스러워할 것이다. 자일은 오른쪽이 무엇을 뜻하는지 알지 못하기 때문에 "내가 펜을 잡을 때 엄지손가락이 오른쪽에 있다"라는 식으로 말할 수 없다. 자일은 동쪽이나 서쪽이라는 말도 모르기 때문에 "북쪽을 바라보고 서 있을 때 왼쪽이 서쪽을 가리킨다"라고 방향을 구분해줄 수도 없다. 아마 당신이 아주 현명하다면 먼 은하에 있는 아주 밝은 별과 같이 자일도 잘 알고 있는 과학적 현상을 이용해 설명할 수도 있을 것이다. 그러나 이런 정보를 주고받는 것은 손이 다섯 손가락을 가지고 있다고 말하는 것보다 훨씬 귀찮은 일일 것이다.

자연이 오른손잡이 물건과 왼손잡이 물건을 모두 포함하고 있다는 것은 자연이 가지고 있는 신비한 성질이다. 과학자들은 특정한 입자들이 한 가지 상호작용을 다른 것보다 더 선호한다는 것을 발견하기 전까지 기초적인 단위에서는 두 가지가 똑같은 수로 존재할 것이라고 믿었다.*
현재 우리는 자연이 두 가지 형태를 모두 가지고 있지만 두 가지 중 하나를 더 선호하고 있다는 것을 알고 있다.

오른손잡이 물건이 왼손잡이 물건으로 바뀔 수 있을까? 납작한 물건일 경우에는 그 대답은 '그렇다'이다. 로마자 R을 뒤집으면 쉽게 키릴 자모의 Я과 비슷한 모양을 만들 수 있다. 그러나 뒤집는 일은 R이 놓여

---

*예를 들어 시계 방향으로 회전하는 전자와 시계 반대 방향으로 회전하는 전자의 수는 같아야 한다고 생각했다.

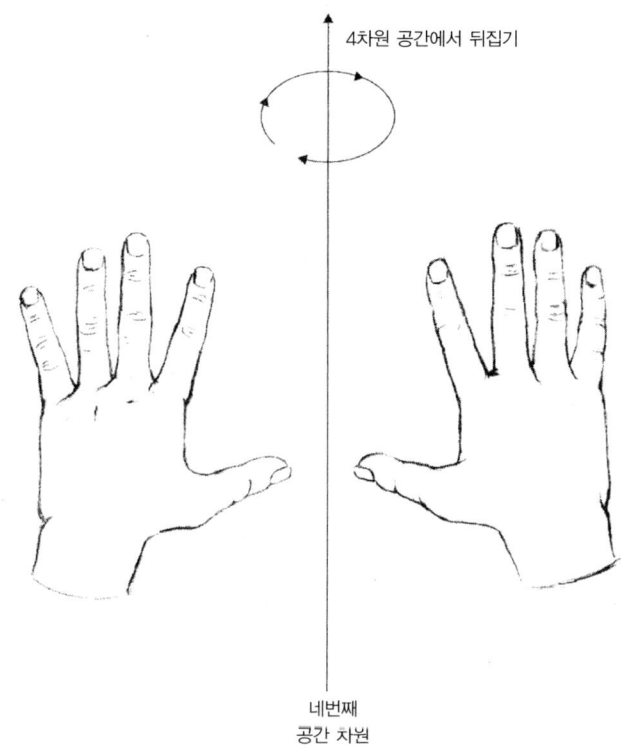

4차원 공간에서 뒤집기

네번째
공간 차원

왼손잡이가 오른손잡이로 바뀌려면 4차원 공간에서 뒤집어야만 한다.

있는 평면 밖에서 이루어져야 한다. 따라서 R은 2차원의 물체지만 3차원 공간으로 들어 올려 뒤집어야 한다.

독일의 수학자 아우구스트 뫼비우스가 1827년에 처음으로 지적했듯이 3차원의 입체를 오른손잡이에서 왼손잡이로 뒤집기 위해서는 가상적인 4차원의 공간이 있어야 한다. 3차원 공간에서의 회전은 왼손잡이를 오른손잡이로 바꿀 수 없다.

예를 들어 당신이 구두 공장을 소유하고 있고 비용을 줄일 계획이라고 가정해보자. 당신은 오른쪽 구두를 왼쪽 구두로 바꾸는 방법을 알아내 한 가지 구두만 생산하고 싶어할 것이다. 하지만 구두를 망가뜨리지 않고 왼쪽 구두와 오른쪽 구두를 바꿔보려고 아무리 애를 써도 네번째 차원에 접근할 수 없기 때문에 불가능하다는 것을 깨닫게 될 것이다.

흥미롭게도 뫼비우스는 말년에 2차원 물체를 뒤집는 간단한 방법을 찾아냈다. '뫼비우스 띠'라고 부르는 이것은 반 바퀴 꼰 다음 양끝을 붙인 얇은 종이 띠이다. 이것은 몇 달 전에 뫼비우스와는 독립적으로 요한 리스팅이 발견했지만 뫼비우스가 처음 발견한 사람의 영광을 차지했다. 이 때는 반 바퀴 꼬였기 때문에 허리띠와는 달리 단지 한 면만 가지고 있다. 연필로 한 점에서 시작하여 선을 쭉 그려보면 '안쪽 면'과 '바깥쪽 면'을 모두 통과한다는 것으로 쉽게 확인할 수 있다. 뫼비우스 띠에서 안쪽과 바깥쪽의 두 면은 모두 같은 면에 속한다.

이제 이 띠 위에 R자를 써놓고 이 글자를 포함하는 작은 부분을 잘라 낸 후 이 부분을 띠를 따라 움직여 안쪽에서 바깥쪽으로 보내면 R자가 Я자로 바뀐 것을 알 수 있을 것이다. 따라서 뫼비우스 띠는 왼손잡이와 오른손잡이를 바꾸는 기계 역할을 한다.

뫼비우스 띠를 2차원의 물체를 뒤집는 데 사용한 것과 마찬가지로 3차원 물체를 뒤집기 위해서는 4차원에서 꼬여 있는 어떤 것을 이용해

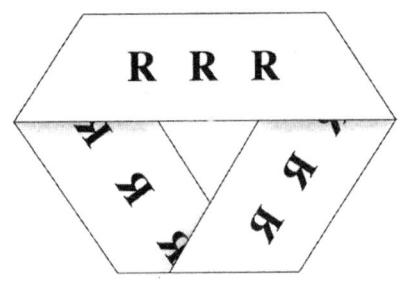

띠를 꼬아서 붙인 뫼비우스 띠는 2차원 물체를 뒤집을 수 있게 한다. 뫼비우스 띠 위에서는 라틴 알파벳의 18번째 글자가 키릴 알파벳의 마지막 글자로 바뀐다.

야 한다. 그런 이상한 물체 중 하나가 '클라인의 병'이라고 부르는 것이다. 이것은 주둥이를 길게 늘인 후 안이 밖이 되도록 꼰 후 다시 옆면에 붙인 꽃병 모양이다. 이렇게 하면 꽃병의 안쪽은 바깥쪽과 같아진다. 이 꽃병에 물을 담을 수 있을까? 위상학자들은 이런 꽃병을 만들기 위해서는 4차원의 공간에서 꼬아야 한다는 것을 알고 있다.

유클리드에 도전하기

더 높은 차원의 공간이 존재할 가능성을 인정함으로써 칸트와 뫼비우스는 흥미로운 철학적 질문을 이끌어냈다. 우주의 다양성은 우리 세상과 분리되어 있는 영역에 다양한 차원의 세상이 존재하는 것을 허용하고 있을까? 왼손잡이와 오른손잡이 물체가 존재한다는 것은 이들을 뒤집을 수 있는 네번째 차원의 존재를 의미하는 것은 아닐까?

그들의 호기심에도 불구하고 칸트나 뫼비우스는 그들이 가정했던 여분의 차원이 가지는 성질을 연구하려고 시도하지는 않았다. 칸트는 그런 차원의 세상이 존재한다고 해도 우리가 살고 있는 세상과 완전히 분리되어 있어 우리에게는 그런 세상을 이해할 수 있는 방법이 없다고 생각했다. 칸트는 후에 명저 『순수이성비판』에서 우리가 속한 세상은 유클리드의 기하학으로 충분히 기술할 수 있는 3차원 영역이라는 것을 강조했다. 칸트는 유클리드 기하학은 '순수한 직관적 지식'으로부터 유도되었기 때문에 사물을 완전하게 기술할 수 있다고 믿었다. 따라서 칸트의 견해대로라면 유클리드 기하학이 옳지 않다고 증명하려는 것은 마치 붉은색을 초록색이라고 주장하는 것이나 1 더하기 1은 3이라고 주장하는 것과 마찬가지였다. 칸트의 확고한 생각은 1804년에 그가 죽은 이후에도 큰 영향을 미쳤다. 그것은 그와 같은 시대를 살았던 달랑베르의 회의적인 견해와는 대조적이었다. 달랑베르는 평행선 가설을 '기초 기하학의 스캔들'이라고 불렀다.

칸트보다 조금 늦은 뫼비우스의 시대에는 수학이 유클리드의 아성을 부수기 시작하고 있었다. 뫼비우스의 교수 중 한 사람인 카를 프리드리히 가우스는 비유클리드 기하학을 처음 생각해낸 사람 중 하나다. 칸트적 사고의 영향력 때문에 주저하면서도 가우스는 자신의 믿음에 대해 신중하게 생각했다. 반발을 피하기 위해서 가우스는 이 주제에 관한 생각을 한 번도 발표하지 않았다. 따라서 천문학으로 학위 논문을 쓰고 위상수학 분야의 개척자가 된 뫼비우스는 가우스가 생각한 비유클리드 기하학에 대해 잘 알지 못했을 가능성이 크다.

조심스런 자세에도 불구하고 가우스는 제자인 게오르크 프리드리히 리만이 새롭고 뛰어난 비유클리드적 접근 방법을 발전시켰을 때 매우 기뻐했다. 리만의 새로운 생각은 유클리드의 가설을 대치할 수 있을 뿐만 아니라 **초공간**이라고 부르는 고차원 공간을 구성할 수 있도록 했다. 이 주제에 관한 리만의 첫 강의는 1854년에 행해졌지만 이것이 출판된 것은 뫼비우스가 죽은 1868년이었다. 그 이후에야 고차원에 대한 진지한 수학적 탐구가 비로소 시작되었다.

리만의 놀라운 성공은 고차원 공간에 대한 생각을 급격히 바꾸어놓았을 뿐만 아니라 아인슈타인의 일반상대성 이론으로 가는 길을 닦는 역할도 했다. 더구나 이것은 칼루차 이후 통일장 이론이 자리 잡게 될 새로운 영역을 개척하는 것이었다. 오늘날의 이론물리학자들은 자신들이 가우스의 뛰어난 제자에게 큰 빚을 지고 있다는 것을 잘 알고 있다.

도시가 이론의 발견에 기여한다고 할 수 있을까? 대개의 경우 연구자가 살던 장소는 그저 우연한 장소일 뿐이다. 그러나 가우스가 지배했고, 리만이 승리를 거두었으며, 그리고 수많은 수학자들이 핵심적인 역할을 한 독일의 작은 마을 괴팅겐의 경우에는 도시에 깃든 영혼이 적어도 어느 정도 역할을 한 것이 틀림없다.

2. 초공간의 전망

4차원은 어디에 있으며 무엇이냐는 질문의 답은 우리가 알고
있는 방향과 모두 직각인 방향에 있기에 결코 가리킬 수 없는
방향에 있다는 것이다. 우리의 우주는 그것을 담지 못하는데,
왜냐하면 그것이 우리의 우주를 담고 있기 때문이다. 어떠한
벽, 심지어 육체의 벽도 우리와 이 차원을 가로막고 있지 않지
만 우리는 그곳에 들어갈 수 없을 것이다. 우리가 이미 '그곳'
에 있다 하더라도 말이다. 그곳은 꿈의 장소이며 살아 있는 죽
은 자들의 세계이다. 그곳은 북풍의 뒤편이며 거울 속의 세계
이다.

—클로드 브래그던, 『4차원의 풍경』에서

마녀의 계절

중부 독일에 있는 하르츠 산에 때늦은 눈발이 흩날리고 있다. 눈은 비밀스런 아름다움을 숨기고 있는 흰 망토처럼 바위투성이 봉우리들을 덮고 있다. 여름철에는 신비의 베일을 벗는다. 따스한 태양 아래 웅장한 숲은 초록색으로 물들고, 마을 사람들은 오솔길을 따라 숲속을 산책한다. 목조 건물들은 햇빛을 받아 밝게 빛나고, 꽃들은 긴 나무 화분에서 고개를 내민다.

봄이 찾아올 때쯤이면 어둠과 빛의 경계를 표시하는 오래된 하르츠의 전통이 있다. 그것은 악마, 마녀 그리고 다산의 축제인 '발푸르기스의 밤'이다. 마을의 모든 작은 가게들은 행운을 가져다줄 것이라고 믿는 수제 마녀인형을 전시한다. 매년 4월 30일에 특별히 강력한 마력을 지닌 마녀들이 하르츠에서 가장 높은 봉우리인 브로켄에 모며 눈을 몰아내고 새 생명을 불러오기 위한 춤을 춘다는 전설이 있다. 그들은 경작의 여신인 발푸르가의 조수 역할을 한다. 괴테의 『파우스트』에 나오는 무서운 장면과 무소르크스키의 기괴한 작품 〈민둥산의 하룻밤〉, 그리고 월트 디즈니가 제작한 〈판타지아〉의 스릴 넘치는 대단원은 모두 이 신성한 전통을 묘사한 것이다.

하르츠 산자락에 신비와 논리 그리고 사실과 전설의 중심이 자리 잡고 있다. 바로 학문으로 널리 알려진 괴팅겐이다. 전설적인 괴팅겐은 유럽에서 가장 오래되고 가장 전통 깊은 대학촌 중 하나로 40명 이상의 노벨상 수상자를 배출했다. 높은 산들로 둘러싸인 괴팅겐은 공업이나 상업의 중심지로부터 멀리 떨어져 있다. 그러나 이 도시의 상품인 교육은 과학의 역사에서 더할 수 없이 귀중한 것이었다.

독일 지폐에도 얼굴이 그려져 있는 괴팅겐의 가장 유명한 학자들은 이 도시의 이중적인 성격을 반영한다. 그림 형제 야코프와 빌헬름은 산과 숲의 신화를 동화 속에 담았다. 그들은 수세기 동안 전해온 민담을 가장 많은 사람들이 읽는 작품으로 바꿔놓았다. 그리고 전설적인 수학의 천재 가우스도 괴팅겐에 있었다. 가우스와 그의 후계자들은 괴팅겐을 독일의 종교, 문학 그리고 문화의 연구 중심지에서 국제적으로 인정받는 수학과 과학의 중심지로 탈바꿈시켰다. 그러한 칭송은 1세기 이상 계속되었다.

괴팅겐이 항상 그들의 영웅들에게 친절했던 것은 아니다. 자갈을 깐

독일에서 가장 오래되었으며 널리 존경받고 있는 대학촌인 괴팅겐의 도로.

도로와 목조 가옥들은 역사 속에서 어두웠던 두 날의 흔적을 간직하고 있다. 시간적으로 백 년의 간격을 둔 두 번의 마녀사냥이 있었던 날 위대한 사람들이 이 도로를 통해 그리고 집들 뒤로 공포 속에서 도망 다녀야 했다. 1837년에 괴팅겐의 7인이라고 불리는 그림 형제와 다른 다섯 명이 하노버 왕조가 수립한 보수적인 정부에 반대했다는 이유로 대학에서 해고되었다. 하노버가 통일 독일에 통합되기 전인 그 당시에 괴팅겐은 하노버 왕국의 일부였다. 그리고 1930년 중반에 나치 정권이 학과장이었던 리하르트 쿠란트를 포함한 대부분의 교수들을 내쫓자 수학과는 대폭 축소되었다. 괴팅겐의 수학은 그후 다시는 옛날의 명성을 되찾지 못했다. 괴팅겐의 위상을 높여주었던 가우스의 위대한 시대는 결국 지나가버렸다.

겸손한 천재

대단히 겸손했던 카를 프리드리히 가우스는 자신의 영향력이 그렇게 오래간 것을 놀라워했을 것이다. 가우스는 1777년에 독일 브룬스빅(브라운슈바이크)의 가난한 가정에서 태어났다. 그의 아버지 게르하르트는 정원사이자 벽돌공이었고, 할아버지는 농부였다. 그의 외가는 석공과 직조 일을 하는 사람들이었다. 여러 번의 운 좋은 사건들이 없었다면 가우스는 분명 이런 가문의 전통을 이어받았을 것이다.

세 살 이전에 가우스가 놀라운 계산 능력을 보여주었던 것은 확실하다. 하루는 가우스의 아버지가 일꾼들에게 줄 월급을 계산하고 있었다. 어린 아기에 불과했던 가우스는 아버지가 하는 일을 유심히 바라보고 있었다. 갑자기 가우스가 소리쳤다. "아빠, 계산이 틀렸어요. 이것은……"[1] 아이의 계산이 옳았다. 가우스는 겨우 말을 할 수 있게 되었을 때 이미 계산하는 법을 배웠던 것이다.

아버지는 큰 감명을 받았으며 한층 더 아들이 상인이 되기를 원했다. 그는 그런 능력은 실용적인 목적으로 사용되어야 한다고 생각했다. 그는 왜 사람들이 자기 자신만을 위해 수학을 공부하고 싶어하는지를 절대로 이해할 수 없었다. 아버지는 기회 있을 때마다 아들이 교육 받는 것을 막으려 했다.

다행스럽게도 가우스는 어머니 도로시아의 든든한 지원을 받을 수 있었다. 어머니는 남편의 근시안적인 편견으로부터 아들을 보호해주었다. 가우스에게는 또한 그의 재능을 꽃피울 수 있도록 도와준 통찰력 있는 삼촌이 있었다. 삼촌 프리드리히는 가우스의 빛나는 눈에서 천재의 능력을 발견했다. 그는 조카 가우스에게 여러 가지 주제에 대한 지식을 전해주었고, 조숙한 가우스는 그것들을 열심히 받아들였다.

젊은 가우스가 성공해가는 이야기는 끝이 없을 것이다. 학교에 갔을 때 가우스는 놀라운 수학적 재능으로(그는 암산으로 1부터 100까지의 합을 즉시 구했다) 첫번째 선생님을 감동시켰고 선생님은 주위에서 구할 수 있는 가장 좋은 산수 교과서를 사주었다. 놀랍게도 그 책은 가우스에게 너무 쉬웠다. 열두 살이 되었을 때 가우스는 이미 유클리드 기하학과는 다른 기하학에 대해 생각하기 시작했다. 의심할 바 없이 호기심 많은 삼촌의 영향을 받은 가우스는 아무것도 당연한 것으로 받아들이지 않았다.

가우스가 열네 살이 되었을 때 그의 또 다른 선생이었던 수학자 요한 바르텔스는 그를 브룬스빅의 공작인 카를 빌헬름 페르디난트에게 소개했다. 가우스의 겸손함에 깊은 인상을 받고 그의 능력에 놀란 페르디난트는 가우스의 교육을 책임지겠다고 제안했다. 그는 가우스가 열여덟 살에 입학한 괴팅겐 대학에 다닐 수 있도록 학비를 대주었다.

괴팅겐 대학에 다니는 동안 가우스는 역시 수학을 공부하고 있던 평생의 친구 볼프강 보여이를 만났다. 하루는 보여이를 집으로 데려와 어머니에게 소개했다. 어머니는 보여이를 앉혀놓고 가우스가 이

19세기 초 독일의 가장 유명한 수학자인 카를 프리드리히 가우스는 비유클리드 기하학의 창시자 중 한 사람이다.

다음에 어떤 사람이 될 것이라고 생각하느냐고 물었다. 보여이는 자신 있게 "유럽에서 가장 위대한 수학자"[2]라고 대답해 가우스의 어머니를 감동시켰다.

보여이는 어렵던 시기에 가우스의 큰 위로가 되었다. 괴팅겐을 떠난 가우스가 헬름슈타트에서 박사학위를 받고 브룬스빅으로 돌아온 1806년에 프랑스가 독일을 침공했다. 용감한 군인이며 정치가였던 페르디난트는 나폴레옹으로부터 그의 조국을 지켜내는 데 실패했다. 가우스는 자신의 후원자였던 공작이 치명적인 부상을 당한 후 죽어가면서 마차를 타고 집 앞을 지나가는 것을 불안하게 지켜보아야 했다. 그 이후 가우스는 이제는 스스로 자신의 운명을 책임져야 한다는 것을 깨달았다.

나폴레옹이 그의 후원자를 빼앗아 갔지만 이 프랑스 장군이 실시한 정책은 가우스에게 도움이 되었다. 당시 파리에 살던 독일인 자연철학자 알렉산더 폰 훔볼트의 영향에 힘입어 가우스는 괴팅겐 대학의 교수와 천문관측소 소장으로 임명되었다. 몇 년 후 프랑스가 철수하고 하노

버 왕조가 다시 수립되었다. 그때 가우스는 이미 잘 정착해서 비유클리드 기하학을 포함한 생산적인 연구 활동에 깊이 빠져 있었다.

이상한 평행선

두 사람 또는 세 사람이 각자 동시에 같은 결과에 도달하는 것은 과학의 역사에서 종종 있는 일이다. 많은 경우에 그 시기는 그러한 해답이 얻어지기에 적당한 시기였다. 따라서 비유클리드 기하학의 독자적인 세 발견자가 있는 것은 놀라운 일이 아니다.

그중 한 사람이 이 문제를 때때로 연구하면서도 그 결과를 한 번도 출판하지 않은 가우스였다. 또 한 사람은 볼프강 보여이의 아들 야노스였다. 아들에게 수학을 가르치면서 볼프강은 유클리드의 평행선 정리의 문제를 연구하는 일로 시간을 낭비하지 말라고 경고했다. 그런 경우에 처한 대부분의 호기심 많은 아들들과 마찬가지로 야노스도 정반대로 행동했다. 야노스는 이 문제를 충분히 검토하고 평행선 정리는 다른 네 개의 공리와 독립적이라는 결론에 도달했다. 그는 이것을 다른 가설로 대치할 수 있다는 것을 발견했다. 1823년에 그는 자신이 발견한 새로운 이상한 세계에 대해 아버지에게 이야기했다. 이 혼란스러운 왕국에서는 한 점에서 이 점을 지나지 않는 한 직선에 평행한 직선을 하나가 아니라 무한히 그릴 수 있었다. 다시 말해 한 직선과 한 점은 무한히 많은 평행선의 집합을 정의할 수 있었다. 그뿐 아니라 이 세계에서는 삼각형의 내각의 합이 180°가 아니라 항상 180°보다 작았다. 몇 년 후 야노스의 아버지는 야노스가 얻은 결과를 출판하도록 도와주었다. 그리고 원고의 사본 한 부를 가우스에게 보냈다.

가우스는 그 보고서를 읽고 야노스의 자존심을 세워주는 동시에 상처를 입혔다. 가우스는 야노스에게 천재라고 말해주는 동시에 그가 비유클리드 기하학을 발전시킨 첫번째 사람이 아니라는 사실을 알려주었다. 처음으로 가우스는 이 문제에 관해 그가 연구해온 것을 모두 꺼내 보여주었다. 야노스는 이 나쁜 소식을 심각하게 받아들였다. 그는 다시는 수학 분야에서 어떤 논문도 출판하지 않았다. 대신에 그는 나머지 생애를 오스트리아 군대에서 보냈다. 그곳에서 그는 전문 댄서로 그리고 검객으로 알려졌다.

비유클리드 영역의 세번째 탐험가는 러시아의 수학자 니콜라이 로바체프스키였다. 가우스와 마찬가지로 로바체프스키 역시 그에게 평행선 정리의 딜레마를 소개한 바르텔스의 제자였다. 이러한 토론에 힘을 얻은 로바체프스키는 북극 탐험가가 필요 없는 짐들을 뒤에 버려두듯이 이 공리를 제외했다. 그리고 그는 야노스 보여이의 기하학과 비슷한 기하학을 구성했다. 보여이나 로바체프스키는 처음에 서로의 작업에 대해 알지 못했다. 로바체프스키가 그의 논문을 잘 알려지지 않은 러시아의 잡지 『카잔 통신』에 발표한 것을 감안하면 이것은 놀라운 일이 아니다. 마침내 가우스는 로바체프스키의 논문을 찾아냈고 그것을 칭찬했다. 그리고 로바체프스키를 괴팅겐 왕립 과학협회의 교신 회원으로 추천했다. 가우스 자신의 비유클리드 기하학에 대한 연구 결과와 보여이 그리고 로바체프스키의 연구 결과는 가우스가 죽은 후인 1850년대에 발견되었고 이것이 널리 알려진 것은 1860년대이다.[3]

그리스 기하학에 비해 비유클리드 기하학은 괴팅겐으로 향하는 길처럼 구불구불 구부러져 있다. 만약 그림 형제에게 동료의 작업을 묘사하도록 요구했다면 그들은 상상하기 힘들 정도로 방향이 뒤섞여버린 숲의 전설을 만들었을 것이다.

4월 하순치고는 유난히 추운 어느 날 저녁, 나무꾼과 그의 아들이 깊은 숲을 통해서 집으로 걸어오고 있었다. 그들은 아침에 그들이 쓰러뜨린 나무들을 찾고 있었으므로 흩어져 다른 길을 따라가면서 찾기로 했다. 숲에서는 길을 잃기 쉬우므로 나무꾼은 그의 아들에게 자신이 가는 길과 평행한 길을 따라오라고 일렀다.

아들이 등불을 조절하다가 실수로 발푸르가가 손수 심어놓은 꽃을 밟고 말았다. 화가 난 발푸르가는 땅에 저주를 내리는 그의 마녀들과 의논했다. 소년이 서 있는 곳에서부터 아버지가 가고 있는 길과 평행한 길 대신 그들은 수없이 많은 평행한 길들을 만들었다. 그때 나무꾼이 불렀다. "아들아, 어디 있니? 아직도 나와 같은 방향으로 가고 있니?" 그러나 하늘에 있는 별들의 수만큼 많은 평행한 길들 때문에 소년은 더 이상 조금도 앞으로 나아갈 수 없었다. 언덕에는 그의 아버지가 다시는 아들을 만나지 못했다는 속삭임이 아직도 들려오고 있다.

설교자 아들의 시도

비유클리드 공간은 분리할 수 있고 다시 합칠 수도 있다. 가우스가 그의 진정한 제자를 만난 것은 그의 말년이었다. 그는 매우 수줍음이 많은 젊은이로 늙은 스승의 꿈을 이루어주는 데 필요한 용기는 가지지 못했다. 제자의 연구를 통해 가우스는 더 단단한 기반 위에 기하학을 재건해보려는 숨겨둔 목표가 달성되는 것을 보고 싶어했다.

가우스는 그가 기초 수학을 강의하는 강의실에서 루터 교 목사의 아들인 베르나르트 리만을 처음 만났다. 열아홉 살의 리만은 신학을 공부하기 위해 1846년에 괴팅겐에 왔다. 그는 아버지가 걸어갔던 길을 따라가기를 원했다. 그러나 대학에서 공부를 시작하자 그가 진정으로 공부하고 싶어하는 과목은 수학이라는 것을 알게 되었다. 아버지의 허락을 받으려고 노력하면서 그는 가우스와 다른 교수들의 수학 강의에 출석하기 시작했다.

강의실에 자리를 잡고 앉았을 때 리만은 긴장했다. 강의실에 들어가기 전에 수업료를 낼 수 있다는 것을 증명해야 했다. 이 당시에는 교수가 좌석에 대한 권리에 대해 개인적으로 수업료를 부과했다. 가우스는 강의보다는 연구를 훨씬 선호했으므로 수강 인원을 적게 하기 위해 특히 강의료를 높게 책정했다.

가우스와 마찬가지로 리만도 가난한 집 아들이었다. 그로서는 수업료를 낼 수 있는 것만도 큰 다행이었다. 어릴 때 영양 상태가 좋지 않았던 그는 일생 동안 건강이 나빠 고생했다. 더구나 사교성이 없어서 곤란을 겪었다. 그는 아주 가까운 친구나 친척들과 있을 때만 편안하게 느꼈다. 그래서 리만은 가우스를 대단히 존경했지만 가우스와 같이 있으면 두려워했다.

그러나 리만은 가우스가 주는 문제들은 두려워하지 않았다. 사람을 두려워했던 것과는 달리 방정식에는 자신이 있었다. 학부 과정을 쉽게 끝낸 그는 1847년에 괴팅겐을 떠나 베를린 대학으로 가서 저명한 여러 명의 교수들과 함께 연구했다. 리만은 2년 후에 괴팅겐으로 돌아와 철학과 물리학의 여러 강의를 통해 그의 시야를 넓혔다.

그는 1850년에 실험물리학자인 빌헬름 베버의 연구에 큰 흥미를 느끼게 되었다. 괴팅겐의 7인 중 한 사람으로 그제서야 괴팅겐으로 돌아오는 것을 허가받은 베버는 전기학과 자기학의 전문가였다. 그는 가우스의 친구로 이 주제에 대해 가우스와 의견을 교환했다.

베버의 연구를 잘 알게 되면서 리만은 자연의 모든 법칙을 하나의 수학 이론으로 나타내보겠다는 생각에 큰 감명을 받았다. 그는 중력, 전기, 자기, 열역학을 비롯한 모든 물리적 현상을 단 하나의 원리를 이용하여 공통적으로 설명할 수 있는 방법에 대해 궁금증을 품었다. 같은 시기에 그는 뫼비우스 띠의 진정한 발명자인 요한 리스팅의 강의에도 출석했다. 추상적인 공간의 관계와 실제 물리적 성질을 잘 이해하고 있던 리만은 비유클리드 기하학을 이용하여 모든 물리학을 기술하는 방법을 찾기 시작했다. 이것은 리만이 아인슈타인, 칼루차 그리고 다른 과학자들을 반세기 이상 앞서 있었다는 것을 보여준다.

당시 리만은 순수수학 분야에서 박사학위 논문을 완성하고 교수가 되기 위한 과정도 함께 밟고 있었다. 그런 과정에 있는 학생에게 일어날 수 있는 가장 위험한 일은 학위 과정과는 아무 관계가 없는 연구에 몰입해버리는 것이다. 바로 그런 일이 리만에게 일어났다. 그는 보통의 논문 연구에 더해 점점 더 많은 시간을 수리물리학 연구를 위해 소비했다. 그는 자신이 한 발로 나무를 향해 내려가는 스키 선수 같다고 느꼈을 것이다.

독일에서 학위 과정을 마치고 강사가 되기 위해서는 여러 단계의 과정을 거쳐야 한다. 우선 박사학위 논문을 완성해야 한다. 리만은 1851년에 복소수 변수에 대한 훌륭한 논문으로 가우스를 감동시켜 그 과정을 통과했다. 다음 단계는 논문을 공개적으로 발표하는 것이다. 리만은 그 과정도 잘 마쳤고, 그후 「시험적 수필」이라는 논문도 발표했다. 순수 수학과 수리물리학 모두에 흥미를 가지고 있었던 리만은 이 과정을 마치는 데 다른 사람들보다 더 많은 시간이 걸렸다. 논문의 최종본을 제출한 후 리만은 마지막 단계인 시범 강의를 해야 했다.

어떤 학생들은 이 단계를 별로 두려워하지 않았지만 리만은 캄캄한 나락으로 떨어지는 느낌이었다. 몇 가지 일들이 겹쳐 리만은 일시적으로 신경쇠약에 걸렸다. 우선 그의 마음은 강의 주제가 아니라 물리학에 가 있었다. 대부분의 시간을 베버 교수의 조교 일과 물리학 연구에 소비하고 있었다. 두번째로 그 당시 가우스의 건강이 아주 나빴다. 리만은 가우스가 강의를 할 수 있는 자격을 인정해주기 전에 죽는 것은 아닐까 염려했다. 마지막으로 리만 자신의 건강도 그리 좋지 않았다. 그는 그 당시 상황을 다음과 같이 묘사했다.

나는 모든 물리학 법칙을 통합하는 연구에 너무 빠져 있어서 시범 강의의 주제가 주어졌을 때 준비를 위해 시간을 낼 수 없었다. 이 문제에 너무 많이 매달리고 나쁜 기후 속에서 너무 오랫동안 실내에서만 보낸 탓에 건강에 이상이 생겼다. 예전에 앓았던 병이 다시 찾아와 쉽게 낫지 않아서 나는 일을 할 수 없었다.[4]

초공간이 태어난 날은 1854년 6월 10일이다. 그날 가우스의 건강이 좋아져 리만의 시범 강의를 참관할 수 있었으므로 시범 강의가 진행되었다. 리만은 온 힘을 모아 몸을 추스르고 강의실에 나타났다. 절차에 따라 그는 세 가지 주제에 대한 강의를 준비한 후 각각의 주제를 그가 잘 이해하고 있는 순서대로 가우스에게 제출했다. 놀랍게도 가우스는 전통을 깨고 세번째 주제인 '기하학의 기초를 이루는 공리에 대하여'를 선택했다.

강의를 시작한 리만은 가우스가 이 주제에 대해 많은 것을 알고 있다는 느낌을 받았다. 마치 비밀의 정원을 가꾸어온 사람에게 꽃을 잘 피우는 법에 대하여 강의하는 것 같은 느낌이었다. 모든 말에 가우스는 미소를 짓거나 동의의 뜻으로 고개를 끄덕였다. 그는 리만의 강의를 크게 칭찬했고 강의를 해도 좋다는 허가를 해주었다.

리만은 여러 해 동안 괴팅겐에서 원외 강사로 일한 후 교수가 되었다. 그동안 리만은 모든 물리학을 기하학을 이용하여 나타내려고 노력했지만 실패했다. 불행하게도 그는 공간만을 다루었을 뿐 시공간을 다루지 않았으므로 그의 노력은 실패할 수밖에 없었다. 그럼에도 불구하고 그의 연구는 후에 아인슈타인이 일반상대성 이론을 만들어내는 기초가 되었다.

서른아홉 살에 리만은 폐결핵에 걸렸다. 치료를 위해 그는 이탈리아의 매지오르 호숫가에 있는 셀라스카 마을로 요양을 갔다. 리만은 가우스가 죽고 11년이 지난 1866년에 죽었다.

초공간의 청사진

리만의 취임 강의는 보여이와 로바체프스키의 비유클리드 기하학이 널리 알려진 1868년에 출판되었다. 이 세 번의 펀치는 2천 년 동안 지속된 유클리드 수학에 치명적인 타격을 입혔다. 예전의 사고방식은 죽었다. 리만 기하학 만세!

리만의 사고는 컴퍼스로 그린 직선과 평면 그리고 입체를 **다양체**manifold의 좀더 유연한 개념으로 바꾸어놓았다. 간단히 말하면 다양체는 좌표라고 알려진 한 세트의 수들로 정해지는 점들의 집합체이다. 만약 다양체가 2차원 또는 3차원이라면 각 점은 두 개 또는 세 개의 좌표를 가진다. 그러나 좌표의 숫자는 한정되어 있지 않으므로 임의의 차원의 다양체를 만들 수 있다. 이것은 4차원의 초공간을 3차원의 보통 공간처럼 쉽게 묘사할 수 있다는 것을 뜻한다.

리만 기하학에서 두번째로 새로운 개념은 **계량**metric의 개념이다. 계량은 두 점 사이의 거리를 정의하는 유연한 방법을 제공하여, 고등학교 기하 교사들의 마법의 주문 같은 피타고라스 정리를 일반화한다. 일반적인 유클리드 공간에서 피타고라스 정리는 거리의 제곱은 x 좌표 차이의 제곱과 y 좌표 차이의 제곱의 합과 같다는 것을 말해준다. 세 변이 각각 3, 4, 5인 직각삼각형은 이런 관계를 잘 나타낸다. 그러나 리만 공간에서는 다른 계량을 설계함으로써 거리의 식을 바꿀 수 있다. 예를 들어 거리의 제곱을 x 좌표 차이의 제곱의 두 배와 y 좌표 차이의 제곱의 일곱 배를 더한 것으로 정의할 수 있다. 해야 될 일은 새로운 계량을 정하는 일뿐이다. 따라서 자를 달리의 그림에서처럼 늘리거나 수축해야 한다. 이것은 유클리드나 그의 추종자들은 알아차릴 수 없었던 무한히 많은 구조의 배열 가능성을 제공한다.

곡률curvature과 **포함**embedding이라는 두 개의 또 다른 개념은 리만의 구조와 이전 구조의 차이점을 잘 보여준다. 유클리드의 세상은 원의 호처럼 휘어진 선과 구의 일부처럼 휘어진 평면을 포함하고 있다. 그러나 휘어진 공간 같은 것은 존재하지 않는다. 이와는 대조적으로 리만 기하학에는 모든 차원의 다양체의 일부는 모두 휘어져 있을 수 있다. 따라서

3차원의 입체도 오래된 비닐 위에 쓴 글씨처럼 휘어질 수 있다. 3차원 또는 그보다 높은 차원의 공간에 대한 자연스런 의문은 어디로 휘어지느냐 하는 것이다. 이런 문제를 다루는 한 방법은 휘어진 다양체를 차원이 더 높은 공간에 포함시키는 것이다. 2차원 구면의 곡률은 구면이 3차원 공간에 포함되어 있다고 가정하면 쉽게 이해할 수 있다. 마찬가지로 3차원 초구면의 곡률은 4차원 공간 안에 집어넣었을 때 잘 나타난다. 곡률과 계량은 수학적으로 연결된 개념이다. 곡률로부터 계량을 유도할 수 있고 계량으로부터 곡률을 유도할 수 있다. 다시 말해 다양체에서 모든 점들 사이의 거리를 정의함으로써 곡률을 결정할 수 있고 그 반대도 가능하다.

기하학에 대한 리만의 새로운 시도는 비유클리드 기하학을 보여이나 로바체프스키의 기하학보다 더 생소하게 만들었다. 예를 들면 어떤 경우에 직선은 무한한 것이 아니라 유한할 수 있고, 평행한 직선을 하나도 가지지 않을 수도 있다. 이것은 유클리드의 다섯 가지 공리 중에서 두 개의 공리에 어긋난다. 이것은 유클리드가 무덤 속에서도 펄쩍 뛸 일이다(올림포스의 심판원들은 그에게 사후 반응 체조 분야에서 메달을 수여했다고 전해진다).

구면에서 이러한 일이 실제로 일어나는 것을 쉽게 볼 수 있다. 리만의 용어를 빌리면 구면은 '양의 곡률'을 갖는다. 이것은 구면이 한 점을 중심으로 휘어져 있다는 것을 나타낸다. 예를 들어 오렌지를 들고 칼로 자르는 경우를 생각해보자. 자른 선 위에 오렌지의 북극과 남극이 오도록 오렌지를 잘라보자. 한 점에서 시작하여 한 점에서 끝나는 이 선은 무한정 연장할 수 없다. 더구나 모든 선들은 결국 만나기 때문에 어떤 선도 서로 평행하다고 말할 수 없다.

흥미롭게도 오렌지 조각을 들고 적도를 따라 자르면 삼각형을 만들수 있다. 이 삼각형의 내각의 합은 180°보다 크다. 이것은 '음의 곡률'을 가지는 보여이와 로바체프스키의 기하학에서 한 선분과 그 위에 있지 않은 한 점이 수없이 많은 평행선을 정의할 수 있고, 삼각형의 내각의 합이 180°보다 작았던 것과는 대조적인 결과이다. 새로운 세상은 참으로 이상한 세상이었다.

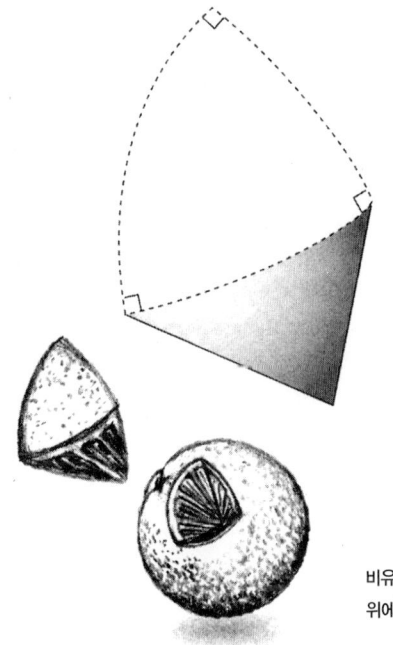

비유클리드 기하학의 양의 곡률을 가지는 표면
위에서는 삼각형 내각의 합이 180°보다 크다.

진실로 물질이란 무엇인가?

순수하고 추상적인 공간과는 달리 물리적 우주는 물질을 포함하고있다. 우주에는 수없이 많은 물체들이 있고 매우 복잡하게 서로 상호작용하고 있다. 토성 주위를 돌고 있는 고리에서부터 사과에 이르기까지 질량을 가진 모든 물체는 중력으로 서로를 잡아당기고 있다. 전하는 전하의 부호(플러스 또는 마이너스)에 따라 잡아당기기도 하고 밀어내기도 한다.

뉴턴은 이러한 인력과 척력을 원격작용으로 설명했다. 이것은 우주적인 기계들에 보이지 않은 끈이 연결되어 있다는 것이다. 그러나 가우스와 리만 시대가 되면 물리학자들은 전혀 새로운 설명을 생각해내기 시작한다. 이런 설명에 따르면 장場, field이라고 부르는 특별한 매체가 한 물체의 작용으로 인해 변형되고 이런 변형이 다른 물체에 전달된다는 것이다. 가우스 자신도 전하가 나타내는 전기장의 효과를 수학적으로 다룬 가우스의 법칙을 발전시키기도 했다. 원격작용이라는 견해를 줄로 연결되어서 서로를 잡아당기는 보트로 나타낼 수 있다면 장의 개념은 배가 우선 물을 흔들고 이 물이 다른 배에 영향을 주는 것으로 설명할 수 있다.

리만이 일단 비유클리드 기하학의 구조를 그려내자 이 구조는 그러한 잔물결을 생각할 수 있는 자연스런 방법을 제공했다. 장을 공간 안의 독립적인 존재로 생각하는 대신 공간 자체의 일부로 간주할 수는 없을까? 그렇게 되면 공간기하학은 힘이 작용하는 통로 역할을 할 수 있지 않을까? 그런 가능성에 대한 리만의 집착은—통합된 물리학이라는 그의 목적을 달성하려는—그를 신경쇠약에 걸리게까지 했지만 결국 실패로 끝났다. 그러나 그의 시도는 다른 수학자로 하여금 그 방향으로 더 대담한 발걸음을 내딛도록 했다.

윌리엄 킹덤 클리퍼드는 1845년에 영국의 엑서터에서 태어났다. 그는 공간 관계를 직시할 수 있는 초인적인 능력을 가지고 있었다. 그가 소년이었을 때, 가족과 잘 아는 사람이 인도에서 복잡하게 얽힌 조각들로 이루어진 공 모양의 3차원 퍼즐을 가지고 돌아왔다. 모든 조각을 하나씩 차례대로 분리해내는 방법을 찾아내는 퍼즐이었다. 저녁식사 시간에 어린 클리퍼드에게 이 퍼즐을 보여주었다. 그는 만지지 않고 자세히 살펴본 후 몇 분 동안 생각에 잠겼다. 그리고 그는 퍼즐을 집어 들더니 순식간에 답을 찾아냈다.[5]

장학생이었던 클리퍼드는 런던의 킹스 칼리지와 케임브리지의 트리니티 칼리지에 지원해서 열여덟 살이 되던 해에 케임브리지에 진학했다. 케임브리지에서도 트리니티 칼리지는 수학에서 괴팅겐보다도 훨씬 오래된 뛰어난 명성을 얻고 있었다. 무엇보다도 미적분학의 아버지인 뉴턴을 배출한 곳이었다.

케임브리지는 리만 이전에 고차원 공간에 대한 식을 만들어낸 곳이기도 하다. 1843년에 트리니티 칼리지의 연구원인 수학자 아서 케일리는 「N차원의 해석기하학」이라는 제목의 논문을 발표했다. 이 논문은 공간을 기술하는 데 필요한 좌표계의 수로 차원성을 정의할 수 있다는 것을 보여주었다. 다음해에 독일의 수학자 헤르만 그라스만이 같은 주제에 대해 독립적인 논문을 발표했다.

역시 유명한 더블린에 있는 또 다른 트리니티 칼리지의 윌리엄 해밀턴은 이 주제와 관련된 논문을 1844년에 출판했다. 「4원수에 대하여」라는 제목의 이 논문은 실수와 허수의 합을 4차원 공간에 대응시키는 방법을 소개했다(가우스는 2차원에서 이런 일을 이미 했었다). 해밀턴은 음수의 제곱근에 대해 i, j, k의 세 가지 다른 표현을 사용하는 아이디어를 제안했다. 그는 각각에 다른 좌표축을 부여했다. 실수축과 함께 이것은 네 개의 수직 좌표축을 이루었다. 그는 그의 방법(4원수)에 따라 씌어진 모든 수가 4차원 공간의 한 점에 대응한다는 것을 보여주었다.

케일리는 후에 행렬의 개념을 도입한 선형대수학 분야의 개척자가 되었다. 행렬은 행과 열로 배열된 수들의 나열이다. 보통의 수와 마찬가지로 행렬도 덧셈, 뺄셈, 곱셈이 가능하다. 행렬은 임의의 차원을 가진 공간에서 한 점을 다른 점으로 변환시키는 데 사용되기도 한다. 케일리는 행렬대수학을 이용하면 4원수 이론을 충분히 나타낼 수 있다는 것을 보여주었다.

케임브리지의 학생 시절 클리퍼드는 이러한 주제들에 큰 흥미를 느끼고 공부했다. 그리고 리만의 연구 결과가 마침내 출판되었을 때 그것은 클리퍼드의 상상력을 자극했다. 클리퍼드는 비유클리드 기하학이 수학의 세계뿐만 아니라 고차원 물리학에도 적용될 수 있을지 궁금해했다.

1870년에 클리퍼드는 「물질의 공간 이론에 대하여」를 출판했다. 이 논문에서 그는 세상의 모든 것은 공간의 융기로 이루어져 있다는 생각을 발전시켰다. 클리퍼드의 견해에 따르면 장(전기장, 자기장, 중력장 등)을 기하학을 이용해 기술할 수 있을 뿐만 아니라 장과 상호작용하는 입자들도 기하학을 이용해 기술할 수 있다. 그는 물질의 구성요소는 '평평한'(휘어지지 않은) 3차원 공간의 비유클리드적 교란이라고 주장했다. 그는 만약 우리가 물질을 고차원에서 바라볼 수 있다면 그것들은 사막 위에 난 바퀴 자국처럼 보일 것이라고 했다. 그러나 우리는 공간에 갇혀 있기 때문에 이러한 초공간이 부풀어난 것을 고체로 인식한다는 것이다. 당시에는 물질의 구조와 조성이 거의 알려져 있지 않았기 때문에 클리퍼드의 설명은 그리 세밀하지 않았다. 그럼에도 불구하고 이 주제에 관한 리만의 생각처럼 이런 생각들은 상대성 이론, 칼루차-클라인 이론, 그리고 M-이론을 포함한 20세기와 21세기 이론물리학에서 등장한 수많은 생각들의 전조가 되었다.

케임브리지를 떠난 후 클리퍼드는 런던에 있는 유니버시티 칼리지의 수학과 역학 과장으로 임명되었다. 모든 면에서 그는 학생과 많은 시간을 보내는 뛰어난 선생이었다. 그러는 가운데 그는 물질의 공간 모델에 대해 정열적으로 연구했다. 천성적인 일 중독자였던 그는 낮에는 하루 종일 학생들을 가르치고 저녁에 집에 와서는 밤을 새워 연구했다. 남는 시간에는 어린이들을 위한 동화를 쓰기도 했다. 끝없는 일 때문에 그는 잠을 충분히 잘 수 없었고 그로 인해 건강이 나빠졌다. 결과적으로 그가 숭배했던 리만과 마찬가지로 클리퍼드도 폐질환으로 일생을 마쳐야 했다. 그는 서른네번째 생일을 두 달 남겨두고 죽었다.

수학자를 위한 탄원

케일리와 클리퍼드처럼 수학자 제임스 조지프 실베스터도 그의 대학 생활을 케임브리지 강 근처에 있는 안뜰의 미로와 집회 장소에서 보냈다. 런던 출신이며 유대인 전통을 가진 그는 트리니티 칼리지의 좋은 경쟁 상대인 성 요한 칼리지를 다녔다. 의욕이 넘치고 독립심이 강한 젊은 이였던 그는 절대로 자신의 생각을 바꾸지 않았으며 사회적 압력 때문에 논쟁을 피하지도 않았다. 졸업이 임박했을 때 일상적인 과정의 하나로 케임브리지의 직원이 그에게 영국 국교회의 신앙고백을 요구했다. 그는 그것을 거절했으며 결국 학위를 받지 못했다.

그는 스물네 살이 되던 1838년에 사회생활을 시작했다. 영국 국교회 신자가 아니었던 그는 그에게 열려 있었던 직책 중 하나인, 어느 종파에도 속하지 않은 유니버시티 칼리지의 자연철학 학과장직을 맡았다. 이 직책은 시범 실험 준비를 하고, 학생들을 위한 실험실을 준비해야 했으며, 기초 물리학 강의를 해야 하는 자리였다. 순수수학에 흥미가 있는 사람에게 이런 일로 시간을 보내야 하는 것은 바닥을 청소하는 것보다 한 단계 위일 뿐이었다. 미국 버지니아 대학에 그에게 더 잘 어울리는 수학 교수 자리가 비어 있어서 그는 그곳으로 자리를 옮겼다.

실베스터의 미국 여행은 아주 짧게 끝났다. 삼 개월도 지나지 않아 그는 강의실에서의 규율상의 문제로 그곳을 떠나야 했다. 강의실에서 신문을 읽다가 지적받은 학생이 모욕적인 반응을 보이자 몹시 화가 난 실베스터는 칼이 들어 있는 지팡이로 그를 찔러 바닥에 넘어뜨렸다. 그 학생은 "살려주세요" 하고 극적으로 소리쳐 사람들을 놀라게 했다. 그러나 심하게 다치지 않은 그 학생은 실베스터의 상한 기분보다 훨씬 빨리 회복되었다. 대학 당국의 느슨한 정책을 비난한 실베스터는 그곳을 떠나기로 결정했다. 그는 형제인 실베스터 J. 실베스터가 브로드웨이에서 복권 모집인으로 있는 뉴욕으로 갔다. 그러고 나서 미국에서 보낸 시간에 격분하며 영국으로 돌아왔다.

하지만 대학의 문은 실베스터에게 닫혀 있었다. 그래서 그는 런던 보험회사의 회계사로 일하기로 마음먹었다. 그러면서 마음에 드는 학생들에게 개인적으로 수학을 가르쳤다. 버지니아에서의 경험에서 교훈을 얻은 그는 난폭한 학생들을 원하지 않았고 '플로렌스 나이팅게일' 같은 학생들만을 가르치길 원했다. 그는 원하던 학생을 만날 수 있었다. 군병원을 개혁하는 일을 준비하던 플로렌스 나이팅게일이 그에게 수학을 배우기 위해 왔던 것이다.

존경받는 19세기 영국 수학자인 제임스 조지프 실베스터는 초공간 기하학을 발전시킨 사람 중 하나였다.

실베스터 스스로 '세상의 미끄러운 길'(6)이라고 부른 그의 인생의 다음 단계는 법률 분야에서 경험을 쌓는 것이었다. 기발을 쓴 판사와 광적인 서기가 함께 일하는 유서 깊은 법정에서 그는 변호사가 된 케일리를 만났다. 그들은 지킬 박사와 하이드처럼 생활하는 2인 클럽을 결성했다. 그들은 점심시간이나 산책을 할 때는 순수하고 이상적인 수학사로 변신했으나 다른 시간에는 콧대 높은 법률가로 돌아왔다. 실베스터와 케일리는 평생 동안 성공적으로 행렬 이론과 고차원 기하학을 연구한 공동 연구자이자 친구가 되었다. 그들은 공동으로 어떤 변환이 어떤 양을 변화시키지 않는지를 다룬 '불변 이론'을 발전시켰다. 예를 들면 양수를 음수로 바꿔도 제곱의 값은 변하지 않는다. 이러한 생각은 후에 상대론의 중요한 부분이 되었다.

다시 교수가 될 기회를 엿보고 있던 그는 1854년에 울위치에 있는 왕립 육군대학의 교수가 되었다. 케일리는 1863년에 케임브리지의 교수가 되었다. 그들은 함께 가우스, 리만, 그리고 클리퍼드의 혁명적인 이론에 감탄하면서 비유클리드 기하학의 발전을 위해 노력했다.

1869년에 실베스터는 과학 발전을 위한 영국 협회의 수학과 물리학 분과 위원장이 되었다. 그는 이 일을 그 시대의 최첨단 분야, 새로운 방법과 아이디어를 통해 발견한 초공간과 같은 새로운 수학적 영역을 감동스럽게 소개할 기회로 이용하기로 마음먹었다. 실베스터는 다양한 분야의 과학을 다루는 잡지인 『네이처』 1권에 두 번에 걸쳐 글을 실어 여러 독자들에게 우리 눈으로 보고 있는 것과는 다른 차원이 있을 수 있다는 놀라운 생각을 소개했다.

실베스터는 해설의 상당한 부분을 그가 좋아하는 주제 중 하나인, 공간은 직관적인 형식이라는 칸트의 주장을 반박하는 데 할애했다. 반대로 실베스터는 공간은 물리적인 실재이며 객관적인 측정을 통해 탐구될 수 있다고 주장했다. 만약 수학자가 이성적으로 초공간의 존재를 추정했다면 그것은 실제로 만질 수 있는 것과 비슷하게 취급되어야 한다. 실베스터는 이에 대해 다음과 같이 말했다. "클리퍼드와 나는 4차원 공간을 가능한 공간인 것처럼 다루는 것이 실제적으로도 유용하다는 증거를 보여주었다."[7]

만약 초공간이 실재라면 왜 우리 인간은 직접적으로 그것을 경험할 수 없을까? 실베스터는 이 문제를 그가 가우스에게서 빌렸다고 말한 평면 외에는 아무것도 알지 못하는 책벌레 비유를 이용해 다루었다.[8] "우리가 오직 2차원 공간만을 인식하는 한없이 얇은 종이 위의 한없이 가는 책벌레를 상상할 수 있는 것처럼, 우리는 4차원 또는 더 높은 차원을 인식할 수 있는 존재를 상상할 수 있다."[9]

『네이처』의 글에 붙인 아주 긴 각주에서 실베스터는 이 비유를 클리퍼드의 물질의 공간 이론(실베스터는 출판되기 전에 그 내용을 알고 있었다)을 소개하는 데 이용했다.

클리퍼드는 잘 알려지지 않은 빛과 전자기적 현상으로부터 우리 존재가 추측할 수 있는 가능성에 대한 놀라운 생각에 몰두해 있다. 우리가 인식하는 3차원 공간에서의 현상은 사실 4차원 공간(우리 공간을 책벌레가 인식할 수 없듯이 우리가 인식할 수 없는 공간)이 종잇조각이 구겨지듯이 뒤틀리는 작용이다.[10]

실베스터의 강의가 실린 후 『네이처』는 고차원의 가능성에 대한 토론의 중심이 되었다. 편집인에게 보낸 편지들은 토론의 주제가 되었고, 실베스터의 책벌레 논쟁은 여러 가지 뉘앙스를 가지는 해설의 주제가 되었다. 이러한 고조된 관심은 클리퍼드로 하여금 1873년에 리만의 언설을 『네이처』의 독자들을 위해 번역하여 출판하도록 했다. 일단 일반적인 과학 독자들이 초공간에 익숙해지자 대중적인 상상의 세계로 들어가는 데는 오랜 시간이 걸리지 않았다.

응접실의 속임수

19세기 말에는 과학적 변화의 바람이 유럽 대학의 중심지로부터 백 년 이상 불어오고 있었다. 그러나 일반인들 대부분은 오래전의 생각을 고수했다. 괴팅겐의 북동쪽에 위치한 하르츠 지방의 작은 마을에서부터 런던에 있는 메이페어의 부유한 테라스에 이르기까지 미신적인 사람들은 귀신이나 요정 그리고 마녀의 이야기에 단단히 붙들려 있었다. 그러나 과학이 점점 더 영역을 넓혀감에 따라 지구상의 어디에 이러한 전설이 남아 있을 수 있을지 의심스러워졌다.

초공간의 개념이 나타나자 이 영역은 영혼으로 가득한 세계일 것이라고 생각하는 사람들이 자연스레 많아졌다. 만약 과학이 눈에 보이는 3차원 우주를 다루는 것이라면 아마도 옛날의 신비한 천사들과 악마는 공간 밖에 있는 이 영역에서 살고 있을지도 모른다(A. T. 스코필드라는 작가는 1888년에 신이 4차원 세계에 살고 있다는 의견을 내보이기도 했다).

고차원 세계와 신비주의가 깊은 관계를 가지고 있을 것이라는 일반인들의 생각은 독일의 물리학자 요한 췰너가 1877년에 런던에서 열린 화제의 재판에서 미국의 영매 헨리 슬레이드의 사기죄를 변호한 후 더욱 굳어졌다. 런던의 유명 인사들과 함께 영혼을 불러내는 의식을 행하여 주목을 끌게 된 슬레이드는 교묘한 장치와 기술을 이용하여 추종자들을 속인 죄로 기소되었다. 췰너는 슬레이드의 능력을 충분히 과학적으로 검증할 것을 요구했다.

췰너와 다른 여러 증인들이 지켜보는 가운데 슬레이드는 불가능해 보이는 여러 가지 묘기를 실행해 보였다. 그는 단단한 나무 고리를 연결했고, 완전히 밀봉된 용기에서 물건을 밖으로 끄집어냈다. 양끝을 매어놓은 끈의 중간에 있는 매듭을 풀기도 했고, 단단한 판 사이에 끼인 종이 위에 글씨를 써 보이기도 했다. 췰너는 묘기에 열광했다. 그는 가능한 한 가지 설명은 슬레이드가 길이, 너비 그리고 높이 이외의 차원을 통해 물건을 이동할 수 있는 방법을 발견한 것뿐이라고 결론지었다.

혁명적인 과학 발견을 발표하듯이 췰너는 얻은 결론을 일반인들에게 열정적으로 알렸다. 그의 생각으로는 자신이 새로운 세계로 향하는 문을 발견한 것 같았다. 심지어는 뛰어난 마술사라면 누구나 슬레이드가 한 묘기를 해낼 수 있다고 밝혀진 후에도 칠너는 고차원은 실제로 존재한다는 학술 보고서를 여러 편 쓰기도 했다. 결과적으로 미국의 건축가 클로드 브래그던이 썼듯이 "칠너의 이름은 경멸을 뜻하는 단어가 되었고, 4차원은 어리석음과 거짓의 동의어"[11]가 되었다.

그후로 보통의 차원 너머에 있는 영역의 과학적 가능성에 흥미를 가지고 있는 사람들은 그들의 생각이 신비주의와 아무 관계가 없다는 것을 강조해야 한다고 느꼈다. 모든 진지한 과학자와 수학자들은 그들의 주장을 접었지만 많은 신비주의자들은 4차원을 자신들의 신앙을 정당화하는 데 이용했다. '다른 차원'이라는 말은 영혼의 세계라는 말과 같은 의미로 쓰이게 되었고, 오늘날에도 그런 의미를 내포하는 말로 남아 있다.

1875년에 헬레나 P. 블라바츠키가 창시한 접신론의 흥행은 고차원의 신비스런 측면을 더욱 흥미 있는 것으로 만들었다. 접신론은 유대 신비 철학의 문서와 베다 문서, 그리고 초자연적인 그리스 문서들과 같은 여러 근원으로부터 받아들인 신비스런 신앙 체계이다. 블라바츠키는 자신이 물질의 성질과 다른 과학적 측면을 이해하기 위해 다른 세계의 지식을 이용할 수 있다고 믿었다. 예를 들면 그녀는 슬레이드의 마술에서처럼 근본적인 성질을 변화시켜 물질을 다른 물질을 통과해 이동시킬 수 있다고 주장했다.

칠너에게 고무된 많은 접신론자들은 4차원을 영혼과 물질을 이해하는 방법이라고 생각했다. 블라바츠키 자신은 이런 생각에 회의적이었다. 그녀의 가장 유명한 작품인 『비밀 신조』에서 그녀는 4차원 공간에 대한 생각을 반박하고 물질의 성질을 이해하는 새로운 방법에 대해 설명했다.

대담한 사상가들이 물질이 물질을 통과하는 것과 끝이 없는 줄에 매듭을 만드는 것을 설명하기 위해 4차원을 필요로 할 때 사실 그들이 원하는 것은 **물질의 여섯번째 성질**이다. 3차원은 연장이라는 물질의 한 가지 성질에 속한다. 그리고 어떤 조건 하에서 물질이 길이, 너비, 두께의 3차원보다 더 많은 차원을 가질 수 있다는 것은 잘 알려진 상식과 맞지 않는다. '차원'이라는 말을 포함하여 이런 용어들은 사고의 한 단면에 속하며, 진화의 한 단계, 그리고 물질의 한 가지 성질에 속한다.(12)

블라바츠키의 견해에도 불구하고 많은 접신론자들은 4차원에 대한 관심을 유지했으며 그것을 '아스트랄계'astral plane와 연결시켰다. 영향력 있는 접신론자로 이 주제에 대해 책을 쓴 C. W. 레드베터에 따르면 아스트랄계(영적인 공간)는 투시력 같은 신비한 현상이 일어나는 비물리적인 영역이다. 레드베터는 "사물의 반대편을 보는 것 말고는 4차원을 실감하여 영적인 생활의 개념을 명확하게 알 수 있는 방법이 없다"(13)고 강조했다.

4차원의 신비한 중요성에 대해 설교했던 접신론의 또 다른 추종자 중에는 브래그던과 러시아의 신비주의자 P. D. 오우스펜스키가 포함된다. 브래그던은 이 주제에 대해 여러 권의 인기 있는 책을 썼고 건축 설계에 초공간과 같은 요소를 도입했다. 그는 세계의 중요한 수수께끼를 해결했다고 주장하는 오우스펜스키의 『제3의 기관』을 번역하기도 했다.

1882년에 창립하여 비과학적인 현상을 과학적으로 연구하는 데 주력한 심령학 연구협회 역시 고차원에 대해 비슷한 호기심을 갖고 있었다. 협회의 창립 회원에는 철학자이며 심리학자인 윌리엄 제임스와 물리학자로 칠너의 강력한 지지자였던 윌리엄 크룩스도 있다. 이 협회의 활동은 방에서 4차원을 이용해 빠져나가는 유령을 언급한 오스카 와일드의 단편소설 「캔터베리관의 유령」에 풍자적으로 그려졌다.

초공간 자르기

칠녀가 자신의 주장을 펴고 있는 동안 실베스터는 두번째 수학 인생을 시작하고 있었다. 1870년에 울위치에서 은퇴한 그는 자신의 학문적인 인생이 이제 끝났다고 생각했다. 런던의 집으로 돌아온 그는 많은 시간을 시를 읽고 쓰는 데 보냈다. 그는 직접 쓴 『시의 법칙』이라는 시작법에 대한 책을 특히 자랑스러워했다. 그런데 1876년에 볼티모어의 존스 홉킨스 대학에서 수학 교수로 와달라는 요청이 왔다. 미국에서의 이전 경험 때문에 망설이기는 했지만 그는 기쁜 마음으로 그 제안을 받아들였다. 예순두 살에 그는 권위 있는 역할을 새롭게 맡게 된 것이다.

홉킨스에 정착한 실베스터는 과자 가게의 어린이 같았다. 자신이 대학원 학생들의 인생을 설계할 수 있다는 사실에 매우 즐거워했다. 영국에서는 경험할 수 없었던 즐거움이었다. 학생들은 매우 친절하고 열성적이어서 그는 한 번도 칼이 들어 있는 지팡이를 사용할 필요가 없었다. 그는 수학의 새로운 발전을 장려할 생각으로 기뻤다. 그런 생각이 초기에는 그의 학생과 조교들의 연구 활동을 보여주는 역할을 한 잡지인 『미국 수학회지』를 창간하게 했다.

실베스터의 자랑스러운 학생 중 한 사람인 W. 어빙 스트링햄은 공간을 형상화하는 면에서 클리퍼드와 같은 재능을 가지고 있었다. 그의 재능을 지도교수가 가장 좋아하는 주제에 응용한 그는 초공간을 나타내는 동물원을 구성하였다. 여섯 개의 4차원 정다면체(플라톤의 정다면체와 비슷한)를 묘사한 이것들을 잘라내면 우리가 잘 알고 있는 3차원 공간이 되었다. 스트링햄은 기하학적 물체의 면의 수와 변의 수 그리고 꼭짓점의 수 사이의 관계를 나타내는 오일러의 정리를 이용하여 이것들을 구성할 수 있었다. 1880년에 그는 예술적으로 그린 그림들을 『미국 수학회지』에 발표했다.

스트링햄이 연구한 초육면체는 가장 자주 묘사된 4차원 물체가 되었다. 그것은 점, 선분, 정사각형, 정육면체의 정통 후계자였다. 평면에서 점을 한 방향으로 움직이면 선분이 만들어진다. 선분을 선분에 수직한 방향으로 선분의 길이만큼 이동하면 정사각형이 만들어진다. 비슷한 방법으로 정사각형을 움직이면 정육면체가 된다. 따라서 이 연장선상에서 초육면체를 만들기 위해서는 정육면체를 4차원 공간에서 비슷한 방법으로 움직이면 된다. 누구도 이것을 종이 위에서 할 수 없으며, 만족스럽지는 않겠지만 두 개의 육면체를 그리고 각각 대응되는 꼭짓점을 연결함으로써 대략적으로 나타낼 수는 있다. 브라운 대학의 토머스 밴초프와 같은 연구자들은 최근에 개발된 동영상 컴퓨터 그래픽을 이용하여 이러한 접근 방법을 훨씬 개선할 수 있었다.

홉킨스 대학에서 학위를 받은 후 스트링햄은 독일의 라이프치히에서 저명한 수학자 펠릭스 클라인(칼루차-클라인 이론의 공동 저자인 오스카 클라인과 아무런 인척관계가 없다. 그리고 펠릭스나 오스카 모두 닐 사이먼의 유명한 연극의 소재가 되지 않았다)*과 일할 수 있는 직장을 구했

---

* 닐 사이먼Neil Simon의 연극 〈희한한 한 쌍The Odd Couple〉의 두 주인공 이름이 오스카와 펠릭스이다.

다. 비유클리드 기하학에 많은 공헌을 했고 클라인의 병을 개발한 클라인은 추상적인 수학의 물리적 모델을 적극적으로 신뢰하는 사람이었다. 스트링햄의 설계와 클라인의 지지는 수학자 빅토르 슐레겔로 하여금 실제로 초입체의 3차원 모델을 구성하도록 용기를 주었다. 이 '초차원적 장난감'은 1884년에 최초로 물리학회에서 전시되었고 판매도 되었다. 괴팅겐의 수학과는 이 모델을 여러 개 구했고 오늘날까지도 전시하고

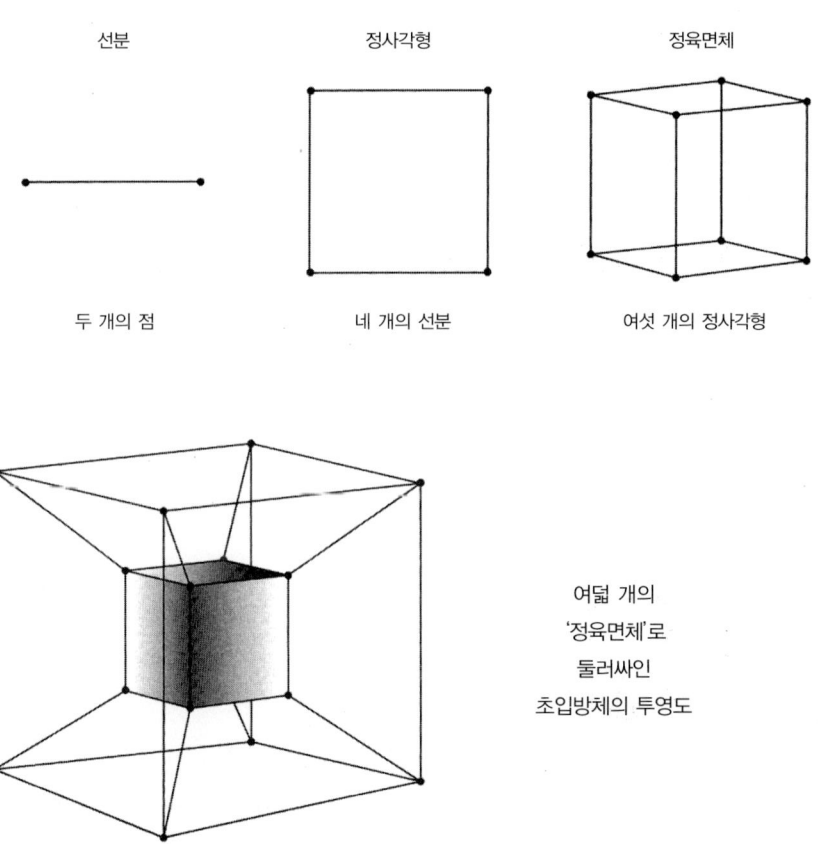

선분	정사각형	정육면체
두 개의 점	네 개의 선분	여섯 개의 정사각형

여덟 개의
'정육면체'로
둘러싸인
초입방체의 투영도

정사각형은 네 개의 선분으로 이루어졌고, 정육면체는 여섯 개의 정사각형으로 이루어졌다. 그렇다면 초입방체는 여덟 개의 정육면체로 이루어졌다고 할 수 있을 것이다.

있다.

1883년에 실베스터는 옥스퍼드 대학이 그를 교수로 임명하겠다는 반가운 소식을 들었다. 홉킨스에서의 생활이 행복했지만 그는 영국을 그리워하고 있었다. 그래서 다시 한번 대서양을 횡단하는 여행을 하기로 결심했다. 그는 홉킨스 대학이 적당한 후임자를 물색하도록 도와주었다. 스트링햄에게 클라인이 이 직책에 관심이 있는지 알아보도록 했고, 케일리에게 지원서를 내도록 권유하기도 했다. 결국 그의 자리는 캐나다 출신의 천문학자 사이먼 뉴컴에게 돌아갔다. 뉴컴은 초공간에 대한 실베스터의 관심과 함께 『미국 수학회지』도 물려받았다.

옥스퍼드에서 행복한 시간을 보낸 후 실베스터는 1897년 여든세 살의 나이로 죽었다. 그는 죽기 직전까지 수학 연구를 계속했다. 케일리는 그의 친구보다 2년 전에 죽었다. 그리하여 영국 수학자 중에 고차원 기하학을 연구하는 사람은 이제 모두 사라졌다. 실베스터의 끝없는 열정, 그리고 그의 대담한 웅변과 짝을 이룬 케일리의 조용한 발견은 한 세대의 사색가들이 초공간을 자신의 집으로 여기도록 도와주었다.

4차원의 물체, 테서랙트

쥘 베른에서 J. K. 롤링에 이르기까지 환상 문학은 다양한 무대를 가지고 있다. 이 중 일부는 달이나 지구 중심과 같은 실제 장소이다. 그런가 하면 용의 동굴이나 마법 학교처럼 완전히 상상의 세계인 경우도 있다. 물리적 실체의 연장인 반면 실제로 존재할 수도 있고 존재하지 않을 수도 있는 고차원에 대한 이야기는 세번째 범주에 속한다.

19세기 말에 세 명의 런던 출신 공상소설 작가들이 초공간 이야기 장르를 개척했다. 첫번째 사람인 찰스 하워드 힌턴은 현대의 독자들보다는 윌리엄 제임스를 포함한 그 당시 사람들에게 훨씬 더 잘 알려져 있었다. 그러나 그의 영향은 그의 작품에서 영감을 받은 사람들에 의해 아직도 계속되고 있다. 반면에 오늘날 『타임머신』, 『투명인간』, 『우주전쟁』과 같은 유명한 소설의 저자인 H. G. 웰스를 모르는 사람은 없을 것이다. 베른과 더불어 웰스는 과학소설을 발명한 사람이다. 다른 소설은 잘 알려지지 않았고 소설 『평평한 세상 Flatland』 한 편으로 널리 알려진 에드윈 애벗 애벗은 두 사람의 중간쯤에 위치한다고 할 수 있다.

1853년에 태어난 찰스 하워드 힌턴은 저명한 외과 의사이며 자유사상을 가진 작가였던 제임스 힌턴의 아들이다. 아버지의 인생관에 영향을 받은 젊은 힌턴은 어린 나이 때부터 성문제에 대해 매우 개방적인 생각을 가졌다. 고인이 된 유명한 수학자 조지 불의 딸인 그의 아내 메리 역시 비슷하게 관대한 가정에서 자라났다. 그런 배경 아래에서 힌턴은 인생에서 수학 교수, 작가, 성적인 무법자 등 다양한 선택을 할 수 있었다. 그는 이 모든 것을 경험하는 즐거운 인생을 살았지만 악명을 떨치지는 않았다.

그의 교육 경력은 업핑햄 초등학교 교장으로 시작되었다. 그는 곧 두 번째 일을 시작했다. 1880년에 「4차원이란 무엇인가?」를 시작으로 그는 수학과 과학 분야에서 많은 소설과 수필을 출판했다. 많은 것에 대해 썼지만 그의 관심은 초공간을 가시화하는 데 맞추어져 있었다.

기억과 망각은 힌턴의 개인적 철학에서 중요한 역할을 했다. 그는 사람은 그전의 사고방식을 지우고 두뇌를 새로운 종류의 인식을 할 수 있도록 수정할 수 있다고 믿었다. 그래서 그는 누구나 4차원 공간을 **볼 수**

있는 방법을 배울 수 있는 체계를 발전시키기 시작했다. 공간은 직관적 형식이라는 칸트의 생각을 신봉한 그는 훈련된 사람에게는 초공간도 직관적이 될 수 있다고 주장했다.

힌턴의 방법은 마음이 구성을 기억할 수 있도록 4차원 물체를 이루는 구성물에 이름과 색깔을 부여하는 것이었다. 그는 초입방체에 테서랙트 tesseract라는 이름을 붙였으며 4차원에서의 두 가지 운동을 나타내기 위해 안나ana와 카타kata라는 용어를 만들어냈다. 이것은 3차원 공간에서의 위와 아래와 비슷한 것이다. 색깔 체계를 이용하여 그는 한 단계씩 보통 공간을 통해 이동하는 4차원 입방체를 나타내는 방법을 구체화해 나갔다.

힌턴은 아무도 한 번에 4차원 물체를 통찰할 수 없다는 것을 깨달았다. 이런 이유로 그의 방법은 마치 카메라가 운동을 슬로 모션으로 찍듯이 시간을 두고 초입방체에 점차적으로 접근하는 방법을 사용했다. 이런 기법은 현대 영화에서 거대한 우주선이나 또는 타이타닉과 같은 거대한 구조를 묘사하는 데 자주 사용된다. 선박이나 항공기의 전체 모습을 보여주는 대신 한 끝에서부터 다른 쪽으로 서서히 움직여가면서 부분 부분을 자세히 보여주어 관중들이 전체를 더 잘 이해할 수 있도록 해준다. 이와 마찬가지로 힌턴은 4차원의 물체가 우리 공간을 통과해 지나갈 때 나타나는 모습을 상상함으로써 4차원 물체를 이해할 수 있다고 믿었다. 그는 "4차원을 가시화하려는 모든 노력은 실패했다. 그것은 3차원에서 시간 경험과 연결되어야 한다"[14]고 강조했다.

그의 경고에도 불구하고 테서랙트를 나타낸 힌턴의 영상은 사실상 아이콘이 되었다. 힌턴은 정육면체의 표면을 잘라서 펴면 십자가 모양이 된다는 것에 주목했다. 정육면체의 네 면은 가운데 기둥이 되었고 두

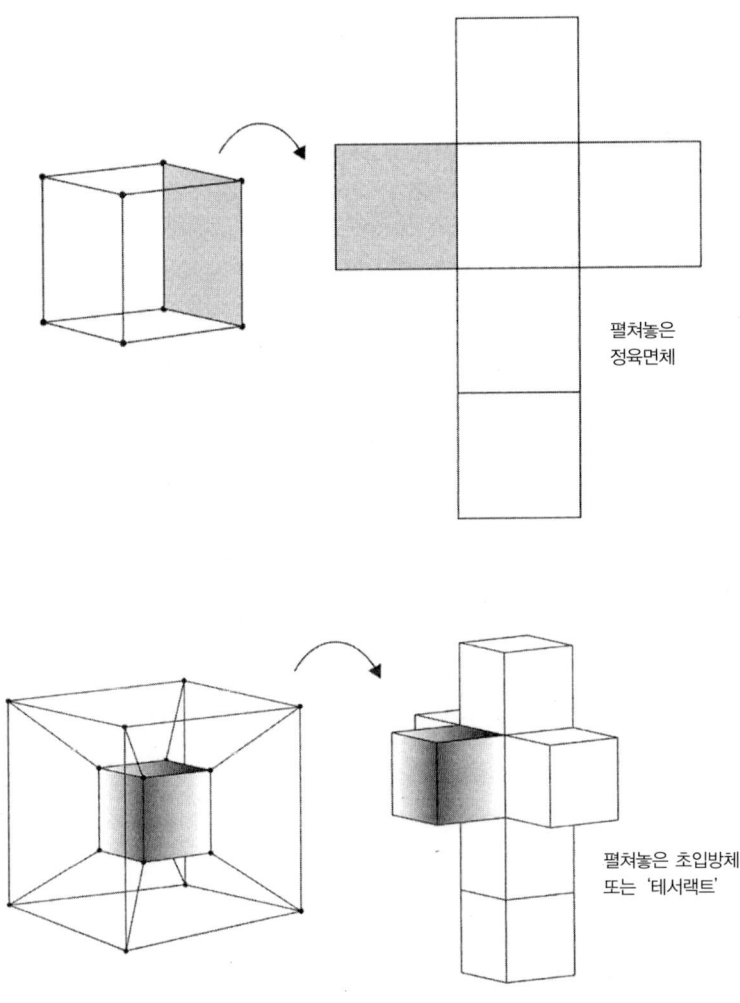

펼쳐놓은
정육면체

펼쳐놓은 초입방체
또는 '테서랙트'

정육면체를 평면 위에 펼쳐놓으면 십자가와 같은 모양을 이룬다. 마찬가지로 초입방체를 3차원 공간에 펼쳐
놓으면 3차원 십자가처럼 보일 것이다(이 그림에는 십자가를 이루고 있는 육면체의 일부가 가려져 있다). 이
러한 개념을 살바도르 달리가 그의 그림 〈초입방체의 구세주〉에 적용했다.

면은 수평 막대가 되었다. 마찬가지로 초입방체의 표면을 잘라서 펴면 3차원의 십자가가 될 것이라고 생각했다. 이 경우에는 네 개의 정육면체는 수직으로 쌓이고 두 개는 수평으로 놓이게 된다. 초현실주의자인 살바도르 달리가 십자가 처형을 묘사한 그림 〈초입방체의 구세주〉에서 이 놀라운 영상을 이용했다.

힌턴은 4차원을 물리적으로 접근하지 못하는 이유에 관해 흥미 있는 이론을 제안했다. 그는 우리는 거의 납작한 동전이나 종이 쪼가리같이 어떤 방향으로는 아주 조금만 돌출해 나갈 수 있을 뿐이라고 주장했다. 물체의 대부분은 3차원적이고 네번째 차원은 아주 얇다는 것이다. 우리가 관측할 수 없는 이유를 설명하기 위해 고차원이 아주 얇다고 제안한 힌턴의 이론은 칼루차-클라인의 접근 방법을 앞지르고 있었다.

메리 힌턴은 남편의 지적인 추구에 매우 협조적이었다. 그의 사생활을 감안한다면 그녀는 격려나 협조 이상의 일을 해야 했다. 그녀는 강철과 같이 냉철한 감정을 가져야 했다. 업핑햄에 있는 동안 힌턴은 모든 사람이 그의 여동생일 것이라고 생각한 마우드라는 여인을 데려왔다. 그러나 사실 그는 메리 그리고 마우드와 이중결혼을 했다. 그의 이중결혼 생활은 두번째 부인이 쌍둥이를 낳을 때까지 계속되었다. 그 사실이 알려지자 당국에서는 그를 사흘 동안 구금했다. 구금에서 풀려난 후 그와 메리는 영국을 떠나 일본으로 갔다가 다시 미국으로 갔다. 이러는 동안에도 메리는 그녀의 남편 곁을 굳게 지켰다. 자유분방했던 가정교육 탓이었을 것이다.

미국에 있는 동안 힌턴은 프린스턴의 수학과에서 강사 자리를 구할 수 있었다. 그는 대부분의 시간을 프린스턴 팀을 위해 피칭 머신을 만드는 데 보냈다. 이 기계가 시속 110킬로미터 이상의 속력으로 야구공을 던질 수 있었기 때문에 연습하는 동안 투수들이 쉴 수 있었다. 게다가 이 기계에는 커브볼을 던질 수 있는 특별한 장치도 있었다. 코치는 힌턴에게 고마워했지만 학교에서 해고당하고 말았다.

그후 미네소타에서 잠시 가르친 힌턴은 사이먼 뉴컴의 도움으로 워싱턴에 있는 해군 천문대에 자리를 얻을 수 있었다. 고차원에 매료되어 있던 뉴컴은 힌턴의 작품에 관심을 가졌고 이 고향을 떠난 사상가가 다시 자리 잡는 것을 보고 싶어했다. 힌턴은 1907년에 뜻밖의 죽음을 맞을 때까지 워싱턴에서 살았다.

유별난 인생을 살아온 힌턴의 죽음은 더욱 유별났다. 박애주의자 협회의 연회에 참석했을 때 사회자가 여성 철학자들을 위한 건배를 제안했다. 힌턴은 잔을 들다가 땅에 떨어뜨리고는 그만 죽고 말았다. 당시 사회 분위기의 영향으로 그의 사망기사는 그의 작품만큼 피칭 머신의 발명에 중점을 두었다.

구르지 않는 평평한 세상

에드윈 애벗 애벗 역시 고차원에 매력을 느껴 초등학교 교장에서 작가로 변신한 사람이었다. 힌턴과 비슷한 점은 그것이 전부였다. 적어도 생활방식에서 애벗은 힌턴이 방탕했던 것과는 정반대로 신앙적이었고 성실했으며 경건했다. 그에게 태만과 게으름 그리고 거짓은 용서받을 수 없는 죄악이었다.[15] 그러나 애벗의 종교는 딱딱한 내용의 잡다한 것이 아니라 다양한 배경을 가진 사람들에 대한 관용과 교육에 대한 사랑이 피운 꽃이었다.

1838년에 태어난 애벗은 케임브리지의 세인트존스 칼리지를 다닌 후 영국 국교회 신부가 되었고 젊은 나이인 스물여섯 살 때 런던 초등학교를 책임지게 되었다. 도시의 한가운데 위치한 이 학교는 다양한 계급과 종파로 이루어진 런던 사람들의 낙원이었다. 애벗은 이러한 다양성을 좋아했다. 그래서 좀더 높은 수준의 학교를 맡을 수 있는 기회를 거절했다. 대신 그는 런던 초등학교를 그 당시 소년들을 위한 진보적이고 개혁적이며 과학적인 교육의 중심지로 바꿔놓았다. 학생 수의 증가로 학교가 비좁아지자 애벗은 넓은 최신식 실험실과 편안한 강의실, 그리고 충분한 운동장을 갖춘 건물을 짓기 위해 정열적으로 일했다. 교육 개혁에 대한 그의 관심은 디킨스를 비롯한 19세기의 진보적 사상가들에게 영향을 주었다.

애벗이 지은 새로운 건물은 아름다웠다. 템스 강 우측에 위치한 이 건물은 학교라기보다는 르네상스 시대의 궁전 같았다. 빛나는 흰색 석재와 벽돌로 쌓은 건물 앞에는 프랜시스 베이컨, 윌리엄 셰익스피어, 존 밀턴, 그리고 아이작 뉴턴과 같은 저명한 영국인들의 동상이 세워졌다. 이 동상들은 이 학교의 교장이 무엇을 추구하고 있는지를 잘 보여주었다. 애벗은 베이컨의 철학, 셰익스피어의 문법, 성경 해석, 그리고 물리학 분야의 전문가였다.

애벗이 꿈꾸던 건물의 완공은 더 만족스러운 다른 종류의 건축을 위해 더 많은 시간을 할애할 수 있다는 것을 뜻했다. 그것은 바로 생각을 종이 위에 옮기는 일이었다. 여호수아가 모세를 대신해 약속의 땅으로 들어가는 구약성서의 비유에 감동되어 그는 한때 사표를 내고 전임 작가와 학자가 될 생각을 했던 것이다. 물론 그는 교장 자리에 7년을 더 머물렀지만, 이 기간 동안에 베이컨의 전기, 그리고 고차원에 대한 과학적 관심을 나타낸 유명한『평평한 세상』같은 그의 가장 창의적인 작품들을 썼다.

베이컨 전기에서 애벗은 이 영국 철학자의 독립적 사고를 찬양하고 과학 발전을 가로막는 많은 편견과 싸운 일들을 기술해놓았다. 애벗은 특히 베이컨이 어떻게 아리스토텔레스주의자들의 완고함과 싸웠는지를 자세히 설명했다.『평평한 세상』의 주인공도 세상에 여분의 차원이 있다는 것을 그가 속한 사회의 '아리스토텔레스주의자들'에게 증명하기 위한 싸움을 벌인다. 이 책은 그들이 "4차원, 5차원, 심지어는 그보다 높은 6차원의 더 높은 비밀을 열망하여 상상력을 넓힐 수 있도록" 하기 위해 "공간의 주민들"에게 헌정되었다.[16]

애벗은『평평한 세상』을 주인공의 관점에서 기술했으며 기적적으로 발견된 일기장의 내용으로 구성했다. 1884년에 출판된 초판에서는 애벗의 이름이 어느 곳에서도 발견되지 않는다. 대신 이 책에는 주인공의 이름인 A. 스퀘어의 서명이 들어 있었다. 수학자 루디 럭커는 이것이 애벗의 중간 이름과 성이 같은 사실을 제곱(영어로 스퀘어는 제곱을 뜻한다)으로 나타낸 것이었다고 지적했다.[17] 어쨌든 A. 스퀘어라는 이름은 기하학적 모양을 의미하며 스퀘어는 다른 많은 모양들과 함께 2차원 세계에 살고 있다.

제목에도 불구하고『평평한 세상』은 상당한 깊이를 가지고 있는 이야기이다. 애벗은 평면에 한정되어 있는 대단히 계층구조적인 사회를 묘사했다. 이 사회에서는 변의 수가 운명을 결정했다(많을수록 더 상급 계층이다). 삼각형은 서민대중(노동자나 군인)으로 이등변삼각형보다 더 낮은 계급이다. 전문직에 속하는 사각형(이 책의 주인공과 같은)과 오각형은 좀더 나은 대우를 받고 있다. 귀족에 속하는 육각형은 오각형보다 높은 계급이다. 이 사회의 가장 높은 계급은 사제인 원이며 가장 낮은 계급은 선분(또는 아주 높이가 낮은 삼각형)으로 여자이다.

애벗이 코르셋을 단단히 조여 매는 풍조가 있던 빅토리아 시대에 이런 글을 썼다는 것을 감안하면 그가 어떤 문화를 풍자했는지 명확해진다. 말도 안 되는 계층구조를 가진 사회를 묘사할 뿐만 아니라 공간의 고립된 한 부분(영국과 같은 섬나라)을 그림으로써 애벗은 자신들 너머를 보지 못하는 영국 사람들을 풍자하고 있다. 스퀘어가 진실을 발견하고 그것을 그들에게 보여주려고 할 때도 평평한 세상의 주민들은 고차원이 존재한다는 것을 믿지 않으려 한다. 역설적이지만 케일리, 클리퍼드, 실베스터, 힌턴과 같은 사람들 덕분에 빅토리아 시대 사람들은 고차원의 의미를 심각하게 받아들인 최초의 영국인들이었다. 그런 점에서 보면 그들은 애벗이 풍자한 것보다는 덜 닫힌 사람들이었다.

스퀘어가 평면 밖의 세상에도 생명체가 살고 있다는 것을 알아차리는 경험은 준종교적 체험이었다. 스퀘어는 3000년대(평평한 세상의 달력으로)가 시작되는 날 새벽에 계시를 받았다. 부인과 이야기를 하고 있던 스퀘어는 갑자기 방에 있는 어떤 존재를 인식하게 되었다. 그것은 그가 이전에 경험한 정상적인 원에게는 가능하지 않은 방법으로 크기를 바꾸는 대단한 원이었다.[18]

그 원은 평평한 세상을 뚫고 나타난 구였다. 구는 위로 올라옴에 따라 둥근 빵을 자를 때 지름이 커지는 것처럼 평평한 세상 사람들에게는 원의 지름이 커지는 것처럼 보였다. 자기가 살고 있는 평면 밖을 내다볼 수 있는 눈을 가지고 있지 않았으므로 스퀘어는 처음에 전체를 볼 수 없었고 부분이 연속적으로 나타나는 것만을 볼 수 있었다. 이것은 힌턴이 초입방체를 보여주는 방법과 비슷했다.

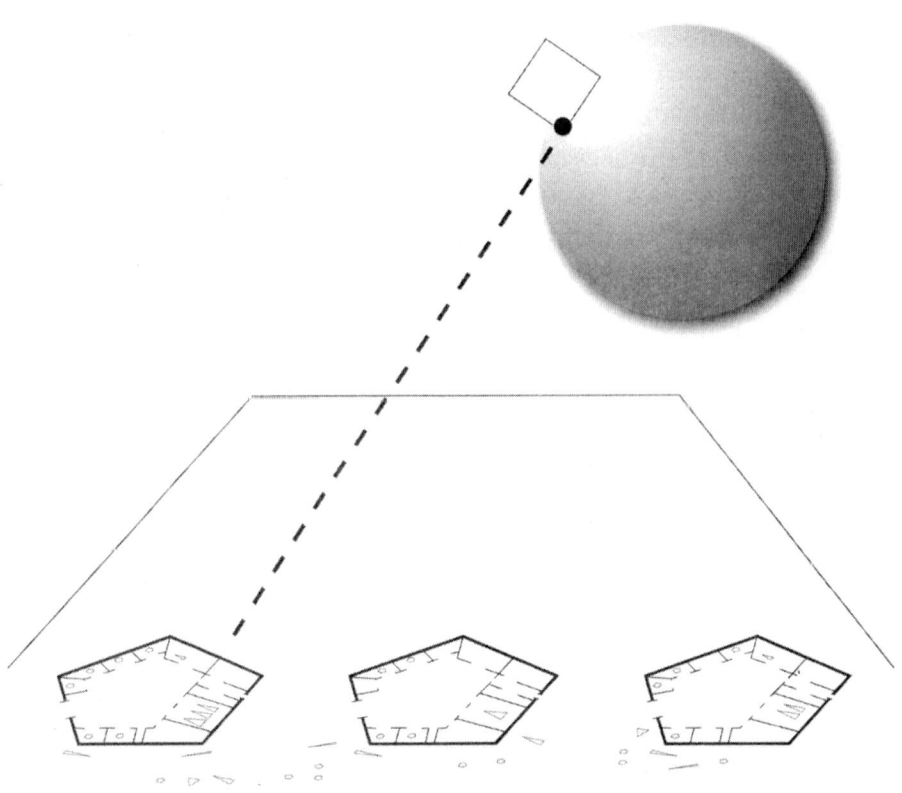

스퀘어는 구가 자신을 3차원 공간으로 들어 올리자 2차원인 평평한 세상의 전경을 관찰할 수 있었다. 새로운 관점에서 그는 모든 사람들과 장소 그리고 물건의 안과 밖을 동시에 볼 수 있었다.

'3차원의 복음'을 전해주러 왔다고 선언한 구는 스퀘어를 제자로 임명했다. 스퀘어는 구가 자기를 실제로 평면에서 공간으로 들어 올릴 때까지는 믿을 수가 없었다. 피터 팬에 매달려 하늘을 난 웬디처럼 자기 나라 위를 날면서 그는 집과 나무 그리고 사람들을 살펴볼 수 있었다. 그러나 웬디와는 달리 그는 밖은 물론 안쪽까지 모두 볼 수 있었다. 집 안에 있는 가구에서 아내의 몸속까지, 공간이라는 우월한 위치에 있는 그의 눈을 피해갈 수 있는 것은 아무것도 없었다. 네 변을 가지고 있는 이 영웅은 삽시간에 3차원의 열렬한 신봉자로 바뀌었고 그의 나라 사람들에게 이 복음을 전해주려고 했다. 그러나 그들은 그를 정신 나간 사람 취급을 하고 가두어버렸다. 그는 나머지 생애를 구금된 채로 공간에 대한 진실을 전해줄 수 없음을 한탄하며 보내야 했다. 소설은 그의 한탄으로 끝난다.

나는 사람들을 개종시킬 수 없었으므로 내가 볼 수 있다고 해도 새천년의 계시는 아무것도 아닌 것이 되었다…… 그러나 이 기억이 내가 알지 못하는 어떤 방법으로든 어떤 차원에 살고 있는 인간들에게 전해져서 한정된 차원에 구속되는 것을 거부하는 사람들을 고무할 수 있기를 바란다.[19]

실제로 애벗을 통해 스퀘어가 한 일은 아무것도 아닌 일이 아니었다. 많은 독자들이 『평평한 세상』을 환상적인 수학의 세계 속으로 여행을 떠나는 출발지로 이용했다. 그리고 그것은 디오니스 버거의 『둥근 세상』, A. K. 듀드니의 『평면우주』, 그리고 최근의 이언 스튜어트의 『더 평평한 세상』 등 차원의 다른 면을 강조한 많은 다른 속편들을 파생시켰다.

미래를 향한 고속도로

19세기 동안에 수학적으로 체계를 갖춘 것은 고차원 **공간**이었고, **시간**을 네번째 차원으로 간주한 사람은 거의 없었다. 달랑베르와 라그랑주의 간단하고 단순한 제안은 고차원 공간과 비유클리드 기하학에 대한 열광과 관심 속에 실종되었다. 휘어진 공간, 만나는 평행선, 비밀스런 영혼의 영역은 단지 시계를 가리키는 것보다 훨씬 다양한 즐거움을 제공했다.

그러나 19세기 말에 진자가 다시 반대쪽으로 움직이기 시작했다. 공간을 통해 진화한 힌턴의 4차원 입방체에 대한 생각과 평면을 통해 올라옴에 따라 원이 커지거나 줄어드는 것을 보여주는 애벗의 구에 대한 형상은 4차원의 시간적 양상을 나타내는 것이었다. 사상가들이 공간과 시간을 연결할 생각을 하는 데까지는 그리 오랜 시간이 걸리지 않았다.

1885년에 자신의 이름을 'S'라고 서명한 한 작가는 「4차원 공간」이라는 제목의 통찰력 있는 논문을 『네이처』에 실었다(물리학자 제임스 베칠러는 'S'가 때로 그렇게 서명하곤 했던 실베스터라고 추정했다).[20] 이 논문은 시공간을 제안함으로써 아인슈타인과 민코프스키 상대론의 길잡이가 되었다.

우리는…… 시간을 통해 이어지는 새로운 3차원 공간이 존재한다는 것을 인식해야 한다. 그리고 주어진 시간 동안 특정한 물체가 시공간에서 연속적으로 갖는 위치로 인해 형성되는 집합체를 그림으로써 우리는 초입방체라고 부르는 4차원 입체의 개념을 얻을 수 있다…… 태어나면서부터 현재까지의 자신의 신체 모습의 집합체를 생각해보면 시공간에서의 초입방

체에 대한 아이디어를 쉽게 얻을 수 있을 것이다.[21]

이 논문이 출판될 즈음에 런던에 있는 왕립 과학 칼리지(현재는 임페리얼 칼리지의 일부가 된)의 학생이었던 허버트 조지 웰스는 급우로부터 처음으로 4차원에 대해 배웠다. 1866년에 브롬리(런던 남부)에서 상인의 아들로 태어난 웰스는 열여덟 살에 대학 생활을 시작했다. 그의 첫번째 교사였던 저명한 생물학자 토머스 헉슬리는 혁명적인 진화론의 새로운 이론을 그에게 소개해주었다. 웰스는 과학에 매료되어 몇몇 친구들과 함께 『과학 학교 잡지』라는 학술지를 창간하여 편집했다. 1887년 4월에 그의 동료 학생이었던 E. A. 해밀턴 고던이 이 잡지에 「4차원」이란 글을 실었다. 웰스는 이 주제에 큰 흥미를 느껴서 곧 이에 대한 이야기 「시간 탐험」을 같은 잡지에 실었다.[22]

웰스는 『투명인간』을 비롯하여 「놀라운 방문」, 「데이비슨의 눈의 놀라운 경우」, 그리고 「플래트너의 이야기」 등 4차원과 관련된 많은 단편소설을 쓴 작가이자 4차원 개념의 연구자가 되었다. 이 이야기들에서 그는 4차원을 빛이 통과하는 인간의 몸, 우리 우주와 평행한 우주, 수천 킬로미터 떨어진 곳에 있는 물체를 볼 수 있는 눈, 뒤집어진 해부학 등과 같이 비현실적인 현상을 정당화하는 도구로 사용했다. 예를 들면 뫼비우스의 띠처럼 비비꼬인 「플래트너의 이야기」에서 그는 "플래트너가 오른쪽과 왼쪽을 바꾸는 것은 그가 4차원이라고 부르는 공간으로 나갔다는 것의 증거이다"[23]라고 썼다.

차원의 문제를 다룬 웰스의 가장 유명한 소설은 「시간 탐험」을 기초로 하여 1895년에 출판한 『타임머신』이다. 이 소설은 시간여행을 할 수 있는 기계를 발명한 발명가의 이야기이다. 그는 이 기계를 이용하여 수

백만 년 후의 미래를 여행하여 이상한 모습으로 진화한 인류의 후손을 만난다. 빅토리아 시대로 돌아온 그는 자신을 믿지 않는 친구에게 자신의 경험담을 이야기해주고는 그 기계를 타고 사라져 다시는 돌아오지 않는다.

시간여행자가 그의 친구에게 기계의 작동을 설명하는 방법은 'S'가 설명한 이론과 놀랄 정도로 비슷하다. 웰스는 시간과 공간은 같은 실재의 일부이기 때문에 시간여행은 가능하다고 주장한다. 초입체와 시공간의 개념을 이 소설에 나오는 이야기를 통해 비교해보자. "여기 여덟 살, 열다섯 살, 그리고 스물세 살 때의 초상화가 있다. 모두 과거의 한 장면이다. 다시 말해 모든 초상화는 그의 4차원적 존재의 3차원적인 단면이므로 고정되어 있고 변경이 불가능하다."[24]

웰스가 'S'의 논문을 읽었는지 아니면 시간을 네번째 차원으로 생각하는 일반적인 생각에 익숙했는지는 확실하지 않다. 흥미롭게도 『타임머신』에서 웰스는 이 문제를 조금 다른 각도로 접근한, 역시 『네이처』에 실린 뉴컴의 연설을 언급하고 있다. "일부 철학적인 사람들은 왜 **3차원**이 특별한가 또는 왜 또 하나의 방향은 다른 세 방향에 수직이 아닌가 하는 질문을 자주 받는다. 그리고 그들은 4차원 기하학을 구성하기 위해 노력하고 있다. 사이먼 뉴컴 교수는 한 달 전쯤에 뉴욕 수학협회에서 이 문제에 대해 강의를 했다."[25]

뉴컴은 1893년 12월에 뉴욕 수학협회(미국 수학회로 개칭하기 직전에)에서 '현대 수학 사상'에 대해 언급했다. 이 강연에서 그는 수학자와 물리학자가 가지고 있는 4차원의 개념 차이를 강조했다. 뉴컴은 다음과 같이 말했다.

소년이 공부를 해나가는 동안에 어떤 단계에서 2차원을 지나 3차원으로 나가듯이 많은 수학자들도 같은 3차원을 지나 4차원으로 다가간다…… 우리가 바닥에 그려놓은 원을 쉽게 넘어올 수 있듯이 4차원의 구 속에 들어가 있는 수학자는 그것을 간단히 넘을 수 있을 것이다. 공간에 네번째 차원을 더하면 무한히 많은 종이를 쌓을 수 있듯이 나란히 존재하는 무한히 많은 우주를 위한 공간이 생긴다.

물리학의 관점에서 보면 네번째 차원의 실재성을 받아들이는 문제는 흥미 있는 문제이다. 관측과 관련해볼 때 우리가 말할 수 있는 것은 모든 합리적인 결론은 네번째 차원의 실재성에 반한다는 것이다. 물리학에서의 어떤 추론도 한 점의 위치를 세 개의 좌표로 나타내는 것보다 더 일반적이거나 완전하지 않다. 빛과 관련된 현상은 에테르의 진동을 포함한 어떤 진동도 3차원 밖으로 나간다는 것을 보여주지 않았다. 만약 우리 우주 밖에 다른 우주, 또는 수없이 많은 다른 우주들이 있다고 해도 우리가 말할 수 있는 것은 그것들이 우리 우주에 영향을 주고 있다는 어떤 증거도 없다는 것뿐이다.[26]

뉴컴의 연설은 20세기와 21세기 이론물리학의 중심 과제의 일부를 예측하고 있다. 수학에서의 고차원에서 과학은 어떤 물리적 의미를 이끌어낼 수 있을까? 후에 아인슈타인과 민코프스키가 보여주었듯이 시간을 네번째 차원으로 받아들인다면 보이지 않는 또 다른 차원이 아직도 존재하는 것일까? 그렇다면 그것의 물리학적 중요성은 무엇일까? 우리가 그런 우주를 관측할 수 없는 것을 어떻게 설명해야 할까?

이런 의문들은 모든 자연적인 힘들의 통합 이론을 연구하는 동안에 대두되었다. 모든 다양한 측면을 일목요연하게 설명하여 자연을 통일하는 만물의 이론을 구하는 문제는 과학 분야의 가장 매력적인 목표가 되었다. 많은 물리학자들은 시공간 너머에 있는 고차원에 대한 이해를 통해서만 이런 목표를 달성할 수 있다고 믿고 있다.

3. 물리학자의 돌 :
전기, 자기 그리고 빛의 통합

수학자가 아닌 사람들은 4차원에 대한 이야기를 듣게 되면

신비한 마술에 의해 깨어났을 때와 크게 다르지 않은 전율을 느낀다.

그럼에도 불구하고 우리가 4차원 시공간의 연속체 속에

살고 있다는 것은 상식에 속하는 이야기이다.

―알베르트 아인슈타인, 『상대론』에서

자연의 통합

자연에는 극명한 대조와 미묘한 연결이 공존한다. 하늘을 가로질러 빛나는 번개와 물속을 헤엄치는 형광물고기가 내는 부드러운 빛, 고요한 연못에 돌을 떨어뜨렸을 때 만들어지는 조용한 파동과 폭풍이 만들어내는 큰 파도, 큰 산의 반을 묻어버리는 눈사태가 내는 굉음과 아무런 소리도 내지 않고 계속되는 달의 조용한 공전 운동…… 우리의 감각은 이런 현상들의 다양성을 이야기하고 있지만 우리 정신은 이런 현상을 나타나게 하는 공통적인 물리적 원리를 찾아내려고 한다.

여러 해 동안 과학은 자연의 힘이 여러 가지로 위장할 수 있다는 것을 알게 되었다. 거대한 나무를 잔인하게 쓰러트리는 전기력이 나무의 펄프로 만든 작은 종잇조각을 서로 붙게 하기도 한다. 수십억 톤의 물을 갯벌로 밀어 넣는 중력이 어린이들이 물위에서 물수제비를 띄우며 놀 수 있도록 해준다. 힘은 세기도 하고 부드럽기도 하며 얼굴은 다르지만 연기자는 하나이다.

뉴턴 이래 과학자들은 세상의 통일성과 다양성을 설명하는 포괄적인 방법을 찾아왔다. 물체를 끌어당겨 땅으로 떨어뜨리는 중력이 행성들을 궤도를 따라 태양 주위를 돌게 한다는 뉴턴의 뛰어난 추론은 모든 자연의 힘들을 포괄하는 설명을 찾으려는 계기를 제공했다. 이런 목표를 가지고 18세기부터 과학자들은 전기와 자기에 대한 탐구를 시작했다.

1785년에 프랑스의 물리학자 샤를 오귀스탱 드 쿨롱은 비틀림 저울이라는 장치를 이용하여 전하 사이에 작용하는 힘과 자석 사이에 작용하는 힘을 측정하는 데 성공했다. 그는 중력과 마찬가지로 이 힘들도 거리 제곱에 반비례한다는 것을 알아냈다. 다시 말해 거리 제곱에 반비례해서 전하 사이에 작용하는 힘과 자석 사이에 작용하는 힘이 줄어들었다. 예를 들어 대전된 구 사이의 거리를 두 배로 하면 이들 사이에 작용하는 전기력은 4분의 1이 되었다. 만약 자석을 똑같은 방법으로 옮겨놓으면 자기력도 마찬가지로 줄어들었다.

그후 수십 년 동안 앙드레 마리 앙페르, 한스 크리스티안 외르스테드, 빌헬름 베버, 조셉 헨리, 그리고 마이클 패러데이와 같은 과학자들이 변하는 전류와 자기력의 성질에 대한 실험을 했다. 그들의 연구는 전기와 자기 사이에 깊은 관계가 있다는 생각을 품게 했다. 전기와 자기의 상호작용에 대한 많은 정보를 알게 된 19세기 중반이 되자 이 힘들의 기초이론을 밝혀줄 두번째 뉴턴이 필요해졌다.

빠른 전류

굽이치는 강으로 경계 지어진 황무지 한가운데 자리 잡은 농장에서 자라난 제임스 클러크 맥스웰이 자연이 연출하는 놀라운 연극을 잘 알고 있었던 것은 당연한 일이다. 우르 강의 소용돌이치는 물가에 있는 바위투성이의 강둑을 따라 걷던 외로운 소년은 물소리와 지나가는 바람소리가 만나서 만들어내는 소리를 들으며 자라났다. 그는 마치 올챙이로부터의 성공적인 변태를 축하하듯이 요란하게 울어대는 개구리의 울음

소리에서 자연의 신비를 경험했다. 그는 이런 것들과의 대화를 사람들과 수다를 떠는 것보다 훨씬 더 좋아했다. 그의 뛰어난 마음은 이들의 언어를 해석하는 방법을 찾고, 자연 속에 숨겨진 형식을 풀어내도록 했다. 그의 어머니는 모든 아름다운 것은 신으로부터 왔다고 가르쳤다. 그는 그것을 마음속 깊이 믿었지만 장엄한 자연 현상의 기초가 되는 원리를 이해하고 싶어했다.

맥스웰이 여덟 살이 되던 1839년에 어머니가 죽었다. 그는 자신의 생각에 더욱 깊이 빠져들어갔다. 몇 년간 가정교사에게 배운 그는 에든버러 학교에 보내졌다. 그곳에서 동급생들은 그를 대프티*라는 별명으로 부르며 놀렸다. 그들은 그가 왜 어린이들이 즐기는 놀이보다 복잡한 그래프를 그리거나 기계 장치 만드는 것을 좋아하는지 이해할 수 없었다.

단 6년 동안만 공식 학교에 다닌 맥스웰은 4원수의 창시자인 윌리엄 해밀턴이 교수로 있는 에든버러 대학에 진학했다. 그곳에서 어린 시절의 흥미를 실험과학과 고등수학에 대한 사랑으로 꽃피우게 되었다. 그는 곧 공부를 계속하기 위해 케임브리지로 갔다.

대학 생활에 익숙해지고 연구에서 많은 성공을 거두었지만 맥스웰은 때때로 자연의 자유를 그리워했다. 케임브리지 강의 강물처럼 조용한 일상 속에 정착했지만 어린 시절에 보았던 성난 물결이 그의 혈관 속을 흐르고 있었다. 소로와 휘트먼이 그랬던 것처럼 그는 강력한 자연의 힘 사이에 있는 깊은 연관관계를 알아내고 싶어했다. 그는 특히 울적한 날 쓴 일기장에 "아, 그런 사람들이 더욱 현명하며, 열려 있는 신비를 향해 침침해진 눈을 뜰 것이다"[1]라고 써놓았다.

---

* Dafty, '어리석은'이라는 뜻.

그러한 수수께끼를 설명하기 위해 1855년부터 맥스웰은 그의 분석 능력을 전기와 자기를 연구하는 데 쏟기 시작했다. 당시에는 이 문제에 접근하는 방법이 두 가지 있었다. 한 가지 방법은 힘은 '원격작용'에 의해 작용한다는 뉴턴의 주장에 기초한 것으로, 점전하나 자석의 극들 사이에는 서로를 잇는 가상적인 끈이 있어 이 끈에 의해 힘이 작용한다고 설명하는 것이었다. 맥스웰은 이런 설명이 너무 추상적이라고 생각하고 별다른 관심을 보이지 않았다.

또 다른 접근 방법은 패러데이가 개발한 방법으로 모든 공간에 펴져 있는 거미줄같이 연결된 어떤 것이 힘을 전달하는 것으로 보는 것이다. 수학을 잘 몰랐던 패러데이가 그렇게 표현하지는 않았지만 이것은 장 개념의 기초가 되었다. 그는 철가루와 같은 물질들이 전하나 전류, 그리고 자석 주위에 배열되는 것을 보고 이런 생각을 하게 되었다. 패러데이는 이것을 세 권으로 된 「전기의 실험적 연구」라는 보고서에 정리해놓았다.

맥스웰은 패러데이의 책에 자극을 받았고 손에 잡힐 것 같은 물리적 설명에 매료되었다. 패러데이의 실험적 발견을 표현하는 수학적 언어를 개발하기 위해 맥스웰은 유체의 흐름을 기술하는 방법과 유사한 방법을 사용하기로 했다. 그는 전기력선(또는 자기력선)이 샘물이 솟아오르듯이 플러스 전하(또는 자석의 N극)에서 생겨나 사방으로 펴져나간다고 생각했다. 반면에 마이너스 전하로 다가오는 전기력선(또는 S극으로 다가오는 자기력선)은 배수구로 빠져나가는 물처럼 한 곳으로 모인다. 따라서 플러스 전하를 '소스sources'로 마이너스 전하를 '싱크sinks'로 간주하고 전기장의 구조를 그리기 위해 유체의 흐름을 나타내는 유체역학의 방정식을 사용했다. 그는 자기장을 나타내기 위해서도 비슷한 방법을 사용했다. 그렇게 함으로써 그는 장의 개념이 원격작용으로 힘이 작용한다고 생각하는 것보다 훨씬 우수하다는 것을 보여주었다. 맥스웰은 후에 시를 지어 그의 승리를 축하했다.

> 오! 힘의 지배가 이제 끝났도다. 이제 더 이상은 없도다.
>
> 그대의 작용을 조심하라.
>
> 반발은 우리를 전에 있던 곳에 머물게 하고
>
> 인력도 그렇게밖에는 하지 못하는구나.[2]

1856년에 맥스웰은 케임브리지를 떠나 애버딘의 마리샬 칼리지로 자리를 옮겼다가 다시 런던에 있는 킹스 칼리지로 옮겼다. 그곳에서 그는 전기학과 자기학 그리고 광학 사이의 놀라운 관계를 발견했다. 그가 발견한 네 개의 기초 방정식은 전기장과 자기장이 서로 어떤 영향을 주는지와 이들과 이들의 근원이 되는 전하와 전류와의 관계를 나타낸다. 간단히 말해서 전하는 전기장을 만들어내고 전류, 즉 움직이는 전하는 자기장을 만들어낸다. 그리고 변해가는 자기장은 전기장을 발생시키고, 변해가는 전기장은 자기장을 발생시킨다.

현재는 맥스웰 방정식이라고 부르는 이런 관계를 풀어냄으로써 그는 전기장과 자기장의 진동인 전자기파의 성질을 추정할 수 있었다. 전자기파는 차로 꽉 막힌 도로에서 차가 차례로 움직이듯이 공간을 통해 전파된다. 하나가 움직이면 다음 차가 조금 움직이고, 또 다음 차가 움직인다. 이러한 파동의 속도를 계산해본 그는 전자기파가 빛의 속도로 전파된다는 것을 알아냈다. 그 결과 그는 빛은 전자기파라는 혁명적인 결론을 이끌어낼 수 있었다.

맥스웰 시대의 과학자들은 모든 파동은 물질을 통해서만 전파된다고 믿었다. 바다의 파도는 물을 통해 전파되고 지진은 땅을 통해 전파된다. 그렇다면 전자기파를 전파시키는 매질은 무엇일까? 맥스웰을 비롯한 과학자들은 공간이 에테르라고 하는 눈에 보이지 않는 매질로 가득 차 있다고 생각했다. 전자기파인 빛은 에테르의 진동을 통해 전파된다고 생각했다.

후에 맥스웰은 케임브리지로 돌아와 캐번디시 물리학 연구소를 개설 하는 것을 도왔다. 그곳에서 그는 동료 과학자들의 고차원 이론에 대한 관심이 늘어나는 것을 볼 수 있었다. 그는 모든 물체의 상호작용을 기하 학으로 나타내려는 클리퍼드의 시도를 흥미 있게 지켜보았다. 그는 또 한 아서 케일리와 펠릭스 클라인의 고차원에 대한 연구를 주시했다. 맥 스웰은 심지어 밸푸어 스튜어트와 함께 『보이지 않는 우주』를 쓴 친구 피 터 테이트가 인간의 영혼은 에테르의 소용돌이라고 주장한 이상한 이론 에도 관심을 가졌다. 헨리 슬레이드가 맨 매듭처럼 이 소용돌이는 4차원 에서만 풀 수 있다. 그가 마지막으로 쓴 시 중 하나에서 맥스웰은 이 이 론을 점잖게 언급했다.

내 영혼은 얽힌 매듭
액체 소용돌이의 작품
지성에 의해, 보이지 않는 곳에 살고 있는,
그리고 그대의 옷은 죄수의 좌석
쇠막대로 그것을 풀려 하면
매듭이 영원하다는 것을 발견할 뿐
그것을 풀 수 있는 도구들은

그대의 환상처럼 흩뿌려진

우주의 긴 통로,

4차원 공간에 존재하기 때문에

유한하고 속박에서 풀린 조각들로

클라인과 클리퍼드가 공허를 메워

그리고 마침내 무한은 이제 파괴되었다고 생각했다.[3]

맥스웰은 현실적인 물리학적 사실성을 포함한 실제적 자연 이론을 훨씬 더 좋아했다. 그는 자신의 전자기학 모델을 실제 유체의 흐름으로 설명하기를 좋아했고, 그래서 그는 에테르를 그 유체라고 생각했다. 맥스웰이 죽고(1879) 30년도 되지 않아 과학자들이 에테르의 존재를 부정하고 그의 이론을 4차원에서 재구성한 것은 재미있는 일이다.

이론의 충돌

모든 면에서 맥스웰의 전자기 이론은 대단히 성공적인 이론이었다. 그것은 그 당시 알려져 있던 세 가지 자연의 상호작용 중에서 두 개를 통합했다. 전기력과 자기력은 전자기력으로 통합되었고 단지 중력만 홀로 남게 되었다. 더구나 장의 개념은 원격작용보다 훨씬 더 많은 가능성을 가지고 있는 것처럼 보였기 때문에 중력도 이처럼 같은 우산 아래로 통합될 수 있을지 모른다는 희망을 가지게 되었다.

실험과학자들의 노력 덕분에 맥스웰의 이론은 빛의 성질을 예측할 수 있게 되었다. 전자기파는 가시광선 외에도 넓은 범위의 진동수를 가지고 있다. 1888년에 독일의 물리학자 하인리히 헤르츠는 가시광선보다 훨씬 낮은 진동수를 가지는 전파를 발생시키는 데 성공했다. 헤르츠는 현대의 라디오나 텔레비전 방송에서 그러듯이 진동하는 전류를 이용해 전자기파를 발생시켰다. 적외선, 자외선, 엑스선을 비롯한 다른 보이지 않는 전자기파들도 곧 발견되었다. 맥스웰의 방정식은 전자기파가 압력을 가할 수 있다고 설명했고 이는 1901년에 증명되었다.

그러나 맥스웰의 이론에는 몇 가지 어려운 문제가 있다. 그것은 방정식 자체의 문제가 아니라 방정식을 어떻게 해석하느냐 하는 문제였다. 그중 하나는 개념적인 문제였다. 전자기파가 에테르를 통해 전파된다는 맥스웰의 가설은 실험을 통해 증명되지 못했다. 과학자들은 모든 노력을 다했지만 에테르를 검출하는 데 실패했다. 그럼에도 불구하고 파동이 아무것도 없는 것을 통해 전달된다고는 상상하기 어려웠기 때문에 어떤 방법으로든 에테르가 발견될 것이라는 희망을 품었다.

맥스웰 방정식과 뉴턴 역학 사이의 관계 역시 맥스웰 방정식의 어려움 중 하나였다. 맥스웰의 방정식에 따르면 특정한 물질 속이나 진공 중을 진행해가는 동안 빛의 속도는 상수여야 한다. 다시 말해 관측자의 관점에 관계없이 빛의 속도는 항상 상수여야 하는 것이다.

반면 뉴턴의 운동법칙에 따르면 물체의 속도는 관측자의 속도에 따라 달라져야 한다. 관측자가 점점 더 빠르게 운동하면 같은 방향으로 운동하는 물체의 속력은 점점 느리게 관측된다. 측정하려고 하는 물체와 똑같은 속도로 달리는 극단적인 경우에는 물체가 정지해 있는 것처럼 관측되게 된다.

예를 들어 같은 방향으로 나란히 설치된 두 개의 자동 전동보도가 같은 속도로 움직이는 경우를 생각해보자. 부인이 한쪽 전동보도에 올라

타고 동시에 남편이 다른 전동보도에 올라타서 가는 경우 두 사람은 서로가 서 있는 것처럼 느낄 것이다. 그들은 모든 일을 두 사람이 땅 위에 서 있을 때처럼 할 수 있을 것이다. 부인이 자신의 전동보도에서 남편이 타고 있는 전동보도로 옮겨 타는 경우도 움직이지 않는 땅 위에서 걷는 것과 마찬가지일 것이다. 뉴턴은 모든 운동에 이런 관계가 성립해야 한다고 주장했지만 빛의 움직임에 대한 맥스웰 방정식은 아무 이야기도 하지 않는다.

1887년에 앨버트 마이컬슨과 에드워드 몰리가 행한 세심한 실험을 통해 이 문제가 심각하게 제기되었다. 맥스웰이 제안한 것과 같은 실험기구를 이용하여 그들은 에테르를 통과해 달리는 지구의 속도가 빛의 속도에 미치는 영향을 측정하려고 시도했다. 그들의 실험기구는 서로 직각인 두 방향으로 같은 거리를 진행한 빛의 속도를 비교하는 것이었다. 이 두 방향은 지구의 운동 방향(따라서 지구의 운동으로 생기는 '에테르 바람'의 방향)과 연관된 서로 다른 방향이었기 때문에 마이컬슨과 몰리는 두 개의 다른 값이 측정될 것으로 기대했다. 그들은 뉴턴의 상대운동의 개념에 근거해 그러한 차이를 예상했다. 그러나 놀랍게도 두 방향의 빛의 속도에는 아무런 차이도 없었다. 그것은 관측자의 속도가 빛의 속도에 아무런 영향을 주지 않는다는 것을 뜻했다. 따라서 그 당시에 알려져 있던 모든 자연 현상과 달리 빛은 뉴턴의 법칙들을 따르지 않았다. 이것은 과학의 역사상 유명한 부정적인 결과를 내놓은 실험이었다. 이 실험은 수없이 반복되었지만 같은 결과를 내놓았다.

1892년에 네덜란드의 물리학자 헨드리크 로렌츠와 아일랜드의 물리학자 조지 피츠제럴드는 이 문제를 해결하기 위해 각각 물체가 운동하는 방향으로는 '에테르 바람'의 압력 때문에 길이가 줄어든다는 가정을 내놓았다. 그들은 지구의 운동 때문에 마이컬슨의 실험 장치의 지구 운동 방향의 길이가 약간 줄어들었다고 가정한 것이다. 이 '로렌츠-피츠제럴드 수축'이 뉴턴 역학에서 예측한 속도의 차이를 상쇄하여 빛의 속도를 같은 속도로 유지시켜준다는 것이다.

그러나 연구자들은 왜 그런 일이 일어나야 하는지를 설명할 수 없었다. 많은 사람들에게 그러한 상쇄는 우연의 일치처럼 보였다. 더구나 만약 빛이 진공 속에서 전파되고 아무도 에테르를 발견하지 못한다면 그런 생각은 설 자리가 없었다. 대단히 성공적인 이론인 맥스웰 방정식과 뉴턴 역학이 충돌할 위기에 처한 것이다.

이 어려움을 해결하기 위해서는 새로운 접근 방법을 가지고, 편견 없이 물리학의 가설들을 분리한 후 새롭게 정리하여 다시 조합할 젊은 사람이 필요했다. 그런 사람이 나타날 때까지는 자연에 대한 통일적인 개념은 시도될 수도 없었다.

빛 쫓아가기

알베르트 아인슈타인은 1879년에 독일 울름에서 태어나 곧 가족과 함께 뮌헨으로 이사했다. 뮌헨의 루이트폴트 고등학교에 다니던 열여섯 살 때부터 아인슈타인은 이미 일생 동안의 연구과제가 된 문제들에 대해 생각하기 시작했다. 뉴턴의 운동법칙과 빛의 속도가 일정하다는 사실을 조화시키는 문제도 그중 하나였다. 그는 빛을 따라잡을 수 있을 만큼 빨리 달린다면 어떤 일이 벌어질까 생각했다.[4] 빛은 서 있는 것처럼 보일까? 그렇다면 빛의 속도는 변하지 않아야 한다는 것을 어떻게 설명해야 할까?

이런 의문은 아인슈타인이 1896년부터 1900년까지 스위스의 취리히에 있는 공과대학에서 공부하는 동안에도 머릿속에 남아 있었다. 취리히 공과대학의 지적인 분위기 속에서 아인슈타인은 이 문제에 대해 일생 동안의 친구가 된 미셸 베소, 중요한 연구 동반자이며 친한 친구인 마르셀 그로스만, 그리고 감정적인 동반자이며 첫번째 부인이 된 밀레바 마리와 같은 뛰어난 친구들과 의견을 나눌 수 있었다.

학위를 받은 후 대학에 자리를 구하지 못한 아인슈타인은 낙담했다. 그러나 그로스만이 스위스의 베른에 있는 특허사무소에 취직할 수 있도록 도와주었다. 특허사무실에서 그는 효율적으로 일했기 때문에 많은 시간을 빛의 문제를 생각하는 데 할애할 수 있었다. 결국 스물여섯 살이 되었을 때 그는 특수상대성 이론이라는 놀라운 해결책을 제시했다.

아인슈타인의 이론은 빛의 속도가 상수라는 사실과 속도가 상대적이어야 한다는 사실을 모두 받아들이고 있었다. 그러면서도 이 이론은 가상적인 에테르를 필요로 하지 않았다. 그 대신 절대적인 공간과 시간에 대한 뉴턴의 생각을 밀어내고 관측자의 상대적인 속도에 따라 달라지는 공간과 시간의 개념을 도입했다.

뉴턴 역학에서 공간은 아무런 역할을 하지 않는다. 그것은 그냥 놓여 있는 것이다. 그 안에서 무슨 일이 벌어져도 공간은 형식을 바꾸지 않는다. 결국 공간은 달리기를 하는 트랙의 거리 표시처럼 공간 안에서 일어나는 운동을 측정하는 고정된 기준을 제공하는 역할만 했다. 조금 더 구체적으로 말하면 3차원 공간은 길이에 해당하는 x축, 너비에 해당하는 y축, 그리고 높이에 해당하는 z축이라는 서로 수직한 세 방향의 달리기 트랙을 가진다. 이 세 축을 이용하면 물체가 우주에서 어디에 위치하는

지를 정확하게 나타낼 수 있다. 어디에 있던 이 지점의 x, y, z 좌표는 정확하고 객관적인 값을 가진다.

뉴턴 역학에서 시간 역시 비슷하게 고정된 기준점을 제시한다. 사건이 일어나는 시간은 누구에게나 같다. 우주의 한 부분에서의 초, 분, 그리고 시간은 우주의 다른 모든 부분에서도 같아야 한다. 이것은 우주의 모든 부분에 통용되는 '우주 시계'를 정의할 수 있게 한다.

절대적인 시간과 공간을 제거함으로써 아인슈타인은 뉴턴 역학과 맥스웰 방정식을 조화시킬 수 있었다. 그는 대신에 상대적으로 운동하는 관측자가 측정한 거리와 시간에 상대적인 의미를 부여했다. 이것은 절대적인 빛의 속도와 관계된 모든 모순을 제거했다.

특수상대성 이론에서는 '시간지연'이라고 부르는 효과가 발생해 여행자의 속도가 빛의 속도에 가까워지면 이 여행자가 가지고 있는 시계는 정지해 있는 시계에 비해 천천히 가게 된다. 이것이 파동을 따라가는 사람의 문제를 해결한다. 만약 달리는 사람의 시계가 특수상대성 이론의 예측처럼 천천히 간다면 그가 아무리 빨리 달려도 빛은 같은 속도로 달리는 것으로 측정된다. 따라서 시간지연이 누구도 빛을 따라 잡을 수 없게 한다.

이 효과에 대한 이해를 돕기 위해 열 줄의 좌석이 있는 연주회장을 생각해보자. 피아니스트가 무대에 앉아 '짧은 왈츠'를 반복해서 연주하고 있다. 다른 관객들은 이 연주회를 이미 보았기 때문에 참석하지 않아 당신이 연주회장에 있는 유일한 사람이라고 가정해보자. 당신은 한동안 뒷줄에 앉아 있었지만 앞으로 다가앉는 것도 괜찮을 것 같다는 생각을 했다. 당신은 아홉번째 줄로 옮겨 앉고, 다음에는 여덟번째, 그리고 일곱번째로, 이렇게 하여 점점 연주자에게 가까이 다가간다.

당신이 유일한 청중이라는 것을 알고 있는 피아노 연주자는 당신을 놀릴 생각을 했다. 당신이 한 줄 더 가까이 다가앉을 때마다 그는 연주 속도를 늦췄다. 당신이 무대 가까이 왔을 쯤에는 거북이 같은 속도로 건반을 두드렸다.

전통적으로 이 '짧은 왈츠'는 연주자가 게으름을 피우는 것을 막기 위해 60초 이내에 연주를 끝내도록 미리 정해져 있었다. 연주자는 공연장에 있는 유일한 시계인 거대한 벽시계에 연주 속도를 조정하는 메트로놈을 일치시켰다. 그가 연주 속도를 늦출 때마다 같은 비율로 벽시계가 가는 속도도 느려졌다.

당신은 연주자의 점점 느려지는 연주 속도의 증거를 찾아내 항의하기로 결정했다. 당신은 앞줄로 이동할 때마다 시간을 측정했다. 당신은 손목시계를 가지고 오지 않아 무대에 걸려 있는 벽시계를 이용해야 했다. 피아니스트가 연주 속도와 같은 비율로 시계를 늦추었기 때문에 시계는 항상 연주 시간이 1분이라고 보여주었다. 따라서 당신의 '객관적 자료'는 당신의 느낌과는 달리 연주 속도는 매번 일정하다는 것을 보여주고 있었다. '시간지연'은 당신의 항의에 필요한 증거를 빼앗아갔던 것과 마찬가지로 빛을 따라가는 사람이 빛의 속도가 느려지는 것을 보지 못하도록 한다.

특수상대성 이론은 뉴턴의 절대공간에 대한 생각 역시 부정했다. 아인슈타인이 수정한 로렌츠-피츠제럴드 수축은 에테르의 존재를 부정하고 정지해 있는 관측자와 물체와 함께 달리고 있는 관측자가 측정한 길이가 다른 값으로 나오게 한다. 따라서 빛의 속도에 충분히 가까운 속도로 운동하는 우주선은 우주선에 타고 있는 사람에게는 30미터로 관측되더라도 특수상대성 이론의 효과로 지상의 관측자에게는 10미터로 관측된다는 것이다.

많은 학자들이 아인슈타인의 '기적의 해'라고 부르는 1905년에 아인슈타인은 처음으로 특수상대성 이론을 제시한「운동하는 물체의 전자기학에 대하여」라는 논문과, 질량과 에너지가 동등하다는 내용의 유명한 식 $E=mc^2$이 들어 있는「물체의 관성은 물체의 에너지에 의존하는가?」라는 논문을 포함한 여러 편의 결정적인 논문을 발표했다. 다른 논문은 그의 학위 논문에 바탕을 둔 것으로 분자의 크기를 계산하는 것이었다. 그는 또한 브라운 운동이라고 알려진 분자적 성질을 설명하는 논문과 광전 효과라고 알려진 빛의 입자적 성질을 나타내는 논문을 발표했다. 이 논문들은 그의 명성을 크게 높여주었다. 물론 상대성 이론이 그를 유명하게 만든 근원이었지만 1921년에 아인슈타인이 노벨상을 받은 것은 상대성 이론이 아니라 광전 효과에 대한 연구 업적 때문이었다.

시공간의 예언자

러시아 출신의 독일 수학자로 아인슈타인의 스승이었던 헤르만 민코프스키는 1907년에 특수상대성 이론의 식들을 전통적인 3차원을 넘어서는 4차원을 이용해 새로운 형식으로 다시 썼다. 그렇게 함으로써 그는 자신도 모르게 달랑베르와 라그랑주의 4차원 개념을 부활시켰고 웰스와 익명의 저자 'S'의 작품에 반향을 보인 것이 되었다. 민코프스키는 시간을 네번째 차원으로 인식하고 시간과 공간을 시공간으로 통합함으로써 특수상대성 이론을 훨씬 더 간단히 나타낼 수 있다는 것을 알게 되었다. 그는 또한 시공간을 이용하면 맥스웰의 전자기학도 더 간단히 나타낼 수 있다는 것도 발견했다.

민코프스키는 1864년에 러시아의 알렉소타스에서 태어났다. 여덟 살 때 그는 부모를 따라 현재는 러시아의 칼리닌그라드인 프로이센의 쾨니히스베르크로 이사했고, 그곳에서 다양한 학교 교육을 받았다. 역사학자 피터 갤리슨은 민코프스키가 동굴의 비유를 포함한 플라톤의 저작들을 접한 것은 이때쯤이었다고 한다.[5] 우리가 감각을 통해 얻는 정보는 진실의 그림자에 불과하다는 생각은 민코프스키에게 큰 영향을 미쳤다.

한때 칸트가 관장했던 쾨니히스베르크 대학에 다니는 동안 민코프스키는 빌헬름 베버로부터 전자기학을 배웠다. 이 분야에 대한 관심은 그가 박사학위를 받은 1885년 이후에도 계속되었고 본 대학에서의 강의로 연결되었다. 본에서 그는 전자기학을 연구했던 헬름홀츠, 헤르츠, 톰슨의 실험연구에 매료되었다. 그가 가우스와 실베스터의 책벌레와 비슷한 비유인 헬름홀츠가 쓴 구 위에 있는 2차원적인 존재에 대해 읽었을 가능성이 있다.

고차원에 대한 민코프스키의 관심은 취리히 공과대학에서 6년 동안 가르친 후에 괴팅겐 대학의 학과장으로 임명됨으로써 더욱 커졌다. 아인슈타인을 가르친 것은 그가 취리히 공과대학에 있을 때였다. 뛰어난 수학자였던 다비트 힐베르트가 민코프스키를 괴팅겐 대학에 초빙했다. 힐베르트는 이미 인정받고 있던 괴팅겐의 수학 분야에서의 위상을 정상으로 올려놓은 펠릭스 클라인이 임명했다.

1905년에 민코프스키와 힐베르트는 전자기학 이론에 관한 일련의 세미나를 공동으로 지도했다. 아인슈타인의 놀라운 발견을 알게 된 것은 그때였다. 힐베르트의 격려에 용기를 얻은 민코프스키는 특수상대성 이론의 급격한 변환에 대응할 수 있도록 개념적인 세상을 새롭게 구성할 방법과 씨름하게 되었다. 비유클리드 공간과 고차원 기하학에 대한 괴팅겐의 신성한 전통에 빠져든 민코프스키는 4차원의 구조 속에서 이 문제를 생각하게 되었다.

아인슈타인과 힐베르트는 물론이고 로렌츠의 연구와 프랑스 수학자 앙리 푸앵카레의 생각 또한 민코프스키에게 큰 영향을 주었다. 아인슈타인을 특수상대성 이론의 아버지라고 한다면 로렌츠와 푸앵카레는 적극적인 관심을 가지고 있는 대부라고 할 수 있다. 그의 이론은 가상적인 에테르를 기초로 하고 있지만 로렌츠는 운동하고 있는 관측자에게나 정지해 있는 관측자에게나 맥스웰의 방정식이 같은 결과를 내도록 하는 변환식을 제안했다. 푸앵카레는 로렌츠 변환식이 시간에 허수를 곱한 값을 네번째 축으로 하는 4차원에서의 회전변환이라는 것을 알아차렸다.

아인슈타인 이전에 로렌츠와 푸앵카레가 특수상대성 이론에 아주 가까이 접근했었다는 것은 흥미로운 일이다. 에테르에 의존했기 때문에 로렌츠는 절대공간과 시간의 개념을 버리지 못했다. 비슷하게 에테르의 존재를 믿었던 푸앵카레는 관점에 따른 공간의 기하학적 변화를 강조했다. 그는 또한 차원과 물리적 감각 사이의 관계를 강조했다. 그는 훈련된 눈이 4차원을 감지할 수 있다는 이론적 가능성을 인정했다. 1903년에 쓴 책 『과학과 가설』에서 그는 다른 광학적 감각을 가진 사람을 상상했다. "그런 세상에서 감각 훈련을 받은 존재는 4차원을 눈으로 보는 공간으로 완전하게 인식할 수 있을 것이다."[6]

그럼에도 불구하고 민코프스키는 4차원의 물리적 가능성을 추구함에 있어 푸앵카레보다 훨씬 대담했다. 푸앵카레와는 달리 그는 4차원 영역은 실재한다는 것과 3차원의 감각은 완전한 환상이라는 것을 확신했다. 반면에 푸앵카레는 "3차원의 용어들이 우리 세상을 묘사하는 데 더 적절하다"[7]라고 썼다. 더구나 푸앵카레는 공간과 시간을 분리된 존재라고 말했지만 민코프스키는 같은 것의 다른 측면이라는 결론에 도달했다.

완전한 연합

민코프스키는 그의 발견을 1908년 쾰른에서 행한 대중 강연에서 발표했다. 그의 연설은 물리학 강연으로서는 매우 이례적인 말로 시작되었다. "여러분들에게 이야기하려고 하는 시간과 공간의 개념은 실험물리학의 토양 속에서 태어났기 때문에 매우 강한 힘을 가지고 있습니다. 그것은 매우 급진적입니다. 공간과 시간은 그들의 그림자만 남기고 사라져버렸고 이 둘의 연합체만이 독립적인 존재를 유지할 뿐입니다."[8]

실제로 민코프스키가 물리학을 4차원으로 새롭게 형식화한 섯은 물리학 발전에 크게 기여했다. 그것은 물리 현상을 묘사하고 분석하는 새로운 수학적 도구를 제공했다. 각각에 대해 서로 다른 속도로 운동하고 있는 각기 다른 관점에서 현상을 볼 수 있도록 하겠다는 상대론의 목표를 간단하게 하는 데 기여했다.

상대론에 대한 민코프스키의 개념을 다루는 공간은 **시공간 다양체** 또는 **연속체**라고 부른다. 근본적으로 시공간 다양체는 우리가 상상할 수 있는 과거에서부터 미래에 이르는 우주 자체를 포함한다. 그것은 과거에 일어났던 사건과 미래에 일어날 사건을 포함한다.

공간의 점들을 대신하는 민코프스키의 상대론의 기본 단위는 시공간의 **사건**이다. 각 사건은 물리 현상이 일어난 위치와 시간을 가지며 이를 시공간 **좌표계**에서 네 개의 좌표로 나타낼 수 있다. 이것은 공간의 위치를 나타내는 x, y, z와 시간을 나타내는 t로 구성되어 있다. 각각의 사건은 좌표를 이용하여 4차원 지도인 **시공간 다이어그램** 위에 나타낼 수 있다.

예를 들어 아인슈타인의 탄생을 시공간 좌표 위에 나타내려고 한다면 그가 태어난 장소(울름의 반호프 가 135번지)의 위치를 나타내는 위도와 경도 그리고 해발 높이를 알아야 하고 그가 태어난 시간(1879년 3월 14일 오전 11시 30분)을 알아야 한다. 그리고 이것을 서로 수직한 x, y, z 그리고 t 좌표축을 이용하여 나타낸 시공간의 다이어그램 위에 표시해야 한다. 그러한 4차원 그래프를 그리는 것은 물리적으로 가능하지 않기 때문에 x와 t만을 선택하는 식으로 그중에서 적절하게 두세 개의 좌표를 선택하여 그려볼 수 있다.

물리학에서는 하나의 사건을 다루기보다는 두 개의 사건(시작점과 종점)을 비교할 때가 많다. 그런 경우에 각 사건을 시공간 다이어그램 위에 나타낸 다음에 시작점과 종점 사이의 공간적, 시간적 변위가 어떻게 달라지는지 조사하게 된다. 이것은 각 점들을 연결한, 방향을 나타내는 화살표 형태의 선분을 이용하여 그래프 상에 나타낼 수 있다. 이러한 수학적인 양을 **4차원 벡터**라고 한다.

예를 들어 한스가 친구 피터에게 축구공을 던진다고 가정해보자. 피터는 한스로부터 동쪽으로 20미터, 북쪽으로 30미터, 그리고 10미터 높은 언덕 위에 서 있다. 피터는 2초 후에 공을 받았다. 따라서 한스가 볼 때 공의 변위는 20미터, 30미터, 10미터 그리고 2초의 네 성분을 이용하여 나타낼 수 있다. 이 네 성분은 **벡터의 성분**이라고 할 수 있다. 한스와 피터의 위치는 시공간의 점을 연결하는 4차원 벡터 선분을 이용하

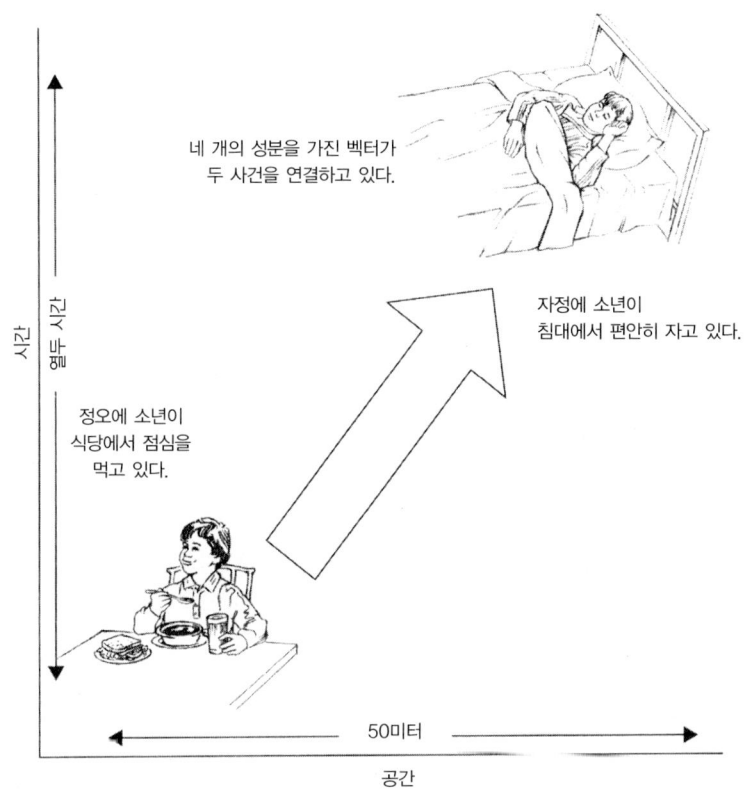

네 개의 성분을 가진 벡터가
두 사건을 연결하고 있다.

자정에 소년이
침대에서 편안히 자고 있다.

정오에 소년이
식당에서 점심을
먹고 있다.

50미터

공간

이것이 시공간 다이어그램의 간단한 예이다. 여기에는 두 개의 분리된 사건, 즉 소년이 정오에 식당에서 식사를 하는 사건과 소년이 자정에 침대에서 자고 있는 사건이 나타나 있다. 두 사건은 네 개의 성분을 가진 벡터로 연결될 수 있다. 이 벡터의 길이는 시공간에서의 간격을 나타낸다. 이것은 시공간에서 두 사건 사이의 가장 짧은 거리를 의미한다. 사건이 일어난 시간과 장소에 따라 시공간 사이의 간격은 양수, 음수 또는 0의 값을 가질 수 있다. 이 다이어그램을 다른 상대적인 관점에서 보기 위해서는 좌표축을 회전하기만 하면 된다.

여 나타낼 수 있다. 피터가 있는 곳에서 끝나는 화살표의 방향은 축구공이 여행한 시공간에서의 방향을 나타낸다.

변위를 나타내는 것 외에도 다른 4차원 벡터가 있다. 예를 들어 속도와 가속도도 네 개의 성분을 가지고 있는 4차원 벡터이다. 일반적으로 4차원 벡터는 크기와 방향을 가진다.

모든 물리량을 4차원 벡터로 나타낼 수 있는 것은 아니다. 기온과 같은 물리량들은 어떤 방향도 가지고 있지 않다. 기상 예보관이 기온이 북동쪽으로 30도일 것이라고 말하는 것은 바보 같은 일이다. 바람의 속도는 방향을 가지고 있지만 온도는 그렇지 않다. 따라서 온도는 방향을 가지고 있지 않은 물리량인 **스칼라**의 대표적인 예이다. 스칼라는 성분을 가지고 있지 않은 단순한 양이다.

미분기하학 분야에서 중요한 역할을 하는 세번째 형태의 물리량은 **텐서**이다. 텐서는 기본적으로 한 수학적 대상을 특정한 방법을 이용해 다른 형식으로 변환시키는 규칙이다. 예를 들어 4차원 벡터에 텐서를 적용하면 다른 4차원 벡터 또는 스칼라로 변환시킬 수 있다. 모든 규칙이 가능한 것은 아니다. 수학자들은 텐서를 특정한 종류의 변환으로 한정한다. 그럼에도 불구하고 텐서는 대단한 유연성을 가지고 있어서 현대 기하학적 표현의 기본적인 도구로 사용되고 있다.

텐서는 자주 바둑판이나 스프레드시트와 같이 행과 열을 가지고 있는 수들의 배열로 나타내어진다. 4차원 벡터를 다른 4차원 벡터로 변환시키는 텐서는 네 개의 행과 네 개의 열이 있는 바둑판과 같다. 각각의 열은 예전 벡터의 네 성분(x, y, z, t)의 한 차원을 나타내고 각각의 행은 새로운 벡터의 네 성분의 한 차원을 나타낸다. 바둑판의 각 칸에는 예전 벡터 성분이 새로운 벡터로 변환할 때 적용되는 수학적 규칙이 들어 있다. 이 규칙을 적용하면 텐서는 잘 프로그램된 기계처럼 변환 작업을 잘 수행한다.

민코프스키의 상대론의 가장 중요한 기능 중 하나는 4차원 벡터, 스칼라, 그리고 텐서를 모두 포함한다는 것이다. 한스와 피터의 축구공 던지기에서처럼 시공간에서 두 사건 사이의 '거리'를 측정하려 한다고 가정해보자. 이것은 피타고라스 정리를 이용해 계산하는 보통 공간에서의 거리와는 다르다. 피타고라스 정리에 따르면 두 점 사이의 거리의 제곱은 x, y, z 좌표의 차이를 제곱한 값의 합과 같다. 그러나 민코프스키 시공간은 유클리드 기하학이 아니기 때문에 이 식은 수정되어야 한다.

보통의 거리를 대치한 것이 두 사건 사이의 최단 경로의 거리를 나타내는 **시공간 간격**의 개념이다. 수학적으로 이것은 시공간에서의 변위를 나타내는 4차원 벡터의 크기를 나타낸다. 이것을 구하기 위해서는 피타고라스 정리를 수정하여 공간 좌표의 차이를 제곱하여 합한 후 시간의 차이를 제곱하여 빼야 한다. 이 결과는 시공간 간격의 제곱이 된다.

이런 계산을 하기 위해서는 **계량 텐서**라고 부르는 특별한 규칙을 사용해야 한다. 계량이 특정한 기하학에서의 거리를 계산하는 규칙이라고 한 것을 기억할 것이다. 기하학의 유연한 변환 기계인 텐서보다 이런 식을 담는 더 좋은 도구가 있을까? 계량 텐서의 4×4 바둑판 위의 각 사각형에 적당한 식, 즉 시간을 플러스에서 마이너스로 바꾼 수정된 피타고라스 정리와 같은 것을 두면 어떤 4차원 벡터도 시공간 간격으로 변환할 수 있다.

시공간 간격은 매우 특별한 성질을 가지고 있다. 거리와는 달리 두 독립적인 사건 사이의 간격이 0이거나 마이너스 값을 가질 수도 있다. 간격이 0이라는 것은 두 사건이 빛이 지나가는 선상에서 일어났다는 것을 뜻한다. 마이너스 간격은 두 사건이 빛보다 느리게 정보를 주고받는 것을 뜻한다. 예를 들면 축구에서의 패스가 그렇다. 반면 플러스 간격은 서로 어떤 영향도 주고받지 않는 사건을 의미한다. 은하의 양끝에서 동시에 울리는 전화는 원인이나 효과 때문이 아니라 단순한 우연이다. 왜냐하면 신호는 순간적으로 한 끝에서 반대 지점으로 건너뛸 수 없기 때문이다.

시공간 간격의 또 다른 중요한 성질은 로렌츠 변환으로 이 값이 변하지 않는다는 것이다. 이런 맥락에서 로렌츠 변환은 아인슈타인의 시간지연과 길이의 수축을 구체화한다. 시간지연이 나타나고 길이의 수축이 일어나더라도 아인슈타인의 특수상대성 이론에 따르면 시공간의 간격은 일정하게 유지된다.

축제에서 자주 볼 수 있는 행운의 바퀴는 이것의 좋은 비유가 된다. 바퀴의 중심에서 특정한 수(예를 들어 13)까지 직선을 그어보자. 바퀴를 얼마나 많이 돌리든지 또는 행운의 숫자가 어느 지점에 멈추든지 이 직선의 길이는 항상 같은 값으로 유지된다. 따라서 이 직선의 길이가 불변할 것이라는 데 내기를 건다면 확실한 승자가 될 수 있을 것이다.

이것은 특수상대성 이론을 기술하는 아름다운 방법을 제시한다. 어떤 관측된 과정의 출발점과 시작점을 시공간 다이어그램 위에 사건으로 나타내보자. 두 사건이 일어난 위치에 다이어그램의 원점에서부터 시작한 4차원 벡터를 그려보자. 그리고 이 다이어그램을 시간축과 문제가 되고 있는 공간축(상대적 운동이 일어나고 있는 축)이 이루는 평면 위에서 원점을 중심으로 회전시켜보자. 이것은 행운의 바퀴를 돌리는 것과 같다. 4차원 벡터의 각 성분은 행운의 바퀴가 어디에서 정지하느냐에 따라 줄어들거나 늘어나지만 시공간의 간격(바퀴의 지름)은 같은 값으로 유지된다. 공간 부분이 줄어드는 것은 로렌츠-피츠제럴드 수축을 나타내고, 시간 성분이 늘어나는 것은 시간지연을 나타낸다. 이 두 가지 효과가 균형을 이루어 시공간의 간격을 일정하게 유지한다.

4차원 변위 벡터의 다양한 위치는 시공간을 통해 회전함에 따라 일정한 속도로 상대 운동을 하는 가능한 모든 관측자의 관점을 나타낼 수 있다. 예를 들어 한스와 피터의 경우에 하나의 4차원 벡터는 소년들의 관점을 나타낸다. 또 하나의 4차원 벡터는 축구공 위에 앉아 있는 벼룩의 관점을 나타낸다. 또 다른 4차원 벡터는 괴팅겐 고속열차를 타고 지나가는 상인의 관점을 나타낼 수도 있다. 슬라이드가 차례로 프로젝터를 통해 비춰지듯이 모든 장면은 시공간의 변해가는 영상을 보여주고 있으므로 사진에 따라 조금씩 다르다.

민코프스키는 특수상대성 이론을 하나의 기초 체계 속에 포함했을 뿐만 아니라 맥스웰 방정식을 하나의 방정식으로 축소하는 방법을 발견했다. 전자기장 텐서와 4차원 전류를 정의함으로써 그는 넓은 범위의 전기, 자기 그리고 빛과 관계된 현상을 기술하는 간단한 관계를 발견했다. 4×4 형식으로 씌어진 전자기장 텐서는 전기장과 자기장의 모든 성분을 포함하고 있다. 4차원 전류는 전하는 물론 전류를 나타내는 4차원 벡터이다. 민코프스키가 만든 맥스웰 방정식의 간결한 형식화에서 4차원 전류는 전자기장 텐서의 함수로 나타내어진다. 빛의 모든 스펙트럼과 전기 자기학의 모든 내용을 한 뼘도 안 되는 식 속에 모두 나타낼 수 있었다. 그것은 통합을 위한 거대한 발걸음이었다.

불필요한 지식

그 우아함에도 불구하고 여러 해 동안 아인슈타인은 민코프스키가 그의 이론을 다루는 방법에 대해 좋은 인상을 받지 않았다. 가능하면 물리 문제를 직접 다루는 것을 좋아했던 아인슈타인은 민코프스키의 접근은 너무 추상적이라고 생각했다. 아인슈타인이 취리히 공과대학의 학생이었을 때 그는 민코프스키의 강의에 여러 번 결석했다. 그리고 학장으로부터 성실하지 못하다고 꾸지람을 들었다.[9] 민코프스키는 아인슈타인이 "뛰어난 학생이기는 했지만 게으른 강아지였다"고 말했다.[10] 아인슈타인은 수학적이고 추상적인 개념에 관심을 기울이기보다는 물리실험실에서 자연이 실제로 어떻게 작용하는지를 보면서 시간을 보내는 것을 더 좋아했다.[11] 나무의 미학에 관한 예술가의 강의를 듣는 목수처럼 그는 고등수학이 물리적 응용력을 가지고 있다는 것을 이해할 수 없었다. 민코프스키가 기하학적인 마술을 이용해 특수상대성 이론을 4차원의 조합으로 변환시켰을 때 아인슈타인이 그 핵심을 발견하지 못했던 것은 이상할 것이 없다. 실제로 아인슈타인은 '4차원' 같은 용어의 사용이 혼란만을 야기할 것이며, 그의 표현을 빌리면 '불필요한 지식'이라고 염려했다.[12] 이제 수학자들이 상대론을 넘겨받게 되자 자기 자신도 상대론을 이해할 수 없게 되었다고 불평했다.[13]

역사학자 존 스타첼이 지적했듯이 아인슈타인의 4차원에 대한 최초의 이해는 1908년에 시작되었다. 그와 동료 야코프 라우프는 전자기학에 대한 민코프스키의 4차원적인 결과를 3차원 형식으로 새로 유도하면서 민코프스키의 연구는 독자들에게 너무 많은 수학을 요구한다고 말했다.[14]

몇 달 후에 민코프스키는 매우 영향력 있는 강의를 한 후 맹장이 갑자기 터져 죽었다. 그의 나이 마흔네 살이었다. 전하는 말에 따르면 그는 상대론이 아직 초기 단계일 때 죽는 것을 슬퍼했다고 한다.[15]

어찌된 일인지 민코프스키는 죽은 후에 그의 제자의 생각에 더 많은 영향을 끼쳤다. 1910년에 아인슈타인은 4차원적인 시공간의 접근에 훨씬 더 익숙해지기 시작했다. 그는 민코프스키의 연구를 4차원 벡터대수로 확장시킨 물리학자 아르놀트 좀머펠트에게 편지를 썼다. "4차원에서의 형식적 관계에 대한 숙고는 나에게 도움이 되었습니다……내가 당신에게 전에 4차원에 대해 이야기한 부분은 아마 잘못이었던 것 같습니다."[16]

강의에서 아인슈타인은 민코프스키의 연구를 특수상대성 이론에 좀더 훌륭한 표현이라고 말하기 시작했다. 1911년 1월의 상대론에 대한 강의에서 아인슈타인은 "슬프게도 너무 빨리 타계한 수학자 민코프스키 덕분에 특수상대성 이론에 대한 매우 흥미 있고 정교한 수학적 마무리가 진행되고 있고…… 상대성 이론에서 공간과 시간 좌표계의 형식적 동등의 추구는 이론의 응용을 훨씬 쉽게 할 것이다"[17]라고 말했다.

두 가지 중요한 요소가 4차원의 이용에 대한 아인슈타인의 마음을 바꾸도록 했다. 첫번째, 그는 1911년에 막스 폰 라우에에 의해 씌어진 교과서와 좀머펠트의 연구 등에서 특수상대성 이론의 기술이 훨씬 정교해진 것을 볼 수 있었다. 아인슈타인은 4차원 접근을 제공하는 상대론에 대한 첫번째 책인 폰 라우에의 책을 '상당한 걸작'이라고 평가했다.[18]

두번째로 아인슈타인은 상대성 이론을 역학에 대한 온전한 이론으로 확장시키는 것을 도와주는 데 있어서 4차원 기하학의 역할이 중요하다는 것을 인정하기 시작했다. 특수상대성 이론은 등속도 운동만을 다루고 있으며 가속도의 경우는 다루지 않는다. 그러나 가속도 운동을 기술하는 것은 역학의 기본 요소이다. 가속도 운동을 다루지 않는 역학은 엔진이 하는 일을 언급하지 않고 자동차 역학을 다루는 것이나 마찬가지다. 더구나 가속도는 아인슈타인이 상대론적인 용어를 이용해 특징 짓기를 원했던 중력의 토론에서 핵심적인 역할을 한다. 가속계를 포함하는 운동에 대한 완전한 기술을 구성하기 위해서 아인슈타인은 그가 전에 무시했던 4차원 접근을 포함한 고등수학의 힘을 빌릴 필요가 있다는 것을 알게 되었다.

4차원의 초상화

새로운 종교로 개종하는 것처럼 보이지 않기 위해 아인슈타인은 많은 노력을 해야 했다. 그는 이 주제에 관한 그의 대중적인 글들에 나타나 있듯이 개념에 대한 오해를 없애기 위해 4차원에는 특별한 것이 없다고 강조했다. 예를 들어 훨씬 후에 그와 레오폴드 인펠트는 다음과 같이 썼다. "물체와 물체 운동을 통해 인식하는 우리의 물리적 공간은 3차원을 가지고 있다. 그리고 위치는 세 개의 숫자에 의해 규정된다. 사건이 일어나는 순간은 네번째 숫자이다…… 따라서 사건이 일어나고 있는 세상은 4차원적 연속체를 형성한다. 여기에는 신비한 것이 아무것도 없다. 그리고 이것은 고전 물리학과 상대성 이론에 모두 적용된다."[19]

그렇지만 아인슈타인의 주변 도처에서 예술의 새로운 흐름이 제시하는 4차원은 무언가 혁명적이고 이상야릇해 보였다. 파블로 피카소와 조르주 브라크가 1907년에 파리의 예술가 클럽에서 시작한 입체파는 공간적인 관점에서 모든 것을 묘사하고 싶어했다. 한 관점에서 사물을 바라보는, 수세기 동안 계속되어온 르네상스의 관점을 탈피해서 입체파는 앞면과 뒷면, 옆면, 윗면, 그리고 아랫면을 동시에 보여주려고 시도했다. 조토가 시작하고 레오나르도가 완성한 기법과는 대조적으로 관람자는 그 세상의 바깥쪽에 위치했다. 입체파 그림들에는 구가 스퀘어에게 보여준 평평한 세상의 풍경처럼 여분의 차원이 있다. 현대 도시의 놀라운 광경을 보여주는 맥스 웨버의 〈4차원의 내부〉(1913)는 입체파와 초공간 개념의 긴밀한 관계를 잘 나타낸다.

입체파가 공간에 대해서 한 것과 같은 일을 미래파는 시간에 대해서 했다. 미래주의자들은 정적인 영상은 영화 시대에서 뒤떨어졌다고 믿는 이탈리아를 근거로 한 급진적인 예술가 그룹이었다. 실제의 스냅사진을 찍으려고 노력하기보다 그들은 연속적인 운동을 나타내는 것을 목표로 했다. 동영상의 연속적인 그림들을 한꺼번에 보여주는 것처럼 그들의 작품은 눈이 오랜 시간을 두고 정상적으로 관측한 것들로 이루어졌다. 예를 들어 1912년에 그린 지아코모 발라의 〈사슬을 맨 개의 역학〉은 입, 귀, 다리, 그리고 꼬리를 뒤섞어서 걷는 동안의 개의 모습을 묘사하고 있다.

매우 독창적이었던 프랑스의 예술가 마르셀 뒤샹은 그의 초기 작품에서 입체파와 미래파의 관점을 연결했다. 그의 걸작인 〈계단을 내려오는 누드〉(1912)는 다양한 각도에서 오랜 시간 동안 잡아낸 여성의 형태를 그린 그림이다. 첫눈에 이 그림은 겹쳐진 형상들과 긁힌 선들의 흔적처럼 보인다. 그런데 놀랍게도 이 그림은 공포영화 속에서 신비하게 움직이는 초상화처럼 생명을 가진 것처럼 보인다. 이상하게 들리겠지만 마치 민코프스키가 의학 다큐멘터리 작가로 부업을 한 것처럼 그것은 시공간의 다이어그램에서 찍은 해부도처럼 보인다.

1915년에 시작하여 1923년에 끝낸 뒤샹의 가장 난해한 작품은 〈그녀의 총각들에 의해 벌거벗겨진 신부, 바로 그것(큰 유리)〉라는 제목의 고차원에 대한 송시이다(뒤샹의 모든 작품이 누드에 관한 것은 아니다). 그것은 회전하는 기계를 보여주는 운동의 소용돌이를 그린 그림이다. 독특하게 그 그림은 캔버스가 아니라 투명한 유리판 위에 그려졌다. 뒤샹은 앨리스가 거울 나라로 들어가기 전에 보았던 것과 같은 실재의 거울 영상을 보여주기를 원했다. 그림이 전시되기 전에 유리가 깨졌지만 뒤샹은 오히려 기뻐하며 거미줄 같은 금들이 그림을 더 좋게 만들었다고 말했다고 전해진다.

　많은 역사학자들은 입체파, 미래파 그리고 이들과 관계있는 형식이 아인슈타인의 상대성 이론에 대한 직접적 반응이냐를 두고 논란을 벌였다. 그러나 그러한 견해는 린다 달림플 헨더슨의 상세한 연구서인『현대 예술에서의 4차원과 비유클리드 기하학』으로 많이 바뀌었다. 헨더슨은 그 당시의 예술가들이 아인슈타인의 발견과 시공간의 개념에 대해 잘 몰랐다는 것을 보여주었다. 그녀가 지적했듯이 4차원에 대한 그들의 개념은 아인슈타인의 연구보다 앞선 19세기 또는 20세기 초의 연구들에 기원을 두고 있었다. 힌턴과 애벗 그리고 웰스의 상상력 깊은 작품들과 스트링햄과 다른 사람들의 그래프를 이용한 묘사, 뉴먼, 실베스터 그리고 헬름홀츠와 같은 과학자나 수학자들의 대중적인 글들과 연설들, 접신론을 비롯한 신비주의자의 운동과 같은 것들이 그런 것들이다.

　아인슈타인과 민코프스키의 저작물들에 대해서 대중들이 잘 알지 못했다는 것은 1909년에 쓰여진 4차원에 대한 대중적 수필집에 잘 나타나 있다. 이 수필집은 익명의 기부자가 낸 5백 달러의 현상금을 타기 위해『사이언티픽 아메리카』에 투고되었다. 투고된 많은 글들은 매우 창의적이다. 광범위한 철학 영역을 언급하고 있으며 많은 작품들이 칸트, 가우스, 힌턴, 쵤너, 그리고 다른 사람에 대해 언급했다. 그러나 어떤 수필도 아인슈타인 또는 민코프스키의 상대론이나 시공간을 언급하지는 않았다. 그후 10년이 지난 후에도 그들의 연구는 물리학자들 외의 사람들에게는 널리 알려지지 않았다.

　문화사학자 린다 헨더슨과 제럴드 홀턴에 따르면 뒤샹은 4차원에 관해 푸앵카레의 인기 있는 글과 또 다른 프랑스 수학자 E. 지오프레의 영향을 받았다. 지오프레는 1903년에 4차원 기하학에 대한 책을 썼고 뒤샹은 그것을 매우 흥미 있게 읽었다. 역사학자들은 서류를 추적하여 이 사실을 밝혀냈다. 홀턴은 "그는 틀림없이 지오프레를 공부했습니다. 그의 노트에 그렇게 씌어 있지요. 그는 노트를 기록하여 상자에 보관하는 습관이 있었습니다. 이 서류 뭉치들이 후에 정리되어 책으로 출판되었습니다"[20]라고 설명했다.

현대 예술가들이 아인슈타인의 연구를 잘 몰랐던 것은 아인슈타인의 무관심과 잘 대응되었다. 혁신적이고 문화적인 아인슈타인이었지만 최신 예술의 장점을 보지 못했다. 일생을 통해 그는 전통적인 예술과 고전 음악을 좋아했다. 더구나 그는 자신의 과학적 업적과 현대 회화를 비교하는 것을 거부했다. 한때 그는 입체파에 대해 언급하면서 "이 새로운 예술적 언어는 상대성 이론과 공통점이 하나도 없다"[21]라고 말했다.

실제로 입체파와 미래파가 전성기를 구가하던 시기에 아인슈타인은 자신의 이론을 만들어내느라고 바빴다. 그는 과학적 입직의 정점을 이루는 상대론적 중력 이론을 구성해가고 있었다. 가장 창조적인 시기의 레오나르도나 미켈란젤로가 그랬듯이 그 일이 끝나기 전에는 다른 것을 할 여유가 없었다.

4. 중력 모양 만들기

수학적인 괴팅겐의 모든 소년들은

아인슈타인보다 4차원 기하학을 더 잘 이해하고 있다.

그러나 그럼에도 불구하고 아인슈타인은 해냈지만

수학자들은 하지 못했다.

—다비트 힐베르트(괴팅겐 수학학부의 지도자)

가장 행복한 상상

아인슈타인의 최대 걸작인 일반상대성 이론이 모습을 찾아가고 있었다. 민코프스키가 시공간의 개념을 제안할 무렵 아인슈타인은 "그의 인생에서 가장 행복한 상상"을 했다.[1] 이상하게 들리겠지만 이 행복한 상상은 어떤 사람이 그의 집 지붕에서 떨어지는 것이었다. 아인슈타인은 어떤 사람이 발을 헛디뎌 땅에 떨어지는 것을 상상했다. 떨어지는 동안에 그는 들고 있던 것을 놓았다. 그러나 그 물건은 정지한 것처럼 그의 옆에 있었다. 실제로 그것은 같은 비율로 자유낙하했다. 갈릴레오가 질량이 다른 물건들을 떨어뜨리는 실험을 통해 처음 발견했다고 알려진 현상이었다.

아인슈타인의 독창적인 생각은 **등가 원리**라고 부르는 법칙으로 구체화되었다. 등가 원리에 따르면 어떤 실험을 해도 중력의 영향으로 자유낙하하는 물체와 정지해 있는 물체를 구별할 수 없다. 예를 들어 놀이공원에서 자유낙하하는 놀이기구를 타고 공기놀이를 하는 두 소녀와 집 앞 길가에서 공기놀이를 하는 두 소녀는 같은 상태에 있다는 것이다.

아인슈타인의 등가 원리는 중력의 상대성 이론을 발전시키는 열쇠가 되었다. 특수상대성 이론에서는 같은 속도로 달리는 사람들은 그들이 서 있을 때와 똑같이 행동할 수 있다. 그들은 정지해 있을 때와 마찬가지로 서로 대화를 계속할 수도 있다. 중력장에서도 같은 현상이 나타난다. 그러나 이번에는 두 사람이 지구를 향해 같은 비율로 낙하해야 한다. 만약 그들이 안에 달리기 트랙을 설치할 수 있을 만큼 큰 자유낙하를 하는 엘리베이터 속에 있다고 생각해보자. 이렇게 자유낙하하는 기준계는 민코프스키의 시공간이 정확하게 기술한 특수상대성 이론의 조건과 같아진다.

이것은 아인슈타인으로 하여금 중력을 나타내는 설계를 향해 다가가도록 했다. 수를 놓을 때 조각들을 이어 붙이듯이 자유낙하하는 수없이 많은 계들을 이어 붙여서 그는 우주의 완전한 중력 역학을 완성할 수 있었다. 그러나 그는 어떤 실로 꿰매야 조각들의 이음새가 나타나지 않게 연결할 수 있을지를 알지 못했다.

취리히 대학에서 프라하 대학까지 자리를 옮겨가던 1908년부터 1911년 사이에 아인슈타인은 몇 가지 중력의 상대성 이론에 대한 기초 실험을 했다. 실험은 모두 실패했다. 그리고 아인슈타인은 4차원의 시공간 기하학적인 조작을 포함한 좀더 정교한 수학적 체계를 이용할 필요가 있다는 것을 알게 되었다. 그러나 그 시기에 그는 그 일을 해낼 수 있을 만한 수학 능력을 가지고 있지 못했다.

아인슈타인의 이론적 연구는 1912년에 현실적인 문제로 중단되었다. 네덜란드 라이덴 대학의 물리학과 학과장을 그만두게 된 로렌츠는 아인슈타인에게 그의 자리를 이어받으라고 제안했다. 아인슈타인은 로렌츠를 과학에서의 아버지처럼 생각할 만큼 존경하고 있었다. 그는 특수상대성 이론의 기초가 된 물리적 개념을 만든 로렌츠에게 빚을 졌다고 느끼고 있었다.

그럼에도 불구하고 아인슈타인은 로렌츠의 제안을 거절해야 했다. 아인슈타인은 이미 취리히로 돌아가 취리히 공과대학에서 가르치기로 마르셀 그로스만과 약속했다. 라이덴의 자리는 로렌츠의 다음 선택인 오스트리아의 물리학자 파울 에렌페스트에게 돌아갔다. 에렌페스트는 후에 차원에 관한 이론의 개발에 중요한 역할을 했다.

학생 시절을 함께한 아인슈타인과 그로스만은 그들의 우정을 유지하고 있었다. 1907년에 취리히 공과대학으로 돌아온 그로스만은 처음에는 기하학 교수였으나 곧 수학과 물리학 학장이 되었다. 그 당시로서는 매우 드물게 서른세 살이라는 젊은 나이에 학장에 임명되었다. 젊은 학장이 처음으로 결정한 일은 아인슈타인을 물리학 교수로 초빙하는 것이었다. 아인슈타인과 그의 부인 밀레바는 취리히에 강한 애착을 가지고 있었으므로 취리히로 돌아오고 싶어했다.

취리히 공과대학의 교수가 되고 나서 아인슈타인은 다시 중력의 상대론에 대한 연구를 시작했지만 수학을 올바로 다룰 수 없었다. 절망을 느낀 그는 친구의 도움을 요청했다. "그로스만, 제발 나를 도와주게. 그렇지 않으면 난 미칠 것 같네!" 아인슈타인은 애원했다고 전해진다.[2] 물리학에 대해 회의적이었지만 언제나 아인슈타인을 도와줄 준비가 되어 있던 그로스만은 아인슈타인에게 비유클리드 기하학적 공간과 휘어진 공간을 다루는 리만의 고차원 기하학을 소개해주었다. 아인슈타인은 그로스만의 도움이 자신의 이론을 발전시키는 데 꼭 필요한 것이라는 사실을 알았다.

아인슈타인은 취리히 공과대학에 오래 머물지 않았다. 1913년에 아인슈타인은 베를린으로부터 프로이센 과학 아카데미의 연구원, 베를린 대학의 교수, 그리고 아직 설치되지 않은 빌헬름 물리학 연구소 소장이라는 세 가지 제안을 한꺼번에 받았다. 그는 취리히에서의 삶을 즐기고 있었지만 아무런 강의 부담을 지우지 않는 베를린의 제안은 거절하기 힘들었다. 중력 이론의 완성이 가까워졌다고 생각한 아인슈타인은 그의 연구를 위해 많은 시간을 투자할 수 있다는 생각에 매력을 느꼈다. 이 초청을 받아들인 아인슈타인은 밀레바와 두 아들과 함께 1914년에 베를린으로 이사했다.

아인슈타인이 취리히를 떠난 데에는 좀더 개인적인 이유도 있었다. 이때쯤 아인슈타인은 밀레바가 '냉정하고 믿을 수 없다'고 생각했으며 결혼에 대해 불만을 가지기 시작했다.[3] 그의 마음은 베를린에 살고 있는 사촌, 엘자 로벤탈에게 기울고 있었다. 그녀는 마음이 따뜻했으며 그를 사랑한다고 분명히 밝혔다. 베를린에 도착한 후에 아인슈타인은 그녀와 더욱 가까워졌다. 그녀는 그에게 연구에 대한 맹렬한 집중 때문에 소홀히 했던 몸단장에 대해 '어머니 같은' 조언을 하기도 했다. 말할 것도 없이 밀레바는 행복하지 않았다. 남편이 부주의한 사이에 그녀가 본 것에 분개한 밀레바는 미셸 바소의 도움을 받아 아들들을 데리고 취리히로 돌아갔다. 아인슈타인은 혼자서 아파트로 이사했고 중력 이론 연구를 더 열심히 했다.

아인슈타인이 이론을 서둘러 완성하게 된 또 다른 이유는 그리프스발트의 구스타프 미와 헬싱키의 군나르 노르드스트룀 같은 이들이 같은 주제를 연구하고 있다는 것을 알았기 때문이었다. 그러나 아인슈타인은 곧 이론을 완성한 반면 미와 노르드스트룀의 모델에는 성공적인 상대론적 중력 이론이 되는 데 필요한 요소들이 빠져 있었다. 미의 접근은 등가 원리를 따르지 않았고 노르드스트룀의 모델은 1911년에 아인슈타인이 폐기한 것과 비슷하게 민코프스키의 시공간 안에 특수상대성 이론을 포함하는 것이었다. 이 주제에 대한 1914년의 논문에서 아인슈타인은 물리학자 아드리안 포커와 함께 노르드스트룀 모델의 문제점을 지적하

고 개선 방안을 제시하기도 했다.[4]

1916년에 아인슈타인은 일반상대성 이론을 완전한 형태로 발표하여 그의 성공을 선언했다. 베소에게 썼듯이 그는 "만족했지만 지쳤다".[5] 그의 집중적인 연구는 건강에 문제를 가져와 그후 몇 년 동안 간과 위의 장애로 어려움을 겪어야 했다. 그것은 개인적인 안락보다 우주의 신비를 벗기는 것을 일생의 사명으로 생각하는 사람들이 겪어야 하는 직업적인 불행이었다.

적어도 과학을 위해 그러한 노력은 가치가 있다는 것이 증명되었다. 일반상대성 이론은 우주의 한 지역의 질량과 에너지를 그 지역의 시공간의 구조와 연결시켜 중력을 설명하는 아름다운 이론이었다. 질량을 보이지 않는 '줄'로 연결하는 뉴턴의 중력과는 달리 아인슈타인의 중력은 순전히 지역적으로 작용한다. 또 그것은 어떤 한 점에 관련된 모든 작용을 그 점 자체에서 일어나는 것으로 설명하는 또 하나의 매우 성공적인 이론인 맥스웰의 전자기학 방정식들과 닮았다.

일반상대성 이론의 작용은 원료 물질이 복잡한 과정을 통해 아름다운 천으로 바뀌는 조립공정과 같았다. 여기에서 재료는 우주의 그 지역에 존재하는 질량과 에너지였고 천은 시공간 자체였다. 이 과정은 스트레스 에너지 텐서와 아인슈타인 곡률 텐서라고 불리는 두 개의 텐서를 연결 짓는 방정식으로부터 시작되었다.

스트레스 에너지 텐서는 주어진 점의 물질적인 성질을 나타낸다. 예를 들면 그 지역이 밀도가 높은 별의 물질을 포함하고 있는지, 혹은 아주 가벼운 물질들의 흔적을 가지고 있는지, 아니면 복사 에너지를 가지고 있는지, 또는 빈 공간인지를 나타내는 것이다. 아인슈타인 곡률 텐서는 같은 지역에서 시공간의 형태에 대한 기하학적 정보를 가지는 다른 두 텐서를 합한 것이다. 세 개의 수직 방향과 시간을 갖는 민코프스키의 모델과는 달리 일반상대론적인 우주에는 늘리거나 구부릴 수 있는 무한한 방법이 있었다. 그것은 초구(4차원의 구)와 같은 형태일 수도 있고 쌍곡면 또는 수없이 많은 다른 형태일 수도 있다. 곡률 텐서는 이러한 가능성을 구분 짓는다.

한편 곡률 텐서는 **커넥션**connection이라고 알려진 수학적 대상을 이용해 나타낼 수 있다. 이것은 4차원 벡터가 여러 경로를 통해 평행하게 움직였을 때 어떻게 변하는지를 나타낸다. 평평하다고 여겨지는 민코프스키의 시공간에서는 4차원 벡터는 어떤 경로를 통해 평행하게 움직여도 변하지 않는다. 그러나 휘어진 시공간에서는 선택하는 경로에 따라 매우 극적으로 변할 수 있다.

이러한 효과를 이해하기 위해서 둘 다 항상 얼굴을 북쪽으로 향하는 이상한 습관이 있는 쌍둥이 마리우스와 다리우스를 생각해보자. 동쪽이나 서쪽으로 걸어갈 때도 얼굴은 항상 북쪽을 향하고 있어 옆으로 걸어가야만 한다. 그들은 매우 숙달되었으므로 몇 날이고 또는 몇 달이고 그렇게 할 수 있다. 하루는 두 사람이 적도 근처에 있는 에콰도르의 퀴토에서 북극까지 달리는 역사적인 경기를 하기로 했다. 두 사람은 서로 다른 길을 선택했다.

마리우스는 곧장 북쪽으로 향하기로 했다. 가다가 강을 만나면 친구가 배를 준비해주어 그는 항상 똑같은 방향으로 나아갈 수 있었다. 그는 북쪽만을 바라보면서 미국과 캐나다를 지났다. 마침내 북극에 도달했을 때 그는 정지했고 러시아를 바라보고 있는 자신을 발견했다.

반면에 다리우스는 북쪽을 바라보면서 인도양의 스리랑카 해안까지 옆으로 가기로 결정했다(친구들이 다리우스에게도 배를 준비해주었다). 지구를 반 바퀴 돈 다음에 그는 북쪽으로 출발했다. 아시아를 지나서 그의 형제보다 몇 달 늦게 북극에 도착했다. 그러나 러시아를 바라보고 있는 대신 다리우스는 정반대 방향인 캐나다를 바라보고 있었다.

두 형제는 얼굴 방향을 바꾼 적이 없다. 두 사람은 같은 장소에서 출발해서 같은 장소에 도착했다. 그러나 그들은 정반대를 향하게 되었다. 어디에 문제가 있었던 것일까? 그 이유는 지구의 곡률이 표면을 따라 움직이는 수직축의 방향을 바꾸었기 때문이다. 예를 들어 극점을 방문하는 사람들이 곧 알게 되듯이 북쪽은 항상 같은 방향이 아니다. 모든 방향이 남쪽을 향하고 있는 집은 북극에 있는 집이라는 오래된 수수께끼도 있다. 비슷한 이유로 휘어진 시공간의 다른 경로를 통해서 평행하게 움직인 4차원 벡터는 대체로 두 개의 다른 방향을 가리킬 것이다. 두 방향 사이의 차이는 커넥션을 이용해서 계산할 수 있다.

이 과정의 마지막에는 커넥션이 계량의 성분으로 나타내어질 수 있다. 이것이 가능한 모든 시공간의 간격, 즉 시공간의 두 점 사이의 최단거리를 결정한다. 가장 간단한 경우의 하나는 4차원 벡터가 공간 성분의 제곱의 합에서 시간 성분의 제곱의 합을 뺀 수정된 피타고라스 정리로 나타내어지는 민코프스키의 시공간이다. 초구와 같이 조금 더 복잡한 경우에는 4차원 벡터와 관계된 간격을 찾아내기 위해 복잡한 식들로 나타나는 정교한 성질을 가진 계량을 가지게 된다. 이것은 간격이 좁아져 평행선이 만나는 것 같은 사건 사이의 최단거리의 구조를 복잡하게 만든다.

이러한 메커니즘의 최종 결과로 우주의 한 지역에로 물질과 에너지의 양이 그 지역의 점들 사이에 시공간 간격의 특별한 망을 만들어낸다. 이 시공간 망은 그 지역의 모든 물체의 운동을 결정한다. 존 휠러는 이것을 간단하게 나타냈다. "시공간은 물질에게 어떻게 운동해야 할지 이야기하고 물질은 시공간에게 어떻게 휘어야 할지 이야기한다."[6]

따라서 자유낙하하는 물체의 '행복한 상상'으로부터 출발한 아인슈타인의 여행은 중력의 급진적인 새로운 개념에서 끝나게 되었다. 아인슈타인은 뉴턴의 질량들이 원격작용에 의해 힘을 작용한다는 개념을 유연한 시공간의 곡률이 중력의 원인이라고 설명하는 공간적인 개념으로 대체했다.

잃어버린 제안

아인슈타인에게 그의 이론을 수학적으로 완성하는 것만으로는 충분하지 않았다. 그는 실험적 증명 방법을 제공하여 비판자들로부터 그것을 지켜야 했다. 그는 태양 주위를 도는 수성의 경로가 시간에 따라 달라지는 것과 태양 중력 때문에 별빛이 휘어지는 것에 대한 예측을 포함하여 몇 가지 중요한 실험을 제안했다.

아인슈타인의 이론 중 하나는 노르드스트룀의 이론과 경쟁했다. 노르드스트룀의 모델은 텐서가 아니라 스칼라를 이용해 매우 다른 실험적 결과를 예측했다. 예를 들면 그의 모델에서 빛은 중력 때문에 휘어지지 않았다. 아인슈타인과 노르드스트룀은 모두 어떤 이론이 옳은지 알고 싶어했다. 노르드스트룀은 그 답이 알려지기 전에 자신의 주장이 틀렸다는 것을 인정했다. 그가 상대편 진영으로 옮겨가는 것은 어렵지 않았다. 학생이었을 때 아인슈타인은 그의 우상이었다.

1881년에 태어난 노르드스트룀은 엔지니어로 생활을 시작했으며 화학자가 되기를 원했다. 그러나 그는 괴팅겐 대학에서 화학을 공부하는 동안 다시 한번 마음을 바꿨다. 1906년 4월에 시작된 일 년간의 연수 동안에 그는 민코프스키의 놀라운 아이디어와 만나고 이론물리학 분야를 연구하기로 결심했다. 핀란드에 돌아온 후 그는 헬싱키 대학에서 강의하면서 특수상대성 이론의 주제에 관한 논문을 내기 시작했다. 그는 아인슈타인과 민코프스키의 연구에 대해 핀란드어로는 최초로 대중적 글을 쓰기도 했다.

노르드스트룀의 대학 동료들은 그의 새로운 관심사를 좋아하지 않았다. 그들 중 아무도 상대론에 대해 알지 못했다. 사막 위의 돌고래 신세인 그가 자유롭게 과학에 관한 강연을 들을 수 있기 위해서는 중앙 유럽의 과학적 대양으로 나가야 했다. 그러나 여행 경비를 마련하기가 어려웠다. 그가 여행 경비를 요구했을 때 다음과 같은 답을 받았다. "누구나 해외여행을 하지 않고도 집에서 4차원을 공부할 수 있다."[7]

중력을 상대론 안에 포함시키려는 아인슈타인의 시도는 여러 해 동안 연마한 스칼라 모델을 제안하도록 노르드스트룀을 고무했다. 1913년에 그는 취리히에 있던 아인슈타인을 방문할 수 있는 경비를 구할 수 있었다. 아인슈타인은 노르드스트룀의 접근 방법을 믿지는 않았지만 과학적 회합에서 자신의 연구의 대안으로 제시할 만큼 인정했다.

다음해에 노르드스트룀은 그의 이론에 다른 차원을 덧붙였다. 그는 칼루차보다 5년 앞서 중력과 전자기력의 고차원적인 통합을 생각해냈다. 그러나 곧 일반상대성 이론이 무너뜨린 잘못된 중력에 대한 관점 위에 세워진 그의 통합 모델은 지탱할 수 없었다. 따라서 노르드스트룀은 이 방법을 곧 포기했고 거의 주목받지도 못했다. 아인슈타인 역시 그것을 전혀 언급하지 않았다. 그것은 아마도 아인슈타인이 노르드스트룀의 중력적 접근에 근거한 이론들을 무시하기로 결정했거나 그와 노르드스트룀 사이의 관계가 '별로 좋지 않았기' 때문이었을 것이다.[8] 칼루차와 클라인이 후에 그들의 5차원 이론으로 많은 언급을 받은 반면 노르드스트룀의 이론은 페이스가 1982년에 아인슈타인의 자서전에서 그것을 언급하고 1987년에 물리학자 피터 프로인드가 영어로 번역할 때까지 완전히 무시되었다. 칼루차-클라인 이론에 관한 논문들의 편집본에 실려 있는 프로인드의 번역은 노르드스트룀의 공헌을 일반인들에게 알리는 계기가 되었다.

「전기장과 중력장의 통합 가능성에 대하여」라는 제목의 노르드스트룀의 논문은 리만과 클리퍼드의 통합 접근만큼 대담하고 혁신적이었다. 이 논문에서 그는 민코프스키의 형식으로 씌어진 맥스웰의 전자기학 방정식을 자신이 구상한 다섯 개의 다른 좌표축을 가지는 평평한 시공간에서의 스칼라 중력 이론과 통합시켰다. 그리고 자주 다음과 같이 주장했다. "이 방정식들의 설명은…… 우리가 5차원 세계의 4차원 시공간 표면에 살고 있다는 것을 보여준다."[9]

노르드스트룀의 5차원 세계는 정말로 매우 이상한 것이었다. 왜냐하면 이런 형태의 4차원 시공간에 살고 있는 우리가 우리의 '표면' 밖에 있는 대상을 인지하는 것이 수학적으로 불가능하다. 이러한 조건은 우리를 일종의 평평한 세상에 묶어둔다. 그러나 우리는 중력이 빛에 주는 영향을 예측할 수 있다. 따라서 노르드스트룀의 세상은 우리가 실제로 존재하고 있는 아인슈타인의 우주와는 닮은 점이 없었다.

일반상대성 이론의 최종본이 등장한 직후에 노르드스트룀은 라이덴 대학의 연구원이라는 새로운 기회를 제안받았다. 라이덴 대학에 감으로써 그는 파울 에렌페스트가 이끄는 뛰어난 다른 연구자들과 의논하고 물리학의 주류에 속할 수 있는 기회를 얻게 되었다.

좋은 것은 셋이 함께 온다

에렌페스트가 로렌츠를 대신해 라이덴 대학의 물리학 학과장이 되었을 때 그는 물리학의 근본 이론에 대해서 다양하고 심도 있는 토론을 진전시키는 것이 자신의 성스러운 사명이라고 느꼈다. 그는 그가 마련한 콜로키움에 계속해서 외부 연사들을 초청하고 질문의 집중포화를 퍼붓곤 했다. 그는 "물리학계에서 질문의 세계 챔피언"[10]이었으며 그들의 설명에 나타나는 장점과 단점을 솔직하게 지적했다. 그는 연사들에게 지금도 잘 보존되고 있는 강사의 벽에 사인해달라고 요청하곤 했다. 현재는 새로운 벽이 강사의 벽으로 사용되고 있다. 그는 토론을 성공적으로 이끌기 위해 아인슈타인을 포함해 찾을 수 있는 가장 성공적인 초청 연사 그룹을 만들려고 노력했다.

에렌페스트는 대학교 부근의 강 건너에 있는 마을 한복판에 위치한 커다란 노란색 벽돌집에 살았다. 그 집은 주위에 있는 좁은 벽돌집과는 완전히 달랐으며 혁신적인 사상가가 살기에 적당했다. 그는 집의 접대실에서 손님들과 지적인 대화를 나눌 수 있었다.

노르드스트룀은 1916년 여름에 넘치는 정열과 함께 그곳에 도착했다. 그와 에렌페스트는 전자기학, 상대론, 그리고 다른 공통적인 관심사를 토론하는 즐거움을 만끽했다. 그들은 따뜻한 날 저녁에 가끔씩 정원에 앉아 문제를 새롭게 접근하는 방법에 대해 대화를 나누기도 했다.

노르드스트룀의 방문이 2주쯤 되었을 때 에렌페스트는 그의 '고차원

라이덴에 있는 파울 에렌페스트의 넓은 저택. 아인슈타인, 클라인, 노르드스트룀 그리고 다른 많은 뛰어난 물리학자들이 방문했던 이 집은 이웃집들과는 구별되는 건축양식으로 지어졌다.

에 대한 열정'을 알아채고 흥미 있는 질문을 하기 시작했다. 자연의 어떤 면이 3차원 공간(플러스 시간)에 특징적이며 어떤 면이 더 일반적인가? 그의 물질에 대한 연구가 이 기록에서부터 시작되었다. "뉴턴의 3차원적 공간에서는 행성의 궤도가 닫혀 있다. 그렇다면 비유클리드적 공간에서는 어떨까?"(11)

오랜 시간 동안 에렌페스트와 노르드스트룀은 맥스웰 방정식과 중력이론, 그리고 다른 물리학의 측면에서 나타나는 고차원의 여러 가지 모습에 관해 이야기를 나누었다. 애벗과 힌턴처럼 그들은 자연이 훨씬 더 많은 운동 방향을 가진다면 어떻게 보일지 상상하는 것을 즐겼다. 각 질문들은 우리가 살고 있는 3차원 세계가 다른 가능성들과 어떻게 다른지를 보여주었다.

에렌페스트가 공간의 성질에 대해 매력을 느끼게 된 것은 그의 학업과 결혼 때문이었다. 그는 한동안 괴팅겐 대학에서 다비트 힐베르트와 펠릭스 클라인과 같은 뛰어난 사람들에게 배웠다. 그는 대학과 고등학교에서 기하학 교습서를 쓴 수학자인 아내 타티야나와 의견을 교환했다.(12) 그들은 펠릭스 클라인의 강의에서 처음 만난 후 계속해서 서로에게 영향을 주었다. 그들은 아이들에 대한 문제뿐만 아니라 수학적 관심도 함께 나누었다.

에렌페스트의 아이들은 특별한 그룹에 속했다. 집이 곧 학교였고 어릴 때부터 지적인 사람들과 어울린 아이들은 자기들이 '강의'를 하는 '콜로키움' 놀이를 재밌어했다.(13) 큰딸은 인형을 두꺼운 종이로 만든 쌍곡면 위에 보관하곤 했다.

이러한 분위기는 적어도 한 사람의 특별한 손님에게 좋은 인상을 주었다. 에렌페스트의 가까운 친구인 아인슈타인은 이곳에 와서 그들과 시간을 보내는 것을 좋아했다. 그는 항상 이곳에서 크게 환영을 받았다. 그는 갈 때마다 그에게는 없는 가정생활의 따뜻함을 느꼈으며 아이들의 '삼촌' 역할을 하기를 좋아했다. 존 스타첼은 이에 대해 다음과 같이 말했다. "만약 아인슈타인이 그의 생애에 아버지 같은 사람을 가지고 있었다면 그것은 로렌츠였다. 만약 그가 형제와 같은 사람을 가지고 있었다면 그것은 에렌페스트였다."(14)

아인슈타인이 그의 아버지와 형제에게 중력의 4차원 상대성 이론을 완성했다고 알리는 것은 특별한 기쁨이었다. 1916년 9월에 아인슈타인은 라이덴에 왔다. 제1차 세계대전의 위험 속에서 허가받기 어려운 여행이었다. 에렌페스트의 집에 머물게 된 아인슈타인은 에렌페스트와 함께 로렌츠를 방문했다. 후에 에렌페스트는 다음과 같이 말했다. "로렌츠는 아버지가 사랑하는 아들을 바라보는 것처럼 아인슈타인에게 미소를 지었다." 아인슈타인은 흡족해하며 베를린으로 돌아왔다.

1917년 5월에 에렌페스트는 과학에서 차원이 갖는 역할이 무엇일까라는 자신의 문제를 풀기 시작했다. 그 결과는 「근본적인 물리법칙이 3차원을 갖는 공간에서 어떤 방법으로 나타날까?」라는 제목의 논문으로 발표되었다.[15] 그것은 자연의 심오한 의문을 알아내려는 아인슈타인 정도의 열정을 지닌 날카로운 물리학자가 쓴 여러 면에서 뛰어난 작품이었다. 에렌페스트의 전기작가 마틴 J. 클라인은 다음과 같이 말했다. "그 형식은 다른 물리학 논문과 완전히 달랐다. 그것을 읽으면 살아 있는 사람에게서 직접 듣고 있다는 느낌을 받는다."[16]

에렌페스트는 공간의 차원이 가진 가능성의 무한한 범위와 이 차원들의 물리학적 기초가 어떻게 차이나는지를 설명하는 것으로 논문을 시작했다. 예를 들면 3차원 공간과 7차원 공간 사이에는 어떤 차이가 있을까?

그는 전자기력과 중력에 관계된 많은 예를 들고 이들의 행동이 3차원 공간이 아닌 다른 차원에서는 어떻게 나타날지를 다루었다. 그가 조사한 첫번째 문제는 행성운동의 안정성에 관한 것이었다. 별들의 중력에 영향을 받는 행성들의 운동을 계산한 그는 3차원에서만이 행성 궤도가 안정할 수 있다는 것을 보여주었다. 고차원에서는 행성들이 태양을 향해 나선 형태로 빨려 들어가거나 점점 더 멀리 달아날 것이다. 두 가지 경우 모두 지속적으로 태양을 도는 행성을 가질 수 없기 때문에 우리가 여기에 있을 수 없다. 이러한 분석은 차원에 대한 칸트의 중력적 설명과 비슷하다.

에렌페스트가 다룬 또 다른 문제는 차원이 원자의 안정성에 어떻게 영향을 주느냐 하는 것이다. 이것은 1913년에 제안된 덴마크의 물리학자 닐스 보어의 원자 모형과 관계된 것이었다. 보어의 이론에 따르면 전자들은 행성이 태양을 돌듯이 다양한 거리에서 원자핵을 돌고 있다. 그러나 태양계와는 달리 전자 궤도는 불연속적 간격을 가지고 있어서 그 사이로는 갈 수 없다. 만약 전자가 낮은 궤도로 내려갈 때는 에너지의 양자라고 부르는 특별히 정해진 양만큼 내려가야 한다. 전자가 도달할 수 있는 가장 낮은 에너지는 '바닥상태'라고 불린다. 주어진 원자의 바닥상태는 원자핵으로부터 일정한 거리에 놓여 있어서 전자가 원자핵 속으로 떨어지는 것을 방지하고 원자의 안정성을 보장한다.

에렌페스트는 보어의 모델이 3차원 공간이 아닌 경우에는 매우 다르게 행동한다는 것을 발견했다. 그는 그 경우에 일정한 궤도에 전자를 머무르게 하는 최소의 에너지 준위가 존재하지 않는다는 것을 계산해냈다. 그러한 궤도가 없으면 모든 전자들은 원자핵으로 빨려 들어갈 것이고 모든 물질은 불안정해질 것이다. 따라서 3차원이 아니면 세상의 모든 것들은 사라져버릴 것이다.

더구나 물질이 고차원 공간에서 존재한다고 해도 그들은 빛을 이용해 통신할 수 없을 것이다. 전자기파와 모든 다른 파동은 펄스 형태로 전달될 수 없다. 대신에 그들은 흩어져서 아무런 정보도 전달하지 못할 것이다. 따라서 한마디로 말해 존재는 참혹하고 고독하며 믿을 수 없을 만큼 짧을 것이다. 그 당시의 학문적 인용과 연구에 대한 언급을 살펴보면 에렌페스트의 통찰력 있는 논문이 물리학계의 큰 반응을 이끌어내지는 못한 것이 확실하다. 아마도 이 논문이 상대적으로 세상에 널리 알려지지 않은 것은 지구가 고차원의 혼돈 속으로 빠져 들어가는 것 같은 전쟁 상황이 과학자들 사이의 교류를 줄였기 때문이었을 것이다. 또는 이 주제가 너무 철학적이었기 때문일지도 모른다. 그럼에도 불구하고 이 논문을 씀으로써 에렌페스트는 그가 후에 아인슈타인과 다른 과학자들에게 충고를 하게 되는 차원의 문제에 관한 전문가가 되었다.

늘어진 교향곡

아인슈타인은 라이덴 방문으로 베를린의 고립된 생활에서 벗어나 따뜻한 휴식을 취할 수 있었다. 취리히 공과대학과는 달리 그곳에는 공동 연구의 기회가 적었으며 매일 대학이나 연구소에 있는 그의 사무실에 보고할 필요가 없었다. 그래서 그는 자주 집에서 낡은 스웨터를 걸치고 담배나 시가를 피우며 그의 취미인 바이올린을 연주하기도 하면서 가능한 한 편안한 자세로 일했다. 그러나 1917년에 소화불량, 간질환, 담석증, 그리고 위궤양으로 심하게 앓았을 때는 그러한 편안함은 찾아볼 수 없었다. 1917년 겨울과 1918년 봄 동안에 그는 완전히 누워서 지냈다.

병에서 회복되는 동안에 엘자는 그를 돌보아주었고 그의 소화를 돕기 위한 특별한 음식을 만들어주었다. 이 모든 사랑을 감사하게 된 아인슈타인은 밀레바와 이혼하고 엘자와 결혼할 계획을 세우기 시작했다. 이런 희망은 다음해에 실현될 것 같았다. 엘자와의 결합을 통해 그의 개인적 생활을 완전하게 할 계획을 세우는 동안 아인슈타인은 전자기학과의 결합을 통해 중력 이론을 완전하게 하는 방법을 찾기 시작했다. 그리고 그는 자연에 존재하는 모든 입자들 사이의 상호작용을 설명할 수 있기를 바랐다. 예를 들어 전자의 성질은 일반상대성 이론으로부터 유도될 수 있을까? 이 주제에 관한 그의 생각을 정리하기도 전에 그는 통일 이론을 발견했다는 수학자 헤르만 바일의 주장을 만나게 되었다.

수학과 물리학에서 뛰어난 성과를 남긴 바일은 괴팅겐 대학에서 힐베르트에게 배웠고 취리히 공과대학에서 가르쳤는데 그 당시 아인슈타인과 짧은 동안 같이 생활하기도 했다. 그들은 훨씬 후에 프린스턴에서 다시 만나게 된다. 처음에 그는 일반상대성 이론의 기하학적 기초에 큰 관심을 가졌다. 그리고 1918년에 「공간, 시간, 물질」이라는 제목의 중요한 논문을 썼다. 그는 출판하기 전에 아인슈타인에게 검토해달라고 원고를 보냈다. 동시에 바일은 아인슈타인에게 "최근에 나는 하나의 공통적인 근원으로부터 중력과 전기력을 유도해내는 데 성공했습니다"[17]라고 알렸다. 그리고 그것을 설명하는 원고의 사본을 보내도 되겠느냐고 물었다. 그는 아인슈타인에게 프로이센 아카데미의 소장으로서 그 논문을 『회보』에 출판하도록 제출해달라고 요청했다.

일주일 후 아인슈타인은 그 책을 "조화로운 걸작"[18]이라고 부르면서 크게 칭찬하는 답장을 보냈다. 통합 제안에 대해서 아인슈타인은 특히 흥분했다. "당신은 내가 절대로 할 수 없는 산물을 탄생시켰습니다. 계량 텐서의 상수로부터 맥스웰의 방정식을 구성해내는…… 나는 당신과 당신의 논문을 정말로 보고 싶습니다."[19]

바일은 아인슈타인에게 「중력과 전기」라는 제목의 논문 사본을 보냈다. 그 논문은 이 두 가지 힘을 수정된 4차원 시공간 기하학을 이용해서 통합하려고 시도한 것이었다. 바일은 일반상대성 이론의 계량 속의 항들을 좌표의 임의의 함수인 **게이지**라는 새로운 요소를 이용해 크게 늘렸다.

게이지는 전자기 벡터 퍼텐셜이라고 불리는 것과 연관되어 전자기학 이론에 등장했다. 간단히 말해 전자기 벡터 퍼텐셜은 전자기장 텐서가 유도되는 4차원 벡터이다. 다시 말해 한 가지를 알면 다른 하나를 알 수 있다는 것이다. 그러나 물리학자들은 어떤 함수의 미분을 더함으로써 벡터 퍼텐셜이 같은 장 텐서를 만들어낼 수 있다는 것을 오래전부터 알고 있었다. 이 함수의 임의적인 성질은 연구자들에게 두께, 압력, 강우량, 그리고 다른 측정된gauged 양들의 변화를 생각하게 했다. 따라서 **게이지**라는 용어를 쓰게 되었다.

이러한 정의는 매우 기술적인 것이어서 여기에 비유를 들어보기로 하자. 새로운 복권이 만들어졌다고 가정하자. 만약 당신이 스무 개의 숫자로 된 복권의 번호를 올바로 고르면 상금을 타게 된다고 하자. 등록을 하고 티켓을 받기 위해서는 복권관리소가 지정한 특정한 전화번호로 전화를 걸어야 한다. 문제를 쉽게 하기 위해 복권관리소는 국내의 모든 지역번호에서 전화번호를 사용할 수 있도록 조치했다. 어떤 지역번호를 선택하든지 전화를 걸 수 있고 같은 티켓을 받을 수 있다. 비유에서 복권번호는 자세한 정보를 가진 전자기장 텐서를 나타낸다. 전화번호는 이 정보에 접근할 수 있는 벡터 퍼텐셜에 해당된다. 마지막으로 게이지는 전화번호에 붙어 있으면서 아무런 차이도 만들어내지 않는 지역번호와 같다.

어디에도 이것이 적용될 수 있을 것이라고 판단한 바일은 일반상대성 이론의 계량 속에 게이지 항을 삽입했다. 이 여분의 항이 만들어낸 것은 중력 모델에 덧붙여서 맥스웰의 전자기학 방정식을 만들어낼 수 있도록 수정된 새로운 한 세트의 방정식이었다. 그러나 그 대가는 비쌌다. 바일의 이론은 길이, 시간, 상대성 이론의 요새인 시공간 간격의 불변성까지 변화 가능한 양으로 수축하거나 늘릴 수 있다는 것을 의미했다.

바일의 접근에서 다른 경로를 통해서 평행하게 움직인 4차원 벡터는 다른 방향을 가리킬 뿐만 아니라 크기도 변했다. 우리의 쌍둥이 예에서 마리우스와 다리우스가 다른 방향으로 출발했다가 다시 만났을 때 한 사람의 다리가 다른 사람의 다리보다 짧아진 것을 발견하게 된다는 것이다. 그런 변화가 그들이 가지고 간 시계를 읽는 경우에도 일어난다. 더구나 다른 관측자가 다른 값을 얻는 특수상대성 이론과는 달리 이러한 변화는 모든 관측자에게 일어난다. 그것은 절대적인 효과이기 때문이다.

아인슈타인은 길이와 시간의 이러한 변화는 문제를 일으키고, 물리학적으로 있을 수 없다고 생각했다. 한편 그는 바일의 노력의 근면성에 깊은 인상을 받았고 이 논문이 물리적 실제로부터 얼마나 떨어져 있는지를 언급하는 부록을 담는다면 출판해도 좋다고 생각했다. 그러한 생각을 나타내는 편지에서 아인슈타인은 바일을 칭찬하면서도 무시하기도 했다. "실제와의 일치를 제외하면 이것은 대단한 지적 승리이다."[20]

바일은 그의 논문을 출판하기로 한 아인슈타인의 호의를 고맙게 생각했다. 그러나 그는 자신의 이론이 옳다는 것을 아인슈타인에게 확신시키지 못한 것에 대해서는 크게 실망했다. 그는 "이 이론을 당신이 반대한 것은 나에게 큰 충격입니다"라고 아인슈타인에게 썼다. "나는 당신이 나보다 실제에 얼마나 더 가깝게 접근해 있는지 잘 알고 있습니다. 그러나 나의 두뇌는 이 이론에 대한 믿음을 아직 가지고 있습니다……만약 결국 당신이 옳다면 나는 전능한 신에게 수학적으로 비논리적이라고 비난한 것을 후회할 것입니다."[21]

아인슈타인과 바일은 상대성 이론을 그런 방법으로 다시 쓰는 것이 정당한가 하는 문제로 논쟁을 벌였다. 누구도 상대편을 충분히 설득시키지 못했다. 그리고 규정 문제로 인해 아인슈타인은 바일의 논문을 제출할 수 없었다. 그 논문은 8쪽으로 규정된 한계를 넘었다. 아인슈타인은 바일에게 그러한 사실을 알리는 편지를 썼다. "나는 당신의 논문을 검토했습니다. 그러나 나는 당신이 당신의 가치 있는 에너지를 너무 많이 소비하는 매우 의심스러운 길에 들어섰다는 확신을 가지게 되었습니다."[22]

바일은 그가 그렇게 존경하는 사람이 심하게 반대한다는 것에 매우 실망했다. 그는 자신의 연구를 옹호하는 또 한 편의 편지를 아인슈타인에게 보냈다. "나는 당신의 권위에 대한 믿음과 나 자신의 견해 사이에 끼여 있습니다." 그는 이 편지를 다음과 같은 말로 끝맺었다. "우리들 사이에 있었던 논쟁이 마음에 상처를 주었지만 나는 신실한 존경과 함께 안부를 전합니다."[23]

바일의 통일장 이론은 물리적 문제를 일으켰기 때문에 다시는 주목을 끌지 못했다. 그러나 그의 일반적인 게이지 접근은 현대 물리학, 특히 양자 모델 분야에서 매우 강력한 도구가 된다는 것이 증명되었다. 때로는 열쇠가 기대하지 않았던 다른 문을 열기도 한다.

쾨니히스베르크에서 온 편지

아인슈타인이 한 수학자와의 통일장 이론 논쟁으로부터 자유로워졌다고 생각했을 때 그는 또 다른 아이디어와 씨름해야 했다. 1919년 4월에 그는 쾨니히스베르크 대학의 알려지지 않은 강사인 테오도르 칼루차에게서 한 통의 편지를 받았다. 칼루차는 아인슈타인에게 5차원에서 중력과 전자기력을 통합하는 자신의 생각을 검토해달라고 부탁했다. 노르드스트룀과는 달리 칼루차의 연구는 완전히 발전된 일반상대성 이론에 기초를 두고 있었다. 더구나 바일과는 대조적으로 일반상대성 이론의 기초 원리는 건드리지 않았고 다른 차원을 더함으로써 강화하고 있었다. 그는 이러한 확장으로 놀랍게도 하나의 관계식으로부터 전자기학의 맥스웰 방정식과 아인슈타인의 중력 이론을 만들어낼 수 있다는 것을 알아냈다. 아인슈타인은 흥미를 보였다. 프로이센 동쪽에 멀리 떨어져 있는 무명의 강사가 큰 대학의 위대한 교수들이 할 수 없는 것을 이루어 낸 것 같았다. 그리고 그것은 스위스의 특허사무실의 서류들을 밀어놓고 그의 이름을 역사 연대기에 새겨 넣었던 아인슈타인이 시작한 방법이었다. 자신의 과거를 잘 기억하고 있는 그는 무명의 연구자에게 스스로를 증명할 기회를 주기로 했다.

그러나 관측 가능한 5차원 아이디어는 전적으로 비물리적이라는 사실을 알고 있었다. 에렌페스트가 지적했듯이 만약 세상이 3차원 공간 더하기 시간 이외의 어떤 것이라면 세상의 여러 모습이 매우 다르게 나타날 것이다. 아인슈타인은 많은 과학자들이 시간을 네번째 차원으로 간주했을 때 불편해한다는 것을 잘 알고 있었다. 그런데 5차원을 생각하라니? 그들은 그것을 과학의 영역으로 볼 것인가, 아니면 유령의 세계로 볼 것인가?

칼루차에게 그의 연구에 관한 몇 가지 질문을 보낸 후에 아인슈타인은 중요한 사건으로 연설을 하게 되었다. 1919년 11월에 두 영국 팀이 일반상대성 이론의 핵심적인 예측 중 하나와 관계되는 놀라운 결과를 보고했다. 그들은 일식이 일어나는 동안에 태양을 지나는 별빛이 휘는 것을 측정했다. 그리고 그 결과가 아인슈타인의 예상과 일치한다는 것을 알아냈다. 그 발견은 전 세계의 신문을 장식했다. 아인슈타인은 이제 더 이상 독일의 권위 있는 과학자가 아니었다. 그는 전 세계에서 가장 유명한 물리학자였다. 비할 수 없는 영향력을 가지게 된 그가 칼루차의 이상한 새로운 이론에 어떻게 대응했을까?

5. 다섯번째 코드 치기 :
칼루차의 놀라운 발견

4차원의 축복된 영역에 살고 있는 우리는 다섯번째 영역으로

들어가는 입구에서 들어가지는 않고 머뭇거리고만 있을 것인가?

아, 아니다! 우리의 야망이 우리 육체와 함께 날아오르도록 하자!

— 에드윈 애벗 애벗, 『평평한 세상』에서

침대 머리맡의 동화

"아빠, 이야기해주세요." 어린 소녀가 말했다.

테오도르 칼루차의 마음은 온통 염려로 가득했다. 수학 객원 강사인 그는 강의실을 학생들이 얼마나 채우느냐에 따라 하루하루를 살아가고 있었다. 학생들은 강사의 모자에 동전을 던져 넣었다. 그가 더 많은 논문을 발표하지 않으면 어떻게 안정된 직업을 구할 수 있을 것인가? 그러나 그는 실천하는 사람이라기보다는 몽상가에 가까웠다. 그는 자신의 생각을 학술지에 발표할 논문으로 작성하기보다는 조용히 생각하는 것을 좋아했다. 그는 가장 가치 있는 결과를 얻었다고 생각할 때만 출판했기 때문에 평균 몇 년에 한 편 정도였다. 그에게는 서재에 앉아 좋은 책을 읽고, 기하학 모델을 생각하거나, 시간을 내 가족과 함께하는 것이 학문적인 경쟁에 뛰어드는 것보다 더 만족스러웠다. 그러나 그는 고정적인 월급이 필요했다.

"아빠, 제발요, 기다리고 있어요."

칼루차는 그의 아이들과 노는 것을 좋아했고, 그들의 지적인 흥미를 북돋워주었다. 에렌페스트와 마찬가지로 그는 아이들이 높은 수준의 수학적 지식을 갖추고 넓은 범위의 교육을 받기를 원했다. 그러나 그는 교육적인 자료로 그들을 압도하기보다는 훨씬 더 부드러운 방법을 선택했다. 그는 평평한 나라의 이야기를 잠자리 이야기로 그의 딸에게 해주기로 했다.

딸 도르시아가 침대에 누워 미소를 짓자 그는 그녀에게 더 큰 세상에 대해 아무것도 모르는 사람들이 살고 있는 평평한 왕국 이야기를 하기 시작했다. 이리저리 뛰어다니면서 그들은 자신들의 얇은 세상 밖에 대해서는 아무것도 알지 못한 채 생활을 해나가고 있었다. 이 빈대들은…… 그는 생각에 잠겼다.

빈대? 평평한 세상을 생생하게 설명하고 2차원 세상을 명확하게 하기 위해 칼루차는 이야기의 주인공을 빈대로 했다.[1] 한정된 영역에서만 살아간다는 의미에서 빈대는 그와 그의 가족에게 매우 낯익은 곤충이었다. 그런 상황에서는 "안녕, 잘 자. 빈대가 물지 않도록 해"와 같은 인사는 매우 현실적인 말이었다. 그러나 그의 이야기에서 빈대는 가우스나 실베스터의 좀 또는 헬름홀츠의 2차원 생물을 의미할 것이다.

칼루차의 전기작가 다니엘라 뷘쉬는 칼루차가 그의 아버지, 막스 칼루차의 직업을 통해 평평한 세상을 알게 되었을 것이라고 생각한다.[2] 영어와 문학의 전문가였던 막스 칼루차는 에드윈 애벗과 비슷한 배경을 가지고 있었고 그의 작품을 잘 알고 있었을 것이다. 따라서 평평한 세상의 이야기는 테오드르가 어렸을 때 아버지가 들려준 잠자리 이야기 중 하나였을 가능성이 크다.

프로이센에서 보낸 어린 시절

테오도르 프란츠 에두아르트 칼루차는 1885년 11월 9일에 독일의 빌헬름스탈에서 태어났다. 우연하게도 동료 통합론자 헤르만 바일도 같은 날 세상에 태어났다. 칼루차의 아버지는 조상들의 행적이 3세기까지 거슬러 올라가는 라티보르 주변 마을에서 왔다. 학자적 전통을 물려받은 그의 어머니 아말리에 역시 라티보르 이웃마을 출신이었다. 빌헬름스탈이나 라티보르는 모두 지금은 폴란드의 일부인 프로이센의 상上 슐레지엔Upper Silesia 주에 위치해 있었다.

칼루차 가문은 오래된 교육 전통과 문화 전통을 가지고 있었다. 세대마다 적어도 한 사람의 교사, 성직자 또는 중요한 정부 공직자를 배출했다.[3] 그의 방계 선조 중에는 프리드리히 대왕을 위해 주정부의 조사관으로 충성을 다해 일한 사람도 있었다. 또 다른 조상인 아우구스틴 칼루차는 가톨릭 신학자로 슐레지엔 주의 자연 역사를 연구했다. 그는 이 지역의 야생 생물과 광물에 대해 중요한 책을 여러 권 출판했다.

막스 칼루차의 학문적 업적은 그를 슐레지엔 주 외부에서 생활하게 했다. 그는 토박이 독일인이었지만 그의 마음은 초서의 옛날이야기를 배운 즐거운 옛 영국에 가 있었다. 그는 14세기의 영국 중류 사회의 영어를 배우는 과정의 하나로 초서의 『장미의 전설』을 편집했다. 영국의 고어에 대해서도 잘 알고 있었던 그는 영어의 어휘와 문법의 역사에 대한 책을 여러 권 쓰기도 했다. 그의 이러한 업적은 충분히 인정을 받아 그는 쾨니히스베르크 대학에 자리를 구할 수 있었다. 그는 테오도르가 태어나고 2년 후에 그곳으로 이사했다.

어린 테오도르에게 쾨니히스베르크는 음악과 삶이 넘치는 놀라운 곳이었다. 그곳은 지역 문화의 중심지로 수많은 극장과 연주회장, 그리고 오페라 하우스가 있었다. 지적인 분야에서 칸트의 고향으로 유명할 뿐만 아니라 오일러까지 거슬러 올라가는 수학의 전통으로도 널리 알려져 있었다. 수학을 배우는 거의 모든 학생들은 도시의 강둑과 섬을 연결하는 다리들에 관한 수수께끼인 오일러의 쾨니히스베르크 다리 문제를 배운다. 프레게 강을 가로지르는 일곱 개의 다리가 있는데 오일러는 모든 다리를 단 한 번만 지나면서 전부 건너는 방법은 없다는 것을 증명했다.

반면에 런던의 다리들은 반복해 가지 않고도 모두 건널 수 있다. 아버지의 초서 연구 덕분에 칼루차는 그 다리들을 직접 볼 수 있는 기회를 가질 수 있었다. 칼루차에게 연구를 위한 방문 때 가족과 함께 여행하는 것은 즐거운 일이었다. 셰익스피어의 고향인 스트랫퍼드어폰에이번을 여행한 것은 특히 인상깊은 경험이었다. 칼루차는 아홉 살에 디킨스를 읽을 수 있을 만큼 영어를 배웠다. 표준 영어뿐만 아니라 다양한 방언과 속어도 배웠다. 다른 여름에는 헝가리를 여행했고 그곳에서 헝가리어를 배울 수 있었다. 결국 그는 리투아니아어, 아랍어, 그리고 히브리어를 포함하여 열일곱 개의 언어를 배웠다. 이 중에서 일곱 개의 언어는 자유롭게 말할 수 있었다.[4]

칼루차의 어린 시절은 대체로 행복했다. 친절하고 호기심 많은 젊은이였던 그는 지적인 발견에서 큰 즐거움을 얻었다. 수학은 쉬웠고 다른 과목들에도 능통했다. 그는 세상의 모든 장애를 극복할 수 있을 것 같았다. 훗날 수영에 관한 책을 읽고서 첫 시도 만에 성공적으로 수영함으로써 그는 스스로에게 이를 증명했다.

인생의 정수

칼루차는 자주 "우리 문명에서 가장 중요한 결정은 결혼 상대자를 결정하는 것과 직업을 선택하는 일이다"라고 말했다.[6] 그는 두 가지 결정을 하는 데 시간을 낭비하지 않았다. 그는 1903년에 쾨니히스베르크 대학에서 수학, 물리학, 그리고 천문학을 공부하기 시작했다. 그리고 F. W. F. 마이어 교수의 지도 아래 치른하우스 변환이라고 불리는 수학적 기법에 대한 논문 연구를 했다. 그의 두뇌가 이 연구로 한창 바쁘던 1906년에 그의 가슴은 사업가의 딸이며 동료 학생의 동생인 안나 바이어를 처음으로 만났다.[7] 그들은 3년 후에 결혼하여 인생의 또 다른 부분을 완성했다.

1908년에 칼루차는 수학적 경험을 넓히기 위해 괴팅겐 대학에서 1년을 보내기로 했다. 그것은 그의 인생에서 특별한 간주곡이었다. 그 당시에 괴팅겐의 수학과는 전성기를 구가하고 있었다. 이미 퇴직을 하기는 했지만 전설적인 펠릭스 클라인이 아직도 영향력 있는 교수와 편집자로 남아 있었다. 그의 존재는 전 세계의 인재들을 괴팅겐으로 끌어 모았다. 그의 보호자였던 다비트 힐베르트는 기하학의 기초에 놀라운 분석을 완성했으며 현대 물리학에 대한 수학적 토대를 발전시키고 있었다. 무한대 차원의 힐베르트 공간에 대한 그의 이론은 양자역학의 기초가 되었다. 마지막으로 헤르만 민코프스키는 혁명적인 시공간 개념과 특수상대성 이론의 비판적인 재해석의 선두주자였다. 어느 누가 이 역동적인 삼인방과 맞설 수 있을 것인가?

중세 스타일의 괴팅겐 거리를 언제나 활보하고 있는 뛰어난 학생들과 방문 교수들은 새삼 언급할 필요도 없을 것이다. 가우스와 리만의 정신이 그중 많은 사람들에게 통합에 대한 대담한 희망을 가지도록 했다. 우주의 교향악을 완성하기를 희망하는 사람들에게 괴팅겐은 수학의 줄리아드와 다름없었다.

칼루차가 방문하기 이전에 이 거리들은 장래성 있는 통합주의자들로 넘쳐났다. 시장 가까이 있는 빈더 가의 한 카페 주인은 딸이 탄 유모차를 밀면서 파울 에렌페스트와 타티야나가 나란히 걸어가는 것을 자주 볼 수 있었다. 다른 날에는 군나르 노르드스트룀이 클라인이나 힐베르트의 강의에 대한 이야기를 하면서 민코프스키의 강의를 듣기 위해 강의실을 향해 발걸음을 옮겼다. 어떤 때는 어려운 방정식의 해를 구하는 방법을 생각하면서 헤르만 바일이 느린 걸음으로 같은 창문 앞을 지나갔다. 이 모든 괴팅겐 주민들은 고차원이나 통일장 이론과 관계된 아이디어에 크게 공헌했다.

칼루차가 도착했을 때 그는 바일과 친해졌다.[8] 그들은 틀림없이 같은 이야기를 나누었을 것이다. 에렌페스트와 노르드스트룀은 이미 괴팅겐을 떠나고 없었기 때문에 칼루차는 그들을 알 기회는 가질 수 없었다. 이 사상가들에게는 괴팅겐에서의 공통적인 경험이 그들의 미래 연구를 결정하는 데 큰 도움이 되었다. 아인슈타인이 제안한 상대성 이론의 극치라고 할 수 있는 민코프스키의 4차원적 합성의 중심지에 있었다는 것만으로 그들은 자신만의 통합 노력을 시도해보겠다는 생각을 가질 수 있었고 각자 어느 정도 성공을 거두었다.

1909년에 칼루차는 새로운 사명감을 가지고 쾨니히스베르크로 돌아왔다. 새로운 진흙을 준비하고 기다리는 도예공처럼 그는 새로운 상대론적 형식을 만들어낼 기회를 기다렸다. 그러나 그는 우선 대학에서 강의할 수 있는 허가가 필요했다. 그는 자격시험에 합격한 후 필요한 허가를 받았다.

강의를 시작할 당시 스물네 살의 정열적인 강사였던 그는 검은 머리와 잘 생긴 외모로 나이보다 더 어려 보였다. 학생으로 오인받기 쉬울 정도였다. 강사와 학생 사이는 적군과 아군을 구분하는 전선처럼 완전

일반상대성 이론을 5차원으로 확장시킨 독일의 테오도르 칼루차의 말년 사진.

히 구별되어야 한다고 생각하는 엄격한 행정관들에게 이것이 문제가 되었다. 그들은 곧 칼루차에게 면도를 하지 말 것을 요구했다. 학장으로부터 직접 그 이야기를 전해들은 수학자 칼루차는 즐거운 마음으로 미래에 그가 몇 제곱미터나 적게 면도를 하게 될지를 계산해보았다.

검은 수염을 기르자 가톨릭 신자인 그는 랍비처럼 보였다. 이것 때문에 놀림을 받기도 했다. 길을 걷고 있던 어느 날 한 버릇없는 소녀가 그의 친구에게 "저기 봐. 팔레스타인에서 온 사람이 틀림없어" 하고 소리치기도 했다.[9] 훨씬 후에 이러한 놀림은 나치 치하에서 생명을 위협하는 심각한 문제가 되었다. 칼루차는 수염을 깎기로 했고 1933년 이후에는 더 이상 수염을 기르지 않았다.

칼루차는 친절했지만 특별히 정력적인 교수는 아니었다. 1940년에 괴팅겐에서 칼루차의 강의를 들었던 수학자 마르틴 크네저는 "그는 친절한 사람이었지만 특별히 영감을 주는 선생님은 아니었다. 내가 기억하는 한 그의 강의에는 특별한 것이 없었다. 그것은 그리 좋은 강의가 아니었다"(10)라고 회상했다.

그의 강의의 독특한 점은 강의를 완전히 기억에 의존해 한다는 것이었다. 그는 일생 동안 단 한 번 50자리나 되는 숫자를 칠판에 옮겨 적기 위해 강의 노트를 보았다고 전해진다.(11)

칼루차는 그의 직업에 치명적인 약점이 될 수 있는 건망증을 가진 것으로도 잘 알려져 있다. 다음 이야기에 이것이 잘 나타나 있다. 어느 날 저녁 칼루차는 정수론 강의에 나타나지 않았다. 학생들은 계속 기다렸지만 강사는 오지 않았다. 마침내 몇몇 학생들은 포기하고 새로 나온 채플린 영화를 보러 갔다. 그 영화는 이미 시작되었지만 극장 입구에 앉으려 했다. 그들은 앞으로 걸어가다가 나이든 신사와 부딪혔다. 바로 칼루차였다. 칼루차는 영화 광고를 보고는 재미있겠다고 생각하고 그날 저녁 강의를 해야 한다는 것을 완전히 잊어버렸던 것이다.(12)

1910년에 첫째 아들 테오도르 주니어 칼루차가 태어났다. 칼루차는 아들을 얻는 데 단지 1마르크(1달러보다도 적은 금액)만 들었다고 농담하곤 했다. 그 이유는 대학 병원이 관습적으로 대학 직원들에게는 돈을 받지 않았기 때문이었다. 칼루차가 그런 대우를 받으려고 하지 않자 병원은 그에게 1마르크를 현금으로 지불하라는 청구서를 보냈다.(13)

둘째 도로시아는 6년 후에 태어났다. 도로시아가 태어날 때 얼마의 비용이 들었는지 기록이 없다. 그렇지만 도로시아 자신은 아픈 대가를 지불해야 했다. 그녀는 태어나고 첫 2년 동안을 아버지 없이 보내야 했다. 그녀의 아버지는 제1차 세계대전에 징집되어 서부 전선으로 가 있었다.(14) 안나는 1918년에 테오도르가 안전하게 돌아올 때까지 아이들을 혼자서 키워야 했다.

비밀스런 진전

전쟁이 끝난 후에 칼루차는 대학에서 다시 강의를 시작했고 집에서
는 수학 연구를 시작했다. 그 당시 그는 10년 동안이나 객원 강사에 머
물러 있었다. 더 나은 지위로 승진하기 위해서는 널리 인정받는 논문을
출판해야 했다. 그는 이미 상대적으로 회전하는 원반의 문제를 다룬 중
요한 논문을 비롯한 여러 편의 논문을 발표했지만 대학 사회에서는 널
리 알려지지 않았다.

그렇지만 그의 가장 중요한 목표는 가족들과 다시 잘 지내는 것이었
다. 똑똑한 테오도르 주니어는 그를 잘 따랐지만 도로시아는 그를 잘 알
아보지 못했다. 칼루차는 그들과 많은 시간을 보내고 싶었다. 그의 아들
은 언제나 그의 서재에 들어와 그가 일하는 모습을 바라보았다.

이 당시에 칼루차는 아인수타인의 일반상대성 이론의 식들을 알게
되었다. 고양이가 새로운 장난감을 가지고 놀듯이 새로운 식늘을 살펴
보던 그는 여분의 차원을 더하면 어떤 일이 일어날지 알아보기로 했다.
갑자기 그는 놀라운 영감을 받았다. 아인슈타인의 중력 방정식을 확장
하여 맥스웰의 이론을 만들어낼 수 있지 않을까 하는 것이었다. 그는
5차원이 자연을 통합하는 공간을 제공할 것이라는 것을 문득 깨달았다!
칼루차의 아들은 후에 그 영감의 순간을 다음과 같이 기술했다. "아버
지는 몇 초 동안 꼼짝 않고 앉아 있었다. 그리고 날카롭게 중얼거리고는
책상을 내리쳤다. 그리고는 일어서더니 다시 몇 초 동안 꼼짝 않고 서
있었다. 그리고 피가로의 아리아 마지막 소절을 흥얼거렸다."[15]

그가 얻은 결론의 중요성을 알아차린 칼루차는 「물리학의 통합 문제
에 대하여」라는 제목의 논문을 써서 아인슈타인에게 보냈다. 시공간의

기초에서 시작하여 그는 통합 체계를 한 단계 한 단계 자세히 기술했다. 그는 아인슈타인과 아인슈타인이 편집하고 있는 학술지의 검토위원들에게 일반상대성 이론의 나무에 여분의 차원을 접목시킴으로써 기대하지 않은 열매를 맺을 수 있을 거라는 사실을 확신시킬 수 있기를 바랐다. 이 분야에 대한 바일의 진전을 알고 있었기 때문에 그는 더욱 잘 하려고 노력했다.

몇 년 전 헤르만 바일은 인간의 영혼이 생각해낸 가장 훌륭한 생각 중 하나인 통합의 문제를 해결할 수 있는 놀랍도록 대담한 발전을 이룩했다. 헤르만 바일의 심오한 이론을 성취하는 데 있었던 어려움을 무시하면 이론적으로는 더 완전한 통합의 실현을 상상할 수도 있다. 중력장과 전자기장은 하나의 보편적인 텐서로부터 생겨난다. 나는 그러한 강력한 통합이 가능하다는 것을 여기서 보여주려고 한다.[16]

칼루차는 일반상대성 이론의 시공간에서 두 사건 사이의 간격을 결정하는 수학적 규칙인 계량 텐서에 5차원의 성분을 더하는 것으로 그의 해설을 시작했다. 만약 4차원에서의 계량 텐서가 4×4 행렬이라면 칼루차는 여기에 단순히 하나의 행과 하나의 열을 첨가했다. 수정된 텐서는 25개의 수학적 표현을 포함하고 있는 5×5 행렬이었다. 이것은 평소보다 아홉 개의 요소를 더 가지고 있었다. 하지만 이들 모두가 독립적인 것은 아니었다. 이 중 네 개는 다른 네 개와 동일해야 했다. 결과적으로 모두 다섯 개의 새로운 독립적인 성분이 포함되게 되었다.
칼루차는 다섯 개의 새로운 계량 성분 중 네 개는 전자기 벡터 퍼텐셜의 네 성분을 이용해 나타냈다. 이것이 맥스웰 방정식에 대한 민코프스키의 해석의 주연 역할인 전자기장 텐서를 불러내는 '전화번호'에 해당한다고 한 것을 상기해보자. 다섯번째 계량 성분을 어떻게 해야 할지 알 수 없었던 칼루차는 스칼라 값을 부여했다(나중에 이 값은 브랑-디케 스칼라라고 불리게 된다). 그는 질량과 에너지를 나타내고, 그것을 전자기적 4차원 전류의 성분과 짝 맞추기 위해 표준적인 스트레스 에너지 텐서를 이용했다. 이것은 다시 한번 새로운 행렬을 더하는 것이었고 그것을 새로운 요소로 채웠다.

그런 다음 아인슈타인이 했던 과정을 따라 칼루차는 새로운 항을 포함한 완전한 계량과 관계된 커넥션을 계산했다. 표준적인 일반상대성 이론에서는 커넥션들은 중력의 휨 효과를 만들어내는 시공간 다양체를 구성한다. 그러나 이 확장된 일반상대성 이론은 전자기장 텐서와 놀라운 정도로 닮은 많은 커넥션 항들을 만들어낸다. 다음에 칼루차는 모든 커넥션 성분을 이용하여 곡률 텐서를 계산했다. 이것 역시 새로운 요소들과 표준적인 요소들을 만들어냈다.

자신의 새로운 요리법을 시험하고 싶어했던 칼루차는 모든 것을 아인슈타인의 일반상대성 이론을 이용해 계산했고 그 결과를 얻어냈다. 그의 앞에 두 가지 음식이 놓였다. 하나는 표준적인 중력 방정식이고, 다른 하나는 정확한 맥스웰의 전자기학 방정식이었다. 그의 요리법은 성공적이었다. 한 번의 준비로 두 가지 자연의 기본적인 힘을 만들어낸 것이다. 이것은 단순성을 선호하는 물리학자 사회의 입맛을 만족시키기에 충분한 것이었다.

위대한 방정식을 요리해낸 요리사가 덮개를 벗기면서 말했다. "여기! 중력이라는 환상적인 메인 코스에 덧붙여 입가심으로 전자기학을 무료로 제공합니다."

그러나 모든 것이 칼루차가 생각했던 것처럼 맛있지는 않았다. 그는 논문에서 "이전의 모든 물리적 경험은 5차원에 대해 아무것도 제시해주지 않는다"는 것을 인정했다. 그러한 염려를 처리하기 위해 그는 현명하게도 '원통 조건'이라고 불리는 가설을 그의 연구에 포함시켰다. 이것은 물리적으로 측정 가능한 이론의 어떤 요소도 5차원에 의존하지 않도록 했다. 따라서 5차원은 검출할 수 없고 그것의 존재가 문제를 일으키지도 않았다. **원통 조건**이라는 용어는 5차원을 직선이 아니라 원으로 형상화한 데서 생겨났다. 이 방향으로의 어떤 움직임도 처음으로 되돌아오기 때문에 빠르게 돌아가는 프로펠러와 마찬가지로 인식할 수 없다. 다른 4차원 시공간에서 일어나는 운동만이 관측된 자연의 특성을 나타낸다. 그는 어떻게 이런 가정을 증명했을까? 그는 어떤 물리적 근거도 제시하지 못했다. 그러나 그는 5차원을 탈취해가려는 강력한 시도를 무산시키기 위해서는 그것이 필요하다고 주장했다.[17]

칼루차의 이론에 대한 아인슈타인의 첫번째 반응은 전체적으로 긍정적인 것이었다. "5차원의 원통형 세상에 의해 통합이 성취된다는 생각은 내게는 없었던 생각입니다. 이것은 완전히 새로운 생각입니다. 나는 한눈에 당신의 생각을 매우 좋아하게 되었습니다. 물리학적 입장에서 봤을 때 이것은 수학적으로 너무 깊이 들어간 바일의 통합보다 훨씬 더 가능성이 있어 보입니다."[18]

그러나 그후 아인슈타인은 칼루차의 방정식을 자세히 검토하면서 몇 가지 문제점을 발견했다. 칼루차에게 첫번째 편지를 보내고 일주일 후에 그는 다시 한번 편지를 썼다. "나는 당신의 논문을 모두 읽어보았습니다. 그리고 그것이 매우 흥미롭다고 생각합니다. 현재까지 어느 곳에서도 불가능해 보이는 곳은 찾지 못했습니다. 그러나 전체적으로 아직까지의 논증이 불충분하다는 것을 받아들이지 않을 수 없습니다."[19]

아인슈타인은 칼루차가 충분히 그의 이론의 물리적 결과를 검토했다고 믿지 않았다. 아인슈타인은 그에게 전하를 띤 입자가 동시에 중력장과 전자기장의 영향을 받는다면 어떤 일이 일어나겠느냐고 질문했다. 그것은 실험적으로 예측된 방법대로 행동할 것인가 아니면 전혀 다르게 행동할 것인가? 그는 또한 칼루차에게 논문이 너무 길다고 충고했다. 바일의 초기 논문과 마찬가지로 칼루차의 논문도 엄격한 길이 제한을 넘고 있었다. 그리고 다른 학술지에 내보라고 제안했다. 그러나 아인슈타인은 친절하게 칼루차가 이런 문제들을 해소하고, 출판할 다른 곳을 찾지 못하면 『회보』에 실을 가능성도 열어놓았다.

그로부터 2년이 지난 후에 출판되지 않은 칼루차의 연구를 다시 검토한 아인슈타인은 과학계가 이 논문을 읽지 않는다면 큰 손실이 되리라는 것을 깨달았다. 그래서 그는 칼루차에게 편지를 썼다. "나는 전자기학과 중력의 통합에 대한 당신의 생각을 출판하지 않기로 한 2년 전의 결정을 재고하기로 했습니다. 당신의 접근 방법은 어떤 경우에도 헤르만 바일의 방법보다는 더 많은 것을 포함하고 있습니다. 필요한 모든 것을 내게 보내면 이 논문을 아카데미에 제출하겠습니다."[20]

칼루차는 즉시 논문의 새로운 사본을 아인슈타인에게 보냈다. 수정된 논문은 아인슈타인이 지적했던 문제들을 다루었지만 그는 "비록 이 개념에 반하는 물리학적 그리고 인식론적 문제들이 가득하지만, 거의 완벽한 통합 형식의 관계들이 단지 일시적인 사건의 변덕스러운 우연의 장난에 불과하다고 믿을 수는 없다"[21]라고 결론지었다. 아인슈타인은 이 논문을 아카데미에 보냈고 논문은 1921년 12월 『회보』에 실렸다.

다음 몇 년 동안 칼루차의 논문은 저자와 마찬가지로 별로 알려지지 않았다. 1922년에 아인슈타인은 수학자 야콥 그로머와 함께 이 주제에 대한 작은 논문을 한 편 썼다. 논문에서 그들은 스트레스 에너지 텐서를 제거한 칼루차의 이론은 전자의 행동을 기술할 때 특이점이라고 부르는 수학의 괴물을 피해갈 수 없다는 것을 보여주었다. 특이점은 제거할 수 없는 무한대로, 계산이 불가능했기 때문에 때때로 물리학자들에게는 공포의 대상이었다.

스트레스 에너지 텐서는 물질에 관한 항을 명백하게 포함하고 있기 때문에 이것을 제외한 것은 아인슈타인에게 중요했다. 클리퍼드와 마찬가지로 아인슈타인도 적합한 통합 이론에서는 물질이 그 안에 분명히 포함되어 있는 것이 아니라 기하학적 특성을 통해 생성된다고 믿었다.

같은 해에 아인슈타인은 바일에게 "당신은 칼루차의 시도를 검토해 보았습니까? 처음에는 나도 그것이 실제에 가깝다고 생각했었지만 그것 역시 특이점으로부터 자유로운 전자를 제공하지는 못했습니다. 진정한 진전을 이루기 위해서 우리는 자연의 일반적이고 기초적인 원리를 다시 찾아야 할 것 같습니다"[22] 라는 내용의 편지를 썼다.

그후 몇 년 동안 아인슈타인은 다른 사람의 연구를 언급하거나 용어를 일반화하는 논문을 발표함으로써 통일 이론의 문제를 간헐적으로 다루었다. 이 시기에 출판된 그의 논문에는 영국의 물리학자 아서 에딩턴의 연구와 관련된 간단한 연구와, 바일과 에딩턴의 아이디어와 관련된 자신의 이론에 관한 짧은 논문이 포함된다. 그로머와의 공동 연구를 제외하면 아인슈타인의 연구 중에는 5차원과 관계된 것이 하나도 없었다. 그는 곧 폐기해버린 자신의 모델에 대해 에렌페스트에게 이렇게 편지를 썼다. "나는 다시 한번 중력-전자기력 이론을 만들었네. 그것은 아름답지만 의심스러워."[23]

수학의 신데렐라

그동안 칼루차는 경제적으로 매우 어려운 지경에 빠졌다. 인플레이션이 그들의 얼마 안 되는 수입을 빼앗아갔기 때문에 그들은 허리띠를 더욱 졸라매야 했다. 굶지는 않았지만 겨우 연명하는 정도였다. 훨씬 좋은 환경에서 자라난 안나 칼루차는 비참한 생활여건 때문에 자주 절망했다. 칼루차의 아들은 어머니가 자주 찬장 옆에서 울면서 식량이 얼마 안 남았다는 몸짓을 했던 것을 기억해냈다. 그래도 어쨌든 장난감이나 다른 사치스런 것을 위해 쓸 돈은 없었지만 끼니를 거르지는 않았다.

최악의 상황에서도 테오도르 칼루차는 관대함을 잃지 않았다. 하루는 칼루차를 닮아 재능이 있던 아들이 학교에서 특별 장학금을 받았다. 그러나 만약 자기 아들이 장학금을 받는다면 다른 어떤 과부의 아이가 장학금을 받지 못해 학교에 다닐 수 없다는 것을 칼루차가 알게 되었다. 칼루차는 망설이지 않고 장학금을 거절했고 교장선생님으로부터 대단히 고맙다는 인사를 들었다.

점점 일정한 수입의 보장이 필요하게 되자 1925년에 체면을 무릅쓰고 아인슈타인에게 자신의 처지를 설명하는 편지를 쓰기로 했다. 그 편지에서 그는 교수직을 얻기 위해서 물리적 통일 문제를 밀어놓고 세속적인 수학 논문을 출판해야 하는 자신의 처지를 설명했다. 그는 아인슈타인에게 다음과 같이 썼다. "저는 지금 수학 연구에 매달려 있어 물리학 연구에 전념할 수 없습니다. 특히 저는 불만스럽고 인정받지 못하는 신데렐라 같은 처지에서 벗어나기 위해 제 이름을 알릴 수 있는 강의용 교재를 집필하는 데 내몰리고 있습니다."[24]

아인슈타인은 가난한 강사의 호소에 깊이 감동했다. 아인슈타인은

칼루차가 안정된 직장에서 더 많은 시간을 통합 이론을 위해 사용하게
되기를 바란다는 내용을 담은 다음과 같은 편지를 보냈다. "나는 지금
도 전기와 중력 사이의 관계를 만들어내려는 당신의 아이디어가 매우
독창적이며 학계의 동료들이 이 아이디어에 진지하게 관심을 가질 필요
가 있다고 생각합니다. 바일-에딩턴 아이디어를 제외하면 이것은 이 분
야에서 유일한 진지한 시도였습니다. 당신이 곧 시간과 여유를 찾아 다
시 이 문제에 도전할 수 있기를 바랍니다. 나 자신도 이 문제로 애를 썼
지만 헛수고였습니다."[25]

　다음 몇 년 동안 아인슈타인은 칼루차에게 대학의 자리를 마련해주
기 위해 다른 교수들과 접촉했다. 존스 홉킨스 대학의 오스트리아 출신
물리학자 카를 헤르츠펠트에게 보낸 편지에 다음과 같이 썼다. "나는
중력과 전자기의 상호관계가 오랜 동안의 시행착오 끝에 몇 년 전(1921
년) 아카데미 회보에 실린 칼루차의 아이디어에 의해 드디어 밝혀졌다
고 믿습니다. 이제 그에게 그에 상응하는 자리를 마련해줄 때입니다."[26]

　하지만 헤르츠펠트는 칼루차를 고용할 수 없었다. 그 자신도 홉킨스
의 초년생이었기 때문에 알려지지 않은 강사의 승진을 건의할 입장이
아니었다. 마침내 아인슈타인은 킬 대학에 자리가 난다는 것을 알게 되
었다. 그곳의 책임자는 집합 이론의 전문가인 아돌프 프랭켈이었다. 아
인슈타인의 판단을 믿고 그는 칼루차를 킬 대학의 교수로 임명했다. 마
침내 가난한 객원 강사가 안정된 직업을 갖게 된 것이다. 신데렐라의 왕
자님이 그를 구하러 나타난 것이다.

　5차원 탐험가를 위한 자리를 찾는 동안 아인슈타인은 비슷한 분야의
또 다른 모험가를 알게 되었다. 1926년 6월에 파울 에렌페스트는 아인
슈타인에게 라이덴으로 오라는 거절하기 힘든 초청장을 보냈다. 방문자

들의 마음을 끌기 위한 노력의 일환으로 에렌페스트는 항상 "오셔서 파티에 참석해주십시오"라고 말하는 대신에 이미 그곳에 와 있는 사람들의 명단을 제공했다. 이번에는 오스카 클라인이 주빈이었다. 늘 그랬듯이 에렌페스트는 클라인을 칭찬하며 보어가 아끼는 젊은 학자라고 언급했다. 그러나 아인슈타인은 가족 문제로 그 초청을 거절했다.

그럼에도 불구하고 그로머로부터 클라인의 5차원 모델에 관한 연구에 대해 들은 후 아인슈타인은 클라인에게 관심을 갖게 되었다. 그는 에렌페스트에게 편지를 써서 클라인이 쓴 논문을 보내달라고 했다. 클라인은 상대성 이론의 창시자가 자기의 연구에 관심을 가진다는 것을 기뻐하면서 직접 아인슈타인에게 논문을 보냈다. 1926년 9월에 아인슈타인은 클라인의 논문을 모두 읽고 에렌페스트에게 그 논문이 "아름답고 인상적이었다"는 내용의 답장을 보냈다. 그러나 그는 칼루차의 원통 조건이 자연스럽지 않다고 지적하기도 했다. 부분적으로 클라인의 발견에 고무된 아인슈타인은 그 이론을 더 견고한 기반 위에 새롭게 만들려는 열정으로 고차원에서의 통합에 대한 자신의 연구를 다시 시작했다.

6. 클라인의
양자 항해

우리 이론학자들의 가장 큰 어려움은 우리가 카리브디스와 스킬라 사이를

항해해야 하는 오디세우스를 닮았다는 것이다……

사색은 이론 연구에서 실험적 사실을 모으는 것만큼 중요한 부분이다.

그러나 그것은 탈출하는 것이 기적 같아 보이는 카리브디스의 소용돌이와

다를 바 없는 정신적인 소용돌이 속으로 우리를 몰아넣을 수 있다.

반면에 사실에 너무 집착하여 그것들을 이론을 구성하는 요소로

사용하면 머리 여섯 달린 스킬라를 대하는 것처럼 위험할 수 있다.

—오스카 클라인, 『나의 물리 인생』에서

선원의 여행

오스카 클라인은 놀라울 정도로 모순적인 과학자였다. 전 세계를 다녀본 여행가였던 그는 말년의 많은 시간을 스웨덴에 있는 아주 고립된 연구소에서 보냈다. 그는 과학의 실용적이고 실험적인 면을 사랑했지만 이론을 개념적 한계까지 끌고 가는 철학적 토론을 즐거워했다. 진지하고 성실한 연구자였던 그는 놀라운 풍자 능력을 가지고 있었다. 그는 5차원의 중요한 제안자 중 한 사람이었지만 5차원의 죽음을 축하하며 축배를 들기도 했다.

자전적 수필에서 클라인은 자신의 투쟁을 오디세우스의 투쟁과 비교했다. 전설적인 그리스의 영웅과 마찬가지로 그는 자신을 격식에 얽매인 현실주의와 변덕스러운 상상력의 두 극단 사이를 항해하는 항해사라고 생각했다. 그는 자신의 고향인 스톡홀름을 오간 항해사이기도 했다. 클라인은 새로운 세상을 탐험하는 것을 좋아하는 동시에 집이 주는 안락함을 바랐다. 그는 새로운 물리학적 효과라는 이상스럽고 신비한 동물과 맞닥뜨리는 것을 즐겼지만 동시에 과학자의 일상적인 조용한 업무도 좋아했다.

대단히 독창적인 사상가였지만 클라인은 '공동 연구'라는 단어로 가장 잘 알려졌다. 양자물리학에서 그는 월터 고든과 함께 상대론적 파동역학의 클라인-고든 방정식을 만들었고, 파스쿠알 요르단과는 요르단-

클라인 행렬과 제2의 양자 이론을 제안했으며, 니시마 요시오와 전자에 의해 산란되는 고에너지 광자의 행동을 나타내는 클라인-니시마의 식을 제안했다. 칼루차와의 공동 연구는 새삼 언급할 필요도 없을 것이다. 그의 가장 유명한 연구 결과 중에서 장애물에 의한 전자의 반사 효과를 다룬 클라인 역설만이 그의 이름의 앞이나 뒤에 다른 사람의 이름이 나타나지 않는다.

그리고 '간발의 차이'라는 단어 역시 그를 나타내는 단어의 하나가 되었다. 클라인은 슈뢰딩거 방정식의 초기 형식을 발전시켰지만 그 당시에 건강이 매우 나빠 그것을 출판할 수 있도록 다듬을 수 없었다. 그리고 그는 양과 밀스의 핵심적인 게이지 이론의 전신이라고 할 수 있는 강한 상호작용을 제안하기도 했다. 그리고 클라인이 세상을 떠난 20세기 말에 칼루차-클라인 이론이 다시 등장했을 때 사람들에게는 그의 영혼이 "내가 그렇게 말했었잖아!" 하고 외치는 소리가 들리는 것 같았다.

이러한 공동 연구나 간발의 차이로 놓친 발견이나 발명의 기록이 클라인이 이룬 공헌의 가치를 훼손하지는 않는다. 반대로 그것은 그가 20세기 물리학의 핵심에서 주축 역할을 했다는 것을 보여준다. 베르너 하이젠베르크, 에르빈 슈뢰딩거, 폴 디랙 그리고 다른 유명한 과학자들처럼 클라인 역시 원자 행동의 블랙박스를 붙잡고 있었지만 그는 신비한 원자 내부의 현상을 설명하려고 하지 않았다. 그의 혁신적인 견해는 다른 많은 사람들로 하여금 선입관을 옆으로 밀어놓도록 했으며 다른 설명을 생각하게 했다.

클라인은 인생의 대부분을 노벨상의 그늘 아래에서 살았다. 그가 노벨상이 수여되는 도시에 살던 물리학자 그룹의 일원이었기 때문에 어쩌면 당연한 일이었다. 하지만 그와 노벨상의 관계는 국적이 스웨덴이라는 것 이상의 것이었다. 노벨 연구소에서의 그의 첫번째 연구는 노벨상 수상자 스반테 아레니우스의 지도하에 이루어졌다. 여러 해 동안 클라인은 또 다른 노벨상 수상자인 닐스 보어의 가장 중요한 조력자였다. 그는 또한 노벨상 수상자인 하이젠베르크, 슈뢰딩거, 막스 보른, 유카와 히데키, 그리고 말년에는 압두스 살람(살람은 그 당시 아직 노벨상을 받지 않았었다)과 많은 접촉을 했다. 클라인은 노벨 위원회에서 일하기도 했고, 그가 과학과 인문학에서 이룬 업적이 노벨상을 받기에 충분했음에도 노벨상을 받는 영광을 누리지 못했다. 만약 노벨이 일생 동안 이룬 업적을 종합적으로 평가하여 주는 상을 만들었다면 그것은 틀림없이 클라인의 몫이었을 것이다. 그리고 만약 순수하게 인간적인 고상함을 평가하여 주는 '노블noble상'이 있었다면 그것 역시 클라인이 받았을 것이다.

클라인의 한결같은 관대함과 지식에 대한 열정의 근원을 알아내기 위해서는 리빙스턴이나 스탠리 같은 탐험가가 필요하지 않다. 스웨덴 최초의 랍비장이었던 그의 아버지 고트리프 클라인은 배우기를 좋아한 존경받는 종교 지도자로 대단히 현명하고 슬기로운 사람이었다. 카르파티아 산맥에 자리 잡은 휴메네라는 슬로바키아의 읍에서 태어난 고트리프 클라인은 칼루차의 가족과 비슷한 환경에서 자랐다. 젊은 나이에 집을 떠나 중앙 유럽을 떠돌던 그는 하이델베르크에서 박사학위를 받았다. 모든 지적인 분야를 섭렵한 그는 헬름홀츠, 분젠, 키르히호프와 같은 유명한 사람들의 강의를 들었다. 그는 랍비가 되기 위한 공부를 마치고 주로 독일에서 추방된 사람들로 구성된 신생 유대인 공동체를 이끌기 위해 스톡홀름으로 이사했다. 그는 그곳에서 동양학 학자의 딸인 안토니 레비와 결혼했다.

처음에는 스웨덴어를 제대로 구사할 수 없었지만 클라인 랍비는 곧 스웨덴에서 중요한 자리를 차지하게 되었다. 그는 종교 철학에 관심을 가지고 있는 왕의 가까운 친구가 되었다. 진보적인 견해와 종교간 대화에 대한 옹호로 인해 왕의 우정과 교회 고위성직자들의 존경을 얻을 수 있었다. 그는 또한 아레니우스를 비롯한 스웨덴의 지도적인 사상가들도 알게 되었다. 그는 세속적 삶을 긍정했으며 그래서 그의 자식 중 아무도 종교적인 사람이 되지 않았어도 걱정하지 않았다. 그의 가장 큰 소망과 축복은 아이들이 의미 있는 인간적인 인생을 살아가는 것이었다. 아이들은 그것을 가장 큰 선물로 생각하고 고마워했다.[1]

어린 시절의 화학

1894년 9월 15일에 스톡홀름 교외에 있는 뫼바이에서 랍비의 막내아들로 태어난 오스카 벤야민 클라인은 처음부터 과학자가 되기를 원했다. 조개껍질, 나비 그리고 다른 자연물 수집에 열심이던 그는 어머니의 오페라용 망원경으로 별들을 관측하는 것을 즐겼다. 다윈의 저서를 비롯하여 어린 시절에 읽은 책의 영향을 받아 첫 장래희망을 생물학자로 정했다. 그러나 십대 때 관심이 화학으로 옮겨갔다. 그의 부모는 기초적인 것들뿐만 아니라 완전한 실험도구를 갖춘 실험실을 준비해주었다. 그의 연구를 도와주기 위해 부모는 화학자 빌헬름 오스트발트가 쓴 안내서를 사주기도 했다. 클라인은 그 책을 열심히 읽었고 그것을 가슴속에 새겼다. 그는 곧 자신만의 폭죽을 만드는 것을 포함해 다양하고 정교한 화학실험을 할 수 있게 되었다.

20세기의 가장 뛰어난 물리학자 중
한 사람으로 양자 형태의 5차원 이론
을 발전시킨 오스카 클라인.

　1910년 여름 어느 날 클라인의 아버지는 평화회의에 초청받았다. 독
일의 물리학자 오스트발트도 참석한다는 것을 알게 된 그는 초청을 기
쁜 마음으로 받아들였다. 회의가 끝난 후에 아레니우스는 오스트발트와
랍비를 점심식사에 초대했다. 랍비는 그의 아들 형제를 데려와도 좋겠
느냐고 물어보았다. 아레니우스는 흔쾌히 수락했고 화학에 심취한 어린
아이들과의 만남에 즐거워했다.

　클라인의 청소년다운 호기심에 깊은 인상을 받은 아레니우스는 그를
자신의 연구실에서 일하도록 했다. 클라인은 기초적인 장비로 방사성
붕괴 산물을 조사하여 방사성화학과 관련된 여러 가지 연구 과제를 수
행하는 아레니우스를 보조했다. 학교가 끝난 자유 시간에 그는 아레니

우스의 조수인 에른스트 리젠펠트와 함께 알칼리에서의 아연수산화물의 용해도를 조사하는 공동 연구를 수행하기도 했다. 그렇게 하여 클라인은 열여덟 살 때 이미 논문의 저자가 되었고 실험화학계의 어엿한 일원이 되었다.

그때 그는 고등학교를 졸업하고 스톡홀름 대학에 진학했다. 그는 화학 공부를 계속했다. 그러나 로렌츠와 헬름홀츠의 책을 읽은 후로는 물리에도 관심을 가지게 되었다. 놀랍게도 아레니우스는 이론물리학이 그에게 더 맞을 거라고 제안했다. 클라인은 대단한 기대를 가지고 새로운 분야를 탐구하기 시작했다. 그는 후에 "모든 것이 새로웠고, 나의 정열이 끝이 없던 그 시기는 정말로 놀라운 시기였다"[2]라고 회상했다.

1914년에 클라인의 아버지가 죽었다. 어머니는 슬픔에 잠긴 아들이 한동안 외국 여행을 하는 것도 좋겠다고 생각했다. 그는 독일과 프랑스로 연구 여행을 떠났다. 그때 제1차 세계대전이 발발했다. 그는 실험물리학자 장 밥티스트 페린과 함께 연구하면서 파리에 머물려고 했다. 그러나 스톡홀름으로 돌아와 1915년 6월부터 1916년 10월까지 군복무를 해야 했다. 그는 국제주의자였지만 한편으로는 애국자였기 때문에 스웨덴 군대에 복무한 것을 자랑스럽게 생각했다.[3]

원자의 수수께끼

군에서 제대한 후 아레니우스의 실험실로 돌아온 클라인은 연수 과정을 마무리하는 자격시험을 준비했다. 그는 보어의 논문을 비롯한 이론물리학 책들을 더 많이 읽기 시작했다. 이때 그는 에너지가 불연속적인 덩어리로 존재한다는 양자론에 대해 처음으로 알게 되었다.

보어의 원자 모델은 기체가 내거나 흡수하는 빛이 선스펙트럼을 이루는 이유를 설명했다. 또한 원자 내에서 원자핵 주위를 돌고 있는 전자의 위치를 알 수 있게 했고 정확한 양의 에너지, 즉 양자를 방출하거나 흡수함으로써만 한 장소에서 다른 장소로 건너뛸 수 있다는 것을 알게 해주었다. 전자가 원자핵 부근으로 떨어질 때는 언제나 빛의 양자인 광자를 방출하고, 원자핵에서 먼 곳으로 건너뛸 때는 광자를 흡수한다. 그렇지 않은 경우에 전자는 영원히 안정한 궤도에 머물러 있게 된다. 흡수하거나 방출하는 광자의 진동수는 광자의 에너지를 결정한다. 각각의 진동수는 특정한 선스펙트럼을 나타내기 때문에 원자의 에너지 준위는 특정한 스펙트럼 형태로 나타난다. 원자가 내는 독특한 무지개 색깔은 원자의 내부 구조를 나타내는 것이다.

실험적 배경 때문에 클라인은 처음에 보어 이론의 기초를 이해할 수 없었다. 그때 보어의 실험실로부터 네덜란드의 물리학자 헨드리크 크라머스가 강의를 하기 위해 스톡홀름에 왔다. 클라인은 깊은 인상을 받았고, 그와 비슷한 나이의 크라머스를 자신보다 훨씬 나이가 많고 경험이 많은 사람으로 생각하게 되었다.

그때쯤에 클라인은 연구 기금의 보조를 받을 수 있다는 것을 알게 되었다. 처음에 그는 아인슈타인이나 페테르 드베이어와 연구하기 위해 기금을 요청하기로 했지만 크라머스의 강의가 매우 인상적이어서 보어의 실험실에 지원했다. 기금의 지원을 받은 그는 보어가 작은 사무실에서 덴마크 최초의 이론물리학 교수로 일하고 있는 코펜하겐으로 갔다.

클라인의 결정은 물리학의 세계에 일어날 중요한 변화의 전조였다. 보어가 재직하고 있는 동안에 물리학의 무게중심이 비스마르크의 수도

이며 브란덴부르크 개선문이 있고, 프로이센의 수도인 베를린으로부터 한스 크리스찬 안데르센의 고향이며, 작은 인어와 소년병이 티볼리 놀이공원의 정원을 행진하는 코펜하겐으로 이동했다. 이 놀라운 북쪽 도시에서 기적 같은 새로운 이론이 곧 태어날 예정이었다.

코펜하겐에서 보어의 수석 조교로 있던 크라머스는 클라인을 자신의 밑에 두고 이론 원자물리학의 속성 과정을 이수토록 했다. 클라인은 곧 전자의 이상한 행동의 원인을 설명하는 시간 압축 문제를 알게 되었다.

그 당시에 보어의 원자 모델은 어려움에 봉착해 있었다. 보어의 원자 모델은 원자가 내는 스펙트럼을 성공적으로 설명할 수는 있었지만 왜 전자들이 한동안 일정한 궤도에서 원자핵을 돌다가 일정한 정도를 건너뛰어 낮은 에너지 궤도로 가는지를 설명할 수 없었다. 다시 말해 보어의 원자 모델은 원자의 일부를 이해하는 데는 성공했지만 그 이유를 충분히 설명할 수는 없었다. 그러나 보어는 과학이 결국은 이러한 현상을 설명하고 물리적 실재에 대한 새로운 사고 방법으로 이끌어줄 것이라는 희망을 가지고 있었다.

도시 북쪽에 있는 시골길을 산책하는 동안 클라인은 보어의 독특한 철학을 제대로 인식하게 되었다. 노장사상의 철학자들처럼 보어는 자연을 상반되는 것들의 결합이라고 보았다. 이러한 자세는 후에 그로 하여금 상보성 원리를 이끌어내게 했다. 보어는 날카롭게 대립되는 견해를 서로 맞물려 있는 퍼즐 조각처럼 함께 받아들였다. 예를 들어 어떤 면에서는 에너지와 운동량을 정의함으로써 원자를 역학 체계로 취급했고, 다른 면에서는 불연속적인 궤도를 강조함으로써 역학법칙을 파괴해버렸다. 한때 그는 "서로 상반되는 것을 발견하기 전까지 우리는 아무것도 이해할 수 없다"[4]라고 말하기도 했다.

1918년부터 1919년 사이에 클라인은 코펜하겐과 스톡홀름 사이를 여러 번 왔다 갔다 하면서 아레니우스와 보어의 연구 프로젝트에 관계했다. 그러다가 크라머스가 박사학위 과정을 마치기 위해 에렌페스트와 라이덴으로 돌아가자 보어는 클라인을 수석조교로 임명했다. 그렇게 해서 클라인과 보어 사이의 길고 성공적인 공동 연구가 시작되었다.

　　보어는 운동을 매우 좋아해서 축구장에서의 업적은 과학적 업적만큼이나 덴마크에서 유명했다. 그는 하이킹, 스키, 요트 타기를 좋아했고 그의 마음이 양자물리학에 대한 깊은 생각에 잠겨 있는 동안 육체를 단련시키기 위한 모든 기회를 이용했다. 보어와 야위어 보이지만 건강한 클라인은 서로 돌아가며 상대방을 그러한 활동에 초대했고, 그러한 활동은 서로의 생각을 이야기할 충분한 시간을 제공했다. 이런 형태의 지식 교류는 '코펜하겐 정신'이라고 알려졌고 양자이론 분야의 대단한 성공의 기초가 되었다. 클라인은 그 당시를 "그러한 환경에서는 많은 양자수로 이루어진 이상한 양자법칙들의 배경에 대하여 더 깊은 생각을 하는 것이 당연한 일이었다"[5]라고 회상했다.

　　한번은 클라인이 보어에게 시공간에서 자유입자의 운동을 기술하는 방법을 물어보았다. 보어는 일반적인 4차원 역학은 그러한 기술을 위해 적절하지 않다는 것이 증명될 것이고 따라서 고차원이 그 문제를 해결해 줄 것이라고 쉽게 대답했다. 클라인은 보어의 말을 액면 그대로 받아들였고 그때부터 물리학에 고차원을 도입하는 방법을 생각하기 시작했다. 후에 그는 보어의 말을 너무 심각하게 들었다는 것을 알게 되었다. "내가 보기에 그의 생각은 누구도 4차원 공간에서는 그것을 할 수 없다는 좀 더 부정적인 의미였다." 클라인은 그것을 후에 가서야 알게 되었다.[6]

　　1920년대 초 물리학계에는 많은 사건이 있었다. 1921년에는 클라인이 마침내 스톡홀름에서 박사학위를 받았다. 크라머스도 박사학위 논문을 발표했고, 그 내용에 대한 토론이 활기차게 진행되었다. 한편 보어는 코펜하겐의 중심지 부근에 자신의 이론물리학 연구소를 설립했고 이곳은 곧 현대 과학의 메카가 되었다. 맥주 회사인 칼스버그가 기금의 일부를 지원한 이 연구소는 후에 닐스 보어 연구소로 이름을 바꿨다. 그는 또한 후에 보어 페스티벌이라고 불리는 괴팅겐에서 열린 보어의 연구에 관한 일련의 강의의 첫번째 강사가 되는 영광을 누렸다.

클라인은 덴마크 지도 교사와 함께 페스티벌에 참여했다. 그곳에서 그는 볼프강 파울리와 파울 에렌페스트에게 소개되었다. 두 사람 모두 빈 출신이지만 파울리와 에렌페스트도 그곳에서 처음으로 만났다. 파울리는 최근에 쓴 상대론, 우주론 그리고 통일장 이론에 대한 책으로 이십대의 나이에 이미 널리 알려져 있었다. 그 책은 매우 포괄적이어서 수십 년 동안 그 분야의 고전으로 여겨질 정도였다. 심지어는 아인슈타인도 파울리가 놀라운 젊은이이고 그의 연구가 심층적이며, 성숙하고, 넓은 영역을 포함하고 있다고 인정했다.[7] 한편 에렌페스트는 독창적이지만 논쟁의 여지가 있는 통계역학 분야의 논문을 그의 아내와 함께 막 끝낸 참이었다. 두 논문은 같은 백과사전에 실렸다.

클라인은 곧 파울리와 에렌페스트가 유별나게 무뚝뚝하다는 공통점이 있다는 사실을 알아차렸다. 클라인은 이들에 대해 다음과 같은 기록을 남겼다. "그때 에렌페스트는 파울리로부터 조금 떨어져서 그를 모욕적으로 바라보다가 말을 걸었다. '파울리 씨, 나는 당신의 논문을 당신보다 더 좋아합니다.' 이에 대해 파울리는 조용히 대답했다. '그것 참 재밌군요. 나는 그 반대랍니다.'"

아인슈타인이 노벨상을 받고 일 년이 지난 1922년에 보어가 노벨상

볼프강 파울리와 파울 에렌페스트. 20세기의 가장 뛰어난 오스트리아 물리학자인 두 사람은 고차원에 대한 자신들의 견해를 밝혔다.

을 받았다. 보어가 노벨상 수상 강연을 할 때 클라인은 보어가 연설문 없이 강단으로 걸어가는 것을 염려스럽게 바라보아야 했다. 흥분 때문에 연설문을 가지고 와야 한다는 것을 까맣게 잊어버렸던 것이다. 그럼에도 불구하고 클라인은 보어가 양자 이론을 발전시키는 과정에서 있었던 성취와 도전에 대해 즉흥적으로 뛰어난 연설을 하는 것을 즐겁게 바라볼 수 있었다.

　그 무렵 클라인은 자신의 취업 문제를 해결하지 못하고 있었다. 대학에서의 일자리를 구하던 그는 가능하면 스웨덴에 머물고 싶어했다. 그는 룬드 대학으로부터 임시직을 제안받았지만 좀더 안정된 자리를 원했다. 그러는 동안에 보어는 미시간 주 앤아버에 있는 미시간 대학에 교환

교수 자리가 있다는 것을 알고 클라인에게 그 자리를 추천했다. 미시간 대학이 그의 지원을 받아들이자 클라인은 얼마 지나 스웨덴으로 돌아가리라는 희망을 안고 미시간으로 가기로 결정했다.

미국으로 건너가기 직전에 클라인은 결혼했다. 행운의 신부는 덴마크에서 문학을 전공한 학생으로 의사의 딸인 게르다 아그네트 코흐였다. 클라인이 랍비의 아들이고 코흐는 주교와 사제의 친척이었기 때문에 사람들은 재미있어했다. 성경 말씀대로 그들은 여섯 자녀의 축복을 받게 되었다.[9]

앤아버에서의 생활

미시간에서 1923년부터 2년간의 강사생활을 시작했을 때 클라인은 영어가 서툴렀다. 그는 이미 스웨덴어, 덴마크어, 독일어, 그리고 프랑스어는 유창하게 말할 수 있었다. 영어 또한 학교에서 배우기는 했지만 오랫동안 연습하지 않아서 그는 이상한 발음으로 학생들을 즐겁게 했다. 그에게 친절했던 동료 월터 콜비는 강의에 참석해 그의 실수를 바로 잡아주기도 했다. 학생들은 이것이 그들의 즐거움을 빼앗아버린다고 생각했다.[10] 클라인의 영어는 매우 빠르게 늘어나 곧 제2의 모국어처럼 되었다. 마침내 그는 현지 사람들과 경쟁할 수 있을 정도로 영어를 유창하게 말할 수 있었다.

유럽에서 진행되고 있는 과학적 토론으로부터 고립된 조용한 도시 앤아버에서 클라인은 양자 이론에 관한 그의 생각을 실험할 기회를 가질 수 있었다. 그는 빛의 성질과 에너지가 일정한 양의 정수배로만 존재한다는 양자법칙 사이의 관계를 조사하기 시작했다. 광학에서 빛은 간섭을 통해 밝은 선과 검은 선의 간섭무늬를 만들어낸다. 어떤 특정한 경우에 이 무늬들은 건널목 무늬같이 일정한 간격으로 배열된다. 클라인은 그러한 간섭무늬가 원자 속의 전자들이 규칙적인 간격으로 배열되어 있는 것을 이해하는 데 도움이 되지 않을까 생각했다.

클라인은 이 생각을 출판하지 않았지만 이것은 발견에 가까이 간 그의 생각들 중 첫번째 것이다. 프랑스의 물리학자 루이 드브로이가 쓴 영향력 있는 논문이 이와 비슷하지만 훨씬 발전된 내용을 담고 그즈음에 발표되었다. 드브로이는 노벨상 수상 강연에서 전자들이 어떤 경우에는 입자와 비슷하고 또 다른 경우에는 파동으로 행동하는 이중성을 가진다는 것을 보여주었다. 전자의 운동량을 파장에 연결시키고 에너지를 진동수에 연결시킴으로써 그는 전자들이 간섭하여 만들 수 있는 무늬를 성공적으로 예측했다. 게다가 그는 전자를 정상파로 간주함으로써 보어의 전자에너지 준위를 설명하는 방법을 찾아냈다.

예를 들어 북이나 관 안에서 공기가 진동하는 것과 같이 한정된 공간 안에서 진동이 일어날 때 정상파가 생긴다. 음악가들은 이를 이용해서 기초진동과 공명진동을 결합하여 매력적인 소리를 만들어낸다. 기타 줄을 튕기는 것이 좋은 예이다. 기타 줄을 튕기면 진동이 양쪽 끝에서 반사된다. 그리고 원래의 진동과 반사하는 진동이 합해져서 한 자리에서 아래위로 진동하게 된다. 이 정상파는 진동의 개수가 정수개로만 나타난다. 예를 들면 $\frac{1}{3}$ 개의 진동과 같은 것은 생각할 수 없다. 자연스러운 진동모드는 기초진동수의 정수배로만 나타난다.

드브로이는 원자핵 주위를 돌고 있는 전자가 정상파와 같이 행동한다고 제안했다. 튕긴 기타 줄과 마찬가지로 전자는 에너지를 기초진동수의 정수배, 즉 바닥상태 에너지의 정수배만큼만 가질 수 있다는 것을 나타낸다. 이것은 왜 전자들이 고정된 양자 상태 사이에서는 발견되지 않는지 설명할 수 있다. 정수는 보어의 양자수에 해당한다.

클라인은 후에 드브로이의 논문을 흥미 있게 읽었지만 그다지 신뢰하지는 않았다. 전자를 파동으로 취급하는 기본적인 생각에는 동의했지만 그가 보기에 드브로이는 어떻게 자유전자가 입자처럼 공간을 이동할 수 있는지를 설명하는 데 실패했다고 생각했다. 하지만 클라인은 파동의 집합이 입자와 같은 파면을 만들 것이라고 믿었다. 그러면 입자는 파도 타는 사람들처럼 이 파면을 따라 공간을 이동해갈 것이라고 생각했다.

그렇게 움직이는 파면의 올바른 모델을 만들기 위해서 클라인은 3차원 공간과 시간으로는 충분하지 않을 것이라고 믿었다. 보어의 충고를 생각해낸 그는 그래서 입자운동의 5차원 모델에 대해 조사하기로 했다. 그는 5차원에서의 운동을 4차원 시공간에 투영시킴으로써 양자적 성질이 프리즘이 만든 얼룩진 영상처럼 나타나기를 기대했다.

그러나 슈뢰딩거 방정식으로 보통의 시공간 안에서 전자의 파동성과 입자성을 모두 설명할 수 있다는 것이 밝혀졌다. 그러나 그것이 밝혀졌을 때 클라인은 이미 5차원 이론의 성질을 증명하기 위해 2년 동안이나 시간을 보낸 상태였다.

닫힌 원

클라인이 전자기학을 가르치고 있던 1924년에 그의 5차원 연구가 진지하게 시작되었다. 강의실에서 그가 다룬 문제는 전자기장과 중력장의 영향 아래에 있는 전자의 운동이었다. 그때 그는 중력에 대해서는 잘 알지 못했기 때문에 이 분야에 대한 파울리의 책을 통해 중력에 대해 공부했다.

클라인은 이 문제를 해밀턴-야코비 방정식으로 다루기로 했다. 이 식은 중력장과 전기장에서의 위치에너지를 정의하는 방법을 포함하고 있다. 그런 후에 위치에너지와 운동에너지를 이용하여 위치를 나타내는 좌표와 관계된 운동량을 찾아낸다. 한마디로 말해 이것은 몇 개의 함수와 방정식을 적용하여 어느 위치에 있는 어떤 것이 얼마나 빨리 움직이는지를 알아내는 것이다. 마치 어떤 조건에 있는 캔자스 주의 바람 속도를 알아내는 기상 모델을 이용하는 것과 비슷하다.

중력장과 전기장에서의 퍼텐셜을 찾아낸 클라인은 이 둘 사이에 비슷한 점이 있다는 것을 알게 되었다. 중력 퍼텐셜은 아인슈타인의 계량 성분이라고 하는 기하학적인 항으로부터 유도되었고 전자기 퍼텐셜은 맥스웰의 이론이라고 하는 다른 기반으로부터 유도되었지만 그들은 방정식 속에서 비슷한 역할을 한다는 것이 밝혀졌다. 클라인은 전자기 퍼텐셜을 계량성분의 5차원 성분으로 하고 운동량의 네번째 성분을 전하의 곱으로 나타내면 이 두 항을 하나의 표현으로 통합할 수 있다는 것을 알게 되었다. 이것은 지미 스튜어트가 주인공으로 나온 〈버티고〉라는 영화에서 주인공이 자신의 원래 모습을 찾고 싶다고 주장하는 바람에 실제 신분이 밝혀지는 클라이맥스와 비슷하다. 이와 비슷하게 클라인은 전자기장 항의 가면을 벗겨 계량성분이라는 실제 신분을 드러냈다. 그는 이 발견에 대해서 다음과 같이 회상했다. "전자기적 퍼텐셜과 아인슈타인의 중력 퍼텐셜과 방정식에서 하는 역할이 비슷하다는 것을 보고 놀랐다. 적당한 단위를 이용해서 나타낸 전하는 네번째 운동량 성분과 비숫해 보였고 전체적으로는 4차원 공간에서의 파동방정식과 비슷했다. 이 때문에 나는 여러 해 동안 이 생각에서 벗어날 수 없었다."(11)

클라인은 드브로이와 비슷한 방법을 통해 소립자들이 정상파처럼 행동한다고 생각하게 되었다. 그는 그런 경우에 입자의 운동량은 파장에 반비례한다는 것을 보여주었다(운동량이 크면 클수록 파장이 짧다). 이 두 가지를 연결해주는 비례상수는 플랑크 상수라고 알려진 아주 작은 값이었다. 클라인은 전하를 이용해 5차원 운동량을 규정했기 때문에 전하는 5차원의 파장과 관계되었다.

드브로이와 마찬가지로 클라인은 이 정상파가 원형으로 배열되어 있다고 생각했다. 정수개의 파동만이 원의 둘레에 맞을 수 있다. 궤도 둘레가 파장의 정수배로 나타나고 파장은 전하와 관계되어 있기 때문에 전하 역시 특정한 단위의 정수배로만 존재해야 한다. 현대 물리학의 용어를 빌리면 이것은 전하가 양자화되어 있다는 것을 뜻한다.

클라인 시대에는 물리학자들이 기름방울 실험을 통해 전하의 가장 작은 단위는 전자의 전하라는 것을 알고 있었다. 다른 전하들은 이 기본적인 양의 정수배이다. 따라서 클라인의 결과는 전에는 설명하지 못한 실험적인 사실을 훌륭하게 설명해냈다.

전하와 파장에 대한 사실을 클라인이 밝혀낸 관계에 적용하면 전하의 최소단위로부터 5차원 원의 반지름을 구할 수 있다. 클라인은 이 반지름이 10^{-30} 센티미터라고 결정했다. 이것은 원자핵의 크기보다도 훨씬 작은 크기이다. 이 반지름의 조 배에 다시 조 배를 하더라도 세균의 크기 정도밖에 되지 않는다.

클라인은 5차원의 이러한 작은 크기가 매우 고무적이라는 사실을 알았다. 그는 이 이론이 왜 우리가 5차원을 절대로 관측할 수 없는지를 설

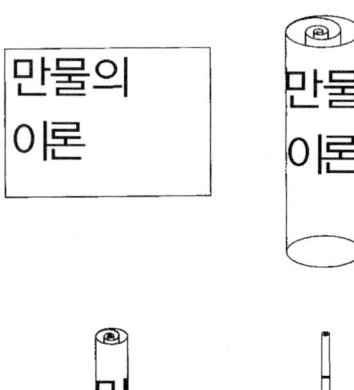

종이를 더 단단히 말면 말수록 글자는 더 이상 읽을 수 없게 된다. 마찬가지로 만물의 이론에서 여분의 차원을 작게 말면 여분의 차원이 주는 직접적인 효과는 관측할 수 없게 된다.

명할 수 있다고 즐거워했다. 이것은 왜 시공간이 4차원으로만 나타나는지를 잘 설명해준다.

다섯번째 차원이 단단히 꼬여 있는 우주를 형상화하려면 얇게 만 두루마리의 글자를 읽으려고 노력하는 경우를 생각하면 된다. 책에서 한 페이지를 떼어내 문장의 한 부분만 보이도록 둥글게 만 것을 상상해보자. 그런 다음에 모든 단어와 글자들이 서로 섞일 때까지 더 단단하게 말아보자. 종이가 스파게티처럼 가늘게 꼬여지면 글자들은 검은 흔적으로 보일 뿐 읽을 수는 없게 될 것이다. 클라인의 이론에서와 마찬가지로 그 정보는 그 안에 아직 존재하지만 우리가 감각을 통해 그것들을 인식할 수 없을 것이다.

난파선

1925년 여름에 클라인 부부는 앤아버의 판잣집에 이별을 고하고 코펜하겐의 구리첨탑을 향해 항해를 떠났다. 클라인은 그곳에서 보어와 많은 토론을 하고 계산을 마쳤다. 보어는 클라인이 호기심을 가지고 대했던 문제와 드브로이의 논문과의 관계를 지적했다.

여름이 끝나갈 무렵 보어는 클라인을 자신의 연구소에서 연구원으로 일하도록 초빙했다. 보어의 제안을 받아들여 클라인은 2년 넘게 만나지 못한 스톡홀름에 있는 어머니를 방문했다. 고향에 잠시 머문 후에 덴마크로 돌아와 완성된 5차원 모델을 동료들에게 보여줄 생각이었다.

불행하게도 클라인은 건강 때문에 예상보다 훨씬 더 오래 스웨덴에 머물러야 했다. 그는 여러 가지 병에 시달렸다. 처음에는 감기에 걸렸고 그 다음에는 전염성이 강한 간염으로 심하게 앓았으며 황달과 열병이 여러 달 동안 그를 침대에 묶어놓았다. 1926년 3월이 되어서야 그는 코펜하겐으로 돌아올 수 있었다.

보어 연구소로 돌아온 클라인은 과학의 중요한 시기에 변두리에 머물고 있었다는 것을 알게 되었다. 그가 앓는 동안에 원자보다 작은 입자들의 양자 행동을 기술하고 원자의 전자 구조를 예측할 수 있는 하이젠베르크의 행렬역학과 슈뢰딩거의 파동방정식이 차례로 등장했다. 클라인은 슈뢰딩거의 방정식과 비슷한 방정식을 발전시켰었지만 병 때문에 그것을 출판할 수 없었다. 이것은 그의 인생에서 가장 실망스러운 일이었다.

더 괴로웠던 것은 코펜하겐에 도착한 몇 주 후에 칼루차의 이론과 자신의 이론이 비슷하다는 것을 발견한 일이었다. 그 당시 연구소를 방문해 있던 파울리는 그의 연구를 훑어본 후 나쁜 소식을 전해주었다. 클라인은 칼루차와 바일이 통일장 이론을 제안했다는 것을 대충 알고 있었지만 자세히는 몰랐다. 그는 칼루차의 이론이 자신의 이론과 마찬가지로 전자기 이론을 포함하기 위하여 일반상대성 이론을 고차원으로 확장하는 방식을 취하고 있다는 것은 생각지도 못했다. 파울리가 두 이론의 유사성을 지적한 후 클라인은 칼루차의 논문을 자세히 살펴보았다. 칼루차의 이론이 다른 가정과 방법에 기초하고 있긴 했지만 기본적으로 비슷한 개념이었다. 클라인은 이미 경작된 땅을 가느라고 너무도 많은 시간을 낭비했다고 생각했다.

절망에서 헤어나기 위해 클라인은 크라머스가 어려움에 처해 있을 때 자신이 그에게 해준 충고를 기억해냈다. 과학은 어린이들의 놀이처럼 취급해야 한다. 만약 한 가지가 잘못되면 다른 놀이를 하러 가면 그만이다.

생각을 바꾼 그는 "난파선에서 난민을 구조하는 심정"[12]으로 그의 5차원 연구를 출판하기로 결정했다. 그는 자신이 개선한 부분을 강조하는 두 편의 논문을 쓰기로 했다. 자신의 이론이 칼루차의 이론과는 많이 다르다고 생각했지만 그는 칼루차를 그 생각의 창안자로 인정했다. 이것이 그의 연구가 2차적이라는 것을 스스로 인정한 것이 되었기 때문에 나중에 그는 이 결정을 후회했다. 클라인은 한 인터뷰에서 다음과 같이 말했다. "칼루차는…… 첫번째 근사만으로 장방정식을 유도했다. 나는 정확하게 말해서 여름 이전에 그 일을 해냈다. 따라서 칼루차의 논문에 별다른 인상을 받지 못했다. 그러나 그가 나보다 훨씬 전에 그 생각을 했기 때문에 그것을 인용해야 한다고 생각했다. 아무도 내가 그것을 독자적으로 했다는 것을 알지 못한다."[13]

드브로이가 칼루차와 크라머스를 5차원 이론의 공동 발견자로 기록한 적이 있었기 때문에 이 개념에 대한 정당한 공헌을 인정받는 것은 클라인에게 어려운 일이 되어버렸다. 크라머스는 이 개념과 별 관계가 없었지만 드브로이는 클라인이 그의 첫번째 논문에서 칼루차와 크라머스를 친절하게 인용한 것을 그들에게 모든 공적을 돌린 것으로 잘못 이해했다. 클라인은 자신의 2년 동안의 독창적인 연구가 무시된 이런 생각 때문에 위축되었다.

그러나 다행스럽게도 이것은 아무 문제도 되지 않았다. 원자 이론과 분명한 관계를 가지고 있는 클라인의 논문들은 칼루차의 연구보다 물리학계에서 더 많은 관심을 받게 되었다. 노르드스트룀의 불분명한 이론보다 훨씬 더 많이 인정을 받았음은 물론이다. 그때까지는 아인슈타인과 그와 가까운 사람들만이 칼루차의 5차원 이론에 관심을 보였었다. 양자효과를 설명하는 데 5차원을 이용한 클라인의 이론은 그 당시에 있던 다른 설명의 그럴듯한 대안으로 보였다. 더구나 실험적 한계 밖에 있는 고차원의 작은 크기에 대한 그의 계산은 이 논문의 든든한 버팀목으로 보였다.

상트페테르부르크의 두 물리학자 블라디미르 포크와 하인리히 만델도 클라인이 첫번째 논문을 출판한 비슷한 시기에 이와 비슷한 생각을 독립적으로 발전시키고 있었다. 그들의 논문이 출판될 때쯤 그들은 클라인의 연구에 대해서 알게 되었다. 그들은 즉시 클라인의 연구를 인정했고 러시아의 5차원 이론의 선구자가 되었다. 포크의 공헌은 특히 대단해서 아인슈타인은 때때로 이 이론을 '칼루차-클라인-포크 이론'이라고 불렀다.

'5차원 아파트'에서의 생활

클라인의 생각을 가장 열정적으로 지지한 사람 중 한 명은 파울 에렌페스트였다. 왜 시공간이 4차원으로 나타나는가에 대한 문제에 깊은 관심을 가진 에렌페스트는 클라인의 설명을 매우 그럴듯하게 생각했다. 더구나 에렌페스트는 보어를 대단히 존경했고 클라인을 그의 뛰어난 젊은 제자라고 생각했다.

클라인의 생각에 대해서 좀더 알아보기 위해 에렌페스트는 로렌츠에게 클라인이 여름 동안 라이덴을 방문하도록 초청해달라고 요청했다. 로렌츠의 편지를 받았을 때 클라인은 기뻐서 전율을 느낄 정도였다. 로렌츠가 쓴 책의 명료성과 창의성에 십대 때부터 큰 감명을 받았던 클라인은 로렌츠를 만나게 된 것을 크게 기뻐했다.

1926년 6월에 클라인은 라이덴으로 왔고 에렌페스트의 학생인 조지 울렌벡과 같은 집에 머물게 되었다. 자바의 독일과 네덜란드계 가정에서 태어난 울렌벡은 양자물리학과 통계물리학 분야에서 떠오르는 별이었다. 클라인이 오기 일 년 전에 울렌벡은 동료 학생 새무얼 굿스미트와 함께 전자스핀에 관한 아이디어를 생각해냈다. 이 아이디어가 원자 이론에서 매우 중요하다는 것이 밝혀졌고 보어, 하이젠베르크, 그리고 다른 많은 사람들을 흥분시켰다.

울렌벡과 굿스미트의 전자스핀 발견은 원자 속에서의 전자의 행동은 모든 가능한 에너지 상태를 나타내는 네 개의 기본적인 양자수로 충분히 기술될 수 있다고 한 파울리의 제안에서 비롯되었다. 첫번째 양자수는 보어의 에너지 준위를 나타내고 두번째 양자수는 기하학과 관계 있었다. 세번째 양자수는 제만 효과Zeeman effect라고 부르는 자기장 안에서의 전자의 행동과 관계가 있었다. 그러나 아무도 네번째 양자수가 무엇인지는 알지 못했다. 울렌벡과 굿스미트는 네번째 양자수가 전자가 움직일 수 있는 또 다른 방법인 시계 방향 또는 시계 반대 방향의 회전과 관계 있을 것이라고 가정했다. 그들은 이 새로운 운동을 **스핀**이라고 불렀다. 파울리는 전자들이 커다란 그룹을 형성하기보다는 반대 방향의 스핀을 가진 두 개의 전자가 짝을 이룬다는 것을 알아냈다. 이것을 '파울리의 배타 원리'라고 부른다.

클라인의 이론은 스핀에 대한 것이 아니었으며 그것을 예견하지도 않았다. 그럼에도 불구하고 울렌벡은 그의 새로운 동료이며 룸메이트인 클라인이 가장 큰 수수께끼를 풀어내는 방법을 제안했다고 믿고 깊이 존경했다. 그는 클라인의 넓은 안목에 일종의 경외심을 느꼈다.[14] 울렌벡은 클라인이 그의 모델에 대해서 이야기하는 것을 처음 듣던 때를 다음과 같이 회상했다.

나는 클라인이 5차원 상대성 이론과 그것으로부터 어떻게 양자조건이 도출되는지에 대해 말한 것을 아직도 기억하고 있다. 5차원에서의 주기성으로부터 양자조건을 구해낼 수 있다니! 나는 매우 흥분했다. 그래서 내 친구에게 "우리는 곧 세상을 형식화할 수 있을 것이네. 그리고 우리는 모든 것을 알게 될 거야. 그때가 되면 모든 것이 알려질 테지"라고 말했다. 하지만 그것은 아름다운 과장이었다.[15]

울렌벡과 클라인은 금방 친해져서 클라인이 한 달간 머무는 동안 거의 매일 5차원 이론에 대해 이야기했다. 자연스럽게 에렌페스트도 토론에 동참했다. 그는 고차원에 대한 연구를 다시 하게 된 것을 기쁘게 생

각했다. 특히 그는 왜 어떤 방법이 특별한 차원에서만 적용되는지 알고
싶어했다.

그러나 울렌벡과는 달리 에렌페스트는 클라인의 이론이 물리학의 모
든 문제를 치료하는 만병통치약이라고는 생각하지 않았다. 그는 클라인
의 연구에 깊은 인상을 받았고 흥분하기도 했지만 이 새로운 접근 방법
에 대해 회의적인 자세를 유지했다. 이것은 모든 것에 질문을 던져보는
그의 천성 때문이기도 했다. 그러나 그는 아인슈타인에게 희망적인 편지
를 썼다. "나는 이 아이디어가 아직 미숙한 단계에 있기는 하지만 슈뢰딩
거의 방법보다 더 나은 것이 될 가능성이 있다고 믿습니다."[16]

에렌페스트, 클라인, 그리고 울렌벡은 이 문제에 대해서 많은 토론을
한 다음 공동 논문을 쓰기로 결정했다. 그들은 제만 효과와 다른 양자역
학 현상을 설명해보기로 했다. 그러나 이 논문이 주로 클라인의 생각으
로 이루어지자 에렌페스트는 그것을 출판하지 않겠다고 했다. 그는 다른
사람이 쓴 논문에 자신의 이름을 포함시키는 것은 공정하지 않다고 생각
했다. 클라인이 코펜하겐으로 돌아간 후 에렌페스트는 울렌벡과 드브로
이의 파동이 5차원에서 어떻게 행동하는지를 기술하는 공동 논문을 썼
다. 클라인의 이론을 언급하기는 했지만 이 논문은 5차원 파동의 행동을
그래프를 이용해 조사하려는 에렌페스트와 울렌벡의 시도를 담고 있다.

위대한 분열

클라인은 라이덴을 떠나 명실상부하게 현대 물리학의 중심이 된 코
펜하겐의 연구소로 돌아왔다. 보어 연구소는 물리학의 바티칸이 되어 자

연의 새로운 이론들을 평가하고, 반대 그룹들 사이의 차이를 조정하고, 기초 원리를 수립하고, 물리학자들의 성서를 발행하는 역할을 하고 있었다. 원자의 사원을 순례하는 수많은 사람들에게 모든 길은 코펜하겐으로 통했다.

그 당시에 양자역학의 수수께끼에 대한 하이젠베르크와 슈뢰딩거의 해법 사이에 격렬한 논쟁이 전개되었다. 하이젠베르크의 접근은 훨씬 더 신비로웠다. 초롱초롱한 눈을 가진 스물세 살의 청년 하이젠베르크는 고정된 전자 궤도의 생각을 폐기하고 관측 불가능한 수학적 표현으로 대체했다. 행렬역학이라고 부르는 그의 이론은 상태 사이의 특별한 변환이 어떻게 원자 구조를 설명할 수 있는지를 보여주었다.

반면에 슈뢰딩거의 방법은 훨씬 더 전통적인 물리 이론에 기초를 두었다. 그의 방정식은 드브로이의 물질파가 공간을 어떻게 움직여갈 수 있는지, 원자의 위치에너지 우물에 잡혀 있는 전자가 어떻게 진동하는지를 설명했다. 하이젠베르크의 모델과 마찬가지로 슈뢰딩거 방정식은 관측된 입자의 행동과 스펙트럼을 정확히 예측할 수 있는 대단히 효과적인 방법이라는 것이 증명되었다.

클라인이 라이덴에 머물던 1926년 6월에 물리학자 막스 보른은 슈뢰딩거 방정식을 새로운 급진적인 방법으로 재해석했다. 그는 물질파를 기술하는 대신 확률파를 제안하였다. 막스 보른은 전자나 다른 입자들의 성질은 정확히 기술할 수 없고 단지 확률적으로만 기술할 수 있다고 말했다.

슈뢰딩거는 그의 연구를 이렇게 변형시킨 데 대해 크게 화를 냈다. 그는 파동역학은 정확하며 결정론적이어서 확률적이지 않다고 생각했다. 슈뢰딩거는 "당신이 이 저주스러운 양자도약을 고집한다면 나는 원자 이론을 연구한 것을 후회할 겁니다"(17)라고 보어에게 말했다. 어떤 것이 중심 이론이 되느냐 하는 문제에서 아인슈타인은 슈뢰딩거의 편을 들었다. 그는 보른에게 쓴 유명한 편지에서 "나는 신이 주사위놀이를 하지 않는다고 믿습니다"(18)라고 말했다. 반면에 하이젠베르크는 슈뢰딩거의 연구는 적당한 형식이 아니라고 생각하고 행렬역학으로 돌아가야 한다고 주장했다. 그렇지만 어떤 이론물리학자들도 슈뢰딩거의 연구가 원자행동에 관한 비결정론적인 이론과 통합되는 것을 막을 수 없었다. 그것은 대단히 성공적인 모델이었다.

1927년 겨울에 보어는 새로운 영감을 얻기 위해 산에 올랐다. 그에게 스키는 일종의 종교적인 경험이었다. 스키를 타는 동안에 그는 차가운 공기 속에서 생각을 집중할 수 있었다. 그는 슈뢰딩거의 견해와 하이젠베르크, 그리고 다른 사람들의 견해를 모든 사람이 받아들일 수 있는 하나의 이론으로 통합하는 문제로 고심했다. 마침내 바람이 빠르게 지나가고 골짜기가 가까워지자 그는 자신이 찾던 화두의 답을 깨우쳤다. 답은 상보성의 원리였다. 그는 파동이나 입자나 모두 옳다는 것을 깨달았다. 그러나 실험이 두 성질 중 하나에만 초점을 맞추면 나머지 다른 성질은 나타나지 않았다.

그는 서둘러 하이젠베르크가 연구원으로 일하고 있는 코펜하겐으로 돌아왔다. 보어는 그가 발견한 것을 하이젠베르크에게 흥분해서 말했다. 반면에 하이젠베르크는 이 문제에 대한 자신의 생각을 설명했다. 보어가 없는 동안 하이젠베르크는 물리적 성질이 어떻게 관측에 의존하는가를 설명하는 불확정성 원리라는 새로운 생각을 발전시켰다. 그는 위치나 운동량과 같이 입자의 관측 가능한 성질들은 하나를 더 자세히 알면 알수록 다른 것에 대해서 덜 알 수밖에 없는 관계를 가진다고 제안했다. 따라서 입자의 성질에 대한 완전한 지식은 가능하지 않다고 주장했다.

클라인은 이 토론을 매우 흥미 있게 지켜보았다. 그는 아직도 양자역학을 5차원 이론을 이용하여 설명하기를 바라고 있었지만 다른 방법이 가치가 있다는 것도 인정하게 되었다. 실험적인 성공과 논쟁하는 것은 쉬운 일이 아니었고 하이젠베르크의 행렬역학과 슈뢰딩거 방정식은 원자의 스펙트럼을 성공적으로 설명해내고 있었다. 더구나 보어의 충실한 제자로서 그는 이 덴마크 물리학자의 자연에 대한 뛰어난 안목을 존중하지 않을 수 없었다.

상보성과 불확정성의 장점에 관한 보어와 하이젠베르크의 토론을 보면서 클라인은 중립을 지키기로 결정했다. 그는 외교적인 노력을 통해 두 사람의 생각이 모두 옳다는 것을 인정하도록 했다. 이 문제를 생각하기 위해 공원에서 여러 번 긴 산책을 한 후에 보어와 하이젠베르크는 결론에 도달했다. 그들은 상보성과 불확정성 원리는 자연의 같은 면을 이해하는 두 개의 다른 방법이라는 것에 동의했다. 이 원리들은 관측자가 어떻게 관측하느냐와 그 결과가 무엇이냐 사이의 공생관계를 나타내는 것이었다.

곧 보어에게 설득된 하이젠베르크는 슈뢰딩거의 식들과 그 자신의 식이 똑같이 유효하다는 것을 받아들였다. 오랜 설득 끝에 보어는 슈뢰딩거도 적어도 당분간은 여기에 동의하도록 압력을 가했다. 마침내 역사적인 이론의 재결합이 이루어졌다. 양자교회를 위협한 모든 분열은 봉합되었다.

익살스런 물리학

양자물리학이 등장하던 시기에 닐스 보어 연구소가 항상 심각했던 것만은 아니다. 그곳에도 많은 여유 있는 시간이 있었고 클라인은 확실히 그것을 즐겼다. 그는 익살맞은 음악을 작곡해서 동료들에게 보내기를 좋아했고 때로는 만화를 그리기도 했다.

에렌페스트에게 보낸 풍자적인 편지에서 클라인은 그를 "라이덴에서 가장 현명하시고 가장 강력한 황제이신 폐하"라고 불렀다. 그리고 클라인은 그 자신을 에렌페스트의 "종이며 보어타운의 집사"라고 불렀다. 그런 다음에 그는 "봄의 꽃들과 꽃봉오리들이 황제폐하의 엄한 명령에 떨면서 고개를 숙이고 있사옵니다"라고 썼다. 이 편지에는 클라인이 손으로 그린 라이덴과 보어타운의 '국새'가 찍혀 있었다.[19]

양자 이론이 탄생한 코펜하겐의 닐스 보어 연구소. 오스카 클라인도 여기에서 여러 해 동안 연구했다.

에렌페스트는 이에 대해 라틴어로 '덴마크 하프니아의 집정관 오스카리 파르보' 앞으로 된 편지를 써서 대응했다. 그리고 그는 그 편지에 '파울로스 호네스투스'라고 서명했다.[20] 파르보는 라틴어로 작다는 뜻이고 이것은 독일어의 클라인을 뜻했다. 마찬가지로 라틴어에서 호네스투스는 에렌하프트로 번역할 수 있으며 이는 '존경하는'이라는 뜻이다. 그리고 하프니아는 코펜하겐의 라틴 명칭이다.

모든 유머가 이렇게 모호했던 것은 아니다. 어떤 것들은 물리학과 정치를 뒤섞어 시대를 풍자하는 것이었다. 파시스트 독재자인 베니토 무솔리니가 에티오피아를 합병하기로 결정하여 국제연맹에 도전하고 "이탈리아는 제네바와 함께, 제네바에 대항해서, 제네바 없이 이탈리아의 목표를 추구할 것이다"라고 선언하자 클라인은 세계의 정치 지도자들은 양자역학을 배워야 한다고 제안하는 글을 썼다. 그는 "보어가 (파울리와 함께) 원자 세계에서 완전한 조화를 이루어내는 데 사용했던"[21], 반대되는 것을 통합하는 상보성 원리를 정치에 사용할 수 있어야 한다고 충고했다.

클라인은 '정치적 양자화에 대하여'라는 제목의 이 편지를 보어의 50세 생일을 기념하여 헌정된 유머집에 제출했다. 이 『익살스런 물리학 저널』은 보어의 60세와 70세 생일을 기념하기 위해 두 번 더 발행되었다. 그러나 정치적인 메시지를 불쾌해하는 독자들을 염려해서 클라인의 글은 출판되지 않았고 닐스 보어의 서재에 그대로 남아 있다.

이 연구소의 유머 중에서 가장 유명한 것은 1932년에 연구소 직원들이 연출하고 상연한 파우스트의 패러디였다. 이 패러디에서 파울리는 사악한 매피스토펠레스로 묘사되었고 에렌페스트는 냉소적인 파우스트로, 에딩턴은 천사장으로, 그리고 보어는 신으로 묘사되었다. 미국의 물리학자 리처드 톨먼과 로버트 오펜하이머는 '앤아버 부인의 주점'에서 술을 마시는 모습으로 나왔다. 아인슈타인은 벼룩(통일장 이론)에게 괴롭힘을 당하는 왕으로 그려졌다. 폴 디랙의 이론을 풍자한 유령처럼 생긴 '양자量子 발푸르기스 기사'도 있었다. 러시아의 물리학자 조지 가모브의 캐리커처가 그려진 연극의 대본은 보어와 연구소에 선물로 보내졌다.

이론의 종말에 대한 건배

1920년대에 클라인이 다른 연구 과제에 더 많이 관계하게 되자 5차원 이론은 무대 뒤로 물러나게 되었다. 연구소에 새로 온 파스쿠얼 요르단과 함께 그는 장을 기술하는 양자 이론을 연구했다. 클라인은 "5차원적 접근을 기반으로 하는 양자 이론의 기조를 찾아내거나 그것이 불기능하다면 장을 양자화할 수 있는 방법을 찾아야 할 것"[22]이라고 생각했다.

1902년 10월 18일에 하노버에서 태어난 요르단의 파스쿠얼이라는 이름은 독일계와 스페인계 조상에게서 물려받은 것이다. 그는 코펜하센에 오기 전에 괴팅겐에서 힐베르트나 보른과 같은 교수들에게 배우고 함께 연구했다. 1925년에 출판된, 유명한 기초 원리를 확립한 『3인의 연구』를 비롯하여 보른과 힐베르트와의 다양한 공동 연구를 통해 그는 양자물리학 발전에 공헌했다. 수줍고 심리적인 말 더듬인 그는 물리학계가 자신의 공헌을 제대로 인정해주지 않는다고 불평했다. 요르단은 클라인과 함께 양자 이론을 5차원을 이용하거나 또는 다른 방법을 통해 좀더 명확하게 하는 데 관심을 가지고 있었다. 그는 클라인이 성취하려는 것을 인정하는 몇 안 되는 물리학자 중 한 사람이었다. 클라인의 모델에 대한 그의 열정은 인생에 큰 영향을 주어 그 자신도 통일 이론을 만들도록 했다. 그러나 그 당시에는 요르단이나 클라인 모두 5차원적 접근을 더 이상 밀어붙일 방법을 찾을 수 없었다. 따라서 그들은 입자와 장을 양자화하는 방법을 찾는 연구에 몰두했다. 그들의 연구는 제2의 양자화라고 불리는 중요한 과정의 시초가 되었다.

1920년대 클라인의 5차원 연구에 대한 마지막 희망은 디랙으로부터 보어에게 온 소포로 날아가버렸다. 디랙은 전자의 상대론적 양자 이론을 다룬 논문 초고를 보내왔다. 보어는 전자를 기술함에 있어 20세기 초의 가장 중요한 두 이론인 상대론과 양자론을 통합했을 뿐만 아니라 스핀까지 포함한 그의 놀라운 연구를 보고 깜짝 놀랐다. 스핀을 포함하기 위해 그는 클라인, 월터 고든, 그리고 다른 사람들이 개발한 클라인-고든 방정식이라고 알려진 방법을 일반화했다. 클라인-고든 방정식은 클라인의 5차원 이론의 4차원 버전이었다.

1928년 초에 디랙의 연구에 대해 좀더 많은 것을 알기 위해 보어는 디랙이 연구원으로 있는 케임브리지의 세인트존스 칼리지로 클라인을 보냈다. 그의 간결한 새 방정식에 대해 디랙과 대화를 나눈 클라인은 그 이론의 신봉자가 되었다. 5차원이 아닌 디랙의 방정식은 미래의 통일로 향하는 길처럼 보였다. 클라인은 코펜하겐으로 돌아와서 놀라운 소식을 그의 지도자에게 보고했다.

그리고 그해 부활절에 파울리가 연구소에 도착했다. 하이젠베르크와 함께 그 역시 스핀을 포함하는 전자의 상대론적 양자론을 고안하려고 노력하고 있었지만 결국은 디랙에게 패배했다. 하이젠베르크와 디랙은 누가 먼저 결승선을 통과하느냐를 가지고 내기를 하기도 했었다. 그러나 디랙의 놀라운 승리를 공인하는 결승 테이프 같은 것은 없었다.

어느 날 저녁식사 자리에서 클라인과 파울리는 포도주 한 병을 꺼내 오기로 했다. 물리학의 새로운 시대가 시작되었고 그들은 자신들의 연구에 대해 다시 생각해보지 않을 수 없었다. 그들은 잔을 높이 들고 건배했다. 5차원의 죽음을 위하여!(23)

그해 내내 클라인은 5차원에 대해 말하는 것을 삼갔다. 대신에 그는 일본 물리학자 유시오 니시마와 함께 디랙 방정식을 콤프턴 효과Compton effect라고 불리는 현상을 이해하는 데 응용하는 연구를 했다. 보어와 다른 연구소 연구원들은 그의 동료가 오래된 고집을 버리고 표준적인 양자역학 해석의 신봉자가 된 것을 반가워했다. 5차원에 전적으로 반대했던 하이젠베르크가 클라인이 "이제 더 이상 이교도가 아닌"(24) 것을 특히 반가워했다.

한편 적어도 러시아의 물리학자들은 클라인의 방향전환에 무척 실망했다. 1928년 12월에 하인리히 만델은 그에게 눈물어린 편지를 보냈다. "가모브 박사님이 최근에 제게 편지를 해서 당신이 이제는 5차원 물리학을 완전히 버렸다는 것과 이 모두가 오해였다는 것을 전해주었습니다. 이제까지 당신이 이 이론에 대해 쓴 모든 논문들은 내 생각과 같은 것이었습니다. 그렇기에 나는 당신의 생각에 더 이상 동의할 수 없다는 것을 슬프게 생각합니다."(25)

1931년 1월에 클라인은 1962년 그가 은퇴할 때까지 일하게 될 스톡홀름 대학의 교수로 임명되었다. 그는 고향으로 돌아가 아내와 함께 여섯 자녀를 평화롭게 기를 수 있었기에 기뻐했다. 그리고 그것은 결과적으로 1930년대와 1940년대의 유럽의 다른 부분을 휩쓴 공포로부터 피난하는 것이었다. 그가 코펜하겐을 떠나기 직전에 클라인보다 나이가 적은 파울리가 그에게 퉁명스럽지만 '어른스런' 충고를 했다. "나는 당신이 이제 '가서 사람을 가르치라'라고 한 성경 말씀을 이행하기를 바랍니다. 당신의 대단한 교육적 능력은 당신의 가장 큰 장점입니다. 지금까지 당신이 물리학 연구에서 상당한 야망을 키워왔지만…… 내 생각에는 자연의 새로운 법칙을 발견하고 새로운 방향을 제시하는 것은 당신이 할 일이 아니라고 봅니다."[26]

클라인이 북쪽으로 향한 그해 겨울에 아인슈타인은 서쪽을 향해 항해를 하고 있었다. 로버트 밀리컨과 리처드 톨먼을 포함한 칼텍의 여러 뛰어난 교수들이 아인슈타인을 두 달 동안 캘리포니아의 패서디나로 초청했다. 이것은 1920년대에 에드윈 허블이 우주가 팽창하고 있다는 것을 발견한 윌슨 산 천문대를 방문할 수 있는 좋은 기회였다. 이 발견은 일반상대성 이론의 가장 위대한 성공적인 예측 중 하나였다.

아인슈타인은 잠시 동안 유럽을 떠나는 것을 신경 쓰지 않았다. 그가 보기에 대부분의 유럽의 동료 물리학자들은 불확정성의 마술을 믿는 '양자 미치광이'가 되어 있었다. 스피노자의 철학에 영향을 받은 열렬한 결정론자인 아인슈타인은 양자 이론에서 어떤 역할도 하지 않으려고 했다. 한때는 인과관계를 굳게 믿었던 클라인과 같은 사람들도 양자 이론 쪽으로 넘어가게 되자 아인슈타인은 자신이 점점 고립되어간다는 것을 느꼈다.

물리학계의 많은 사람들이 그의 연구 업적을 무시하기 시작했지만 아인슈타인에 대한 대중들의 존경은 끝이 없어 보였다. 그는 살아 있는 전설이 되었고 최초의 국제적인 과학 슈퍼스타가 되었다. 따라서 그의 글들은 동료들에 의해서 진지하게 인용되기보다는 대중적인 언론에 더 많이 실렸다. 그가 개발한 어떤 이론이나 그의 연설은 신문 기자들의 관심을 끌었다. 그는 여행하는 동안 기자들이 그를 추적할 것이라는 것을 잘 알고 있었다.

연구 여행이긴 했지만 그와 엘자는 남부 캘리포니아의 쾌청한 날씨를 기대했고 관광을 희망했다. 캘리포니아는 영화에서만 본 땅이었으나 이제 그들은 곧 이 세계의 일부가 되었다.

7. 아인슈타인의 딜레마

양자 이론은 완전히 슈뢰딩거화되었고 대단히 실용적인

성공을 거두었다. 그러나 그럼에도 불구하고 이것은 실제 과정의

기술이 될 수 없다…… 중력과 맥스웰 이론을 통합하는 것은 칼루차,

클라인 그리고 포크의 5차원으로만 성취될 수 있다.

—알베르트 아인슈타인이 1927년에 헨드리크 로렌츠에게 보낸 편지에서

방랑자와 교수

대공황의 시기였지만 비벌리힐스에 있는 찰리 채플린의 우아한 저택은 항상 손님들로 북적거렸다. 지팡이, 누더기 옷, 그리고 중절모를 쓴 우스꽝스러운 방랑자 역할로 유명해진 채플린은 실제 생활에서는 매우 부자였고 호화로운 파티를 열 여유가 있었다. 배우, 작가, 감독, 심지어는 작곡가로서 그의 놀라운 성공은 그에게 어마어마한 재산을 가져다주었다. 1929년의 절망적인 주식시장 붕괴 때도 채플린은 돈을 안전한 구좌에 맡겨 부를 유지할 수 있었다. 일 년이 더 지난 지금 그 돈을 이용해 다양한 분야의 많은 친구들을 접대할 수 있었다. 출판업계의 서물인 윌리엄 란돌프 허스트, 영화계의 우상인 더글러스 페어뱅크스, 인기 여배우 메리 픽포드, 그리고 다른 많은 유명 인사들이 채플린의 집을 방문하여 일본 소녀들이 공연하는 일본 춤을 일본 극장에서 보듯이 즐겼다.[1]

그러나 채플린은 겉치레를 좋아하지 않았다. 방문객을 대할 때 그는 지적인 대화에서 큰 즐거움을 얻었다. 그는 손님이 더 많이 배운 사람일수록 더 자랑스러워했다. 따라서 카포네에게 범죄라는 말이 따라다니듯이 세계적인 **천재**라는 말이 항상 붙어 다니는 알베르트 아인슈타인을 접대할 기회를 갖게 되자 그 기회를 반겼다.

아인슈타인 부부는 1930년 12월 30일에 샌디에이고 항에 배로 도착했다. 그들은 꽃으로 뒤덮였으며 아름다운 '인어'와 환호하는 군중들에게 영웅과 같은 환영을 받았다. 이러한 광경을 뉴스에서 본 베를린의 친구들은 미국 사람들이 미쳤다고 생각했다.

아인슈타인 부부는 칼텍 캠퍼스 가까이에 있는 패서디나의 아늑하지만 요란한 장식을 한 집에 여장을 풀었다. 그곳에서 아인슈타인은 과학자들과 대화를 나눴다. 그는 친구에게 다음과 같은 편지를 보냈다. "여기 패서디나는 항상 태양이 빛나고 맑은 공기와 종려나무와 목련이 있는 정원, 그리고 항상 웃으며 사인을 요구하는 친절한 사람들이 있는 천국 같습니다."[2]

그의 방문 첫 주 동안에 독일 태생인 미국의 영화 사업가 칼 래믈이 아인슈타인을 할리우드로 초청했다. 아인슈타인은 그 독일 동포에게 특별한 요청을 했다. 세계에서 가장 유명한 과학자가 가장 잘 알려진 희극 배우를 만나고 싶어한 것이다. 래믈은 스튜디오에서 이루어진 아인슈타인과의 점심식사에 채플린이 참석하도록 배려했다. 채플린은 아인슈타인은 "친절하고 명랑하며" 엘자는 "활기 있고 사각형의 얼굴을 가진 부인"이라는 인상을 받았다.[3] 아인슈타인이 곧 스튜디오를 둘러보아야 했기 때문에 그 만남은 짧았다. 그래서 엘자는 채플린을 한쪽으로 데려가 아인슈타인을 저녁식사에 초대해달라고 요청했다. 갑작스런 적극성에 놀라면서도 채플린은 아인슈타인을 더 잘 알 수 있는 기회를 반겼다. 그리고 즉시 준비를 시작했다. 채플린은 집에서의 편안한 식사가 그 유명한 사상가와 자기가 깊은 대화를 나눌 수 있는 가장 좋은 기회가 될 것이라고 생각했다.

축복받은 타고난 창조력과 유명세의 고충에 대한 이야기를 나누기 전에 채플린과 아인슈타인은 의사소통 문제부터 해결해야 했다. 채플린은 웃기기 위해 몇 개의 단어나 구절을 내뱉으면서 독일 억양을 흉내 낼 수는 있었지만 실제로 독일어를 말하지는 못했다. 심각한 대화를 할 때 그는 대중들은 들어보지 못한 목소리와 분위기로 표준 영어를 말했다.

한편 미국에 두번째 여행을 온 아인슈타인은 당시 영어를 거의 말하지 못했다. 그는 강의를 독일어로 했다. 다행히 영어를 아주 잘 해서 필요할 때면 통역을 해준 엘자에게 의존할 수 있었다.

하나의 언어장벽은 해결했지만 넘어야 할 두번째 장벽이 남아 있었다. 채플린은 저녁식사 초대 손님이 가장 좋아하는 언어인 물리학을 말할 수 없었다. 이 분야의 의사소통 문제를 해결하기 위해서 그는 '통역사'로 그 분야에 대해서 잘 안다고 자부하는 세실 레이놀드 박사를 불러왔다. 그러나 레이놀드 박사는 물리학자가 아니라 채플린의 주치의로 신경외과 전문의였으며 배우로 부업을 하기도 하는 할리우드적인 사교성을 가진 사람이었다. 그는 한때 채플린에게 "신경외과의는 단지 신경이 어디 있는지 알 뿐이지만 연기는 영혼을 넓혀주는 성신석 경험이죠"[4]라고 말하기도 했다.

1931년 후반에 의학 자문으로서 레이놀드는 〈프랑켄슈타인〉 기술 자문이 되어 사실적인 묘사에 도움을 주기도 했고, 1936년에는 채플린의 〈모던 타임스〉에서 감옥 목사의 역할을 하기도 했다. 레이놀드가 가진 이런 다양한 재능으로 미루어보아 채플린은 그가 물리학에 대해서도 어느 정도의 지식을 가지고 있을 것이라고 생각했다. 어쨌든 그의 물리학 지식은 채플린의 다른 친구들이 가지고 있는 것보다는 나았고 그로 인해 그는 상대론의 창시자와의 저녁식사에 참석할 수 있었다.

저녁식사를 하는 동안에 레이놀드는 자신의 지식을 자랑할 기회를 잡았다. 그는 최근에 읽은 J. W. 둔의 『시간의 실험』으로 화제를 돌렸다. 1927년에 출판된 이 책은 상대성 이론을 이용해 과거, 현재, 미래와 통신할 수 있는 가능성을 다루었으며 여러 가지 영적 체험들을 포함하고 있었다. 아인슈타인이 이 책을 읽었을까? 전혀. 아인슈타인은 일반 대중들을 겨냥해 확실하지 않은 이야기를 다룬 책을 절대 읽지 않는다. 그리고 영혼과 관계된 것은 과학이 아니었다.

레이놀드는 이 책의 일부를 요약해서 설명한 다음 저자의 생각에 대해 아인슈타인의 의견을 물었다. "그는 고차원에 대해 흥미 있는 이론을 가지고 있습니다. 일종의⋯⋯" 레이놀드는 설명하다가 이것이 자신의 능력을 벗어난 주제라는 것을 깨달았다. "일종의 차원 확장."[5]

아인슈타인은 즐거워했다. 태양 아래, 그리고 그 너머에 있는 모든 것에 대해 질문 공세를 퍼붓는 모든 종류의 사람들에게 둘러싸여 그는 유머 감각을 잃지 않았다. "차원의 확장⋯⋯ 그게 뭐지요?" 그는 장난스럽게 채플린에게 물었다.[6]

레이놀드는 급히 화제를 돌려 아인슈타인에게 귀신을 믿느냐고 물었다. 아인슈타인은 한 번도 귀신을 본 적이 없기 때문에 믿지 않는다고 대답했다. 만약 적어도 십여 명의 믿을 만한 사람들이 동시에 귀신을 본다면 그도 믿을 것이라고 했다. 그때까지는 귀신의 존재에 대해 회의적이라고 말했다. 공중부양이나 다른 영적 현상에 대해서는 어떻게 생각했을까? 훈련받은 사람은 생각의 힘만으로 탁자를 높이 들어 올릴 수 있을까? 아인슈타인은 머리를 흔들었다. 분명한 과학적 증거가 없다면 그런 일들을 받아들일 수 없었다.

마침내 화제는 다시 물리학으로 돌아왔다. 채플린은 아인슈타인에게 상대성 이론이 아이작 뉴턴의 역학에 반대되는 것이냐고 물었다. 아인슈타인은 그 반대로 상대론은 뉴턴 역학을 확장하는 것이라고 대답했다. 이 이야기를 하면서 아인슈타인은 다른 많은 경우에도 그랬던 것처럼 우주가 객관적이며 기계적이라고 믿는다고 강조했다. 뉴턴의 서거 200주년을 기념하기 위해 그는 "뉴턴의 과학 방법 정신이 물리적 실재와 뉴턴의 가장 중요한 가르침인 엄격한 인과법칙 사이를 복원하는 힘을 주기를 바란다"[7]라는 내용의 글을 썼다.

그는 서로 다른 관측자들에게 반복해서 관측되지 않는다면 아무것도 사실로 받아들여서는 안 된다고 생각했다. 예를 들어 초자연적인 힘에

알베르트 아인슈타인과 찰리 채플린. 아인슈타인은 1931년에 있었던 〈시티 라이트〉 시사회에 채플린의 손님으로 참석했다. 채플린이 아인슈타인의 이론을 이해하려고 노력했던 것처럼 아인슈타인은 채플린의 인간성에 대한 풍자적인 묘사에 흥미를 가졌다. 두 사람은 모두 그들의 창작에서 자신들만의 길을 갔으며 시류에 저항했다.

대한 주장은 이 시험을 통과하지 못했다. 원자의 측정은 측정하는 방법에 따라 달라진다고 주장하는 양자역학에 대한 코펜하겐 해석(보어, 하이젠베르크, 그리고 그들의 동료들의 견해)도 아인슈타인의 이런 기준을 만족시키지 못했다. 그는 실험이 항상 같은 결과를 내놓을 수 있는 원자 행동의 모델이 있어야 한다고 느끼고 있었다. 객관적 실험에 대한 이러한 엄격한 고집과 불확정성 원리에 대한 반발은 아인슈타인이 물리학의 주류로부터 아무리 고립되더라도 절대로 버리지 않을 그의 신조에 기인했다.

시류에 따르는 것을 그리 좋아하지 않았던 채플린은 아인슈타인의 이러한 독립적인 정신을 좋아했다. 유성영화 시대에 채플린은 계속적으로 무성영화를 만들도록 격려한 인내와 용기를 가진 감독이었다. 팬터마임을 하려는 배우를 모집하고 그들에게 자세한 제스처를 가르치기 위해서는 엄청난 에너지가 필요했다. 때로는 하나의 걸음걸이를 익히는 데 며칠이 걸리기도 했다. 다른 영화 제작자들은 그가 왜 이런 고생을 하는지 이해할 수 없었다. 그러나 아인슈타인과 마찬가지로 그는 동료들이 무슨 말을 하더라도 전통을 이어가기를 원했다.

아인슈타인은 채플린의 저택 방문을 충분히 즐겼다. 그는 채플린을 가리켜 "그의 역할과 마찬가지로 매력적인 사람"[8]이라고 말했다. 그들은 그후에도 캘리포니아와 베를린에서 여러 가지 다른 일로 만났다. 초자연 현상에 대한 레이놀드의 발언에도 불구하고 저녁식사는 대단히 성공적이었고 그들의 우정을 쌓아가는 계기가 되었다.

거인들의 싸움

아인슈타인이 양자 이론에서 소외되었다는 것은 매우 역설적이다. 왜냐하면 아인슈타인은 양자 이론의 초기 단계에는 이 이론의 위대한 개척자 중 한 사람이었기 때문이다. 아인슈타인이 수상한 노벨상은 빛이 양자라는 작은 에너지 알갱이라는 사실을 밝혀낸 광전효과 연구에 대해 주어졌다. 이것은 파동과 입자의 이중성을 이끌어낸 중요한 진전이었다. 후에 그는 양자통계학의 공동 제안자이며 파동역학을 시작한 사람이었다. 더구나 그는 보어를 포함한 많은 양자 이론의 발견자들에게 최고의 찬사를 받는 사람이었다.

보어와 아인슈타인은 보어가 베를린에서 원자 이론에 대한 강의를 한 1920년에 처음 만났다. 두 사람 모두와 친했던 에렌페스트는 늘 하던 대로 두 사람을 서로에게 추천했다. 보어가 덴마크로 돌아간 후 아인슈타인은 그에게 "내 인생에서 당신처럼 같이 있는 것만으로도 즐거움을 준 사람은 거의 없었습니다. 나는 이제 에렌페스트가 당신을 왜 그렇게 좋아하는지 이해할 수 있습니다"[9]라는 내용의 편지를 보냈다. 보어는 이러한 칭찬에 대해 "당신을 만나고 당신과 대화를 나눌 수 있었던 것은 내게 가장 큰 경험 중 하나였습니다"[10]라는 답장을 보냈다.

드브로이의 연구가 출판되었을 때 아인슈타인은 강력하게 그 이론을 지지했다. 그는 이 이론을 원자 물리에 대한 새로운 접근의 출발점이라고 보았다. 그는 물질파를 인과적으로 기술한 초기의 슈뢰딩거 방정식에 대해서도 마찬가지로 큰 인상을 받았다. 1926년 5월에 그는 친구 베소에게 "슈뢰딩거가 양자 규칙에 대한 놀라운 연구 결과를 발표했네. 이것에서 깊은 진리의 조짐이 보이네"[11]라는 내용의 편지를 썼다. 이

것이 양자역학에 대한 아인슈타인의 마지막 진심어린 긍정적 표현이었다.

한 달 후 막스 보른이 슈뢰딩거의 물질파를 확률파동으로 재해석했고 아인슈타인은 선을 그었다. 아인슈타인은 밤 다음에 낮이 오듯이 우주의 모든 사건은 그전에 있었던 사건으로부터 예측 가능하다고 확신했다. 무작위적인 것은 어떤 것이든지 우리가 아직 이해할 수 없는 인과관계의 결과일 뿐이다. 자료가 충분하지 않거나 물리학이 불완전하여 무작위적으로 보일 뿐이라는 것이다. 그전까지 있었던 모든 우주의 역사와 자연의 법칙에 대한 완벽한 이해가 뒤따르면 미래에 일어날 모든 사건을 예측할 수 있을 것이다.

아인슈타인은 창조의 역사를 사건들의 통합된 연관관계로 보았다. 아리아드네*의 실처럼 그것은 시간이 시작될 때부터 끝까지 끊어지지 않고 연결되어 있었다. 따라서 시공간의 관점에서 보면 과거와 미래는 현재와 마찬가지로 실재였다. 그는 후에 "물리학을 믿는 우리들에게 과거, 현재 그리고 미래에 대한 구분은 고집스런 환상일 뿐이다"(12)라고 썼다. 그런데 어떻게 무작위를 위한 공간이 있단 말인가? 그 당시 보른에게 말하고 후에 다른 많은 사람에게 말한 것처럼 그는 신이 미래를 결정하기 위해 주사위를 굴리지 않는다고 믿었다. 미래는 이미 결정되어 있는 것이다.

1927년 1월에 아인슈타인은 슈뢰딩거 방정식에 대한 새로운 생각을 담은 편지를 에렌페스트에게 보냈다. "나의 가슴은 슈뢰딩거의 연구로

---

*그리스 신화의 영웅 테세우스에게 미궁에서 빠져나올 수 있도록 실 뭉치를 건네준 크레타의 공주.

뜨거워지지 않네. 그것은 인과적이지 않고 너무 원시적이네."[13] 그때쯤에 아인슈타인은 자기 주장을 고집하기 시작했던 것이다. 그의 친구들은 그가 어디에 있는지 알게 되었고 그는 곧 자신의 생각을 세상에 내보였다.

그해에는 일 년 내내 오로라가 밝게 빛났다. 코펜하겐에서는 새로운 양자역학의 승리로 모두들 즐거웠다. 아버지 같은 존경을 받고 있는 보어는 연구소의 젊고 유능한 연구자들의 성공을 축하했고 그들이 한목소리를 내는 것에 특히 즐거워했다. 클라인의 도움과 많은 유익한 대화 덕분에 그와 하이젠베르크는 같은 생각을 하게 되었다. 불확정성 원리와 상보성 원리의 두 기둥이 새로운 원자 이론의 철학적 기초를 제공할 것이라고 보어는 믿었다.

1927년 10월에 보어는 브뤼셀에 있는 솔베이 연구소에서 열린 국제 회의에서 양자역학에 대한 코펜하겐 해석을 자랑스럽게 소개했다(이 내용은 이탈리아의 코모에서 이미 상의한 적이 있어 코모 강외라고도 널리 알려져 있었다). 청중 속에는 하이젠베르크, 슈뢰딩거, 드브로이, 보른, 에렌페스트, 로렌츠, 그리고 아인슈타인을 포함한 현대 물리학계의 거물들이 모두 앉아 있었다.

아인슈타인은 보어의 강의가 끝난 후에 즉시 반응을 보였다. 그의 예상치 못한 날카로운 반박으로 축제는 토론으로 바뀌었다. 아인슈타인은 입자의 움직임을 운에 맡기기 때문에 상보성 원리를 받아들일 수 없다고 주장했다. 그는 확률적 과정이 아니라 모든 자연현상을 설명할 수 있는 엄격한 인과법칙이 발견되어야 한다고 주장했다.

청중들은 아인슈타인의 반박에 대해 여러 가지 다른 언어로 시끄러운 논쟁을 벌였다. 회의를 주관한 로렌츠는 질서를 회복하려고 했지만 헛수고였다. 마침내 에렌페스트가 칠판 앞으로 걸어가 성경 구절을 인용했다. "신께서 지구상의 모든 언어를 다르게 하셨다." 모든 사람들은 바벨탑의 인용에 크게 웃었다.[14]

그후로 솔베이 회의는 두 노련한 투사의 권투시합이 되었다. 아인슈타인은 보어의 해석이 왜 완전하지 못한가에 대한 수많은 예를 들어 보였고 보어는 그것들을 하나하나 넘어뜨렸다. 에렌페스트는 토론을 중재하는 심판 역할을 했다. 후에 하이젠베르크는 그때를 다음과 같이 회상했다.

토론은 보통 아침식사 시간에 아인슈타인이 불확정성 원리에 분명히 반대된다고 생각한 또 다른 사고실험을 꺼냄으로써 시작되었다. 우리는 즉시 그의 새로운 제안을 검토하기 시작했고 보어와 아인슈타인은 함께 회의장으로 가면서 몇 가지 점을 명확히 했다. 그리고는 그날 내내 그 문제에 대해 토론했다. 그리고 저녁식사 시간에는 닐스 보어가 새로운 실험으로도 불확정성 원리를 흔들지 못한다는 것을 증명하곤 했다. 아인슈타인은 약간 언짢아했지만 다음날에는 더 복잡한 사고실험을 준비했…… 비슷한 게임이 며칠 동안 계속된 후에 아인슈타인의 친구인 파울 에렌페스트가 "아인슈타인, 나는 자네가 부끄럽네. 자네는 자네의 적들이 상대성 이론에 대해서 논쟁을 벌였던 것과 똑같은 방법으로 새로운 양자 이론에 반대해서 논쟁을 벌이고 있어"라고 말했다. 그러나 아인슈타인은 그의 친절한 충고마저도 듣지 않았다.[15]

아인슈타인은 물리학계의 존경받는 지도자로 솔베이 회의에 도착했다. 그러나 지도자가 아니라 외로운 사람이 되어 회의장을 떠났다. 그는 아직 초기 연구로 존경을 받고 있었지만 새로운 아이디어로는 더 이상 인정받지 못했다. 그는 '발전'의 뒤에 남겨진 최초의 사람도 아니었고, 최후의 사람도 아니었다.

솔베이 회의 3주 전에 솔베이 회의가 물리학 세계에서 그랬듯이 영화 세계에서도 기념비적인 사건이 있었다. 〈재즈 싱어〉라는 세계 최초의 유성영화가 은막 위에서 상영되었다. 물리학자들이 브뤼셀에서 새로운 양자 질서의 놀라움에 대해 이야기하고 있는 동안 뉴욕의 영화팬들은 영화배우들의 연기를 들으면서 보는 새로운 종류의 기적을 체험하고 있었다.

갑자기 예전의 영화 제작 방법이 낡은 것이 되어버렸다. 하룻밤 사이에 수천 개의 극장들이 음향시설을 갖추었다. 스크린 위에서 말하고 노래하는 것을 한번 보자 관중들은 그 이하는 원하지 않게 되었다. 후에 〈사랑은 비를 타고〉라는 영화에서 풍자했듯이 모든 무성연기자들은 일자리를 잃었다. 단 한 사람의 감독, 채플린만이 그후 10년간 〈시티 라이트〉, 그리고 〈모던 타임스〉에서 절정을 이룬 무성영화를 계속 만들 수 있는 의지를 가지고 있었다. 그는 동료들이 뭐라고 충고하든 자신의 재능을 굳게 믿었고 그것을 포기하고 싶지 않았다.

아인슈타인도 채플린과 마찬가지로 고집스런 독립심을 가지고 있었다. 그는 당시에 양자접근을 반대하고 고전적 결정론을 고집한 단 한 사람의 저명한 물리학자였다. 그는 실험이 어떤 결과를 내보일지라도 우주는 완전히 예측 가능해야 한다고 가슴 깊이 믿고 있었다. 그는 대부분의 물리학계의 반대에도 불구하고 양자현상은 더 크고 전체적인 인과율 체계의 일부여야 한다는 생각을 고집했다. 그럼으로써 그의 노력은 점점 쇠락하는 유성영화 시대의 팬터마임이 되어갔다. 아인슈타인의 이미지는 남아 있었지만 그의 말을 듣는 사람은 아무도 없게 되었다.

아인슈타인은 그의 믿음을 위한 싸움의 가장 강력한 무기라고 생각한 통일장 이론을 끄집어냈다. 통일장 이론은 양자효과를 자연적인 결과로 포함할 수 있을 것으로 생각했다. 그런 목적으로 그는 건강과 에너지가 다할 때까지 남은 과학 일생을 이 이론에 바쳤다. 모든 물리 체계속에 들어 있는 질서를 발견하려는 그의 비현실적인 임무는 그의 연약한 육체가 더 이상 버틸 수 없을 때 끝이 났다.

캘리포니아를 여행하는 동안에 채플린은 그를 로스앤젤레스에서 열린 〈시티 라이트〉의 첫 상연에 초대했다. 아인슈타인은 눈먼 꽃 파는 소녀를 도와주는 가난하지만 동정심 많은 떠돌이의 희비가 엇갈리는 내용에 감동했다. 수염을 기르고 더러운 옷을 입은 무성영화 배우는 따돌림을 당하고 오해를 받았지만 절대로 포기하지 않았다. 아인슈타인도 마찬가지였다.

5차원이여, 영원하라!

고립 속에서 아인슈타인은 끝없는 도전을 고집했다. 그는 통일의 약속된 땅으로 이르는 두 개의 가능한 길을 발견했다. 하나는 바일과 에딩턴이 닦아놓은 일반상대성 이론을 기반으로 하는 기하학적 사고와 관계된 것이었다. 다른 하나는 칼루차와 클라인이 제시한 것으로 고차원에 의한 실재의 확장을 필요로 하는 것이었다. 두번째 길이 좀더 안전해 보였지만 이것 역시 실패의 가능성이 있었다. 아무도 지금까지 관측하지 못한 5차원의 존재를 어떻게 받아들인단 말인가? 그는 원통 조건은 매우 임의적인 것이라고 생각했다. 이 분야가 진전하기 위해서는 좀더 본질적인 설명이 필요했다. 따라서 50세가 다 되어 많은 이론가들이 은퇴를 생각할 때 아인슈타인은 색다른 딜레마와 마주치고 있었다. 그가 본 것을 어떻게 구현해내느냐 하는 것은 아마도 그의 연구 인생의 가장 핵심적인 단계였다.

그는 결정을 내려야 했다. 1928년 1월에 그 해답은 순간적으로 분명해 보였다. 그는 기쁜 마음으로 에렌페스트에게 편지를 썼다. "나는 칼루차-클라인이 올바른 길을 알려줬다고 생각하네. 5차원이여, 영원하라!"[16]

그렇게 해서 아인슈타인은 확신을 가지고 이론적 추구의 노란 벽돌길을 한 발짝 한 발짝 걸어 내려가기 시작했다. 그러나 아직 5차원 오즈*로 향한 길은 아니었다. 목표를 향해 가는 길 도중에 그는 다른 생각으로 숲속에서 길을 잃었다. 그는 잠시 칼루차의 연구를 확장하겠다는 결심을 접어두고 원거리 평행선이라고 불리는 비非리만 기하학적 접근을 시도했다. 원거리 평행선은 길이의 불변을 유지하고 평행선의 정의를 바꿈으로써 바일의 이론의 방향을 바꾼 것이다. 이 이상한 세계에서 평행사변형은 더 이상 닫혀 있지 않고 깨진 유리창 같아 보였다.

바일, 에딩턴, 그리고 많은 물리학자들은 원거리 평행선이 상대성 이론의 중요한 성취에 반한다는 것을 발견했다. 파울리는 특히 비판적이어서 왜 아인슈타인이 수성 궤도의 변화와 빛의 휘어짐을 정확하게 예측하지 못하는 이론을 생각하고 있는지 의아해했다. 아인슈타인은 자신의 연구가 여전히 중요하다는 것을 보여주기 위해 그가 이루어낸 모

---

*Oz, 『오즈의 마법사』에 나오는 마법의 나라.

든 것을 창문 밖으로 던져버리고 있는 것일까?

반면에 매스컴은 우주를 설명하기 위해 열심히 노력하는 흩뜨러진 흰 머리의 교수 이미지를 좋아했다. 새로운 방법에 대한 출판이 50세 생일과 맞아떨어졌기 때문에 아인슈타인은 그의 다른 통일 접근보다 이것으로 대중들의 관심을 끌었다. 그러나 그것은 순진한 대중들의 관심이었을 뿐 그가 추구하는 동료 과학자들의 존경은 아니었다. 1929년 1월에 『뉴욕 타임스』는 그 이론을 1면에 실어서 이것이 상대성 이론보다도 중요할 수 있다고 전했다.[17] 3주 후 또 다른 『타임스』의 기사는 지나친 관심이 아인슈타인을 미치게 만들고 있어 그가 언론으로부터 도피하려 한다고 보도했다.[18]

그는 결국 포츠담 근처에 있는 케프스라는 마을에 작은 땅을 사서 엘자와 자신을 위한 전원주택을 지었다. 그리고 근처 호수에서 생일선물로 받은 보트를 타며 유유자적했다. 그는 그곳에서 방랑자가 된 듯한 기분으로 통합에 대한 제안의 여러 가지 면을 조용히 생각했다.

그때쯤에 아인슈타인은 그의 연구 프로젝트를 위해 수학 계산을 수행할 연구조교를 채용하기 시작했다. 그는 새로운 아이디어를 수확하는 데 시간을 보내는 것을 좋아했지만 방정식이라는 방아를 통해 그것을 찧는 것은 좋아하지 않았다. 그렇지 않았다면 역학적인 세세한 내용에 대한 끝없는 계산이 그의 창조적 능력을 빼앗아갔을 것이다.

이 시기의 아인슈타인의 '계산기'는 오스트리아 출신의 물리학자 발터 마이어였다. 이미 사십대에 들어선 마이어는 1930년에 아인슈타인과 일을 하기 전까지 파리, 괴팅겐, 취리히 공과대학, 그리고 그가 박사학위를 받은 빈 대학을 포함한 여러 대학에서 상당한 경험을 쌓았다. 작은 체구의 그는 아인슈타인과 동반할 때는 언제나 조용히 뒤로 물러나 있었다.

또 다른 도움을 위해서 아인슈타인은 뛰어난 비서인 헬렌 두카스를 데리고 있었다. 두카스는 뛰어난 조직력의 소유자였다. 그 능력은 아인슈타인이 준비가 되어 있을 때는 약속을 잡고 준비가 되어 있지 않을 때는 방문자들을 돌려보내는 데 꼭 필요한 것이었다. 그녀는 그가 죽을 때까지 비서로 일했으며 죽은 후에도 얼마 동안 그의 서류들을 보관했다.

마이어와 두카스는 모두 1931년에 있었던 아인슈타인의 캘리포니아 여행에 동행했다. 아인슈타인은 칼텍에서의 회의와 강의 도중에 마이어와 의논하곤 했다. 그들은 원거리 평행선과 관계된 프로젝트에서 일하면서 공동 연구를 시작했지만 아인슈타인은 이 이론의 신빙성에 대해서 의심하기 시작했다. 그의 손님 중 한 사람이었던 물리학자 리처드 톨먼은 다음과 같이 전했다. "아인슈타인은 모든 사람에게 매우 친절했다. 그는 자신의 통일장 이론에 대해 두 번이나 설명했고 그 자신은 이 모든 것이 비누거품에 불과할지도 모른다고 했지만, 우리는 문제에 접근하는 그의 지적인 능력에 크게 감동했다."[19]

증거 숨기기

채플린과 식사를 하는 동안 레이놀드가 아인슈타인에게 '차원의 확장'에 대해 물었을 때 아인슈타인은 당황하면서도 즐기는 것 같아 보였다. 역설적이지만 그가 다음에 연구한 모델은 바로 그런 것이었다. 그것은 칼루차-클라인 이론의 세계로 향한 그의 최초의 독창적인 도전이었다.

1922년에 야콥 그로머와 함께 쓴 아인슈타인의 고차원 이론에 대한 첫번째 논문은 칼루차의 모델을 스트레스 에너지 텐서 없이 재구성한 것이었고 그럴듯한 해를 얻는 데 실패했었다. 1927년의 두번째 논문은 양자 이론과의 관계가 포함되지 않은 클라인의 생각에 대한 반응이었다. 1931년에 원거리 평행선 이론의 집이 무너지면서 아인슈타인은 더 큰 야망을 가지고 이 문제로 돌아왔다.

아인슈타인의 고차원 이론에 대한 우려 중 하나는 관측할 수 없는 새로운 물리적 성질을 도입하는 것이었다. 모든 자연 모델의 결과들은 실험적 증명의 대상이 되어야 한다는 것이 그의 생각이었다. 후에 아인슈타인은 동료 레오폴드 임펠트에게 다음과 같이 썼다. "물리 이론은 실제의 모습을 형상화하려고 노력하고 감각적 세계와의 관계를 형성하기 위해 노력한다. 따라서 우리 정신적 구조물의 유일한 정당성은 우리 이론이 그러한 관계를 만들어내느냐 하는 것에 달려 있다."[20]

그래서 아인슈타인은 새로 칼루차-클라인 모델을 구성할 때는 측정할 수 없는 유령 같은 것을 포함하고 싶지 않았다. 그와 마이어는 직접 시험할 수 없는 물리적인 고차원을 제거하고 다른 교묘한 방법을 생각해냈다. 죄수를 감옥에 넣기로 결정한 판사처럼 그들은 의도적으로 고차원을 방정식에 가두어서 실제로 감각될 수 없도록 하는 이론을 만들었다. 그들은 고차원을 물리적이 아니라 수학적인 확장으로 만들었다.

아인슈타인과 마이어가 이 주제에 관한 논문에서 설명한 그들의 접근 방법은 "칼루차의 잘 알려진 이론과 정신적으로 연결된 형식이었지만 물리적 연속체를 5차원으로 확장하는 것을 피해갔다".[21] 이런 방법으로 연구자들은 통합을 향한 접근에서 수학적 유용성을 유지하면서도 시공간 너머의 차원 같은 공상적인 측면은 피해갈 수 있기를 바랐다.

그들이 사용한 방법은 시공간을 4차원으로 유지하면서 각 점에 추상적인 5차원 벡터를 할당하는 것이었다. 이것은 수없이 많은 목표물로부터 사방으로 튀어나온 고차원의 화살들과 같은 것이다. 이 화살들은 추상적인 공간에서 상호작용했고 실제 시공간은 간접적인 효과만 느낄 수 있었다. 직접적인 작용을 우리 영역 밖에 두었기 때문에 우리는 절대로 고차원의 존재를 느낄 수 없다.

이 이론이 그럴듯해 보이기는 했지만 아인슈타인과 마이어는 곧 이것의 한계를 알게 되었다. 이 이론은 양자역학의 어떤 성질도 설명할 수 없었고 따라서 보어와의 논쟁에 아무런 소용이 없었다. 문제를 더 어렵게 한 것은 자연스럽지 못한 가정을 하지 않으면 입자들의 고전적 행동을 정확히 설명하지도 못한다는 점이었다. 그리고 이것은 아인슈타인의 주요한 목표 중 하나인 기하학으로부터 물질을 이끌어내는 데도 실패했다. 그는 당황하거나 후회하지 않고 다시 한번 또 다른 전략으로 옮겨가기로 결정했다.

실제로 아인슈타인은 고차원과 통일장 이론과 관계된 다른 문제에서 수없이 오락가락했다. 1931년 말에 파울리는 이에 대해 다음과 같이 말했다.

아인슈타인의 정해진 목적을 추구하는 고집스런 에너지와 함께 절대로 절망하지 않는 발명의 재능이 우리에게도 최근에 부여되어서 평균 일 년마다 새로운 이론이 하나씩 나오고 있다. 이와 관계되어 흥미로운 것은 그 제안자들은 현재의 이론을 항상 결정적인 해결책이라고 기술한다는 것이다. 따라서 잘 알려진 속담을 말하듯 사람들은 이 문제에 관한 새로운 시도가 나올 때마다 "예전의 아인슈타인 이론은 죽었다. 아인슈타인의 새로운 이

론이여, 영원하라!"라고 환호성을 지르는 것이다.[22]

아인슈타인은 파울리의 언급에 대해 오랫동안 심각하게 생각했다. 파울리의 비판은 날카로웠고 독이 들어 있었지만 종종 핵심을 정확히 맞추었다. 파울리는 매우 비판적이기는 했지만 아인슈타인의 논문을 실제로 읽고 제안을 하는 몇 안 되는 양자물리학자 중 한 사람이었다. 몇 달 후 자신의 최근 이론의 성공 여부를 시험한 후에 아인슈타인은 파울리에게 "결국 자네가 옳았네. 자네는 악마야"[23]라고 편지를 썼다.

거절할 수 없는 제안

1932년 겨울에 아인슈타인은 칼텍을 다시 한번 방문했다. 그곳에서 그는 통일장과 우주론에 대해 여러 번 강의를 했고 네덜란드의 천문학자 빌렘 드지터에게 팽창하는 우주에 대한 자문을 구했다. 그는 또한 새로운 연구소를 뉴저지에 설립하려고 계획하는 과학행정가 에이브러햄 플렉스너와 오랫동안 이야기를 나누었다. 그 연구소는 과학자들이 대학의 번잡함에서 벗어나 자신의 연구만 자유롭게 할 수 있는 장소가 될 예정이었다. 플렉스너는 자신이 확보한 많은 기부금으로 비용을 충당할 생각이었다. 아인슈타인은 그의 제안에 매력을 느꼈고 후에 다시 이 문제에 대해 의논하자고 약속했다.

독일로 돌아와 2주 동안 머문 아인슈타인은 에딩턴과 다른 사람들을 만나기 위해 영국으로 갔다. 플렉스너는 옥스퍼드에서 아인슈타인을 방문했고 새로운 연구소에 관한 더 많은 정보를 제공했다. 고등학술연구소는 프린스턴 내에 위치하겠지만 대학과는 독립될 것이다. 아인슈타인의 맑은 눈이 그곳에서 방해받지 않고 통일 이론을 연구할 수 있다는 생각으로 빛나자 플렉스너는 그에게 자리의 가능성을 언급했다.

그해 말에 케프스에서 몇 번 더 만난 후 두 사람은 자세한 사항에 합의했다. 아인슈타인은 패서디나를 방문하는 대신 프린스턴에서 매년 5개월을 보내기로 했다. 그는 겸손하게 매우 조금 요구했지만 플렉스너는 많은 급료와 여행경비, 그리고 심지어는 택시비까지 제공하겠다고

알베르트 아인슈타인과 발터 마이어.
마이어는 통일장 이론을 발전시키는 과정에서 아인슈타인의 계산기 역할을 했다.

약속했다. 아인슈타인은 흔쾌히 그 조건에 동의했다. 플렉스너가 버스를 타고 마을을 떠났을 때 그는 모든 것이 해결되었다는 분명한 느낌을 받았다.[24]

그러나 며칠 후 플렉스너에게 전달된 감사 편지에서 문제가 드러났다. 아인슈타인은 그러한 제안을 받아들이기에 앞서 마이어에게도 상근 연구원의 지위를 달라고 요구했다. "이제 나의 단 하나의 희망은 나의 뛰어난 공동 연구자인 마이어 박사가 나와는 독립적으로 임명받기를 희망하는 것입니다. 지금까지 그는 능력과 성취를 충분히 인정받지 못한 것 때문에 고통받아왔습니다. 그는 내 필요 때문이 아니라 자신의 업적으로 정당하게 임명되었다는 느낌을 받아야 합니다."[25]

플렉스너가 이 문제에 난색을 표하자 아인슈타인은 요구를 받아들이라고 위협했다. 플렉스너에게 보낸 다음 편지에서 아인슈타인은 그에게만이 아니라 마이어에게도 정교수 자리를 주려 하는 스페인의 자리에 대해서 썼다. 플렉스너는 아인슈타인의 요구를 마지못해 수락했다.

제국으로부터의 탈출

제1차 세계대전 이래 독일의 경제 상황은 점점 더 나빠졌다. 대량 실업과 화폐 가치 하락은 사람들을 절망에 빠뜨렸다. 종교, 인종주의, 그리고 정치적 희생양을 통해서 이러한 상황을 해결하려는 극우파는 이것을 정치적 권력을 잡는 기회로 삼았다.

아인슈타인은 좌익에 호의적이었고 많은 국민들이 나치의 혐오스러운 선전을 무시하기를 바랐다. 한때 그와 엘자는 그들이 이 폭풍을 잘

견디고 적어도 매년 얼마 동안은 케프스에 머물 수 있을 것이라는 낙관적인 생각을 가지고 있었다. 그는 자신의 이름을 나치의 승리를 막으려는 반파시스트 운동인 사회민주주의와 공산주의의 연합에 빌려주었다.

그후 끔찍한 불행이 계속 일어났다. 1932년 7월에 나치가 다수당이 되었다. 아직은 히틀러가 권력을 잡지 못했지만 몰려드는 먹구름이 다양성과 자유를 원하는 모든 사람들 위에 그림자를 드리웠다. 곧 행진하는 장화 소리가 유럽을 뒤덮고 생동하는 지적 문화를 쓸어낼 것이었다. 수백만의 희생자들과 함께 이 화재에 희생되지 않으려면 사실상 모든 주체적인 사상가들은 불타는 집에서 도망쳐야 했다.

1933년 겨울에 아인슈타인이 패서디나를 세번째 여행하고 있는 동안에 히틀러가 정권을 잡았다는 소식이 들려왔다. 그의 다른 여행과 마찬가지로 그는 톨먼과 생산적인 토론을 했고 그의 친구들과 즐거운 시간을 보내고 있었다. 채플린은 그를 여러 번 초대했다. 한번은 아인슈타인이 세 명의 음악가를 데리고 와 모차르트의 사중주를 연주해서 주인을 놀라게 하기도 했다. 채플린은 교수가 바이올린을 그토록 정열적으로 연주하는 것을 보면서 즐거워했다. 또 다른 방문 때에는 윌리엄 란돌프 허스트의 악명 높은 정부情婦인 마리온 데이비스와 저녁식사를 했다. 그녀는 천연적스럽게 손가락을 아인슈타인의 헝클어진 머리 사이로 뻗으면서 "왜 당신은 머리를 깎지 않나요?"[26]라고 말했다.

아인슈타인이 독일에서 벌어진 일에 대해 알게 되었을 때 이러한 즐거움은 사라졌다. 유대인이고 사회주의자이며 파시즘과 군국주의에 반대한 아인슈타인은 히틀러가 권력을 잡고 있는 한 독일로 돌아갈 수 없다는 것을 알았다. 따라서 캘리포니아에서 유럽으로 가는 여행에서 어떤 일이 있어도 독일 땅만은 피해야 했다.

배로 벨기에에 도착한 아인슈타인은 독일과의 연결고리를 끊는 수순을 밟기 시작했다. 그는 프로이센 과학아카데미에 사표를 냈고 독일 시민권을 포기했다. 아카데미의 서기 중 한 사람인 한 나치 추종자는 아인슈타인을 비난하는 성명을 발표했다. 막스 폰 라우에를 제외하고는 아카데미 회원 중 누구도 이 결정에 이의를 달지 않았다. 하룻밤 사이에 이 아카데미의 연인이 뭇매를 맞는 사람이 되었다.

르 콕 수 메르의 해변에 집을 빌린 아인슈타인은 미래에 대한 여러 가지 선택을 검토했다. 다행히도 동료들과는 달리 그는 많은 가능성을 가지고 있었다. 그는 옥스퍼드, 마드리드, 그리고 많은 대학으로부터 교수로 초빙하겠다는 제의를 받고 있었다. 밀리컨이 학과장으로 있는 칼텍의 물리학과는 특히 관심이 많았다. 그리고 플렉스너는 고등학술연구소에서의 체류를 일 년으로 연장할 것을 제안해왔다. 마지막 결정을 내릴 때까지 기다리면서 아인슈타인은 여러 다른 장소와 협상을 계속했다.

칼텍에 미련이 남았지만 아인슈타인은 플렉스너의 제안을 받아들이기로 했다. 역사학자 제럴드 홀턴은 이 결정에 대해 다음과 같이 썼다.

그는 칼텍에서는 밀리컨을 비롯한 다른 사람들과 함께 지금까지 세 번의 방문 동안 그랬던 것처럼 기금 모금을 위해 행진을 하게 될 것이라는 것을 알았다. 반면에 프린스턴에서는 그를 자유롭게 내버려둘 것이다. 따라서 그는 프린스턴을 선택했고 그곳에서 심지어는 오렌지카운티*의 백만장자를 위한 연회에서마저도 정장이 아니라 헐렁한 스웨터를 입을 수 있는 행복한 생활을 했다.(27)

---

*캘리포니아에 있는 이곳은 부유층이 모여 사는 지역으로 유명하다.

에렌페스트를 위한 장송곡

아인슈타인은 영국을 통해 미국으로 향했다. 사우스햄프턴을 떠나 헬렌 두카스와 발터 마이어, 그리고 엘자와 함께 그의 마지막 해외여행이 된 미국 여행을 시작했다. 그는 다시는 유럽을 보지 못했다.

영국에 있는 동안 아인슈타인은 오랜 친구의 비극적 죽음을 듣고 충격을 받았다. 1933년 9월 25일 우울증을 이겨내지 못한 파울 에렌페스트는 아들 중 하나를 총으로 쏜 후 자신도 자살하고 말았다. 뛰어난 선생이었고 연구자였던 그는 자신의 존재가 더 이상 가치 없다고 확신했던 것이다.

에렌페스트의 자살 동기는 생각보다 복잡했다. 그는 일생 동안 동료들의 업적에 미칠 수 없다는 열등감을 가지고 있었다. 특히 로렌츠를 대신해 라이덴 대학의 학과장에 임명된 것이 가장 큰 실수였다고 생각했다. 그가 어떻게 유럽에서 가장 유명한 과학자 중 한 사람을 대신할 수 있을 것인가?

그는 로렌츠뿐만 아니라 아인슈타인이나 보어와도 자신을 비교했다. 사고의 모든 분야의 기초를 닦은 최고의 친구들을 가지는 축복은 감정기복이 심한 사람에게는 저주라는 것이 증명되었다. 노벨상 수상자들에 둘러싸여 있는 것 역시 도움이 되지 못했다. 더구나 양자 이론의 빠른 진전을 대하면서 그는 뒤떨어졌다는 느낌을 받았다.

에렌페스트의 개인적인 생활은 흔들리기 시작했다. 그는 예술적 기질이 있는 젊은 여인과 사귀면서 타티아나와 멀어졌다. 부인과의 지적인 동반자 관계를 애정의 감정과 바꾼 그는 불안감을 해소하려고 노력했다. 그렇지만 정직하고 성실한 그에게 이런 일은 큰 스트레스를 주었다. 그

는 결국 아내와의 화해를 희망했지만 어떻게 해야 할지를 몰랐다.[28]

그리고 다운증후군이 있는 막내아들 바시크의 문제가 있었다. 몇 년 전에 에렌페스트는 독일 예나에 있는 훌륭한 시설에 그를 맡겼다. 그러나 히틀러가 정권을 잡자 장애가 있는 반쪽 유대인 소년을 나치가 어떻게 대할지 몰라 크게 걱정했다. 에렌페스트는 바시크를 독일에서 구해 내서 암스테르담의 보육원으로 보냈다. 그러나 그 비용이 매우 비싸 걱정거리가 되었다.

경제적 어려움에 직면한 에렌페스트는 아인슈타인과 마찬가지로 미국에서 새로운 자리를 얻고 싶어했다. 그는 톨먼과 다른 미국 친구들과 접촉하면서 캘리포니아든 동부든 미국에서 자리 잡는 것을 도와달라고 요청했다.[29] 그들은 많은 노력을 했지만 그를 위한 적당한 자리를 찾아내지는 못했다.

에렌페스트의 전기작가 마틴 클라인은 이에 대해 다음과 같이 썼다.

마지막 몇 년 동안 에렌페스트는 도저히 견딜 수 없는 상황에서 벗어나기 위해 백방으로 노력했다. 그는 충분한 급료를 받을 수 있는 자리를 열심히 찾았다. 마침내 그는 탈출할 길이 없다는 것을 알게 되었다. 그는 가족들의 짐을 덜어주고 자신의 자리를 만드는 방법을 생각해냈다.[30]

모든 희망을 잃고 에렌페스트는 아인슈타인, 보어, 톨먼, 그리고 몇몇 다른 친구들에게 그의 생활이 얼마나 참을 수 없게 되었는지 토로하고, 그가 하려고 하는 일에 대해서 사과하는 마지막 편지를 썼다. 그 편지들은 배달되지 않았다. 그리고 그는 보육원의 안내실에서 바시크를 만나 그를 죽였다. 그것은 틀림없이 남은 가족들의 짐을 덜어주려는 것이었다. 마지막으로 에렌페스트는 자신의 생명을 빼앗았다.

아인슈타인은 감동적인 조사에서 친구의 정열적인 강의와 학생에 대한 격려에 대해 칭찬을 아끼지 않았다. 아마도 그 자신의 걱정거리들과 연결시켜보면서 그는 에렌페스트의 자살이 오십대에 접어들면서 겪는 어려움과 학교에서의 적응 문제 때문일 것이라고 추측했다. 에렌페스트의 친구 중 누구도 늦기 전에 이 모든 것을 알아차린 사람은 없었다.

아인슈타인에게는 슬픔이 더욱 컸다. 우선 그는 고국을 잃었고 이제 '형제'와 같은 사람마저 잃었다. 그의 배가 새 세상을 향해 항해하는 동안 상실로부터 그를 떼어놓는 시간의 바다만이 그의 고통을 달래줄 수 있었다.

8. 진리가 망명하다 :
프린스턴에서의 연구

아인슈타인은 세상에 대한 좁은 감각적인 논리에 의해서가 아니라 아름다움에
대한 감각에 의해 동기를 얻었다. 그는 그의 연구에서 항상 아름다움을 추구했다.
마찬가지로 그는 우주의 놀랍고 단순한 법칙을 발견함으로써 충족되는 심오한
종교적 감각에 의해 감동을 받았다…… 나는 한때 그에게 한 이론에 대해 물었고
그는 "내가 어떤 이론을 평가할 때는 나 자신에게 내가 만약 신이라면 우주를
그런 식으로 만들까를 물어본다"라고 대답했다. 만약 어떤 이론이 신이 요구하는
단순한 아름다움을 가지고 있지 않다면 그런 이론은 잠정적인 것이
될 수밖에 없을 것이다.

—바네쉬 호프만, 『아인슈타인과 함께 일하면서』에서

페터 베르크만은 언젠가 아인슈타인이 통일장 이론을 개발하는 데는 어떤 비판하지
않는 첫번째 단계가 항상 있다고 내게 말한 적이 있다. 그 다음 단계에서는 정원사처럼
풀들을 뽑아버린 다음 뿌리를 살펴본다. 그것을 자세히 관찰한 후에 그는 훨씬
비판적인 자세를 견지한다. 며칠 후 그는 새로운 이론을 내놓는다. 그는 계속적으로
이런 방법—무비판, 자아비판, 그리고는 다시 무비판—으로 진전을 이루어낸다.

—존 스타첼(물리학자이자 역사학자)

교활한 그러나 악의는 없는

1933년 10월에 영주를 위해 미국에 도착한 아인슈타인의 입국은 그의 다른 방문 때와는 달리 간소하게 이루어졌다. 에이브러햄 플렉스너는 배에서 그를 맞이하여 비밀리에 뉴욕 이민국으로부터 직접 프린스턴으로 데려왔다. 플렉스너는 독일이 그에게 건 현상금 때문에 무슨 일이 벌어질지도 모른다고 염려했다. 연설과 행진으로 아인슈타인을 영접하고 싶었던 뉴욕 시장은 닭 쫓던 개 지붕 쳐다보는 격이 되었다.

프린스턴에 도착한 아인슈타인은 몇 년 전에 이곳에 설치된 자신의 난로로 몸을 덥힐 수 있었다. 연구소가 자제 건물을 마련할 때까지 연구소의 수학과와 대학이 공동으로 사용하고 있는 난로와 전체 건물은 상상력이 풍부한 프린스턴의 학장이었던 오스왈드 베블렌이 꼼꼼하게 설계한 것이었다. 베블렌은 파인 홀이라고 알려진 그 건물을 학자들이 커피를 마시면서 생각을 교환할 수 있도록 설계했다. 그래서 중앙에 널찍한 휴게실이 있었고 사무실들은 그 둘레에 배치되어 있었다. 몇 년 전에 한 세미나에서 베블렌은 아인슈타인이 "신은 교활하지만 악의는 없다"라고 말하는 것을 들은 적이 있었다. 휴게실을 설계하면서 그는 아인슈타인에게 그 말(독일어로 된)을 벽난로에 새길 수 있도록 허락을 받았다. 그는 그 당시에는 그 말이 교수 휴게실에도 걸릴 것이라고는 기대하지 않았다.

좋은 의미에서 베블렌은 아인슈타인의 통일장 이론에 큰 관심을 가지고 있었다. 특히 마이어와 함께 쓴 칼루차 이론의 변형에 대해서 관심이 많았다. 아인슈타인, 마이어의 논문은 1930년에 베블렌이 그의 대학원생인 바네쉬 호프만과 함께 발표한 논문의 내용과 매우 비슷했다. 아인슈타인-마이어 모델과 마찬가지로 **투영된 상대론**projective relativity이라고 알려진 베블렌, 호프만의 연구는 외부적인 물리적 영역이 아니라 내부적인 수학적 공간으로 확장하여 5차원을 포함시키고 있었다. 이런 방법으로 두 모델은 5차원을 4차원으로 바꾸는 마술을 했고 고차원에 물리적 의미를 부여하는 난점을 피할 수 있었다. 1931년에 베블렌은 아인슈타인에게 보낸 예의바른 편지에서 유사성을 지적했다. "오늘 아침에 〈뉴욕 타임스〉에 당신이 최근에 얻어낸 통일장 문제의 새로운 해에 대한 기사가 실렸습니다. 당신이 얻은 해는 그 문제의 매우 정확한 기술로 보이며 나의 학생이었던 호프만과 내가 함께 출판한 논문의 내용과 매우 비슷해 보입니다."[1]

베블렌은 아인슈타인에 대해서 좋은 감정을 가지고 있었다. 같은 편지에서 베블렌은 아인슈타인이 파인 홀을 방문해서 "교활하지만 악의는 없다"라는 경구가 붙어 있는 벽난로를 보았으면 좋겠다고 말했다. 베블렌의 꿈은 2년 후에 아인슈타인의 도착으로 실현되었다.

아인슈타인이 프린스턴에 도착했을 때 호프만이 베블렌을 떠났기 때문에 베블렌은 상대성 이론과 관계된 연구를 함께할 사람이 아무도 없었다. 베블렌과 아인슈타인은 서로 상대를 대단히 존경했고 칼루차의 이론을 변형하는 데 관심을 가지고 있었지만 공동 연구를 할 기회는 갖지 못했다. 아인슈타인은 그만의 관점을 가지고 있었고 그가 직접 감독할 수 있는 연구조교의 도움을 받으면서 자신의 생각을 나름대로의 속도로 연구해나가는 것을 좋아했다. 일반적으로 프린스턴에서 공동 연구가 잘 안 되는 것이 베블렌에게는 실망스러웠다. 파인 홀을 학자들의 토론 공간으로 계획했던 베블렌은 그런 일들이 실제로 일어나지 않아서 안타까워했다. 그는 한때 호프만에게 다음과 같이 말했다. "이곳의 수학자들은 한 달에 한 번 서로 만난 후 정신병 증세를 일으킬 때까지 조그만 성냥갑 같은 방에 틀어박혀 동료 수학자들과는 한 달 내내 다시는 만나지도 않는다."[2]

반면에 영국 태생으로 옥스퍼드에서 교육받은 재능 있는 수학자 호프만은 로체스터 대학으로 자리를 옮겼다. 그는 순전히 우연으로 그 자리를 얻을 수 있었다. 코닥의 창업자였던 조지 이스트먼이 죽으면서 그 대학에 수백만 달러의 유산을 남겼다. 이 사실을 알게 된 호프만은 대학에 편지를 써 그 유산으로 사람을 고용하지 않느냐고 물어보았다. 다행히도 그의 생각이 들어맞았다. 직업을 구하기가 어려웠고 다른 곳에서 제의를 받지 못한 호프만에게는 행운이었다.

프린스턴에서 로체스터로 떠나기 전에 호프만은 아인슈타인에게 같이 일할 수 없겠느냐고 물어보는 편지를 썼다.[3] 이 편지에서 호프만은 자신의 과학적 업적을 나열한 것 외에 음악적 재능에 대해서도 썼다. 그것은 틀림없이 세계에서 가장 유명한 아마추어 바이올리니스트와 함께 일하는 데 도움이 될 것이었다. 아인슈타인도 호프만의 연구에 관심을 보였지만 그는 새로운 조수를 채용할 여유가 없었다. 마이어가 그 당시에 그가 지원해줄 수 있는 유일한 조수였다.

로체스터에서 호프만은 칼루차-클라인 이론을 자기와 전하를 함께 가지고 있는 물체에 적용할 수 있도록 일반화하여 입자들이 5차원에서 어떻게 움직일지에 대해 연구했다. 그는 성실하게 그가 발견한 것을 아인슈타인에게 편지로 알렸다. 아인슈타인은 호프만의 연구가 매우 흥미 있다고 생각했고 베블렌이 1936년에 그를 다시 프린스턴으로 불러왔을 때 함께 공동 연구를 했다.

연구 조교를 부탁해요

연구 조교의 문제는 플렉스너, 그리고 연구소와 관련해서 아인슈타인에게 힘든 문제였다. 플렉스너는 마이어의 지위를 영구적이고 독립적인 자리로 해달라고 자신에게 많은 압력을 가한 일로 아인슈타인에게 서운해했다. 따라서 그 일로 인해 발생하는 모든 어려움에 대해서는 아인슈타인이 책임지게 했다.

일단 프린스턴에 도착한 후 마이어는 아인슈타인을 크게 실망시켰다. 아인슈타인과 단 하나의 논문을 쓴 후 그는 더 이상 공동 연구에 흥미를 느끼지 못했다. 통일장 이론에 대해서 연구하는 대신 그는 순수수학을 연구하기로 했다. 그는 아직 연구소에 남아 있었지만 아인슈타인에게는 아무 도움이 되지 못했다. 마이어의 지위를 독립적으로 만들려고 했던 아인슈타인의 계획은 오히려 부작용을 불러왔다. 마이어는 종신고용 상태였으므로 플렉스너는 아인슈타인이 마이어를 대신해 그를 위해서 일할 새로운 사람을 임명하지 못하도록 했다. 따라서 아인슈타인은 몇 년 동안 조수 없이 지내야 했다.

마이어를 잃은 후 아인슈타인은 계산기 없이 버텨야 했다. 그는 이미 자신의 시간은 큰 그림을 그리는 데 사용하고 필요한 계산은 마이어에게 맡기는 데 익숙해 있었다. 따라서 늙은 건축가처럼 자신이 설계한 건물을 완성시킬 수 있는 튼튼한 젊은 일꾼이 필요했다. 플렉스너가 그런 사람을 제공하지 않으려 했기 때문에 아인슈타인은 그의 프로젝트에 공헌할 사람들을 초청해야 했다. 다행히도 연구소에는 그러한 능력이 있는 사람들이 가득했고 아인슈타인은 곧 한동안 초점이 다르기는 했지만 그의 일을 다시 시작할 수 있었다.

몇 년 동안 그는 자연의 힘들을 통합하려는 그의 목적을 달성할 수 있는 훌륭한 기초를 찾지 못했다. 연구소 방문자들은 오래 머물지 않았기 때문에 그와 같이 멀리 내다보는 프로젝트에는 충분한 도움이 되지 못했다. 일시적으로 그는 이 거대한 프로그램을 중단하고 물리학 주류의 문제들에 대해 생각하기 시작했다. 일반적인 일반상대성 이론을 포함하는 기초적인 문제와 양자물리학의 문제로 돌아와 여러 가지 예리한 아이디어의 씨앗을 심고 공동 연구자들의 영향에서 양분을 얻어 여러 가지 중요한 논문으로 꽃피울 수 있었다.

MIT에서 막 박사학위를 받은 네이선 로젠이 분자물리학을 공부하기 위해 프린스턴에 도착했다. 그러나 아인슈타인과 대화를 나눈 후 그는 아인슈타인에게 매료되었고 그의 생각을 바꿨다. 그들은 곧 특이점이라고 불리는 수학의 공포가 나타나지 않는 상대성 이론의 해를 구하기 위해 함께 연구했다. 또한 그들은 물리학자 보리스 포돌스키와 함께 EPR 역설이라고 불리는 보어의 심장을 잠시 멈추게 했던 양자물리의 불확정성에 대한 최후의 반박을 발전시켜나갔다. 아인슈타인과 로젠은 중력이 파동으로 전파될 수 있는지에 대해서도 조사했고 상대론적인 입자가 어떻게 움직이고 상호작용하는지에 대해서도 연구했다.

운동의 문제라고 불리는 이 마지막 과제는 다른 많은 연구소 방문자들을 아인슈타인과 함께 일하도록 유혹했다. 여기에는 오랫동안 공동 연구를 원해왔었기 때문에 별다른 설득이 필요 없었던 바네쉬 호프만과 폴란드 출신 연구자로 베를린에서 아인슈타인을 만난 적이 있던 레오폴드 인펠트가 포함된다. 호프만은 그가 아인슈타인을 만나던 날 얼마나 긴장했었는지에 대해 다음과 같이 회상했다.

나는 약간의 상대론적 계산을 했다. 그리고 내 친구는 아인슈타인과 만나 내 연구에 대해 그의 의견을 물어보라고 권했다. 아인슈타인을 만난다는 생각은 나에게는 말도 안 되는 것처럼 보였다. 나는 매우 두려워했다. 내 친구는 나를 아인슈타인의 문 안으로 거의 밀어 넣었다. 나는 조심스럽게 노크를 했고 아인슈타인은 친절하지만 큰 소리로 "들어오시오"라고 한마디로 대답했다. 나는 두려움에 떨면서 들어갔다. 아인슈타인은 잠옷 같은 옷을 입고 있었으며 머리가 헝클어져 있었고, 입에는 파이프를 물고 무릎에는 계산한 종이를 올려놓은 채 의자에 편하게 앉아 있었다…… 그는 미소를 지으면서 점잖게 칠판에 내 방정식을 써보라고 했다. 그리고 그 다음에 내가 아직까지도 기억하고 있는 이 말을 했다. "부디 천천히 써주게. 나는 그렇게 빨리 이해하지 못한다네." 아인슈타인으로부터 이런 말을 듣다니! 나의 모든 두려움은 마술처럼 단번에 사라졌다.[4]

아인슈타인은 호프만과 인펠트에게 두 가지 가능한 주제를 주었다. 그러나 그들은 운동의 문제를 연구하는 데 가장 큰 관심을 보였다. 아인슈타인과 함께 그들은 일반상대성 이론의 장방정식이 뉴턴 물리학만큼 직접적인 방법으로 입자의 운동을 기술할 수 있다는 것을 증명했다. 이것은 그 이론을 든든한 바탕 위에 올려놓았다.

이 문제들은 매력적이었지만 아인슈타인은 여전히 통일장 문제로 돌아갈 수 있기를 희망하고 있었다. 그는 프린스턴에서 다양한 접근 방법을 설계하고 시험하는 과정을 다시 시작하기를 간절히 원했다. 다행히 그는 두 사람의 뛰어난 젊은 조수 페터 베르크만과 발렌틴 바르크만으로부터 필요한 도움을 얻을 수 있었다.

어머니의 간청

페터 베르크만은 1915년 3월 24일에 과학자 가문에서 태어났다. 그의 아버지 막스 베르크만은 단백질 화학 분야의 떠오르는 별이었다. 베를린 대학의 노벨상 수상자인 화학자 에밀 피셔의 실험실에서 일했던 아버지 베르크만은 아미노산의 긴 사슬의 복잡한 구조를 분석했다. 1919년에 피셔가 죽자 그는 다른 직책을 얻었고 그의 혁신적인 연구를 계속했다. 그리고 1921년에 새로 창립된 드레스덴에 있는 카이저 빌헬름 가죽연구소의 소장이 되었다. 그곳에서 그의 연구는 세계적 명성을 얻었다.

페터의 어머니 에미 베르크만은 존경받는 소아과 의사이자 교육자였다. 베를린의 엠프레스 아우구스트 빅토리아 병원에서 일하던 그녀는 어린이의 권리와 복지에 특별한 관심을 보였으며 이러한 생각은 그녀의 부모 역할에도 연장되었다. 페터와 그의 여동생 에스더를 기를 때 그녀는 독립적인 생각을 가지라고 격려했으며 그들의 교육적 발전에 필요한 것이라면 무엇이든지 도와주었다. 그녀는 음악 교육의 강력한 신봉자였으므로 페터에게 바이올린을 가르쳤다. 그는 절대음감을 가졌던 것으로 전해진다.[5]

아인슈타인의 조수로 시작한 페터 베르크만은 양자중력 이론의 창시자 중 한 사람이 되었고, 선도적인 일반상대성 이론 전문가의 한 사람이 되었다.

어린이다운 순진함의 따뜻한 담요에 싸여 있던 페터는 모르고 있었지만 그의 부모의 결혼생활은 어려움을 겪고 있었다. 막스가 새로운 직책을 받은 직후 그들은 조용히 떨어져 지냈다. 에미는 아이들과 함께 슈바르츠발트 지역에 있는 프라이부르크의 예스러운 독일 도시로 이사했고 정기적으로 아버지를 만나도록 했다. 어머니는 아버지가 다른 젊은 여자 마르타 슈터를 만나고 있다는 사실을 아이들에게 차마 해줄 수 없었다. 막스는 에미와 이혼하고 1926년에 마르타와 결혼했다.

에미의 언니 클라라 그룬발트는 유명한 교육자 마리아 몬테소리의 가까운 친구로 몬테소리의 어린이 중심적인 교육 방법을 독일에 들여온 사람이다. 스스로 배우게 하는 이 방법을 신뢰하게 된 어머니는 언니를 따라 프라이부르크에 있는 그녀의 집에 학교를 열었다. 자신의 아이들과 함께 20명이 넘는 어린이들을 받아들였고 수학과 다른 교육 자료를 통해 스스로 생각하는 능력을 발휘할 수 있도록 도왔다.

활기가 넘치고 스스로 배워가는 환경에서 페터는 독립적인 과학자에게 필요한 능력을 키워나갔다. 그가 공부했던 수학적인 방법이 후에 자연의 다차원 기하학을 이해하는 데 큰 도움이 되었을 것이다. 그는 학교 과정을 빠르게 거쳐 열여섯 살에 졸업하고 대학생활을 시작했다. 그가 이론물리학자가 되기로 결심한 것은 그때였다.

그는 낭만적인 생활도 게을리 하지 않았다. 그와 과학적 관심을 함께 했던 마르고트 아이젠하트를 만난 후 그는 그녀를 만나기 위해 슈바르츠발트를 통과해서 수십 마일을 자전거로 달렸다.[6] 이 부분에서의 그의 확신은 목표에 명중했다. 그들은 1936년에 결혼했고 65년 동안 행복한 시간을 함께했다.

히틀러가 정권을 잡아 모든 것을 혼돈 속에 빠뜨리기 전까지는 모든 것이 순조로웠다. 페터는 새로운 아리안 법령에 의해 아인슈타인과 관련 있다는 이유로 금지된 상대성 이론에 관심을 가졌다. 페터 자신의 인종적 배경이 문제를 더 어렵게 했다. 유대 소년이 이른바 '유대인 과학'을 공부하는 이상 나치 치하에서 그는 절대로 학문적 경력을 쌓을 수 없었다.

에미는 페터가 다른 나라로 가서 필요한 대학원 공부를 할 수 있도록 조치를 취해야 했다. 그러나 어디로 보낸단 말인가? 이 문제에 관한 충고를 듣기 위해 그녀는 아인슈타인에게 편지를 쓰기로 했다. 나치 치하가 되기 전까지 아인슈타인은 그녀의 전남편처럼 카이저 빌헬름 협회 같은 과학 서클들을 돌아다녔다. 그녀는 아인슈타인이 똑똑한 젊은 물리학자의 교육에 대해 동정심을 가질 것이라고 생각했다. 그녀는 페터를 그의 학생으로 데려가주기를 바랐다.

편지에서 그녀는 페터가 수학과 물리학에 특별한 능력을 가지고 있으며 음악에도 재능이 있다고 소개했다. 아인슈타인이 미국으로 가려는 계획을 세우고 있는 것을 모른 채, 그가 파리에 정착할 것이라고 생각하고 페터가 아인슈타인의 보호 아래 공부하기를 바랐다. 그녀는 아인슈타인이 결코 대학원생을 받지 않고 모든 것이 갖추어진 조수만을 받는다는 것을 몰랐다. 편지 말미에 자신의 어려운 경제 사정을 이야기하고 아들이 어디에서든 성공적인 과학 경력을 쌓게 되기를 희망한다는 말을 덧붙였다. 그 편지는 당시 아인슈타인이 머물고 있던 벨기에의 르 콕 수르 메르에 전달되었다.

아인슈타인은 그처럼 훌륭한 학생이 자신과 함께 일하고 싶어한다는 것이 기쁘다고 말하며 격려하는 내용의 답장을 보냈다. 그는 에미에게 독일 밖에서 박사과정을 밟도록 페터를 보내라고 충고했다. 하나의 선택으로 그는 페터를 취리히에 있는 볼프강 파울리에게 보내 박사학위 과정을 공부하도록 하라고 권했다. 그에게서 박사학위를 받은 후에 프린스턴에 있는 연구소에서 자신과 함께 일할 수 있을 것이라고 말했다.

에미는 아인슈타인의 충고를 심각하게 받아들였다. 틀림없이 파울리는 지도교수로서 최고의 선택일 것이다. 그러나 불행하게도 취리히는 엄청나게 비용이 많이 들었다. 또 하나의 선택인 프라하는 훨씬 쌌다. 따라서 순전히 경제적인 이유로 페터는 프라하에 가서 필리프 프랑크에게 배우기로 했다.[7] 프랑크는 오래전 아인슈타인이 프라하를 떠날 때 아인슈타인의 후임으로 프라하에 왔고 후에 널리 알려진 아인슈타인 전기를 썼다. 그는 파울리만큼 뛰어나거나 유명하지는 않았지만 존경받는 학자였기 때문에 이 대안은 썩 괜찮았다. 프랑크는 페터 베르크만이 상대론과 양자물리학이라는 쌍둥이 길로 갈 수 있도록 잘 지도했으며 장래에 있을 아인슈타인과의 연구를 준비하도록 페터를 도와주었다.

발야의 여행

우연하게도 비슷한 시기에 비슷한 성을 가진 또 다른 뛰어난 물리학도가 아인슈타인이 페터 베르크만에게 권했던 길을 따라가고 있었다. 러시아계 유대인이며 베를린 대학의 학생으로 있던 발렌틴 바르크만은 가능한 한 빨리 독일 밖으로 나가야 한다고 생각했다. 그는 스위스로 가 취리히 대학에서 공부를 계속하기로 했다. 발야(그의 친구들이 부른 이름)는 물리학자 그레고르 벤첼의 지도 아래 박사학위를 받았지만 그의 수학적 재능이 파울리의 눈에 띄었다. 그리하여 파울리는 베르크만 대신에 바르크만과 만나게 되었다.

1908년 4월 6일에 베를린에서 태어난 바르크만은 조용하고 열심히 공부하며 규칙을 잘 따르는 학생으로 수학을 좋아했다. 피아노를 잘 쳤던 그는 여러 모임에서 홀로 연주하거나 다른 음악가들과 협주하기를 좋아했다.[8] 이것은 아인슈타인과 같이 일하는 동안 매우 중요한 능력이라는 것이 증명되었다.

바르크만은 빙 둘러서 고등학술연구소로 왔다. 스위스는 이민자를 받아들이지 않았기 때문에 1936년에 학위를 받자 더 이상 스위스에 머물 수 없었다. 그는 리투아니아에 있는 부모에게 갔다. 다행스럽게 그의 부모는 미국 영사관의 서기와 잘 알고 있었고 그 사람을 통해 미국행 비자를 받을 수 있었다. 여권의 유효 기간이 이틀 남았을 때, 바르크만의 이민은 간발의 차로 성공했다.

미국에 도착한 후에 어디로 가야 할지 알 수 없게 된 바르크만은 파울리에게 편지를 써 도움을 요청했다. 파울리는 그에게 앤아버로 가라고 했다. 바르크만은 그곳에 도착했지만 마땅한 자리를 찾을 수 없었고,

그래서 다시 프린스턴으로 갔다. 그곳에서 그는 유명한 수학자 존 폰 노이만을 만났고 폰 노이만은 바르크만을 연구소의 무급 연구원으로 임명했다.

그러는 동안에 바르크만은 아인슈타인의 연구에 대해 알게 되었고 그 연구에 참가하고 싶어했다. 나치의 공포 때문에 괴팅겐을 떠나 프린스턴으로 온 헤르만 바일이 그를 아인슈타인에게 소개했다. 아인슈타인은 비공식적인 조수로 그와 함께 연구하도록 그를 따뜻하게 맞이했다.

가족의 투쟁

발야 바르크만이 연구소에 도착한 1937년에 페터 베르크만은 이미 그곳에서 일 년 이상 일하고 있었다. 학위를 받게 되었을 때 그는 아버지의 이름을 거명하면서 프라하에서 아인슈타인에게 편지를 썼다. 그는 편지에 자신은 상대론과 양자물리학을 통합하는 데 큰 관심을 가지고 있다고 썼다.[9] 처음에는 아인슈타인이 답장을 보내지 않아 페터는 크게 실망했다. 한 달을 기다린 후에 페터는 다시 편지를 썼다. 이번에는 그를 연구소의 공식 조수로 초청한다는 친절한 답장이 왔다. 그렇게 해서 페터는 발야보다 훨씬 더 공식적으로 연구소에 올 수 있었다.

페터는 후에 답장이 늦은 이유를 알게 되었다. 그동안에 아인슈타인이 필리프 프랑크에게 그의 성적을 묻는 편지를 보냈던 것이다. 프랑크는 훌륭한 추천서를 써주었고, 아인슈타인은 페터를 프린스턴에 안심하고 불러올 수 있었다.

그때쯤 페터의 아버지 막스 베르크만 역시 미국으로 이민을 왔다. 많은 다른 독일계 유대인 과학자들과 마찬가지로 그도 드레스덴의 직장에서 '은퇴'하라는 압력을 받았다. 다행히 뛰어난 의사이자 에이브러햄 플렉스너의 동생인 사이먼 플렉스너가 막스의 능력을 알아보았고 그에게 뉴욕에 있는 록펠러 의학연구소(후에 록펠러 대학이 된)의 권위 있는 지위를 제안했다. 우연하게도 사이먼 플렉스너는 막스 베르크만이 일하고 있는 연구소의 소장이고, 에이브러햄 플렉스너는 페터가 조수로 일하게 될 연구소의 소장이었다.

막스 베르크만은 록펠러 연구소에서 존경받았으며 후에 노벨상을 받은 스탠퍼드 무어와 윌리엄 H. 스타인을 포함한 많은 유능한 생화학자들을 유치하는 데 도움을 주었다. 베르크만의 실험실은 단백질과 효소의 성질에 대한 규명으로 국제적으로 유명했다. 막스는 외국학자 유치를 위한 긴급위원회에 많은 편지를 보내 미국으로 이민 온 다른 과학자들에게 일자리를 찾아주는 일을 자랑스럽게 생각했다.

한번은 아인슈타인이 한 석유회사로부터 화학자가 필요하다는 편지를 받았다. 자신은 그런 사람을 알지 못했기에 아인슈타인은 그 정보를 막스 베르크만에게 넘겨주었고, 막스는 곧 인종법 때문에 이탈리아에서 미국으로 건너온 화학자를 발견했다. 기쁜 마음으로 아인슈타인에게 그 사람의 이름을 건넨 막스는 이 기회를 이용해 페터를 돌보아주는 것에 대해 깊은 감사를 표했다.[10]

제2차 세계대전이 일어날 때까지 독일에 머물렀던 페터의 어머니는 그렇게 운이 좋지 못했다. 나치 치하에서 어린이집은 문을 닫았다. 어린이 교육 프로그램이 제대로 되지 않자 그녀는 1939년에 팔레스타인으로 탈출했다. 더 유명했던 그녀의 언니 클라라 그룬발트는 독일에 남아 있다가 아우슈비츠에서 희생되었다.

베르크와 바르크

바르크만이 베르크만과 함께 아인슈타인의 조수로 일하기 시작했을 때 아인슈타인은 프린스턴 대학에서 가까운 머서 가의 흰색 지붕 집에서 살았다. 그 집은 그의 유명세에 비해서는 검소해서 주변의 다른 집보다 작았다. 아인슈타인은 그곳에서 걷거나 자전거를 타고 사무실을 오갔다. 때로는 중간에 멈춰서 아이스크림을 사먹기도 했다.

엘자는 이곳으로 이사온 후 일 년이 조금 지난 1936년에 죽었다. 엘자가 죽은 후 아인슈타인은 가끔 참석하던 사교 모임에도 나가지 않고 연구에만 몰두했다. 아인슈타인의 일상 하나하나를 모두 챙기는 것은 함께 살고 있던 두카스의 몫이었다. 엘자가 죽은 후 두카스는 가정부, 일반 관리인, 그리고 개인 비서의 일까지 도맡았다. 아인슈타인의 의붓딸 마르고도 함께 살았다.

두카스는 유머가 있는 여성이었다. 아인슈타인의 두 조수가 비슷한 이름을 가지고 있는 것을 재미있게 생각한 그녀는 그들을 베르크와 바르크라는 별명으로 불렀다.[11] 이것은 몇 년 동안 그들을 부른 이름이

아인슈타인은 말년에 프린스턴에 있는 이 집에 살면서 연구했다.

되었다.

아인슈타인의 집에서 길 아래쪽에는 물리학자 존 휠러가 아내 자네트, 그리고 아이들과 함께 살고 있었다. 헤르츠펠트의 학생이었으며 보어의 공동 연구자였던 휠러는 원자핵 구조 모델 분야의 선구자였다. 일반상대성 이론은 그의 전공과는 거리가 있었지만 그는 아인슈타인을 대단히 존경했고 일반상대성 이론의 위대한 해설가 중 한 사람이 되었다.

휠러는 아인슈타인이 베르크만과 바르크만을 데리고 연구소를 오가던 모습을 다음과 같이 회상했다. "나는 그들이 자주 함께 있던 광경을 기억한다. 나는 그들이 아인슈타인보다 작다는 느낌을 받았다. 그는 두 사람을 압도하고 있었다. 하루는 아인슈타인이 부르더니 '당신의 고양이가 우리 집에 왔었습니다'라고 말했다. 우리 고양이는 연구소에서부터 집까지 그들을 따라갔던 것이다. 나는 고양이에게 그들에게서 무얼 배웠느냐고 물어보았다."[12]

아인슈타인과 그의 조수들은 연구에 빠져들었다. 매일 아침 그들은 아인슈타인의 사무실에서 만나 아이디어에 대해 의견을 교환했다. 그들은 아인슈타인에게 계산을 보여주었고 앞으로 어떻게 해야 할지에 대해 물었다. 자신은 방정식을 다루는 일을 전혀 하지 않았지만 아인슈타인은 자세하고 날카로운 지적을 했다. 아인슈타인은 때로 조수들을 격려하기도 하고, 때로는 갑자기 새로운 연구로 방향을 바꾸기도 했다. 그들이 문제의 어려움 때문에 실망하거나 벽에 머리를 부딪치고 있다고 느낄 때면 아인슈타인은 언제나 격려하는 말로 그들을 위로하곤 했다. 아인슈타인은 "세상은 이렇게 오래 기다려주었어. 몇 달 더 기다린다고 크게 달라질 것은 없다"[13]라고 말하곤 했다.

점심시간에 아인슈타인은 파인 홀을 떠나 집으로 갔다. 조용히 생각에 잠겨 오후 시간을 보내는 것이 대부분이었지만 문제가 생기면 문제에 대한 상담을 했다. 때로는 조수들이 그의 집으로 전화를 걸었고, 어떤 때는 집으로 들렀다. 그렇지 않은 경우에 그들은 다음날의 만남을 준비하기 위해 자세한 계산에 몰두했다.

아인슈타인의 조수들은 그의 끊임없는 추구에 놀랐다. 하나의 생각을 버린 후에 그는 곧 새로운 생각을 제안했다. 베르크만은 이에 대해 다음과 같이 회상했다. "아인슈타인이 새로운 통일장 이론의 모델에 대해 연구할 때는 언제나 몇 주일 또는 몇 달, 심지어는 몇 년 동안 그것에 매달렸지만 언제나 아인슈타인 자신이 그 모델의 결점을 처음으로 밝혀내는 날이 오곤 했다. 그러면 그는 그 이론을 매정하게 버리고 며칠 안에 완전히 새로운 아이디어를 내놓곤 했다."[14]

자주 음악이 그의 영혼을 채워주었다. 아인슈타인이 유럽을 탈출할 때 피아노는 그가 가지고 온 소중한 물품 중 하나였다. 피아노는 그의 집 1층의 넓은 자리를 차지하고 있었다. 그가 사랑하는 바이올린도 가지고 온 것은 물론이다. 그는 바이올린을 정기적으로 연습했다. 아름다운 선율이 물리학자의 손에서 나와 방정식을 쓰는 동안의 긴장을 풀어주었다. 가끔씩 이 연주를 들었던 베르크만은 "그는 연주하기를 좋아했다"라고 회상했다.[15]

아인슈타인은 적어도 일주일에 한 번 정도는 바르크만이나 다른 사람들을 불러 모차르트, 바흐, 슈베르트, 그리고 비발디 같은 음악가들의 음악을 실내악으로 연주했다. 바르크만은 "그와 함께 연주하는 것은 아주 유쾌하다"고 느꼈다.[16] 음악으로 휴식을 취한 그들은 다시 힘차게 연구를 시작했다.

요트 타기는 아인슈타인이 휴식을 즐기는 또 다른 방법이었다. 티네프(Tinef, '가치 없는'이라는 뜻)라고 이름 붙은 작은 보트를 타고 롱아일랜드 사운드를 흘러내려 가는 것이 그의 가장 큰 즐거움 중 하나였다. 파도가 부딪히는 배 위에서 머리를 바람에 흩날리는 그의 모습은 마치 베토벤의 작품을 지휘하는 바다 위의 스토코프스키*인 듯했다. 바람이 잦아들어 돛을 더 이상 조절할 필요가 없을 때 그는 깊은 평정심에 잠겨 시간마저도 잊었다. 그러면 그의 마음은 주변에 있는 아름다움을 표현할 수 있는 웅장한 수학의 교향곡을 꿈꾸면서 시공간의 바다를 내달릴 수 있었다. 소금기와 물기를 뒤로하고 아인슈타인은 자연의 보편적인 구성 성분을 밝혀낼 다짐을 새롭게 하며 프린스턴으로 돌아오곤 했다.

죄를 짓지 말지어다

베르크만 그리고 바르크만과 함께 아인슈타인은 나시 한번 킬루치 쿨라인의 아이디어를 이용해 마지막으로 가장 광범위하게 고차원에서의 통합을 시도해보기로 했다. 그들은 체계적으로 중력과 전자기력을 아인슈타인의 보편적인 일반상대성 이론을 확장한 하나의 이론으로 통합하는 데 어려움을 겪고 있었다. 그러면서 아인슈타인은 물리적인 고차원을 포함한 다른 여러 가지 대안을 숙고해보는 열린 자세를 취하게 되었다.

그의 조수들을 알지 못하는 영역으로 안내하면서 그가 어떤 것은 통일장의 일부가 되어야 하고 어떤 것은 안 된다는 매우 고정된 생각을 가지고 있다는 것이 분명해졌다. 종교와 과학을 섞는 것을 싫어했음에도

---

*Leopold Stokowski, 미국의 지휘자. 산발한 긴 머리와 과장적인 행동으로 유명했다.

불구하고 이런 금지사항은 성서적인 냄새를 풍기고 있었다. 아인슈타인은 '만물의 이론'의 정당성의 근거를 신이 우주를 어떤 방법으로 만들었을까라는 명제에서 찾으려고 했다. 그런 의미에서 그의 지도는 신의 의도를 읽어내거나 해석하려고 시도하는 것이었다. 그가 여러 가지 중에서 하나를 고를 때는 "자, 내가 신이라면 이렇게 했겠지?"[17]라고 말하곤 했다.

신도들에게 충고하는 목사처럼 아인슈타인은 그의 조수들에게 암암리에 덕과 죄의 목록을 제시하고 있었다. 그의 취향을 알게 되자 조수들은 자신들의 모델이 더 많이 '덕스럽고' 덜 '죄스럽도록' 만들기 위해 노력했다. 예를 들면 가장 중한 죄 중 하나는 이론에 확률의 개념을 도입하는 것이었다. 양자도약을 닮은 것은 어떤 것이라도 철저히 배제되었다. 결과적으로 아인슈타인은 클라인의 공헌은 인정했지만 계속적으로 5차원과 양자화를 연결하려는 클라인의 시도를 무시하려고 했다.

오랜 시간이 지난 후 한번은 클라인이 프린스턴으로 아인슈타인을 방문해서 아인슈타인에게 그의 제2의 양자화 이론을 어떻게 생각하느냐고 물어볼 기회가 있었다. 아인슈타인은 "제2의 양자화. 그것은 죄의 제곱입니다"[18]라고 대답했다. 철학적으로 그는 클라인이 보어 편에 서는 대신 인과율을 선택하기를 바랐다.

또 다른 아인슈타인의 금기사항은 중력장과 다른 형태의 장을 서로 다른 형식으로 취급하는 것이었다. 아인슈타인은 보편적인 일반상대성 이론은 그의 방정식의 좌변에 기하학적으로 기술된 중력과 필요할 때만 우변에 추가적인 항으로 포함되는 전자기항을 인위적으로 구분하고 있다고 생각했다. 그는 모든 힘들이 같은 방법으로 우변이 아니라 좌변에 기술되는 것을 보고 싶어했다. 비슷한 이유로 그는 질량과 에너지도 기하학적으로 기술하여 그것 역시 방정식의 좌변에 넣을 수 있기를 원했다.

물리학적인 죄뿐만 아니라 수학적인 죄도 있었다. 아인슈타인은 그의 조수들에게 수학적 엄밀함이 없는 지름길은 피하라고 요구했다. 그의 연구는 의심스런 눈초리로 바라보고 있는 물리학자들의 검사를 통과해야 하기 때문에 정확하지 않다는 느낌을 주어서는 안 되었다. 만약 그들이 그런 지름길을 제안하기만 해도 아인슈타인은 "죄를 짓지 말지어다"[19]라고 말했을 것이다.

마지막으로 가장 중한 죄 중 하나는 특이점이나 명시되지 않은 임의의 변수를 포함한 방정식을 만드는 것이었다. 어떤 양이 무한대가 되는 지역인 특이점은 물리학의 법칙이 붕괴된다는 것을 나타낸다. 무한대의 가능성을 가지게 되는 임의의 변수는 물리적인 경험에 반한다. 궁극적인 방정식으로 결정되는 우주는 여러 개가 아니라 하나여야 했다. 이러한 제한들을 아인슈타인의 과학적 '신학'으로 번역해보면 신이 만든 우주의 법칙은 특이점과 같은 느슨한 끝이 없이 완전해야 하고, 다른 해가 없어서 유일해야 한다.

덕스런 통일 이론은 단순하며, 이해할 수 있어야 하고, 빛이 휘어지거나 화성의 궤도가 변해가는 것과 같이 실험 결과와 일치해야 한다. 또한 보통의 일반상대성 이론에 적용되는 변환에 불변이어야 한다. 불변이라는 것은 등가 원리처럼 변환에도 불구하고 같은 성질을 유지해야 한다는 것이다. 일반상대성 이론에서처럼 창문이 없는 우주선 안에 있는 사람은 공간에 정지해 있는지 지구를 향해 떨어지고 있는지 알 수 없어야 한다.

마지막으로 아인슈타인의 성서에 의해 성화되기 위한 조건은 원자의 스펙트럼과 다른 양자적 성질을 **확률을 이용하지 않고** 설명할 수 있는 이론을 만드는 것이었다. 이것이 순수한 인과법칙 속에서 원자의 구조를 설명해내는 궁극적인 방법일 것이다. 이것을 이루어내기 위한 아인슈타인의 방법 중 하나는 **변수보다 방정식의 수가 많은**overdetermination 수학적 상황을 이용하는 것이었다.

문제를 풀 때는 일반적으로 방정식의 수와 미지수의 수가 같아야 한다. 예를 들면 자니의 나이는 제니의 나이의 두 배이고 자니의 나이가 제니의 나이보다 여섯 살이 많다면 여기에는 두 개의 변수(두 사람의 나이)가 있고, 그것들 사이에 두 개의 관계가 있다. 이런 경우에는 관계를 만족시키는 변수의 값을 구할 수 있다. 반면에 변수보다 방정식이 많은 경우에 해가 구해진다면 그 해들은 크게 제한된다. 아인슈타인은 그런 경우라면 보어의 궤도와 비슷한 양자조건을 나타내 불연속적 해를 만들어낼 수 있을 것이라고 생각했다.[20]

아인슈타인의 관점에서 보면 5차원을 도입하면 여러 가지 가능성이 있었다. 그것은 보편적인 일반상대성 이론을 변수보다 방정식이 많도록 하여 여분의 장방정식으로 확장할 수 있다. 덧붙여진 계량 항은 여분의 장처럼 보이고 양자 파동함수를 대체할 수 있을 것이다. 이것은 아마 양자역학을 완전한 인과율로 바꿀 수도 있을 것이다. 아마 5차원은 보이지 않는 연결을 대신해 비국소적 효과를 설명할 수 있을 것이다. 베르크만은 다음과 같이 썼다. "5차원 세상에 대한 기술이 완전하지 않았기 때문에 4차원 법칙이 불확정적이며 그래서 불확정한 관계가 나타나는 것이라고 생각했다. 그리고 양자 현상은 결국 (고전적인) 장이론으로 설명될 수 있을 것이다."[21]

한마디로 말해서 그 당시에 아인슈타인이 5차원을 끌어안은 중요한 이유 중 하나는 이것이 일반상대성 이론에 낯선 양자법칙을 흉내 내는 이상한 복잡성을 더해주기를 희망했기 때문이었다. 그러나 후자와는 달리 전자는 그의 방정식을 5차원으로 확장하여 만들어진 예측 가능한, 근본적으로 완전히 결정론적인 것이었다.

물리적으로 되기

아인슈타인은 이 점에서 5차원의 이용은 5차원이 물리적인 실재냐에 달렸다는 것을 깨달았다. 마이어와의 경험을 바탕으로 그는 순수한 수학적 고차원은 자연의 힘을 통합하는 동시에 양자 이론을 이해하려는 두 가지 목적을 달성할 수 없다고 결론지었다. 아인슈타인은 1938년에 베르크만과 같이 쓴 논문에서 다음과 같이 썼다.

만약 칼루차의 시도가 진정한 진전이라면 그것은 5차원 공간을 도입했기 때문이다. 그동안 물리적 공간의 4차원적 특성을 희생시키지 않으면서 칼루차가 얻었던 기본적이고 형식적 결과를 얻어내려는 많은 시도가 있었다. 이것은 우리의 직관이 5차원의 도입을 얼마나 방해하는지 잘 보여주고 있다. 그러나 이 시도들을 비교하고 검토하면 이런 모든 노력들이 상황을 개선시키지 못했다는 결론에 이르게 될 것이다. 5차원 없이 간단한 방법으로 칼루차의 아이디어를 구현한다는 것은 불가능해 보인다.

따라서 경험은 그렇게 하지 않기를 바라지만 우리는 5차원을 심각하게 취급하지 않을 수 없다.[22]

이 논문과 아인슈타인, 베르크만 그리고 바르크만이 공동으로 쓴 두 번째 논문에는 다섯번째 차원이 다른 차원들과 동등하게 방정식에 들어가 있다. 처음에는 이 다섯번째 차원이 시공간과 다름이 없었다. 그러나 이러한 자유로운 상태는 오래가지 않았다. 저자들은 주기 조건을 적용해 5차원이 튜브 속에 효과적으로 꼬여 들어가도록 했다.

그것은 바로 5차원에 대한 클라인의 생각이 아니었는가? 바르크만으로부터 이 이론에 대해 들은 파울리는 아인슈타인에게 분명한 유사성을 지적했다. 파울리는 "그것은 O. 클라인의 오래된 생각입니다"[23]라고 썼다.

그러나 아인슈타인은 파울리에게 "새로운 연구는 클라인의 연구와 외견상으로만 비슷해 보일 뿐입니다. 그것은 칼루차의 아이디어를 논리적으로 개선한 것이어서 진지하게 다루어볼 만한 가치가 있습니다"[24]라고 주장했다.

두 이론의 중요한 차이는 클라인은 5차원의 크기를 전하의 양자에 연관시킨 반면 아인슈타인과 베르크만 그리고 바르크만은 그런 연관관계를 만들지 않았다는 것이다. 실제로 그들은 논문에서 양자 이론을 전혀 언급하지 않았고 개인적인 통신에서만 간단하게 다루었다. 이론물리학자 예룬 반 동겐은 누락시킨 이유를 알 수 없었다. 그는 이것이 그들이 양자 이론을 모방하는 데 실패했다는 것을 암묵적으로 인정하는 것일지도 모른다고 생각했다.[25]

두번째 논문에서 그들 스스로 지적했던 것처럼 이 이론이 가지고 있는 중요한 문제 중 하나는 중력과 전자기력이 같은 크기를 가져야 한다는 예측이었다. 실제로 이 이론과는 달리 전자기력이 중력보다 훨씬 크다. 그들은 이 어려움을 "방정식이 아무런 임의적인 상수를 포함하지 않고 유일하게 결정되었기"[26] 때문이라고 했다. 아인슈타인이 축복이라고 생각한 임의의 상수를 포함하지 않은 유일한 해는 모델을 자연에 더 가까이 접목시킬 수 없었기 때문에 오히려 저주가 되었다. 만약 임의의 변수를 가지고 있었다면 그들은 좀더 자연스런 결과가 나오도록 식을 조절할 수 있었을 것이다.

그 당시에 물리학에 관심이 있는 사람은 누구나 그들의 접근 방법에 다른 중요한 특징이 빠졌다는 것을 알아차렸을 것이다. 그들의 통합 모델은 두 가지 힘만을 포함하고 있었지만 그 당시에는 이미 다른 힘들도 알려져 있었다. 그 당시 가장 주목을 끈 문제는 원자핵을 구성하고 붕괴하게 하는 우리가 오늘날 강한 상호작용과 약한 상호작용이라고 부르는 힘의 성질과 관계된 것이었다. 물리학계에서는 어디서나 이 이야기를 하고 있었지만 고립되어 있던 아인슈타인은 그 이야기를 듣지 못했다.

원자핵 물질

1939년에 보어가 여러 달 동안 프린스턴을 방문했을 때 그와 아인슈타인은 농담 이상은 교환하지 않았다. 그들은 격렬한 논쟁을 벌이지도 않았지만 눈물 어린 화해를 하며 서로를 껴안지도 않았다. 사실 그들은 자신들의 생각에 깊이 빠져 있어서 전혀 상대방을 의식하지도 않았다. 아인슈타인은 통일장 이론에 몰두해 있어 다른 것에 대해서는 거의 이야기하지 않았다. 그 당시 그는 이 문제에 관해 한 번 강의했고 보어도 이 강의에 참석했지만 별다른 관심을 보이지는 않았다. 강의가 끝날 때쯤 그는 보어에게 굳은 눈빛을 보내면서 자신의 이론이 양자법칙을 이끌어 낼 수 있기를 바란다고 강조했다. 보어는 아무 말도 하지 않았다.[27]

반면에 보어는 독일의 과학자 오토 한이 최근에 발견한 핵분열이 암시하는 의미에 대한 생각으로 가득 차 있었다. 1938년에 한은 중성자로 우라늄 원자핵을 때려 바륨 원자핵으로 쪼개고 그 과정에서 에너지를 생산해냈다. 경천동지할 만한 이 발견을 알게 된 보어는 프린스턴에서의 시간을 휠러와의 공동 연구를 통해 핵분열과 관계된 이론을 개발하는 데 사용하고 싶어했다.

핵분열의 발견은 그 시기의 정점이 원자의 작은 중심에 있다는 것을 증명했다. 1920년대에 양자물리학의 관심이 원자의 바깥쪽에 대한 연구에 있었던 것처럼 1930년대에는 원자의 내부에 있는 핵이 핵물리학자의 주요 관심사가 되었다. 원자핵 방사선에 대한 연구를 통해 한때 블랙박스처럼 생각하던 원자핵에 빛을 비추기 시작했다.

1896년에 앙리 베크렐의 발견 이래 과학자들은 원자가 방사성 붕괴를 통해 입자들을 방출한다는 것을 알고 있었다. 방사성 붕괴에는 세 가지 종류가 있다. 베타 붕괴는 전자를 방출하는 것처럼 보인다. 반면에 알파 붕괴는 더 무겁고 양전하를 가진 입자를 만들어내는 것 같았고, 감마 붕괴는 보이지 않는 강한 전자기파와 관계되어 있는 것처럼 보였다.

1930년에 파울리는 베타 붕괴에 물리법칙을 적용하여 에너지가 사라지는 것을 볼 때 전자와 함께 관측되지 않은 입자도 만들어져야 한다고 결론지었다. 그는 관측되지 않고 사라진 이 입자는 전기적으로 중성이어야 한다고 추정했다. 2년 후에 제임스 채드윅이 원자핵에서 나오는 중성 입자를 실제로 발견했다. 그러나 이 입자는 파울리가 예상했던 입자보다 훨씬 큰 질량을 가지고 있었다. 새로 발견된 입자는 중성자라고 명명되었다. 아직 발견되지 않은 입자에는 물리학자 엔리코 페르미가 중성미자라는 이름을 붙였다. 페르미는 베타 붕괴를 중성자가 양성자, 전자, 그리고 중성미자로 자발적으로 붕괴하는 것이라고 새롭게 해석했다. 그러나 십여 년이 지나고 나서도 약한 상호작용의 하나인 이 과정은 충분히 이해되지 못하고 있었다.

중성자의 발견으로 물리학자들은 원자핵이 어떻게 결합되어 있는지 설명해야 했다. 전자기적 반발력은 플러스 전하를 가진 양성자들을 빠르게 흐트리고 구경꾼인 중성자만 남게 할 터였다. 이런 일이 일어나지 않으려면 알 수 없는 다른 힘이 양성자와 중성자를 강하게 묶어놓고 있어야 했다. 그렇지 않다면 가장 작은 원자인 수소를 제외하고 모든 원자핵은 불안정해야 했다.

무거운 원자핵의 안정성을 설명하기 위해서 물리학자들은 아주 작은 범위에서만 작용하는 강한 상호작용의 존재를 가정했다. 이 상호작용의 세기는 거리가 멀어짐에 따라 빠르게 줄어들어 원자핵 밖에서는 관측되지 않아야 했다. 더구나 이것은 오직 그 당시 알려졌던 입자들인 양성자와 중성자에게만 영향을 주고 전자(그리고 중성미자)에는 작용하지 않아야 했다.

강한 상호작용을 설명하기 위한 시도로 하이젠베르크는 입자의 교환이 관계된 작용을 제안했다. 그는 양성자와 중성자가 어린아이들이 공받기 놀이를 하는 것처럼 전자들을 주고받고 있다고 가정했다. 각각의 입자는 서로 전자를 돌려받기를 원하므로 이 과정은 입자들을 서로 달라붙도록 할 것이다. 더구나 양성자와 중성자가 비슷한 질량을 가지고 있고 서로 상대편 입자로 변환될 수 있는 대칭성은 그들을 '이중입자'라고 여겨지게 했다. 그는 **아이소스핀**(아이소토픽 스핀이라고도 알려진)이라고 부르는 새로운 양자수를 이용해 이중입자의 구성원을 구별할 수 있다고 생각했다. 양성자는 '업'의 아이소스핀을 가졌고, 중성자는 '다운' 아이소스핀을 가지고 있다. 그러나 양성자와 중성자가 가진 아이소스핀은 다르지만 보통 스핀은 같기 때문에 하이젠베르크의 이론은 보존법칙에 어긋난다. 만약 양성자와 중성자가 스핀을 가진 전자를 주고받으면서도 항상 같은 스핀을 가진다면 그들은 여분의 스핀을 창조하고 있는 것이 된다.

1935년에 일본 물리학자 유카와 히데키는 전자를 다른 교환입자로 바꿈으로써 하이젠베르크의 모델을 발전시켰다. 그는 전자보다 2백 배 무거운 입자가 그 일을 하기에 더 적당하다고 제안했다. 후에 중간자로 불리게 되는 이 교환입자는 전하를 띤 상태로도 발견되어 다양한 전달자 역할을 할 수 있었다. 보어는 처음에 유카와가 재미삼아 입자를 만들어냈다고 비난하며 이런 생각에 회의적이었다.

그리고 1937년에 자연이 물리학계에 장난을 걸어왔다. 그해에 여러 실험 팀들이 우주선에서 유카와가 제안한 교환입자의 질량과 맞아떨어지는 입자들을 발견했다. 이 발견으로 유카와의 이론은 강한 상호작용의 적당한 설명으로 널리 인정받게 되었다. 재미있는 것은 뮤온이라고 불리는 그해에 관측된 입자들은 원자핵과는 아무 관계가 없다는 것이다. 이 입자가 그 시기에 발견된 것은 우연의 일치였다. 점차 그런 사실을 알게 되자 물리학자 I. L. 라비는 "누가 저것을 주문했지?" 하고 소리쳤다.[28] 십여 년 후에 파이온이라고 불리는 진짜 유카와의 중간자가 발견되어 일본 물리학자의 주문은 해결되었다.

이러한 발전 과정을 따라가는 사람들이라면 누구나 늘어나는 입자들과 힘들을 통일장 이론에 포함시키려 시도했을 것이다. 그렇게 할 수 없다면 적어도 자신들의 모델이 완성과는 거리가 멀다는 것을 알았을 것이다. 따라서 보어, 하이젠베르크, 휠러, 그리고 원자의 구조를 연구하고 있는 다른 사람들에게는 아인슈타인이 완전히 잘못된 방향으로 가고 있는 것이 확실해 보였다.

아인슈타인보다 양자물리학에 대해 잘 알고 있었던 베르크만도 이러한 실수를 잘 알고 있었다. 1938년 8월에 메인 주에서 휴가를 보내고 있던 그는 아인슈타인에게 5차원 이론이 중성자를 포함하지 않은 것을 염려하는 편지를 썼다.[29] 새로운 발견에 대한 아인슈타인의 반응은 몇 마디 언급이 전부였다. 고층 건물로 둘러싸인 빅토리아 시대의 오두막처럼 그 시기에 아인슈타인은 새로운 개혁보다는 전통적인 심미주의를 선호했다. 그는 원자핵 이론이 세계 정치와 명백하게 관계되었을 때에야 이 이론에 흥미를 보였다. 잘 알려진 대로 그는 루스벨트에게 나치의 원자폭탄 개발 가능성을 경고했다. 그러나 이러한 관심이 물리학 개념의 재정립으로 연결되지는 않았다.

만약 아인슈타인이 그 일을 할 수 없다면 누가 핵력과 중력, 그리고 전지기력을 포함하는 통일 이론을 제안할 수 있을 것인가? 놀랍게도 한때 5차원을 버렸던 오스카 클라인이 그의 오래된 횃불을 다시 들려고 했다. 그는 1938년에 폴란드의 바르샤바에서 열린 학회에서 최초로 고차원에서의 대통합 이론을 제안했다.

결국 성공하지 못했지만 클라인의 이론은 앞으로 물리학에서 있을 많은 발전의 징후들을 포함하고 있었다. 만약 이것이 좀더 널리 알려졌더라면 입자들의 상호작용에 대한 현대적 개념이 좀더 빨리 나올 수 있었을 것이다. 다음해에 학회지에 발표되기는 했지만 전쟁 소식에 묻혀 그 논문은 거의 읽히지 않았다. 황달이 양자역학의 시기에 그를 장외에 머물게 했던 것처럼 이번 역시 클라인의 훌륭한 생각이 시기를 잘못 만난 또 하나의 예였다. 히틀러의 침략으로 발발한 제2차 세계대전은 유럽에게는 고통스러운 시기가 되었고 어떤 종류의 통일 이론도 먼 나라의 꿈처럼 보이게 했다.

9. 멋진 신세계 :
분열의 시대에 통일을 추구하다

비극에 반응하는 데는 두 가지 방법이 있다. 그중 하나는

포기하고 낙담하는 것으로 몇몇 물리학자들은 그렇게 했다.

다른 하나는 일을 하는 것이다. 그들은 두 개의 전선에서 일했다.

하나는 『멋진 신세계』의 사람들이 소마를 먹듯이 과학에 심취하는 것이다.*

물리학은 그들에게 소마나 다름없다고 말하는 사람도 있었다.

다른 한 가지는 사람들에게 유럽에서 무슨 일이 일어나고 있는지를

알리려고 노력하면서 정치적으로 적극성을 띠는 것이다.

—제럴드 홀턴(과학사학자)

늙은 유럽의 황혼

스톡홀름의 기후는 그 지역의 위도를 통해서 예상하는 것보다는 훨씬 좋다. 멕시코 만류의 한 지류에 의해 따뜻하게 데워져 북극의 혹독한 기후로부터 벗어날 수 있기 때문이다. 래브라도보다 북쪽에 위치해 있지만 겨울은 훨씬 더 견딜 만하고 항구에는 일 년 내내 배가 들어올 수 있다.

1930년대에 오스카 클라인은 자신의 아늑한 항구에서 매우 행복한 시간을 보냈다. 그와 게르다는 그들의 대가족을 자랑스럽게 생각했다. 또한 오스카 클라인은 인문학에서 생물학에 이르는 아이들의 다양한 재능에 자부심을 가졌다. 아이들은 예술가, 교육자, 언론인, 그리고 다른 직업인으로 자라났지만 물리학자가 된 사람은 없었다. 클라인은 아이들 중 하나가 자신의 직업에 관심을 가져주기를 바랐지만 그는 마음이 넓어서 아이들이 하고 싶어하는 일이면 무엇이든지 지지해주었다.[1]

만족스럽기는 했지만 스웨덴의 오디세우스가 영원히 육지에 머무를 수는 없었다. 다섯번째 차원의 유혹이 너무 달콤해 거부할 수가 없었다. 떨쳐버리려고 노력했지만 마음속에 울려 퍼지는 유혹의 속삭임을 지울

---

*올더스 헉슬리의 소설 『멋진 신세계』에서 그리고 있는 미래 사회는 모든 것이 과학에 의해 결정되는 사회이다. 미래에 사는 사람들은 괴로운 일이 생기면 소마라고 하는 약을 먹어 괴로움을 잊는다.

수 없었다. 그는 다시 한번 항해를 떠나지 않을 수 없었다.

1938년 클라인은 발트 해를 건너 유럽의 중심으로 갔다. 스웨덴과 같은 온도의 물이 흐르고 있었지만 그곳의 공기는 훨씬 더 싸늘하고 음산했다. 지리적 위치가 아니라 정치가 이러한 기후 변화를 초래했다. 히틀러의 혐오스런 정책이 국제적인 협력을 빙하기로 몰아넣고 있었다. 유럽 물리학계는 이런 정치적 희생물 중 하나였다.

바르샤바에서 열린 '물리학에서의 새로운 이론'이라는 제목의 학술회의에 참석한 사람들은 두 쪽으로 나뉜 세상을 잘 보여주었다. 학술회의는 과학자들 사이의 평화로운 의견교환을 위해 국제연맹이 지원하고 있는 국제물리연합과 폴란드 지적 협력체가 공동으로 개최한 것이었다. 폴란드에 대한 히틀러의 계획—그는 다음해에 폴란드를 침공했다—대로라면 그러한 협력은 그의 극단적인 민족주의에 반하는 것이었다. 결과적으로 하이젠베르크를 비롯한 다른 독일 과학자들은 참석할 수 없었다. 비슷한 이유로 이탈리아 과학자들 역시 아무도 참석하지 못했다. 그렇지만 다른 나라에서는 닐스 보어, 아서 에딩턴, 조지 가모브, 헨드리크 크라머스, 레온 로젠펠트, 그리고 유진 위그너를 포함한 많은 수의 유명한 물리학자들이 참석했다.

클라인의 묘기

클라인은 주목을 끌지 않기 위해 '전하를 띤 장의 이론에 대하여'라는 제목으로 새로운 5차원에 대한 연구를 발표했다. 그것은 전자에 대한 디랙의 성공적인 모델에 기초를 두고 중력, 전자기력, 그리고 핵력을 통합하는 교묘한 방법을 제안하는 것이었다. 아인슈타인, 베르크만, 그리고 바르크만이 제안했던 모델과는 달리 클라인의 모델은 유카와의 발견과 입자물리학 분야에서 있었던 최근의 발견을 포함하고 있었다. 특히 그의 이론은 양성자와 중성자가 중간자(그는 이것을 초기의 이름을 따라 메소트론이라고 불렀다)를 교환하고 서로 변환하는 것을 허용했다. 이것은 양성자와 중성자가 거의 쌍둥이처럼 보이는 대칭성을 가지고 있는 것과 일치했다.

클라인은 자신의 모델을 두 개의 열을 가진 행렬을 이용하여 수학적으로 나타냈다. 한 열은 0의 전하를 가지고 있는 중성자장을 나타내도록 했고, 다른 한 열은 양의 전하를 가지고 있는 양성자장을 포함했다. 유카와의 이론에서와 마찬가지로 장은 이중 아이소스핀을 형성했다. 교묘한 기법을 이용하여 이중 상태의 다른 전하가 5차원에서 수학적으로 서로 의존성을 가지도록 했다. 중간자를 나타내는 또 다른 행렬은 한 장에서 다른 장으로의 변환을 허용했다. 이것은 아이소 공간이라고 부르는 추상적인 영역에서의 회전을 나타낸다. 이와 비슷한 구조가 전자와 중성미자 사이의 비슷한 변환도 기술했다. 클라인의 이론은 약한 상호작용과 강한 상호작용을 하나의 메커니즘으로 특징지었다. 우리는 현재 이들이 서로 다른 종류의 입자를 교환하여 다른 방법으로 작용한다는 것을 알고 있다.

클라인의 모델은 아이소 공간 안에서 양성자장은 '북쪽'을 가리키고 중성자장은 '남쪽'을 가리키는 나침반의 방향을 이용해 시각화할 수도 있다. 일반적으로 핵자(양성자와 중성자)들은 두 장의 결합이기 때문에 그 사이의 방향, 예를 들면 '북동쪽' 정도를 가리킨다. 중간자는 핵자들 상태의 혼합을 바꿔 한 방향에서 다른 방향으로 회전시키는 역할을 한다. 이러한 상태에 대한 현대적인 설명은 핵자들이 게이지 장으로 작용하는 입자들을 교환함으로써 게이지 대칭성을 가진다는 것이다. 이것은 바일이 처음 제안한 것과는 달리 실제 시공간이 아니라 추상적인 영역에서 작동하는 다른 종류의 게이지 모델이다.

학술회의 회의록의 일부로 프랑스에서 출판된 클라인의 이론은 십여 년이 지난 후에 물리학자 스탠리 데저(후에 클라인의 사위가 된)에 의해 발굴되었다. 데저는 그 논문을 만나게 된 계기를 다음과 같이 설명했다.

나는 하버드에서 대학원 생활을 시작하고 있었고 여러 가지 방법으로 물리학에 몰두하려고 노력했다. 하루는 물리학과 도서실 4층의 책장 사이를 돌아다니다가 믿을 수 없을 정도로 먼지가 많이 쌓여 있는 오래된 책들을 발견했다. 나는 유럽에서 미국으로 왔기 때문에 프랑스어에 익숙했다. 나는 먼지투성이의 책들을 보면서 '대체 이 사람들이 누구지?' 하는 생각을 했다. 나는 물리학에 대해 잘 몰랐지만 클라인의 논문을 보고 '야 이거 그럴듯한데. 어떻게 됐는지 궁금한걸? 그는 지금 어디에 있는 거야? 이 물리학에는 무슨 일이 있었지?' 하는 생각을 하게 되었다.[2]

데저는 후에 그 논문을 지도교수인 줄리안 슈빙거에게 보여주었고 그것은 전설의 일부가 되었다. 물리학자들은 중요한 것을 알기도 전에 예고편만으로도 감탄하곤 한다. 1954년에 양전닝과 로버트 밀스가 개발한 핵자들의 상호작용을 위한 성공적인 게이지 이론은 **비가환**非可換적이었다. 비가환적이라는 것은 변환의 순서를 바꾸면 다른 결과를 가져오는 것을 의미한다. B 회전보다 앞서 A 회전을 하는 것은 B 회전을 먼저 하는 것과 전혀 다른 결과를 가져온다. SU(2)라고 부르는 특별한 게이지 변환 그룹은 이러한 성질을 가지고 있다. 수학에서 그룹이란 특별한 규칙이 적용되는 작용과 요소들의 집합을 나타낸다. SU(2) 그룹의 경우에는 구성요소가 유일한 특징을 가지는 2×2 행렬들이다. 이 특정한 그룹이 대칭성(변환에 대한 불변성)을 가지기 위해서는 게이지 입자들이 질량을 가지고 있지 않아야 한다.

SU(2) 그룹을 나타내는 한 가지 방법은 구면을 따라가는 회전을 이용해 나타내는 것이다. 서로 다른 경로를 따라 북극에 도달했던 마리우스와 다리우스의 경우(4장에서 설명한)처럼, 경도와 위도를 따라 이동하는 순서는 매우 중요하다. 북쪽으로 이동한 후에 동쪽으로 이동한 것과 동쪽으로 이동한 후에 북쪽으로 이동한 것은 전혀 다른 결과를 가져온다. SU(2) 그룹을 비가환 그룹이라고 구분하는 것은 이런 성질을 가지고 있기 때문이다.

클라인의 모델은 SU(2) 그룹을 전혀 포함하지 않는다. 그보다는 전자기학의 게이지 변형에 핵력을 추가한 더 단순한 그룹인 U(1)의 확장에 기초를 두고 있다. U(1)은 평평한 원주 위의 회전으로 나타낼 수 있다. 그러한 변형의 경우에는 연산의 순서가 문제되지 않는다. 원주를 따라 시계 방향으로 45도 회전시킨 후 시계 반대 방향으로 30도 회진하는 것은 회전의 순서를 바꾸어도 같은 결과가 된다.

또한 양-밀스 이론과는 대조적으로 클라인의 게이지 입자인 중간자는 질량을 가지고 있다. 따라서 그는 거의 현대 게이지 이론을 만들어낸 것이다. 그러나 똑같은 것은 아니었다. 1950년대와 그후의 물리학자들은 클라인이 그토록 이른 시기에 그렇게 근접한 이론을 만든 것에 깊은 인상을 받았다. 실험적 증거나 그의 대담한 주장을 정당화할 이론적 뒷받침이 없이도 그의 직관은 15년이나 앞서 있었던 것이다. 노벨상 수상

연설에서 압두스 살람은 1938년의 클라인의 제안을 "진정한 묘기"[3]라고 불렀다.

반면에 클라인과 동시대 사람들은 그의 연구를 완전히 무시했던 것 같다. 학술회의에서 물리학자 크리스찬 몰러 단 한 사람만이 질문했다. 그는 이 이론이 전하를 띤 중간자와 마찬가지로 중성 중간자도 포함할 수 있는지 알고 싶어했다. 그 자리에서 클라인은 몰러의 제안을 수용하기 위해 그의 이론을 수정했다.[4] 나머지 청중들은 자신들이 이론입자물리학의 미래를 보고 있다는 것을 모른 채 조용히 앉아 있었다.

후에 클라인은 보어에게 그의 논문을 선도적 미국 학술지인『피지컬리뷰』에 출판할 수 있는지 묻는 편지를 보냈다. 보어는 어떤 반응도 보이지 않았다. 늘어나는 히틀러의 무서운 책동과 피난 위기로—핵분열의 발견은 언급하지 않겠다—더 시급한 일들이 많았기 때문이었다.

처음부터 클라인 자신도 나치 독일로부터 탈출하는 과학자들을 돕는 일에 깊숙이 관계했다. 1933년에 그는 월터 고든이 함부르크를 탈출해 스톡홀름에 자리 잡도록 재정적으로 도와주었다. 5년 후에는 스웨덴으로 피난온 오토 한의 조교였던 리제 마이트너를 도와주었다. 마이트너는 후에 한의 핵분열 발견을 보어와 다른 핵물리학자들에게 알려주었다. 그후 폴란드 침공으로 제2차 세계대전이 발발하자 클라인 부부는 스웨덴으로 온 피난민의 중심 역할을 했다. 위험한 일이었지만 클라인은 이것이 자신의 도덕적 의무라고 생각했다. 그의 아버지가 가졌던 인도주의의 영향이었다. 클라인의 딸 엘스베트는 덴마크에서 온 피난민들이 계속 집에 머물렀던 것을 기억하고 있다. 그들 대부분은 물리학자들이 아니었으며 가족과도 아무런 관계가 없는 사람들이었다.[5] 가장 유명한 것은 클라인이 나치를 피해 스웨덴으로 도망온 보어를 도와준 일이다.

괴팅겐 숙청

클라인이 이민자들이 피난처를 찾을 수 있도록 도와주고 있는 동안 칼루차는 그들이 없어도 독일의 대학이 기능할 수 있도록 돕고 있었다. 유대인 교수와 다른 박해받던 교수들의 연이은 탈출 때문에 경험 많은 교수들이 턱없이 부족했다. 대학들은 연구 프로그램을 계속해 나가고 이전의 수준을 유지하기 위해 다투었다.

칼루차는 1933년에 있었던 괴팅겐 숙청으로 생긴 빈자리를 메웠다. 그해 4월 7일 나치 정부는 제1차 세계대전 동안 군에 근무하지 않은 비非아리안 교수들을 해임하는 포고령을 발표했다. 나중에는 군에 복무했던 사람들도 자리를 잃었다. 곧 전국에서 월터 고든, 막스 베르크만을 포함한 수백 명의 유대인 교수들이 '떠나도록' 강요당했다. 심지어는 오랫동안 괴팅겐의 물리학과 학과장이었던 막스 보른도 해고당했다. 보른의 동료였던 노벨상 수상자 제임스 프랑크는 항의 표시로 사직했지만 당국에서는 개의치 않았다.

괴팅겐의 수학과는 그 영향이 특히 심각했다. 존경받는 수학자 리차드 쿠란트를 소장으로 하는 새로운 수학 연구소가 오래된 도시의 벽 너머에 새 건물을 짓고 최근에 설립되었다. 쿠란트는 연구소를 위한 기금 모금에 큰 도움이 되었다. 그럼에도 불구하고 반유대법은 그와 그의 많은 동료들을 추방했다. 독일 최초의 여성 수학자 중 한 사람이며 교수직을 얻기 위해 많은 고생을 했던 에미 노에터 역시 떠나야 했다. 그녀는 대칭성은 보존되는 양과 관계있다는 것을 발견하여 현대 게이지 이론의 발전을 위한 길을 연 사람으로 기억되고 있다. 그리고 게이지 이론을 발명한 헤르만 바일도 곧 괴팅겐을 떠났다. 바일은 유대인이 아니었지만 그의 아내가 유대인이었다. 그는 캠퍼스 내에서 반유대 운동을 하는 많은 학생들이 아내를 계속해서 괴롭힐 것을 두려워했다. 그래서 사표를 내고 프린스턴으로 가 고등학술연구소에서 아인슈타인과 만났다.

정부의 해고 조치에 항의하는 탄원서에 힐베르트와 하이젠베르크를 포함한 많은 저명한 독일인들이 서명했다. 그러나 이런 간곡한 요청은 무시되었다. 그즈음 아인슈타인은 바이에른 과학 아카데미의 회장에게 다음과 같은 편지를 썼다. "내가 알기로, 독일에서 적지 않은 학자와 학생 그리고 대학교육을 받은 전문가들이 취업의 기회와 생계를 유지할 수 있는 길을 빼앗기는 동안 독일의 지식사회는 방관하고 침묵했습니다."[6]

후에 힐베르트가 나치의 악명 높은 교육부 장관이었던 베른하르트 러스트가 포함된 만찬에 초대받았다. 러스트가 힐베르트에게 유대인 추방으로 괴팅겐의 수학 프로그램이 위축되지 않겠느냐고 묻자 그는 "괴팅겐에는 수학이 남아 있지 않소"[7]라고 대답했다.

그럼에도 불구하고 누군가가 상처를 싸매야 했다. 쿠란트가 뉴욕으로 떠나자 괴팅겐의 수학과는 새로운 학과장을 필요로 했다. 잠시 동안은 바일이 그 역할을 했다. 그 역시 미국으로 떠나기로 결정한 후 수학자 헬무트 하세가 마지못해 학과장직을 맡았다.

러스트의 지도 아래 나치는 이른바 '유대의 영향'을 제거한 '게르만화된' 과학과 수학을 위한 프로그램을 실시했다. 물리학에서는 아인슈타인과 관계된 모든 것, 심지어는 양자물리학마저 공식적으로 금지되었다. 칼루차 밑에서 공부했던 킬 출신의 수학자 파울 지겐바인은 하세의 조수로 임명되었고 '게르만화'를 위한 행정적인 일을 도왔다.[8] 나치는 충성스러운 당원이었던 지겐바인에게 하세를 감시하도록 했다.

하세가 쿠란트의 행정업무를 인계받았지만 아직 그의 연구와 강의를 대신할 사람이 필요했다. 그래서 1935년에 학과에서는 적당한 후임자를 물색하기 시작했다. 지겐바인과 하세가 모두 칼루차의 연구에 대해 잘 알고 있었으므로 그의 이름을 후보자 명단의 맨 위쪽에 올렸다. 결국 몇 사람의 후보에 대해 알아본 후 그들은 칼루차에게 그 자리를 제안했다.

전기작가 다니엘라 뷘쉬가 지적했듯이 칼루차를 선택한 것은 여러 가지 면에서 놀라운 것이었다. 우선 그의 연구 분야는 쿠란트의 연구 분야와 전혀 달랐다. 쿠란트는 응용수학자라고 불린 반면 칼루차는 5차원 이론과 상대론의 일반화로 이름을 날렸다. 칼루차는 자리를 수락하기 전에 자신이 제2의 쿠란트가 아니라는 것을 강력하게 주장했다.[9]

두번째로 칼루차는 한 번도 나치나 다른 민족주의 사회단체의 당원인 적이 없었고 가입할 의사도 전혀 없었다는 점이다. 그는 자유로운 전통 속에서 자라났고 인종적 박해를 섬뜩한 것으로 생각했다. 그러나 칼루차의 그런 자세가 그의 임명을 막지는 않았다.

이 어둡던 시기에 독일을 떠나고 싶은 마음이 가득했던 칼루차는 외국의 자리가 있었다면 기뻐했을 것이다. 그러나 일자리가 적었고 그의 연구 성과가 충분하지 못했기 때문에 그런 기회가 주어질 것이라고 기대할 수 없었다. 그랬기에 그는 약간의 걱정과 함께 괴팅겐의 제안을 받아들였다.

칼루차의 고치

칼루차가 괴팅겐에 도착할 즈음에 전체적인 분위기는 약간 덜 정치적인 것으로 바뀌었다. 2년 동안의 극단적인 '게르만화'가 많은 전통적인 학풍을 훼손시켰다. 따라서 칼루차의 임명은 주류를 향해 학과의 방향을 틀려는 하세의 생각과 잘 맞는 것이었다.

학과나 대학이 자유로워진 것은 아니었다. 아직도 나치 독일 시대였다. 당시의 다른 모든 행정가와 마찬가지로 하세도 당국과 우호적인 관계를 유지하기 위해 노력했다. 심지어 그는 전략적으로 필요할 때는 입당원서를 제출하기도 했다. 그러나 하세는 수학 자체에 관한 한 정치가 관여하지 못하도록 했다.

독일이 야만과 혼돈 속으로 빠져 들어가자 칼루차는 괴팅겐 수학연구소에서 자신을 숨길 수 있는 고치를 발견했다. 그의 사무실은 2층에 있는 안락한 학과 도서실 복도 끝에 있었다. 그의 딸은 그가 많은 시간을 도서실에 앉아 책을 읽으면서 보냈다고 회상했다. 그는 수학 학술지뿐만 아니라 물리학, 화학, 생물학, 그리고 심리학에서의 새로운 발견에도 관심을 가졌으며 그 당시에 유행하던 초자연적인 이론들에도 관심을 보였다. 칼루차의 딸 도로테아는 바로 옆에 있는 물리연구소에서 일했고 자주 아버지를 방문했기 때문에 아버지가 하는 일을 잘 알았다.[10]

그 당시 칼루차의 연구는 두 분야로 나뉘어 있었다. 첫번째 것은 공식적으로 출판된 것으로, 물리학자 게오르크 주스와 함께 쓴 영향력 있는 교재인『실용적인 독자를 위한 고급 수학』의 집필도 이런 활동 중 하나였다.[11] 두번째 범주에는 사색, 공상, 그리고 비공식적인 프로젝트가 속했다. 그는 이런 것들에 많은 시간을 소비했다.

매일 칼루차가 수학연구소 로비를 통해 걸어갈 때 그는 흥미 있는 기하학적 모델의 전시장 앞을 지나갔다. 이 중 일부는 어빙 슈트링햄처럼 실제적인 초입방체의 영상과 고차원 물체를 만들었던 수학자 빅토르 슐레겔이 설계한 것이었다. 학과를 위해 모델을 준비했던 펠릭스 클라인은 그것이 훌륭한 교육 자료라고 생각했다. 그것들은 초공간의 이상한 성질을 시각적으로 보여주는 방법이었다.

과학적 고립 속에서 칼루차는 그의 5차원 이론을 가시적 유추를 통해서 제공하는 문제를 고민했다. 그는 플라톤의 동굴의 비유와 같은 방법으로 우리가 감각기관을 통해 인식하는 세계가 5차원 실재의 그림자에 지나지 않는다는 것을 보여주고 싶어했다. 그는 전시장 안에 있는 것과 비슷한 모양이며 빛 앞에 들면 실제 세상과 닮은 그림자를 투영하는 특별한 기하학적 도구를 만들었다.[12] 하지만 이 주제에 대한 자신의 생각이 너무 사색적이라고 여긴 그는 그것을 발표하지 않았다.

전쟁이 시작되자 칼루차에게는 곧 더 귀찮은 근심거리가 생겼다. 하세가 베를린 정부의 직책을 맡게 되어 괴팅겐에는 단 두 사람의 고급 수학자만 남았다. 학과장에 임명된 칼루차는 대학의 관리들을 대하는 즐

괴팅겐 수학연구소 중앙 홀에 있는 유리장 속에는 초입방체의 투영도와 다른 고차원 물체를 포함한 모든 종류의 기하학적 구조 모형들이 전시되어 있다. 이 모형들이 연구소가 창립되고 나서 몇 년 후에 연구소 수학 교수가 된 테오도르 칼루차의 흥미를 끌었을 것이라는 점은 쉽게 짐작할 수 있다.

겁지 않은 일을 해야 했다. 그렇지만 그는 자신의 독립적인 생각을 유지할 수 있었다. 공식적인 정책에 저항해서 그의 통신문에 '하일 히틀러!'라고 사인하는 것을 거부한 사실로도 그것을 잘 알 수 있다.[13] 나치에 대한 이러한 비협조는 나치가 패배한 후 괴팅겐에서의 그의 지위를 유지하는 데 도움이 되었다.

전쟁 중의 물리학

전쟁 첫해에 히틀러 정권이 유럽 대륙의 모든 지역을 점령하자 피난민들이 절망으로부터 피난처를 찾아 미국의 문을 더 세차게 두드렸다. 미국에 입국하는 데 성공한 많은 사람들은 떠나온 곳에서 가졌던 것과 비슷한 지위를 갖게 되기를 희망했다. 그들은 전쟁 전의 이민 물결을 따라 먼저 도착한 사람들과 얼마 되지 않는 취직자리를 놓고 경쟁했다.

곧바로 하버드나 프린스턴의 새로운 자리에 임명될 것으로 생각한 권위 있는 유럽의 대학에서 온 학자들은 커다란 절망을 겪어야 했다. 자리가 부족했기 때문에 그들은 미국의 오지 중의 오지에 있는 생전 들어보지도 못했던 곳에 자리를 잡아야 했다. 잡다한 정착 대행사들이 장래성 있는 교수들에게 작은 대학의 취직자리를 알선하고 있었다. 제럴드 홀턴은 이에 대해 다음과 같이 설명했다.

유럽에서 덴마크인 아내와 함께 온 훌륭한 물리학자 빅토르 바이스코프의 이야기는 전형적이다. 그는 취업 박람회라고 할 수 있는 물리학회에서 직장을 구하려고 노력하고 있었다. 집에 돌아온 그는 "엘렌, 나 직장을 구했어"라고 말했다. 그러나 아내는 "어디에요?" 하고 물었다. "잘 모르겠어. 대학 이름이 R로 시작하는 것 같던데."

이것은 사기를 저하시키는 일이었다. 일부는 이런 상황을 매우 힘들게 받아들였다. 그러나 대부분은 그렇지 않았다. 대부분은 다시 일어났다. MIT는 곧 빅토르 바이스코프를 받아들였고, 하버드는 필리프 프랑크를 영입했다.[14]

이런 분위기 속에서 아인슈타인은 미국의 유수한 대학에 그의 조수를 취직시키기 위해 노력했다. 1940년에 베르크만의 연구소 고용 기간이 끝나자 여러 핵심적인 곳에 추천서를 보냈다. 아인슈타인은 리처드 톨먼을 통해 칼텍에 자리가 났다는 것을 알게 되자 최고의 추천서를 보냈다. "나는 4년 동안 젊은 조수 페터 G. 베르크만 박사와 같이 일했습니다. 우리는 매일 같이 일했기 때문에 나는 그를 충분히 판단할 수 있습니다. 그는 탄탄한 수학 지식과 명확하고 독창적인 사고력, 그리고 건설적인 형식화 능력을 갖추고 있습니다. 그는 나에게 큰 도움을 주었습니다. 나는 일에 대한 그의 능력뿐만 아니라 그의 인격에 대해서도 대단히 존경합니다."[15]

칼텍이나 다른 곳의 빈자리에도 많은 지원자들이 몰려들었기 때문에 당분간 베르크만은 마음에 들지 않는 곳에 정착해야 했다. 1941년에 그와 그의 아내 마르고트는 노스캐롤라이나로 옮겨 블랙 마운틴 칼리지에서 일하기 시작했다. 실험적인 칼리지인 블랙 마운틴은 아름다운 곳에 위치했으며 그가 그의 유명한 후원자로부터 독립하여 자신의 자아를 만들기 시작할 수 있었던 시간을 제공했다. 그는 물리학과에서 일했고, 마르고트는 화학을 가르쳤다. 그들의 아들 어니스트는 그때에 대해 "그들은 후에 블랙 마운틴 시절을 젊은 시절의 경험이라고 즐겁게 회상하곤 했다"[16]라고 말했다.

전원적인 환경 속에서 베르크만은 새로운 교재 『상대성 이론 입문』의 집필을 끝냈다. 이 책은 다른 주제 속에 5차원 이론의 씨를 뿌리는 역할을 했다. 아인슈타인은 이 책의 서문을 써주었다. 아인슈타인이 했던 연구의 기초를 매우 심도 있게 다룬 이 책은 "오랫동안 일반상대성 이론을 공부하는 모든 사람들이 읽는 책이 되었다"[17]고 물리학자 스티븐 와인버그는 증언했다.

이 책은 특수상대성 이론, 일반상대성 이론, 그리고 통일장 이론의 세 부분으로 나뉘어 있다. 세번째 부분의 대부분은 칼루차의 접근 방법과 그의 5차원 모델을 확장하려고 했던 아인슈타인의 시도를 설명하는 데 할애했다. 고차원 통일 이론을 상대론의 다른 문제들과 같은 수준으로 취급함으로써 베르크만은 이 주제의 중요성을 널리 알렸다. 이것은 명확하지 않은 기록영화를 인기 있는 영화와 나란히 보여주는 것과 같은 방식이었다. 관심을 끌기 위해서는 좀더 확실한 것을 보여주어야 했다. 그후 한 세대 동안 상대론을 배운 모든 학생들은 적어도 칼루차-클라인 이론을 어느 정도 친숙하게 받아들였다.

1942년에 베르크만은 펜실베이니아에 있는 리하이 대학에서 좀더 연구가 중심이 되는 자리를 구할 수 있었다. 마르고트는 브룩클린에 있는 폴리텍 대학의 엑스레이 결정학을 전공하는 물리화학자가 되었다. 두 사람의 일을 유지하기 위해 그들은 맨해튼에 있는 아파트를 구했다. 그들은 주중에는 각각 자신의 방법으로 생활하고 주말에는 뉴욕의 생활을 즐기며 같이 시간을 보냈다. 그들은 여러 해 동안 그렇게 생활했다.

학부 학생들에게 물리학 입문 과정을 가르칠 때 베르크만은 그의 억

양과 버릇 때문에 놀림을 당하기도 했다. 리하이 시절 베르크만의 가장 유명한 학생인 크라이슬러의 회장 리 아이아코카는 자서전에서 그의 강의를 회상했다.

1학년이었을 때 나는 물리학에서 거의 낙제점수를 받을 뻔했다. 우리는 빈에서 이민온 베르크만이라는 교수에게 배웠는데 그의 억양이 매우 강해서 강의를 거의 이해할 수 없었다…… 그러나 이런 어려움에도 불구하고 나는 그와 가깝게 지냈다. 우리는 캠퍼스를 같이 거닐었고, 그는 물리학에서의 최근 진전 사항을 이야기해주었다.

때때로 베르크만에게 이해할 수 없는 점이 있었다. 금요일마다 그는 서둘러 강의를 마치고 다음 월요일까지 학교를 떠났다. 그 비밀을 알게 된 것은 몇 년 후였다. 당시 그의 관심을 알았더라면 짐작할 수 있었을지도 모른다. 그는 주말 동안 뉴욕에서 맨해튼 프로젝트를 위해 일하고 있었다. 다시 말해 리하이에서 강의를 하고 있지 않을 때 베르크만은 원자폭탄을 연구하고 있었던 것이다.

베르크만의 아들 어네스트 베르크만은 이 설명이 억지스런 것이라고 말했다. "나는 그 자서전을 읽고 이에 대해 아버지에게 물어보았다. 아버지는 빈에서 오지 **않았다**. 아버지는 시간이 날 때마다 뉴욕에 갔다. 왜냐하면 어머니가 그곳에서 기다리고 있었기 때문이다. 나는 1942년 11월에 태어났다. 따라서 내가 '맨해튼 프로젝트'였던 것이다. 아버지는 아이아코카를 기억하지 못했다."[19]

리하이 시절 베르크만과 관계된 또 다른 전설적인 이야기는 적어도 어느 정도 사실일 가능성이 있다. "4층에서 강의를 하고 있던 베르크만은 열어놓은 창문 옆에 있는 흔들리는 넓은 선반에 앉아 있었다. 갑자기 그가 너무 크게 흔들리더니 창문 밖으로 사라졌다. 강의를 듣던 학생들이 놀라서 어리벙벙해 있을 때 아직 백묵을 쥐고 있는 손이 뻗어왔다. 그리고는 베르크만이 기어 들어와 강의를 계속했다. 이야기에 의하면 작업을 하던 인부들이 받침대를 세웠고 그것이 창문 밖에 넓은 교단을 제공했던 것이다."(20)

1944년에 리하이를 떠난 베르크만은 음파 분석가로 전쟁에 참여했다. 이것은 상대성 이론과 관계없는 첫번째 실용적인 연구였지만 그는 잘 해냈다. 1947년에는 시라큐스 대학으로 옮겨 그곳에서 35년간 연구하면서 시라큐스를 미국 내 중력 연구의 중심지로 만들었다.

같은 기간 동안에 발야 바르크만은 그의 동료보다 훨씬 빠른 지름길을 택했다. 아인슈타인의 조수직이 끝나자 그는 프린스턴에서 강의할 수 있는 자리를 구했다. 그 역시 국방에 관계되는 연구를 했는데 그것은 존 폰 노이만과 기체역학을 연구하는 일이었다. 그후 피츠버그 대학에서 잠시 일한 그는 1948년에 프린스턴에서 정년이 보장되는 직책에 임명되었다.

바르크만은 여러 해 동안 프린스턴에서 강의하면서 노련한 학자이자 강사라는 평판을 들었다. 수리물리학과 같은 주제에 대한 그의 강의는 '명료함과 세련됨'으로 유명'했다.(21) 그의 강의를 들었던 물리학자 켄 포드는 "바르크만은 강의 준비를 철저히 했고, 그의 강의는 잘 짜여 있었다. 그는 방정식으로 칠판을 우측부터 좌측까지 가득 메웠다"(22)라고 회상했다.

바르크만의 아내 소냐는 아인슈타인의 연구를 번역하고 편집하는 일을 했다. 그녀는 아인슈타인의 수필과 다른 글들을 모으고, 그 글들의 영어 번역을 함께 검토한 후 『아이디어와 견해』라는 제목의 책으로 엮는 데 핵심적인 역할을 하였다.

파울리의 꿈

파울리는 한때 아인슈타인에게 바르크만은 물리학자보다는 수학자에 가깝다고 생각한다고 말했다. 그는 파스큐얼 요르단을 가리켜 '단지 형식주의자'일 뿐이라고 말하기도 했다. 그 말의 뜻은 진정한 물리학자와 비교할 때 요르단은 '낮은 수준의 삶'이라는 것이었다.[23] 그는 오스카 클라인에게 그의 진정한 재능은 물리 연구에 있는 것이 아니라 강의에 있다고 말하기도 했다. 그리고 아인슈타인의 우유부단을 날카롭게 비판하기도 했다. 과연 누가 파울리의 기대를 만족시킬 수 있었을까?

스탠리 데저는 다음과 같이 회상했다. "그는 굉장히 무례하고 자기 확신에 빠진 사람이었다. 그 자신은 더 위대한 신의 영광을 위해 있었다. 나는 파울리에게서 받은 편지를 가지고 있다. 나는 당시 취리히에 있는 그를 방문하고 싶어했다. 그는 불행하게도 스위스로부터 비자를 받지 못해 내가 오는 것을 막을 수 없다는 내용의 답장을 보내왔다."[24]

상대성 이론과 관계된 자료들을 고등학교 교실에 가지고 와서 지루할 때면 읽던 신동 파울리는 자신과 주위의 많은 사람들의 큰 기대 속에서 자라났다. 이런 경험 탓에 그는 건방지고 비판적인 태도를 가지게 되었다. 그러나 그는 정말로 뛰어난 사람이었기 때문에 그의 동료들은 그런 것을 묵인했다. "나는 그와 많은 이야기를 나누지는 않았다. 그는 아주 아주 뛰어났다"라고 데저는 말을 이었다.[25]

파울리는 어머니와 특별히 친밀했으며 1927년에 어머니가 자살했을 때 커다란 충격을 받았다. 그후 곧 결혼했지만 결혼생활은 불운했고 일 년도 안 되어 이혼으로 끝났다. 그는 계속되는 음주 문제로 정신과 치료를 받기도 했다.

그 당시에 정신분석학은 두 사고 집단으로 나뉘어 있었다. 지그문트 프로이트가 이끄는 주류는 개인의 무의식에 대한 연구에 몰두해 있었고 카를 융이 이끄는 분파에 속한 사람들은 집단적인 무의식의 힘을 강조했다. 프로이트에 가깝다고 느끼고 있던 아인슈타인과는 달리 파울리는 어려움에 처해 있던 그에게 필요한 설명과 지도를 해줄 것이라는 희망을 가지고 융의 모델을 강력하게 지지했다. 1930년대 초부터 1950년대 말에 죽을 때까지 파울리는 융과 교신했고 융의 조수 중 한 사람에게 정신 감정을 받기도 했다.

치료 과정의 일부로 파울리는 수천 개가 넘는 그의 꿈을 녹음하여 설명과 함께 융에게 보냈다. 그 꿈들 중 많은 것들이 숫자 3과 4와 관계된 이상한 수비학数秘學적인 요소를 포함하고 있었다. 융은 이것을 분석한 후 그의 이론을 증명하기 위해 이 중 일부를 출판했다.

처음에 파울리는 융의 심리학에 대한 자신의 관심을 언급하는 것에 조심스러웠다. 그러나 나중에는 그러한 관계를 공개적으로 밝히고 미래의 과학은 물리학적 면과 심리적 현상을 통합시킬 것이라는 견해를 발표하기도 했다.

융은 동양 철학의 개념을 들어 자아의 원형原型은 상반되는 것들로 이루어져 있다고 주장했다. 파울리는 말과 행동으로 이 원리를 보여주었다. 아인슈타인처럼 자주 방향을 바꾸지는 않았지만 그는 모순된 언행으로 동료들을 당황하게 했다.

통일장 이론은 파울리가 가장 주저했던 분야였을 것이다. 그는 앞에서는 통합을 위한 연구가 쓸데없다는 견해를 옹호했다. 그는 모든 것을 포함하는 이론을 추구하는 다른 과학자들을 조롱하면서 "신이 따로 떼어놓은 것을 사람이 결합해서는 안 된다"[26]라고 말하곤 했다.

파울리의 초기 논문 중 하나는 바일의 이론을 통렬하게 비판하는 것이었다. 그는 마찬가지로 에딩턴의 통합을 위한 노력을 비웃었다. 클라인의 초기 5차원 연구에 대해서는 관심을 보이기도 했지만 클라인에게 그것을 포기하라고 권했다. 그리고 그는 먼 평행선 접근을 '놀라운 잡동사니'라고 낙인찍었다. 에레페스트가 파울리를 '신의 채찍'이라고 부른 것은 이상한 일이 아니다.[27]

그렇지만 파울리는 갑자기 태도를 바꾸어 1930년대 중반의 많은 시간을 베블렌과 호프만의 투영된 상대론에 약간의 양자론적 요소를 더한 자신의 통일 이론을 연구하는 데 소비했다. 그는 이 아이디어를 클라인에게 알리고 클라인도 이 주제로 돌아오도록 격려했다. 파울리의 관심은 의심할 것 없이 베르크만, 바르크만과 함께했던 아인슈타인의 연구에 격려가 되었다. 파울리는 후에 이런 방향전환을 후회하면서 프리먼 다이슨에게 다음과 같이 말했다. "만약 5차원 상대론(칼루차-클라인 이론과 비슷한 시도들)에 그렇게 많은 기간을 낭비하지 않았다면 내가 양자역학을 발명했을 것이다."[28]

오스트리아 시민권을 가지고 있었고, 아버지 쪽이 유대계였기 때문에 중립국 스위스에서 나치 독일로 추방될 것을 두려워한 파울리는 전쟁 기간 동안을 프린스턴에서(미시간 대학과 퍼듀 대학을 방문한 외에는) 안전하게 보냈다. 그곳에서 그는 아인슈타인과 잠시 동안이었지만 생산적인 공동 연구를 했다. 그들의 연구 결과는 아인슈타인이 고차원 모델에 대한 연구를 포기하게 된 결정적인 원인이 되었다.

아인슈타인의 은신처

아인슈타인과 파울리가 1940년대 초반의 대부분을 함께 보낸 연구센터는 예전 파인 홀보다 더 넓고 푸른 새 은신처였다. 1939년에 고등학술연구소는 프린스턴에서 조금 떨어져 있는 올덴 농장에 새 건물을 마련했다. 넓은 숲과 향기로운 정원, 그리고 잘 손질된 마당을 가지고 있는 새로운 연구소는 아인슈타인이 캐푸스 시절 이후 잃어버렸던 적막하고 목가적인 환경을 제공했다. 이제 그의 집은 물론 사무실도 마음의 안정을 위해 꼭 필요한 사생활을 보호해주었다.

연구소의 본관인 펄드 홀은 식민지 시대의 양식으로 지어졌다. 파인 홀은 모든 사무실이 세미나실에서 멀리 떨어지지 않도록 꽉 짜여서 설계됐지만 펄드 홀은 넓은 공간의 사치를 즐겼다. 날개를 편 독수리처럼 날개가 중심에 있는 시계탑으로부터 멀리 뻗어 있었다. 건물 앞에 있는 구부구불한 길은 연구소와 프린스턴 대학 사이의 거리를 더욱 떨어뜨렸다.

전에 파울리가 연구소를 방문했던 일 년간을 제외한 몇 년간의 서신 왕래 끝에 아인슈타인과 파울리는 같은 층의 방을 쓰게 되었다. 아인슈타인의 후기 연구에 대한 비판에도 불구하고 파울리는 아인슈타인이 젊은 시절에 이룬 성취를 존경했고 아인슈타인의 일반상대성 이론의 중요성을 잘 알고 있었다. 그는 양자 개념과 일반성대성 이론을 조화시키는 데 어려움이 많다는 것을 알기 시작했고 이 분야에 대한 아인슈타인의 관심을 고맙게 생각하고 있었다.[29] 더구나 어떤 면에서 그는 자신을

고등학술연구소의 본관 건물. 자연의 통일 이론을 연구하던 아인슈타인의 사무실도 이 건물에 있었다. 최근에 이 건물은 후안 말다세나, 에드워드 위튼, 네이션 사이버그와 같은 뛰어난 끈 이론 연구자들의 중심이 되고 있다.

제2의 아인슈타인이라고 생각하기 시작했고 이제 교대를 할 시점이라고 생각했다. 두 사람 사이의 가까운 우정은 아인슈타인이 파울리를 노벨상 수상자 후보로 추천하여 유종의 미를 거두었다. 파울리는 1945년에 노벨상을 수상했다. 파울리는 그 당시 아인슈타인이 자신을 위해 "마치 왕위를 버리고 후계자를 세우는 것"[30] 같은 내용의 연설을 하는 것을 보았다.

아인슈타인과 파울리는 함께 칼루차의 생각을 다시 한번 이용한 한 편의 논문을 썼다. 그 논문은 5차원 아이디어의 아름다움을 인정하고 있었지만 동시에 성공하기 위해서는 기술적인 문제가 있다는 것도 지적했다. 그들은 "중력과 전자기장의 통합 이론을 찾으려는 과정에서 칼루차의 5차원 이론에 진리가 숨어 있을 것이라는 느낌을 받게 된다. 그러나 그 기초는 만족스럽지 못하다"[31]라고 말했다.

현대 브레인월드 이론의 전조가 되었던 접근 방법에서 아인슈타인과 파울리는 5차원의 크기에 아무런 제한을 가하지 않고 다른 것과 똑같은 동반자로 취급했다. 그들은 이것을 작은 원통으로 말지도 않았다. 그 대신 모든 장은 국수 가닥처럼 5차원 시공간으로 확장되어 있다고 가정했다. 우리는 이 '국수 가닥'의 한 끝만 보고 실제로 5차원인 공간을 4차원 시공간이라고 믿는다는 것이다.

아인슈타인과 파울리는 잘 알려진 입자들과 일치하며 특이점이 없는 이 모델의 정적인 해를 찾으려고 노력했다. 이런 조건이 일반상대성 이론의 형식 속에 주입되었을 때 그 결과는 그다지 건강해 보이지 않았다. 존재하는 단 하나의 해는 0의 질량과 0의 전하를 가지고 있었다. 이는 양성자나 전자일 가능성을 완전히 부정하는 것이었다. 이것은 이상한 우주였으며 우리 우주가 아니었다. 그들은 이 논문을 부정적인 발견, 즉 과학적 파국으로 생각했다.

더이상 앞으로 나갈 수 없다고 믿게 된 아인슈타인은 다시는 5차원 이론으로 돌아가지 않았다. 그가 찾아내고 싶어했던 여분의 차원은 연자방아처럼 제자리를 도는 것이 아니라 마법처럼 작동하는 것이었다. 그 시점 이후로 그의 통일장 이론의 체계는 보통의 시공간에서 이루어졌다. 파울리와 함께 논문을 출판한 후 여러 해가 지나서 쓴 자서전적인 수필에서 아인슈타인은 이 결정에 대해 다음과 같이 말했다. "나는 칼루차가 최초로 시도했고 아직도 변형된 형태로 남아 있는 열려 있거나 숨겨져 있는 고차원을 포기했다. 우리는 우리의 연구를 4차원 시공간에 한정할 것이다."[32]

전쟁이 끝난 후 파울리는 취리히로 돌아가서 취리히 공과대학의 예전 지위를 다시 찾았다. 상황이 곧 그에게 또 다른 통일 모델을 소개했다. 이번에는 그의 친구 파스큐얼 요르단이 발전시킨 것이었다.

양심과 우주

나치 치하의 독일 과학계는 견해가 일치하지 않았다. 개인의 양심과 야망에 따라서 나치 정권에 반대하는 것에서부터 나치 정권을 수용하는 것까지 여러 길을 택할 수 있었다. 나치를 반대하는 것은 저절로 체포, 추방, 심지어는 죽음의 위험을 감수해야 했다. 반대로 나치 정권을 따르는 결정은—광적인 반유대주의자였던 요하네스 스타르크와 필리프 레나르트가 택한—정부의 호의를 기대할 수 있었지만 해외에서는 정반대의 평가를 받아야 했다. 칼루차와 다른 많은 학자들이 택한 제3의 중간 노선은 강의와 연구에만 전념하고 가능하면 정치에 관계하지 않는 것이었다.

그리고 전쟁이 시작되기 전까지는 히틀러의 타오르는 별이 빨리 꺼지기를 기대하면서 외국과 가까운 관계를 유지한 하이젠베르크와 같은 경우도 있었다. 이러한 국제적인 연결은 스타르크와 다른 사람들의 공격을 초래하기도 했다. 그러나 전쟁 중에 그는 나치의 원자력 프로그램을 위해 일했다. 그는 후에 원자력 프로그램을 정지시키려고 노력했다고 주장했지만 보어가 최근에 공개한 편지로 그런 주장은 의심을 받게 되었다. 하이젠베르크의 많은 동료들은 전쟁 후에 그에게 화를 냈다. 존 휠러는 하이젠베르크를 프린스턴에서 안내하던 때를 회상했다. 바르크만을 포함한 많은 교수들이 그와 악수하기를 거절했다. 바르크만이 그에게 등을 돌렸던 것을 휠러는 생생하게 기억하고 있다.[33]

하이젠베르크의 행동이 혼동스러운 것이었다면 요르단의 행동은 완전히 이상한 것이었다. 나치가 정권을 잡기 전부터도 그는 극우파 잡지에 극단적인 민족주의 견해를 밝혔었다. 그의 친구들이 그를 멀리하지 않도록 하기 위해 그는 도마이어라는 가명을 사용했다. 1933년에 히틀러의 군대가 베를린을 비롯한 독일의 도시를 행진하자 요르단은 돌격대에 가입했다. 클라인, 파울리, 보른, 그리고 다른 많은 유대인 또는 반쪽 유대인 과학자의 친구였던 요르단은 이제 '갈색 제복, 장화, 그리고 만장 완장'을 차게 되었다.[34]

그의 목소리를 나치의 광기에 빌려준 요르단은 로스토크 대학의 물리 교수직을 유지했다. 그의 연구 분야는 독일 물리학의 '정화'를 시도하고 있던 사람들(스타르크와 같은)에게 저주받은 양자 이론과 상대론이었다. 대부분의 동료들과는 달리 그는 계속해서 자신의 연구에서 아인슈타인의 이름과 그의 공헌을 언급했고 민족주의를 과학에까지 연장하는 것을 격렬하게 반대했다.

그런 자세 덕분에 그는 전쟁 후에 그의 재생을 위해 중요한 역할을 했던 파울리와의 우정을 유지할 수 있었다. 파울리는 그를 비난하는 대신 나치 시대에 쓴 그의 글을 가지고 그를 놀릴 뿐이었다. 한번은 파울리가 요르단에게 "요르단 씨, 당신은 어떻게 그런 것을 쓸 수 있었습니까?" 하고 물어보았다. 이에 대해 요르단은 "파울리 씨, 당신은 어떻게 그런 것을 읽을 수 있었습니까?"라고 대답했다.[35]

1945년에 연합군이 베를린에 가까워지자 로켓 센터에서 일하면서 독일 공군을 위해 기상학적 계산을 하고 있던 요르단은 영국인 폴 디랙의 연구를 기초로 한 새로운 이론을 소개할 기회로 보았다. 연합군이 독일을 점령하고 있는 동안 요르단은 괴팅겐에 재임명되었고, 임시로 수학 연구소에 머물면서 그의 이론을 더 발전시켰다.

스칼라-텐서 이론, 또는 요르단-브랑-디케의 모델(다른 두 명의 물리학자들이 재발견했다)이라고 알려진 요르단의 접근 방법은 일반상대성

제2차 세계대전 동안에 칼루차-클라인 이론의 변형을
연구했던 파스쿠얼 요르단은 초기에 양자 이론을 연구
했다. 그는 한때 나치에 가입하여 물리학자들로부터 경
멸을 받았다. 전쟁이 끝난 후 그는 물리학의 혁신적인
사상가로 새롭게 평가를 받았다.

이론을 수정하여 중력이 시간의 흐름에 따라 작아지도록 하는 것이었
다. 이는 전자기력과 중력의 크기 차이가 지금처럼 크게 된 것은 중력이
점점 약해졌기 때문이라고 했던 1937년의 디랙의 아이디어를 수정한
것이었다. 디랙은 그 차이를 만들어내기 위해서 뉴턴의 중력상수 'G'가
우주의 나이에 비례해서 작아져야 한다고 주장했다. 그렇게 하면 어째
서 두 개의 전자 사이에서 중력에 의한 인력보다 훨씬 큰 전기적 반발력
이 훨씬 크게 작용하는지를 설명할 수 있었다. 순수한 수학적 계산 외에
는 아무런 실험적 증거가 없었기 때문에 디랙은 이 아이디어를 여러 해
동안 방치해놓고 있었다. 그러나 요르단은 이것이 매우 흥미롭다고 생
각하고 파울리의 투영적 상대론과 연결해 더 발전시키려 했다.

요르단의 수정안에는 중력상수가 기상도의 온도처럼 계속 변해가는
스칼라 장이 되었다. 이것은 일반상대성 이론을 매우 복잡한 방정식으
로 변환시켰다. 더 이상 아인슈타인의 텐서(기하학을 나타내는)와 응력

텐서(물질과 에너지의 성질을 구체화하는)가 직접적으로 비례하지 않았고 더 복잡한 관계를 가지게 되었다.

그의 아이디어를 담고 있는 요르단의 첫번째 논문은 독일 학술지에 게재가 수락되었지만 전쟁이 끝나는 바람에 출판되지는 못했다. 다행히 파울리가 교정본의 사본을 구해 1946년에 베르크만에게 넘겨주었다. 베르크만은 요르단의 이론이 그와 아인슈타인이 개발했지만 출판하지 않았던 모델과 아주 비슷하다는 것을 발견하고 매우 놀랐다. 충격에서 벗어난 베르크만은 이 주제에 새로운 관심을 가질 용기를 얻었다. "이 분야의 다른 연구자가 독립적으로 같은 아이디어를 제안한다는 것은 이것이 내재하고 있는 가능성을 의미하는 것이다"라고 그는 기록했다.[36]

베르크만은 요르단에게 칼루차의 이론과 비슷하게 5차원을 이용하면 그의 모델을 더 아름답게 표현할 수 있을 것이라고 지적해주었다. 그러나 계량텐서의 마지막 요소(5행의 5열)는 스칼라 장으로 대체하는 것이 좋겠다고 제안했다. 계량텐서가 기하학적 규칙을 담은 다섯 열과 다섯 행을 가진 바둑판이라면 스칼라 장은 가장 아래쪽 우측 구석자리를 차지하게 된다. 스칼라 장을 위치시킴으로써 중력이 시간에 따라 작아지게 되었다. 베르크만은 이 아이디어를 자신의 논문에 발표했다.

이러는 동안에 또 다른 연구자 아이브스 티리는 독자적으로 비슷한 5차원 접근 방법을 개발했다. 유명한 프랑스의 수학자 앙드레 리슈네로비치의 학생인 티리는 칼루차의 방정식을 유도하는 같은 방법에 초점을 맞추어 역시 요르단의 결과를 얻어냈다. 스칼라-텐서 이론은 어디에서나 튀어나오고 있는 것 같았다.

요르단은 복잡한 경로를 거쳐 티리의 연구에 대해 알게 되었다. 리슈네로비치가 파울리에게 이야기했고, 파울리는 그 소식을 편지로 요르단에게 알렸다.[37] 이러한 경쟁 때문에 실망하는 대신 요르단은 더 나아가 별이 어떻게 형성되었는지 그리고 우주가 왜 팽창하게 되었는지와 같은 문제를 포함해 천체물리학, 우주론 등에 그의 이론을 응용하는 방법을 찾기 위해 노력했다.

전쟁 후 괴팅겐에 살게 된 것은 그의 이론에 대해 칼루차와 의논할 수 있는 좋은 기회였다. 그 당시에는 집이 많이 모자랐으므로 칼루차는 친절하게도 요르단과 그의 가족이 수학연구소에 살 수 있도록 조치를 취해주었다. 그곳은 가구라곤 없었고 비좁고 불편했다. 그들은 개조한 화장실에서 식사를 준비해야 했고, 얇은 커튼으로 나누어진 방에서 자야 했다. 칼루차는 요르단에게 연구용으로 1층에 있는 작은 방을 주었다. 이런 괴로움이 있었지만 요르단은 칼루차의 호의에 감사했고 그의 중요한 충고를 받아들였다.[38]

1948년에 함부르크 대학에 자리를 구한 요르단은 누더기 생활을 청산하고 부자의 생활로 돌아갔다. 좁은 사무실을 빌려서 생활하는 대신 그의 가족은 사치스런 넓은 전원주택을 마련했다. 그의 나치 시절 전력을 지워버리기 위해 그는 기독교민주당에 입당했고 후에 국회의원이 되기도 했다. 파울리에게 격려를 받은 요르단은 엥겔베르트 슈킹 같은 대학원 학생들의 도움을 받으면서 중력 연구를 계속했다. 그는 슈킹에게 그의 이상한 방정식의 해를 구하도록 했다. 그는 부업으로 대중적인 회합에서 과학과 종교에서 심리학과 초자연 현상에 이르는 광범위한 주제를 가지고 강연을 하기도 했다.[39] 그는 또한 상반된 평가를 받고 있는 5차원 이론에 대한 책 『중력과 우주』를 출판했다.[40]

지각으로 통하는 문

요르단이 심리학으로 외도한 것은 전쟁 후 이 분야에 대한 대중적인 인기와 파울리와의 우정을 생각한다면 그리 놀라운 것은 아니다. 그와 파울리는 텔레파시 경험에 대한 관심을 공유했으며 하나의 자연법칙이 마음과 입자의 순간적인 통신을 설명할 수 있기를 희망했다. 파울리는 오랫동안 가까운 공동 연구자였던 융과 함께 양자의 아이디어를 초심리학에 적용하려고 노력했다. 파울리는 이 문제에 관해 융이 쓴 『동시성 : 비인과적 연결 원리』의 저술에도 많은 공헌을 했다.

이 '여섯번째 감각'에 대한 관심은 보이지 않는 차원에 대해 과학자들이 가지고 있던 매력과 긴밀하게 연결되어 있었다. 1940년대 후반과 1950년대 초에 주고받은 서신에서 파울리와 요르단은 고차원 이론에 대한 토론을 융의 이론과 함께 언급하곤 했다. 같은 기간 동안에 칼루차와 그의 조수 게르하르트 리라 같은 다른 학자들도 이 분야의 연결에 대해 비슷한 질문을 했다. 이 과학자들은 정도는 다르지만 시간과 공간 밖에 있는 차원을 감각하는 방법이 있을 것이라고 생각했다. 채플린의 〈시티 라이트〉에 나오는 꽃 파는 장님 처녀가 의학의 발전으로 시력을 되찾듯이 현재 우리 시력이 미치지 못하는 영역을 감지할 수 있는 방법은 없을까? 꿈속에서 혹은 초월적 경험에서나 우리 마음은 그렇게 할 수 있도록 자유로워지는 것일까?

철학자 한스 라이헨바흐는 색깔 감각의 비유를 통해 고차원 공간의 가시화를 설명했다. 그는 색깔의 스펙트럼이 5차원을 나타내는 세상을 상상했다. 만약 두 개의 당구공이 그런 세상에서 충돌한다면 두 당구공의 색깔은 서로 가까워짐에 따라 점점 비슷해질 것이다. 나란히 있는 공은 정확하게 같은 색깔을 나타낼 것이다. 라이헨바흐는 단순히 그의 관점을 보여주기 위해 색깔을 사용했을 뿐이다. 그의 의도는 5차원은 어떤 면에서는 우리가 잃어버린 또는 아직 우리가 알아차리지 못한 곳에 놓여 있을지 모른다는 것이다.[41]

칼루차의 지도 아래 박사학위를 위한 연구를 했고 그후 교수로 괴팅겐에 남았던 리라는 고차원 이론이 초자연 현상과 연결될 것이라고 보았다. 칼루차와 요르단에게 격려를 받은 그의 주류 연구에는 스칼라-텐서 이론을 바일의 게이지 방법을 포함하도록 변환한 리라 기하학이 포함되어 있었다.[42] 그러나 정규과정 밖의 주제에 관한 리라의 관심은 훨씬 광범위해서 심령 현상을 탐구하고 미확인비행물체UFO를 조사하는 활동을 벌였다. 그는 비스바덴의 독일 UFO협회에서 '텔레파시와 4차원을 연결하는 다리인 초심리학적이고 우주적인 현상을 이해하기 위한 현대 물리학의 근본적 수정의 필요성에 대하여'라는 제목의 강연을 하기도 했다.[43]

이러한 연결은 19세기에 윌리엄 크룩스와 같은 칠너의 추종자들을 매혹시켰던 심리학 연구 협회의 활동을 연상하게 한다. 실제로 협회는 부분적으로 미국의 초심리학자 하워드 뱅크스 라인의 유명한 실험에 힘입어 1940년대와 1950년대에 이 분야에 대한 관심이 되살아났던 것을 증언하고 있다. 듀크 대학에서 연구하고 있던 라인은 여러 가지 주제에 관한 '독심 능력'을 실험했다. 그는 통계적인 방법을 이용하여 그들의 추정이 순수한 확률보다 정확한지 계산해보았다. 라인은 그가 발견한 것을 나타내기 위해 **초감각적 인지**extrasensory perception, 또는 ESP라는 용어를 만들어냈다.

피울리와 요르단은 라인의 실험에 큰 흥미를 느끼고 그것을 융의 동시성 이론(동시 사건 사이의 비인과적 연결)과 연결시켰다. 그들은 즐겨 이러한 노력의 최근 발전에 관한 노트들을 비교했다.

1952년에 파울리는 유달리 그의 눈을 사로잡는 것과 마주치게 되었다. 그는 이에 대해 편지로 요르단에게 물었다. "그런데 나도 영국에서 라인의 실험에 대한 기초적인 수학적 검토가 (여러 차원에서) 심리학 연구 협회 학술지에 실렸다는 이야기를 들었는데 이에 대해 아는 것이 있습니까?"[44]

그가 언급한 것은 심리학자 존 R. 스미티스가 쓴 「마음과 고차원」이라는 제목의 논문이었다.[45] 스미티스는 라인이 발견한 것과는 다른 초심리학적인 경험을 우주의 7차원 모델 속에서 설명했다. 네 개의 차원은 물리적 물질이 들어 있는 차원이고, 나머지 세 개의 차원은 '심리적인 물질'인 인식의 기초가 되는 것을 포함하고 있다. 이 두 세계는 인과 관계로 연결되어 있지만 각각 자신의 규칙을 가지고 있다. 따라서 이러한 접근 방법에 따르면 초감각적 인지는 물질세계에서 서로 멀리 떨어져 있는 사람들이 정신적 영역에서 접촉하는 것과 관계된다.

스미티스는 초심리학에 관심을 가지고 있던 영국의 철학자 H. H. 프라이스, C. D. 브로드와 자신의 이론에 대해 ∙심층적인 대화를 나누었다. 취리히를 방문하고 있는 동안에 그는 집단적인 무의식의 성격에 대해 융과 의견을 교환하기도 했다.[46] 근래에 그는 물리학자 안드레이 린데, 버나드 카와 더불어 우주에서의 사고思考의 역할에 대해 토론하기도 했다. 최근의 칼루차-클라인의 접근에 대해 잘 알고 있던 그는 그의 모델을 13차원 또는 그 이상으로 확장하여 끈 이론과 브레인월드를 포함시켰다.[47]

스미티스는 아마도 1950년대에 했던 정신분열증의 성격에 관한 험프리 오스몬드와의 공동 연구로 더 잘 알려져 있을 것이다. **사이키델릭** psychedelic이라는 용어를 만들어낸 그와 오스몬드는 영국과 캐나다에서 용설란에서 채취한 환각제를 이용해 실험을 했다. 그들의 연구는 환각제가 만들어낸 정신분열증 상태에서의 내적 인지력을 조사하고 궁극적으로 정신분열증의 치료 방법을 찾아내는 것을 목표로 했다.

그들 연구의 강력한 지원자 중 한 사람은 『멋진 신세계』를 비롯해 여러 편의 소설을 쓴 영국의 작가 올더스 헉슬리였다. 헉슬리는 1954년에 출판된 『지각으로 통하는 문』에 그의 경험을 실었다. 그의 책에서 고차원의 문제를 명백하게 다루지는 않았지만 헉슬리는 환각제가 어떻게 자신의 감각 한계의 벽을 무너뜨리는 데 도움을 주었는지를 설명했다. 이것은 1960년대에 있었던 사이키델릭 운동이 그랬듯이 고차원과 초현실 경험 사이의 대중적인 결합을 새롭게 하는 역할을 했다. 이 두 가지를 나란히 취급한 대표적인 예는 1950년대에 방영된 미국 텔레비전 연속극 〈트와일라이트 존〉*이었다.

테서랙트 가옥의 열쇠

"인간에게 알려진 것 너머에 다섯번째 차원이 있다." 환상적인 영상이 화면을 꽉 채우고 있는 동안 음산한 목소리가 해설을 시작했다. "이것은 공간만큼 넓고, 무한대라고 할 수 있을 정도로 시간이 없는 차원이

---

*The Twilight Zone, 이 드라마의 리메이크가 국내에서 '환상특급'이라는 제목으로 방영되었다.

다." 로드 셀링이 개발과 해설을 맡고 역사상 가장 훌륭한 공상과학 시리즈라는 평가를 받고 있는 〈트와일라이트 존〉의 첫번째 시리즈는 이렇게 시작된다. 외계인 침입자, 초능력, 지옥 같은 상황이 만들어내는 이상한 이야기로 시청자들의 정신을 빼앗은 이 드라마의 내용은 고차원이 악마들에 의해 지배를 받고 있다는 단순한 것이었다. 이 드라마가 강력하게 전달하려는 내용은 가능하면 그런 이상한 영역을 멀리하라는 것이었다. 실제로 그후에 방영된 '잃어버린 작은 소녀'에서는 호기심 많은 소녀가 그녀의 침실에서 다른 차원으로 통하는 출구로 떨어져버리고 그녀의 부모는 공포에 사로잡히게 된다. 그녀의 운명은 초공간과 접촉하는 것이 어린아이의 장난이 아니라는 교훈을 주고 있다.

이 같은 주제는 이런 이야기의 애호가들에게는 전혀 놀라운 것이 아니다. 1930년대부터 1950년대까지 『이상한 이야기』, 『놀라운 공상과학소설』, 그리고 『놀라운 이야기들』과 같은 대중잡지들이 널리 퍼지면서 공상과학소설이 황금기를 맞이했다. 이 잡지에 실려 있는 이야기들은 웰스, 베른, 그리고 다른 공상과학 소설가들의 후계자들이 쓴 것이다. 이 이야기들은 오래전의 아이디어에 최근의 과학적 내용을 첨가시켜 내용이 더욱 풍성해졌다.

잡지를 통한 공상과학소설의 선구자 중 한 사람은 미국의 공포물 작가 H. P. 러브크래프트다. 자신의 재능을 양자물리학, 상대론, 그리고 고차원 수학으로 단련시킨 러브크래프트는 이러한 분야의 발전을 이야기 속에 포함시켰다. 그는 과학적 사실성은 독자들로 하여금 이야기의 믿을 수 없는 부분을 받아들이도록 하여 그들에게 최고의 충격을 줄 것이라고 믿었다.

러브크래프트의 이야기 중 많은 것들은 다시 한번 지구에 살게 될 순간을 기다리고 있는 오래된 종족인 위대한 고대 생명체를 다루고 있다. 분명히 이 생명체들은 리만과 가우스를 잘 알고 있다. 이 생명체들이 건설한 도시의 이상한 구조와 뒤틀린 모양이 암시하듯이 러브크래프트는 외계 건축가의 건축 코드로 비유틀리드 기하학을 제시했다. 그는 또한 이 생명체가 "우리의 물질 우주 밖에 있는 다른 차원이나 공허한 영역"[48]으로부터 나왔다고 설명했다.

러브크래프트는 종종 고차원을 몽유병의 샛길 같은 것으로 표현했다. 1934년에 출판된 「은 열쇠 문을 통해서」에서 주인공은 꿈속의 경치와 이야기에 나오는 다른 차원의 거리에서 실제의 한계와 권태로부터의 탈출구를 찾는다. 끝없이 꿈속을 돌아다니다가 그는 고대 생명체를 만나게 된다. 그들은 그에게 3차원적 사고가 얼마나 유치하고 제한적인지 설명하고 잘 알고 있는 방향인 위아래, 앞뒤, 그리고 좌우 외에도 무한한 방향이 있다는 것을 알려준다. 그 생명체는 그에게 이 방향들 사이의 관계를 가르쳐준다. "3차원의 육면체와 구…… 사람은 추측이나 꿈을 통해서만 알 수 있는 4차원 입체의 단면이다. 그리고 4차원 입체는 다시 5차원 입체의 단면이며, 이런 관계는 무한대 차원까지 계속된다."[49]

「마녀의 집에서의 꿈」에서 고차원의 존재는 더 큰 공포의 원인이 된다. 현대 물리학의 복잡함과 초자연 현상에 대한 전설에 빠져 지나치게 공부를 열심히 한 대학생이 낡은 마녀의 집에 머물게 된다. 그런 무서운 상황에서 그는 두 분야를 연결하기 시작하고 점차로 마녀가 "플랑크, 하이젠베르크, 아인슈타인, 그리고 드지터"[50]보다도 고급 수학에 대해 더 잘 알고 있다는 것을 알게 된다. 리만 기하학에 대한 그의 지식이 상당한 수준에 이르러 그의 지도교수마저도 놀랄 정도가 되자 그는 우주에서 멀리 떨어져 있는 두 점 사이를 초공간에서 연결하는 가능성을 발견하게 된다. 그는 마녀의 집에서 그런 출구를 발견해 다른 차원의 세상으로부터 상상할 수 없는 공포를 불러들인다.

러브크래프트는 자신이 학자적인 전통을 가지고 있는 사람이라고 자부했지만 그의 지식은 대학에서 배운 것이 아니라 독학으로 습득한 것이었다. 반대로 작가 A. J. 도이치는 하버드의 천문학과 출신이고 그의 작업은 직접적인 경험에 바탕을 둔 것이다. 그러나 1950년에 발표한 「뫼비우스라는 이름의 지하철」을 쓰도록 한 것은 하버드에서 **배운** 것이 아니라 **통학하던** 경험이었다.

보스턴의 지하철 노선은 서로 감겨져 있는 많은 지선들을 가지고 있어서 매우 복잡했다. 도이치는 이것을 서로 엉키도록 하여 고차원의 뫼비우스 띠로 바뀌도록 했다. 지하철 노선의 일부는 실제 세상에 있었고, 다른 부분은 초공간 터널 속에 감추어져 있었다. 기차가 철로를 따라 고차원으로 들어가면 소리는 들리지만 보이지는 않았다.

비슷한 주제인 로버트 하인라인이 쓴 「그리고 그는 굽어진 집을 지었다」는 펼쳐진 테서랙트 모양의 집을 짓는 클로드 브래그던 식의 상상을 다루고 있다. 테서랙트는 완전히 펼치면 3차원에서 십자가 형태로 배열되는 여덟 개의 육면체로 구성되어 있다. 건축가는 각각의 육면체를 거실, 식당 등의 방으로 꾸몄다. 그는 자신의 배치가 얼마나 능률적이며 효율적인지를 자랑했다.

그러나 설계자가 새로운 집주인에게 방을 보여줄 때 문제가 발생했다. 알지 못하는 사이에 지진이 일어나 펼쳐놓았던 테서랙트가 4차원의 초입방체로 변해버린 것이다. 아늑한 보금자리가 이상한 방법으로 방들이 간접적으로 연결되어 있는 유령의 집으로 변해버렸다. 예를 들어 계단을 따라 3층을 올라가면 다시 바닥 층에 있는 자신을 발견했다. 더구나 한 방에서 그들은 무시무시한 다른 세계를 내다볼 수 있는 이상한 창문을 발견하기도 했다. 다행스럽게도 그들은 또 다른 지진이 일어나 이그 집 전체가 우리 세계로부터 더 멀리 있는 다른 차원 속으로 사라지기 전에 가까스로 탈출할 수 있었다.

고차원을 포함하고 있는 공상과학소설의 또 다른 예(이런 예는 얼마든지 있지만)로는 1962년에 출판된 메들렌 렝글이 쓴 인기 있는 어린이 책인『시간의 주름살』이 있다. 이 신나는 이야기에서 아이들은 다른 행성으로 사라진 과학자 아버지를 찾으러 다니는 동안에 세 명의 신비한 여인들의 인도를 받는다. 『평평한 세상』에서 A. 스퀘어가 공중 비행을 했던 것을 연상케 하는 여행에서 여인들은 아이들을 초공간의 지름길을 통해 지구에서 시공간 밖으로 보낸다. 그녀들은 이런 일이 어떻게 가능한지에 대해 어린 모험가들에게 설명해준다. "자, 5차원의 테서랙트. 다른 4차원 공간에 이것을 덧붙이면 멀리 돌아가지 않고도 공간을 통해 여행할 수 있단다."

이 이야기들과 다른 이야기들은 수 세대의 독자들에게 과학계가 가지고 있던 고차원의 개념을 더 환상적인 방법으로 소개했다. 소설계에서는 이런 아이디어들이 소설의 바탕이 되었지만 과학계 자체에서는 힘을 잃고 있었다는 것은 역설적이다. 1950년대와 1960년대에는 5차원을 이용한 통합 이론과 관계된 논문이 상대적으로 적게 발표되었다. 렝글이 새로 출판한 책이 서점의 진열대에서 빛을 발하고 있는 동안 칼루차-클라인의 거대한 통찰력은 누렇게 색이 바랜 잡지 속에서 잠시 잠자고 있었다. 이 동안 입자물리학이 우선권을 가졌고, 대부분의 이론가들은 만족을 얻을 수 있는 다른 주제들을 가지고 있었다.

10. 강력과 약력의 게이징

기억할 수 없던 때부터 사람들은 복잡한 자연을 가능하면 몇 안 되는

기초적인 개념을 통해 이해할 수 있기를 원했다.

그들의 질문 중에—파인먼의 말을 빌리면—하나는 '바퀴 안의 바퀴' 문제였다.

자연철학의 임무는 그런 것이 존재한다면 가장 안쪽에 있는

바퀴를 찾아내는 것이었다. 두번째 질문은 바퀴를 굴러가게 하고

서로를 연결해주는 근본적인 힘과 관계된 것이었다.

게이지 장 이론의…… 위대성은 이 두 가지 문제를 하나로 줄여놓았다는 것이다.

—압두스 살람, 1979년의 노벨상 수상 강의에서

평행한 역사

어린이와 마찬가지로 과학 이론은 한때 빠르게 성장하다가 상대적으로 잠잠한 시기를 겪는다. 갑자기 솟아오르는 동안에는 이론의 발전이 분명하다. 그러나 미래 성공을 위해 필요한 내부 구조를 만들려면 조용한 기간이 필요한 법이다. 칼루차-클라인 이론이 진정으로 중요해지기 위해서는 우선 원자보다 작은 세계의 물리학에서 근본적인 변화가 있어야 했다.

1943년에 아인슈타인이 칼루차-클라인 이론을 버린 후 요르단, 베르크만, 티리 등이 다소 진전을 이루었지만 고차원에 대한 토론은 일시적으로 잦아들고 입자물리학과 장이론에서의 놀라운 진전이 훨씬 앞질러 갔다. 새로운 세대의 이론가들은 물리학의 허리를 점령했고 아인슈타인이나 보어 같은 구세대를 급진적인 생각과 기술로 당황케 했다.

하루는 아인슈타인이 집에서 조용히 쉬고 있을 때 방문자가 찾아왔다. 양자역학의 혁명적인 새 접근법에 대한 의견을 이야기하고 싶어한 존 휠러였다. 아인슈타인의 회의적인 태도를 잘 알고 있던 휠러는 새로운 제안이 그를 설득시키기를 바랐다. 아인슈타인은 동료를 맞아들였고 두 사람은 이야기를 하기 위해 2층 서재에 마주 앉았다.

휠러는 조심스럽게 제자인 리처드 파인먼이 발전시킨 '역사 합' 방법을 설명했다. 파인먼에 따르면 입자 사이의 모든 상호작용 결과를 계산하기 위해서는 입자들이 상호작용하는 모든 방법을 고려해야 하고 각각의 방법에 그 방법이 일어날 확률을 곱한 다음 더해야 한다. 예를 들어 만약 두 전자가 충돌한 후 직각인 두 방향으로 진행할 확률을 계산하기 위해서는 이 일이 일어날 모든 가능한 방법을 합해야 한다. 파인먼은 이런 계산을 가능하게 하는 간단한 다이어그램을 발전시켰다.

이것과 관련된 어려운 일은 **일어날 수 있는** 모든 일을 한꺼번에 **일어나는** 것으로 간주해야 한다는 것이다. 만약 이것을 사람 사이의 상호작용에 적용하면 그것은 비관론자의 악몽이 될 것이다. 어떤 사람이 취직 면접에 나갔을 때 면접에서 일어날 수 있는 모든 경우를 예측하는 것을 상상해보라. 그리고 면접의 최종 결과는 모든 가능성이 가지고 있는 가중치의 합이라고 생각해보자. 그러면 누구든지 "내가 사무실 밖으로 쫓겨날 방법이 천 가지도 넘을 것이다. 모든 사람이 똑같이 불행한 결과를 얻게 될 것이다"라는 결론에 도달할 것이다.

'역사 합'은 매우 흥미 있는 아이디어였지만 아인슈타인은 깊은 인상을 받지 못했다. "나는 아직 선의의 하나님이 주사위 놀이를 한다는 것을 믿을 수 없습니다"라고 그는 휠러에게 말했다. 잠시 말을 멈춘 노과학자는 다시 말을 이었다. "아마 나는 실수를 할 수 있는 권리를 이미 확보해놓았을 것입니다."[1]

무한대 정복

1948년에 파인먼은 **양자전기역학**(QED, 전자기장의 양자 이론)의 가장 어려운 수수께끼 중 하나의 아름다운 해결책을 발전시키기 위해 다이어그램이라는 새로운 방법을 도입했다. 1920년대 말과 1930년대 초에 파울리와 그의 조수 로버트 오펜하이머가 씨름한 그 문제는 전자의 자체 에너지와 관계된 것이다. 특정한 환경에서 전자는 자신이 만든 장과 상호작용한다. 예를 들면 전자는 광자를 내놓고 즉시 그것을 다시 흡수한다. 아주 짧은 생명을 가진 '가상광자'는 하이젠베르크의 불확정성 원리에 내재된 불분명함의 양자적 결과였다. 전자의 중심에 가까운 것을 측정하면 할수록 가상적인 광자 구름의 영향이 더 커졌다. 디랙 방정식과 다른 양자역학의 방법을 이용하여 그러한 자체 상호작용의 총에너지를 계산하면 매우 염려스러운 답인 '무한대'라는 결과가 나왔다. 공상과학소설의 용어를 빌리면 그것은 추정이 불가능한 것이었다. 파울리, 오펜하이머 그리고 다른 과학자들은 무한대의 자체 에너지가 전체를 망쳐버릴지도 모를 양자전기역학의 가장 어려운 문제라는 것을 알게 되었다.

독립적으로 세 물리학자가 비슷한 시기에 이 문제에 대한 해답을 내놓았다. 이 문제의 해답을 처음 제시한 사람은 일본의 이론물리학자 도모나가 신이치로였다. 그러나 그는 불행하게도 해답을 제2차 세계대전 중에 얻었다. 그래서 다른 두 해가 나오기 전까지는 출판되지 못했다. 두번째이며 가장 자세한 해는 줄리안 슈빙거가 제시했다. 가상 직관적인 해라고 평가되는 세번째 해를 제시한 사람은 파인먼이었다.

재규격화라고 불리는 그들의 방법은 무한대를 상쇄하여 전자 자체 에너지의 유한하고 정확한 값을 구해내는 것이었다. 그들이 제시한 방법은 계산의 각 단계마다 다른 항들의 결과를 상쇄하도록 이에 대응하는 유한한 개수의 항들을 배치하는 방법이었다. 이것은 일종의 수학적 술수였지만 놀라울 정도로 잘 작동했고, 실험 결과와 잘 들어맞았다.

재규격화는 회계의 문제라고도 할 수 있다. 백만원의 자본금으로 양자 산업이라는 회사를 설립하여 운영한다고 가정해보자. 이 회사는 매일 십만원의 매출 실적을 올리지만 동시에 십만원의 비용을 지출한다. 이러한 매출과 지출 구조는 영원히 계속된다. 회사의 먼 미래를 걱정한 경영진은 두 사람의 회계사를 고용해 오랜 시간이 지난 후에 회사의 수입이 얼마나 될지를 계산하도록 했다.

첫번째 회계사는 그리 영리하지 않은 사람이었다. 그는 먼저 수입의 합을 우선 구해보기로 했다. 그는 매일의 수입을 더해나갔다. 그의 계산기에 숫자를 쳐 넣을 때마다 총수입 금액은 점점 커졌다. 결국 수십 년 그리고 수백 년의 수입을 계산하다보니 계산기가 더 이상 다룰 수 없는 금액이 되었다. 따라서 그는 수입의 합을 무한대라고 기록해놓았다. 다음에 그는 총수입에서 매일의 지출을 빼나가기 시작했다. 총수입 무한대에서 첫날의 지출 십만원을 뺐더니 그 결과는 다시 무한대였다. 다음 날 수입을 빼도 결과는 마찬가지였다. 보고서를 제출할 시간이 될 때까지 같은 계산을 반복했지만 결과는 무한대였다. 그래서 그는 "만일 당신 회사가 현재의 정책을 그대로 밀고 나가면 오랜 시간이 지난 후에는 무한대의 이익을 남기게 될 것입니다"라는 내용의 보고서를 제출했다.

두번째 회계사는 첫번째 사람보다 훨씬 영리했다. 그는 매일 일어나는 수입과 지출의 차이를 우선 계산했다. 십만원 매출에 십만원 지출이면 하루의 순수익은 정확히 0원이었다. 최초의 자본금 백만원에 하루의 순수익 0원을 합하여 백만원이 되었다. 이런 과정을 끝없이 계속해도 결국 남는 것은 백만원이다. 따라서 그는 회사에 훨씬 더 현실성 있는 전망을 내놓을 수 있었다. 이런 것이 바로 '재규격화'의 장점이었다.

슈빙거와 파인먼은 펜실베이니아의 포코노 산에서 열린 학회에서 그들의 결과를 발표했다. 이 학회에는 다른 많은 사람들과 함께 젊은 세대들이 어떤 말을 하는지 듣기 위해 보어도 참석했다. 슈빙거가 먼저 발표했다. 슈빙거는 다섯 시간 동안 사용할 수 있는 모든 칠판을 방정식들로 가득 채워가며 발표했다. 그는 체계적으로 양자전기역학에서 나타나는 무한대를 특정한 항을 정의하여 해결해나갔다. 예를 들어 전자의 측정된 질량은 이미 자체 에너지에 포함되어 있는 것으로 해석했다. 그는 자신의 방법이 아무런 모순이 없으며 완전하다는 것을 청중들에게 확신시키기 위해 애를 썼다. 지루하게 생각한 사람들도 많았지만 보어를 비롯한 대부분의 참석자들은 깊은 인상을 받았다.

슈빙거 다음에는 파인먼이 발표했다. 금고털이가 파격적인 방법으로 세계의 블랙박스를 다루듯이 그는 수수께끼를 해결하는 새로운 방법을 제시했다. 엄청난 양의 식을 쓰는 대신 그는 칠판에 낙서를 하는 것으로 발표를 시작했다. 전자는 화살표로 나타냈고, 광자는 구불구불한 선으로 나타냈다. 입자들이 상호작용할 때는 그들의 직선이 겹치도록 했다. 이것은 그가 개발한 표기법으로 후에 파인먼 다이어그램이라고 불렀다.

보어는 만화로 표현된 양자물리학에 깜짝 놀랐다. 그는 엄격한 선생님처럼 파인먼에게 불확정성 원리는 입자들의 직선 경로를 허용하지 않는다고 설명했다. 자연에는 내재되어 있는 희미함이 있다는 것이다. 파인먼은 자신도 그것을 잘 알고 있지만 다이어그램을 사용하는 것은 단지 장부정리 기법일 뿐이라고 대답했다. 양자물리학의 선구자가 자신의 이론을 오해하고 있다는 생각에 파인먼은 언짢아져서 발표장을 떠났다.[2]

그 당시 파인먼을 위로했던 한스 베테는 "슈빙거는 이미 존재하는 이론을 더 깊이 연구한 반면 파인먼은 전혀 새롭고 간단한 방법을 발명했다…… 실제 계산이 가능한"이라고 평가했다.[3]

그후 오펜하이머는 도모나가 해법의 복사본을 받았다. 그리고 프리

먼 다이슨은 세 가지 방법이 동일하다는 것을 증명했다. 슈빙거는 자세한 해법으로 인해 많은 찬사를 받았고, 열정적인 학생들이 하버드로 몰려들도록 했으며, 노벨상을 받기도 했지만(다른 두 사람과 함께 공동 수상했다), 그래프를 이용한 파인먼의 아름다운 설명이 이 문제를 설명하는 표준 기법이 되었다.

중력과의 마찰

양자전기역학에 대해 많은 것이 알려지는 동안 중력은 한구석에서 주눅든 듯이 보였다. 물리학자들은 중력에 대해 잘 알고 싶어했지만 접근하는 방법을 알 수 없었다. 마침내 몇 사람이 용감하게 접근을 시도했다.

페터 베르크만은 5차원 이론에 대한 그의 마지막 논문을 막 발표한 후였다. 아인슈타인의 조수였기 때문에 마음속에만 담아두어야 했던 목소리가 처음에 그가 가지고 있던 야망으로 돌아가도록 요구했다. 프라하의 대학원에 있을 때 그는 양자 이론과 일반상대성 이론을 통합해보고 싶었다. 이제 미국 유일의 중력 연구 센터인 시라큐스 대학의 물리학과 책임자가 된 그는 일생 동안의 꿈을 실현할 기회를 갖게 되었다.

그러나 오래된 습관을 버리기는 어려웠다. 그는 자신의 생각을 우선 아인슈타인에게 알리고 승낙을 받아야 한다고 느꼈다. 예상한 대로 그의 후원자는 별 관심을 보이지 않았다. 엥겔베르트 슈킹은 그때 무슨 일이 있었는지 다음과 같이 증언했다. "베르크만은 아인슈타인에게 양자중력을 연구하는 것에 관심이 있느냐고 물었다. 아인슈타인은 '이제 네 일은 네가 알아서 하라'라고 말했다. 아인슈타인은 그의 일이 잘 되기를 바랐다."[4]

베르크만은 양자전기역학 이후 최초로 양자화된 중력에 대한 연구를 시작했다. 양자 이론의 초기에 로젠펠트도 시도했지만 무한대의 자체 에너지에 막혀 실패했다. 베르크만은 이 문제를 피해가는 방법이 있을 것이라고 생각했다. 1949년에 발표된 이 문제에 대한 그의 첫 연구 결과는 그의 원대한 목표를 선언하는 것으로 시작되고 있다.

현재 물리학에서는 두 위대한 이론적 구조가 실험물리학자나 이론물리학자 모두가 찾아내기를 바라고 있는 '진리'의 중요한 부분을 포함하고 있다고 주장하고 있다. 이 중 하나는 역학과 장이론의 문제들에 적용되고 있는 현대 양자물리학이고 다른 하나는 저자의 생각으로는 가장 완전한 '고전적'(즉 비양자론적) 장이론인 일반상대성 이론이다.

베르크만이 알고 있었듯이 양자 이론과 일반상대성 이론을 통합하는 데 있어 가장 중요한 문제 중 하나는 이 모델들의 기초가 다르다는 것이다. 양자 이론은 시간에 따른 파동함수의 진화에 중점을 둔다. 파동함수는 공간 속에서 운동하고 있는 입자들의 운동량과 위치에 대한 확률 정보를 포함하고 있다. 한편 일반상대성 이론에서 가장 중요한 양은 공간과 시간 자체를 나타내는 계량이다. 계량은 시간에 따라 진화하지 않는다. 이것은 4차원적이기 때문에 어떤 의미에서는 시간과 관계없는 양이다. 따라서 같은 방법으로는 양자역학의 대상이 될 수 없다.

따라서 베르크만은 가장 중요한 첫 단계는 중력의 정준변수를 찾아내는 것이라고 믿었다. 이것은 하이젠베르크의 불확정성 원리나 다른 양자역학의 법칙들이 적용되는 위치나 운동량과 비슷한 변수여야 했다.

시간과 관계없는 계량을 대신할 이 역동적인 양은 일반상대성 이론을 좀더 양자역학과 어울릴 수 있도록 해줄 것이다. 그는 자신의 논문에서 그런 양을 찾아내지는 못했지만 훌륭한 출발을 했다는 느낌을 받았다. 그는 그의 논문을 진정한 친구인 아내에게 헌정하여 기쁨을 함께 나누었다.

베르크만의 동료인 조슈아 골드베르크는 이에 대해 다음과 같이 말했다. "페터는 그의 첫번째 논문에 흰 펜으로 '사랑하는 마르고트, 크나큰 사랑과 함께. 나만의 생각이겠지만 이것이 내가 자랑스럽게 생각하는 나의 첫 작품이라오'라고 썼다. 이 말과 함께 그는 후원자의 편견으로부터 벗어났다."[5]

그러나 베르크만은 아인슈타인과 가깝게 지냈고 이 분야에서의 발전을 알려주었다. 가끔씩 페터와 그의 가족은 찌그러진 검은색 폰티악을 몰고 프린스턴으로 내려가 머서 가에 있는 흰색 지붕을 한 아인슈타인의 집을 방문했다. 베르크만의 아들 어네스트는 그가 어렸을 때 있었던 그런 방문 중 하나를 기억하고 있다. "나는 그분들이 야생화가 피어 있는 아인슈타인의 뒤뜰 정원을 거닐면서 이해할 수 없는 이야기를 하던 것을 기억한다. 그들은 이야기에 정신이 팔려 다른 사람들은 전혀 관심에 없는 듯했다. 아인슈타인은 옷을 제멋대로 입고 있었다. 부모님은 항상 내 옷과 머리 빗는 것에 신경을 썼는데 여기에 전혀 좋지 않은 예가 있었기에 나는 혼동스러웠다."[6]

후에 베르크만은 아인슈타인에게 국립과학재단으로부터 양자중력 연구를 위한 기금을 받을 수 있도록 추천서를 써달라고 부탁했다. 아인슈타인은 이 주제에 대해 회의적이었지만 추천서를 써주어야 한다는 의무 같은 것을 느꼈다.

P. G. 베르크만 박사의 신청서는 현대 물리학에서 가장 중요한 문제와 관계된 것입니다. 모든 물리학자들은 확률적인 양자 이론과 일반상대성 이론이 높은 가치를 가지고 있다는 것에 대해 확신하고 있습니다. 그러나 이 두 이론은 독립적인 개념적 바탕에 근거하고 있습니다. 그리고 그것을 하나의 논리 체계로 통합하려는 노력은 현재까지 여러 가지 어려움을 겪고 있습니다. 만약 내게 결정권이 있다면 나는 연구비를 지원하도록 결정할 것입니다…… 내 생각에 현재로서 그런 위대한 목적을 달성할 확률은 매우 적지만 말입니다.[7]

상대론의 소생

브라이스 셸리그만 드비트는 아직 미숙한 상태로 하버드에 도착했다. 해군에서 막 제대한 그는 전자기학에 대한 슈빙거의 첫 강의에 출석했다. 이것은 필수 과목이었다. 칼루차와 마찬가지로 슈빙거는 아무 노트 없이 강의했다. 언제나 강의는 전번 강의가 끝난 곳에서 시작했다. 학기말 시험 시간에 슈빙거만이 생각해낼 수 있는 괴물 같은 문제와 맞붙은 학생들은 충격을 받고 질문의 답을 찾아내느라 "긴장된 분위기 속에 조용히 앉아 있었다".[8]

상당한 수학적 재능을 가지고 있던 드비트는 교수에게 어느 정도 인상을 심어줄 수 있었다. 그는 슈빙거와 연구하기를 원했지만 공통 관심사를 찾아내는 것이 문제였다. 당시의 다른 대부분의 학생들과는 달리 그는 일반상대성 원리를 선호했다. 하버드에서는 일반상대성 원리를 연구하고 있지 않았다. 그 당시에는 하버드뿐만 아니라 미국 어느 대학에서도(1949년 이후 시라큐스를 제외하고) 일반상대성 이론을 연구하지 않았다. 만약 그 주제를 계속 공부하고 싶다면 그는 그것을 양자장 이론과 같은 좀더 현대적인 주제와 연결시켜야 했다. 드비트는 그때를 다음과 같이 회상했다. "나는 베르크만의 책으로 혼자서 일반상대성 이론을 공부했고 그것이 매우 아름다운 이론이라는 것을 알게 되었다. 나는 줄리안 슈빙거를 논문 지도교수로 정했다. 그는 양자전기역학의 모든 체계를 개발한 사람이었다. 나는 순진한 생각에 그렇다면 '양자중력역학'을 못할 것도 없잖아 하고 생각했다. 그래서 그에게 가서 그것을 해도 괜찮겠느냐고 물었고 그는 좋다고 했다."(9)

슈빙거는 "전부해서 20분 정도" 드비트와 만나는 동안 이 주제에 대해 그가 할 수 있는 최선의 충고를 해주었다. 전자, 양성자, 그리고 중력을 하나의 이론에 포함시키려는 야심찬 계획이 어려움에 부딪혔을 때 슈빙거는 전자를 분리해 문제를 간단히 만들어보라고 충고했다. 그러나 대개의 경우 드비트는 모든 것을 혼자서 해결해야 했다. "그를 귀찮게 하지 않았기 때문에 나중에 좋은 추천서를 받을 수 있었다고 생각한다"(10)고 드비트는 추측했다.

스탠리 데저는 드비트가 그의 논문을 마칠 때쯤 슈빙거의 기초 과목을 수강하기 시작했다. 드비트와는 달리 데저는 중력에는 아무런 관심을 가지지 않고 시작했다. 하버드는 입자물리학, 핵물리학, 그리고 양자장 이론의 중심지였다. 새로 시작하는 연구자가 이 외의 다른 것을 공부할 생각을 하는 것이 오히려 이상했다.

하버드를 졸업하고 고등학술연구소에서 박사후 연구원으로 생활을 시작했지만 데저의 생각에는 별 다른 변화가 없었다. 연구소의 소장인 오펜하이머는 통일 이론을 위한 아인슈타인의 소득 없는 투쟁에 실망을 나타냈다. 그가 보기에 아인슈타인 말년의 노력은 황당한 것 이상이 아니었다. "오펜하이머는 우리 모두에게 아인슈타인과 어떤 관계도 맺지 말라고 경고했다. 그것은 우리가 일반상대성 이론에 대한 관심에 전염될지 모른다고 염려했기 때문이었다"[11]라고 데저는 기억했다.

그럼에도 불구하고 데저는 아인슈타인의 강연에 참석했다. 처음에는 오펜하이머의 경고도 있었고, 독일어로 하는 강연을 듣는 것도 어려워 강연에 참석하기를 주저했다. 그는 "왜 이런 말도 안 되는 강연을 듣기 위해 한 시간을 낭비해야 하지?"라고 동료에게 말했다. 그 동료는 그 강연이 들을 가치가 없다는 것에 동의했지만 "아인슈타인을 보지 않는다면 손자들에게 무슨 말을 할래?" 하고 말했다. 감상적으로 된 데저는 다시 생각하기로 했다. "따라서 나는 강연에 참석했다. 그 강연은 말도 안 되는 것 이상이었다. 그리고 독일어로 진행됐다. 방에는 열 명 정도의 사람들만 있었다."[12]

운명은 때로 재미있는 장난을 친다. 처음에는 중력과 통일 이론을 멀리했지만 어떤 힘이 데저를 이 분야의 주역 중 한 사람으로 만들었다. 물론 데저는 이것이 그 당시 프린스턴에 와 있던 클라인의 딸 엘스베트와 사랑에 빠진 것과는 아무 관계가 없다고 주장했다. 데저가 코펜하겐에서 두번째 박사후 연구원으로 일하게 되어 그들은 유럽에서 사랑을 이어갈 수 있었다.

그동안 프린스턴 대학에 근무하고 있던 존 휠러도 비슷하게 중력에 대한 나쁜 이미지와 맞서게 되었다. 원자핵물리 분야에서 명성을 얻은 후 그는 머서 가에 있는 나이든 이웃을 그렇게 매료시킨 주제에 대해 연구해보고 싶다는 생각을 하게 되었다. 그러나 프린스턴에는 이 주제에 대한 강의가 개설되지 않았다. 그래서 자신이 직접 그런 과목을 개설하기로 했다. 그는 일반상대성 이론을 배우는 가장 좋은 방법은 그것을 가르치는 것이라고 생각했다. 베르크만의 책을 교재로 사용한 그의 강의는 평판이 좋았다. 그는 곧 이 주제에 관한 선도적인 전문가가 되었다.

휠러는 때로 동료들이 그가 새로 발견한 관심사에 대해 농담을 건넬 뿐 핵심을 보지 않으려 한다는 느낌을 받았다. "상대성 이론에 대한 자세는 모든 사람이 착각에 빠져 있다는 것이었다"라고 휠러는 회상했다.[13]

1950년대와 1960년대 동안 베르크만의 시라큐스와 바르크만의 프린스턴은 미국에서 상대성 이론을 재생시키는 핵심적 역할을 했다. 노스캐롤라이나 대학에서 자리를 구한 브라이스 드비트와 그의 아내 세실 드비트-모레트는 채플힐에 또 다른 선도적인 센터를 만들었다. 인펠트의 학생이었던 알프레드 실드는 텍사스 대학에도 센터를 만들었다. 거기에 데저(브란데이스에 정착한), 리처드 아르노비트(휠러에게 공부하고 텍사스 A&M에 정착한), 조수아 골드베르크, 그리고 테드 뉴먼(두 사람 모두 시라큐스의 베르크만 밑에서 공부한)이 가세했다. 이 이론가들은 대부분 중력을 양자화하여 물리의 주류 속에 포함시키는 것이 가장 큰 관심을 기울였다. 많은 사람들은 그것만이 (칼루차-클라인이나 다른 방법을 통해서) 모든 힘들을 통합할 수 있는 현실적인 방법이라고 생각했다.

가을의 노래

베르크만과 휠러가 미국에서 일을 벌이고 있는 동안 유럽에서는 파울리가 일반상대성 이론의 지도자로 인정받고 있었다. 요르단의 이론에 대한 파울리의 관심은 그 자신을 이 분야에 빠져들도록 했다. 더구나 노벨상을 받음으로써 그는 아인슈타인에게 빚을 졌다고 느꼈고 그것을 갚고 싶어했다. 아인슈타인의 생각을 존중하는 것이 그가 할 수 있는 가장 좋은 공헌일 것이다.

상대성 이론 수립 50주년이 다가오고 있었다. 파울리는 그의 존경을 표시하고 싶었다. 그는 이 해를 기념하여 베른에서 중요한 학술회의를 개최하기로 했다. 스위스 정부와 유럽의 과학계는 '유럽이 낳은' 과학자를 기념하는 일을 적극 지원했다. 그것은 나치 시절 아인슈타인이 너무 나쁜 대접을 받은 것에 대한 보상이기도 했다. 아인슈타인도 그런 생각에 동의하고 지지를 보냈다.

불행히도 그 당시 아인슈타인의 건강이 매우 나빠졌다. 한때는 그에게 남은 시간이 얼마 안 된다는 소문이 돌기도 했다. 1948년에 의사가 그에게 복부에 포도 알 크기의 동맥류가 있다고 경고했다. 하지만 벽이 상당히 튼튼해 보였기 때문에 수술을 하는 것보다는 그대로 두는 것이 덜 위험할 것 같았다. 그러나 몇 년 동안 점점 더 커져 터질 위험에 처하게 되었다. 1954년에는 빈혈증마저 앓게 되었다. 그는 베른 위원회에 여행은 너무 위험해서 참석할 수 없다고 미리 알렸다.[14]

아인슈타인의 최후가 다가올 때쯤 통일 이론의 또 다른 창시자가 갑자기 죽었다. 테오드르 칼루차가 1954년 1월 19일에 이 세상을 떠난 것이다. 정년퇴임을 눈앞에 둔 그는 버스를 타고 집으로 돌아오는 도중에 심장마비를 일으켰다. 칼루차의 조수인 게르하르트 리라는 그가 죽을 때 함께 있었다. 칼루차는 그때 감기에서 회복되어 다시 연구를 시작하려 했었다. 그와 리라가 같이 시험 감독을 하고 있을 때 리라는 교수가 피곤해 한다는 것을 알아차렸다. 리라는 시험 감독을 다른 사람에게 맡기고 버스로 칼루차를 집에 모시고 가기로 했다.

　자리에 앉아 있는 동안 칼루차는 아무 말이 없었다. 몇 분 후에 리라는 그가 머리를 뒤로 젖히고 신음소리를 내면서 눈을 감고 있는 것을 발견했다. 소리내어 불러보았지만 아무 대답이 없었다. 리라는 즉시 버스를 멈추게 했고 운전기사는 택시를 불러 병원으로 그를 데려가도록 했다. 리라는 마지막 순간까지도 소생하기를 바랐지만 택시에서 만난 의사는 그가 죽었다고 선언했다. 틀림없이 감기로 그의 심장이 매우 약해졌던 모양이었다.[15]

　역사는 아인슈타인이 칼루차의 죽음을 알았는지에 대해 아무런 기록을 남기지 않았다. 그 당시는 두 사람이 마지막으로 연락을 취한 지 20년이 넘게 흐른 시점이었다. 나치 시절 자신과 동료들에 대한 비인간적인 대우 때문에 아인슈타인은 많은 독일 사람들과 연락을 끊고 살았다. 그는 막스 폰 라우에, 그리고 예전의 동료들과는 연락을 주고받았지만 다른 사람들과는 거의 연락하지 않았다.

　더구나 아인슈타인은 다른 방법을 선택하고 칼루차의 통일 모델을 옆으로 젖혀놓았다. 말년에 그는 계량 텐서가 대칭적인 부분과 비대칭적인 부분으로 이루어졌다고 생각하는 '일반화된 중력 이론' 연구에 집중했다. 대칭적인 부분은 중력에 연결시키고, 비대칭적인 부분은 전자기에 연결시켜 4차원 시공간 내에서 통일을 이룰 수 있기를 희망했다. 그의 이론은 핵력, 스핀, 그리고 다른 많은 현대 물리학의 요소들을 완전히 무시하고 있어 시대적으로 맞지 않을 뿐만 아니라 1920년대에 실패했던 그의 모델과 닮은 것이었다. 그의 마지막 조수였던 브루리아 카우프만이 이 이론을 위한 계산을 도와주고 있었다.

　1955년 4월 13일에 아인슈타인의 동맥류가 터졌다. 극심한 고통 속에서도 그는 수술을 냉정하게 거절했다. "내가 원할 때 가고 싶소" 하고 그는 의사에게 말했다. "나는 내가 할 일을 했소. 이제는 떠날 시간이오."[16]

다음 며칠 동안은 상태가 호전되는 것 같았다. 죽기 직전에 한번은 쓸 종이와 안경을 찾았다. 그는 손을 움직일 수 있는 한, 그리고 눈이 볼 수 있는 한 통일 이론을 위한 연구를 계속하려 했다. 그는 4월 18일 저녁에 세상을 떠났다.

아인슈타인은 중력과 전자기력을 하나의 결정론적인 방정식으로 나타내려던 꿈을 이루지 못했다. 그럼에도 불구하고 그의 높은 명성은 시간과 공간 너머에 있는 고차원을 포함한 통일 이론에 영향을 주어 많은 사람들이 이 주제에 관심을 갖도록 했고, 통일 방법에 대한 현대적 연구를 시작하게 했다. 그의 전망은 모든 자연현상의 통합 이론을 시도하도록 다른 많은 사람들을 격려해, 초끈 이론과 브레인 모델과 같은 오늘날의 다차원 접근 방법이 나타날 수 있도록 했다. 자연의 다양한 면을 설명하고 하나로 통합하는 만물의 이론을 향한 아인슈타인의 생각은 아직도 과학의 궁극적 목표 중 하나로 남아 있다.

50주년

1955년 7월 11일에 열린 파울리가 주관한 '상대성 이론 50주년' 기념 학술회의는 많은 참석자들에게 씁쓸한 기억이 되었다. 아인슈타인을 잘 알고 있던 파울리, 보른, 바일, 폰 라우에 같은 사람들이나 전에 조수로 일했던 베르크만, 바르크만, 인펠트, 로젠, 그리고 카우프만과 같은 사람들에게 그의 죽음은 커다란 슬픔이었다. 그들은 따뜻하고 선구적이었던 뛰어난 창시자를 회상하지 않고는 상대론을 생각할 수 없었다. 그렇지만 그들은 학회에 참석한 학자들의 수나 그들이 연구하고 있는 다양한 분야를 통해 아인슈타인의 정신이 제자들 속에 살아 있다는 것을 느꼈다.

베르크만 같은 일부 이민 과학자들에게는 이 50주년 학술회의 참석이 전쟁 이후 최초의 유럽 방문이었다. 베르크만은 가족들과 함께 와서 석 달 동안 머물렀다. 그는 학술회의 참석을 대학살을 피해 살아남은, 오랫동안 잊고 있던 독일의 친척들을 방문하는 기회로 삼았다.

요르단이나 클라인 같은 다른 참석자들의 경우에는 이 학술회의가 통일 이론이나 우주론과 관계된 색다른 이론을 제안할 기회가 되었다. 요르단은 변해가는 중력상수에 대해 이야기했고, 클라인은 두 가지 다른 내용을 발표했다. 하나는 중력을 양자화하는 것과 관계된 것이었고 다른 하나는 우주론으로 은하의 행동에 관한 것이었다. 1940년대에 가모브가 제안한 '빅뱅' 모델의 대안으로 그는 우리 은하와 비슷하고 유한하며 팽창하는 체계인 메타 은하를 제안했다. 클라인의 두번째 발표 다음에는 영국 과학자 프레드 호일과 헤르만 본디가 빅뱅 모델의 더 유명한 경쟁 모델인 정상우주론에 대한 최신 이론을 발표했다.

그리고 상대론 연구의 중심지가 된 파리에서 온 다른 참석자들도 있었다. 특히 파리는 1970년대의 11차원 초중력 이론이 나타나는 동안에 칼루차-클라인 이론을 발전시키는 중심지 역할을 했다. 베른 학술회의에서 가장 빛나는 역할을 한 사람은 안드레 리히네로비츠와 마리 앙투아네트 토네라였다. 그들은 일반상대성 이론과 통일 이론에 대한 영향력 있는 책을 썼다. 그들은 50주년 학술회의에 참석하여 최근의 상대론적인 계산에 대해 발표했다.

모든 참석자가 성공한 물리학자인 것은 아니었다. 데저처럼 이제 막 성공을 약속해줄 새로운 방향으로 향하기 위해 연구의 돛을 올리고 물리학자로서의 경력을 시작하는 사람들도 있었다. 데저는 코펜하겐에서의 연구를 잠시 쉬고 다른 곳에서는 어떤 일들이 벌어지고 있는지 살펴보려고 했었다.

데저는 그때의 일을 다음과 같이 회상했다. "나는 사실 여행자에 지나지 않았다. 나는 자동차로 유럽을 여행하다가 그런 회의가 열린다는 것을 알게 되었다. 나는 물론 중력은 쓰레기라고 생각하고 있었다. 그러나 한편으로는 이것이 내 생애에 이 모든 사람들을 만날 수 있는 마지막 기회일 것이라는 생각도 들었다."[17]

그는 이 학술회의가 자연사박물관처럼 "과거 시대를 떠올리게 하는 물건들로 가득한" 것을 발견하고 깜짝 놀랐다.[18] "이것은 내가 참석한 회의 중에서 가장 이상한 회의였다. 강당 안에 있는 사람들은 거의 모두 90살이 넘어 보였다. 아마 그들 중 몇몇은 실제로 그랬을 것이다. 하지만 대부분은 물론 그렇지 않았다."[19]

학술회의에서 데저는 장인인 클라인과 만났다. 데저의 기억에 따르면 육십대였던 클라인은 참석자들 중에서 가장 '젊은' 축에 속했다. 그들은 공통 관심사를 발견했고 그후 입자물리학, 중력, 그리고 다른 주제에 관해 서로 의견을 나누었다.

학술회의는 아인슈타인에 대한 추억과 일반상대성 이론에 대한 국제적인 의견교환을 계속하자는 다짐으로 끝났다. 파울리는 아인슈타인과의 작별이 중력 이론 연구에 '전환점'이 되기를 희망했다. 슬픈 일이지만 파울리는 그런 말을 하고 3년 후에 죽었다.

조금씩 늘어나는 관심

상대론의 회생에 대한 파울리의 언급은 옳았다. 천천히 그러나 확실하게 태도가 바뀌기 시작했다. 디랙이나 파인먼 같은 일부 주류의 양자 물리학자들이 중력에 대한 학술회의에 참석하기 시작했고 통찰력 있는 논문을 발표하기 시작했다. 젊은 연구자들도 곧 그들의 뒤를 따랐다. 이 것은 양자장 이론가들에게 이 분야에 대한 일반적 인식을 다시 한번 생각해보게 했다.

뉴저지의 호보켄에 있는 스티븐스 공과대학에서 물리학자 짐 앤더슨이 매년 열리는 미국 물리학회 후에 모임을 가지는 연구 그룹을 만들었다. 그곳에서 베르크만, 휠러, 슈킹, 그리고 드비트와 같은 연구자들이 서로 생각을 교환했다.

그들은 힘을 합쳐 혼자서 해결할 수 없는 장애를 극복해나갔다. 예를 들면 그들의 논문이 미국의 저명한 물리학 학술지인 『피지컬 리뷰』와 『피지컬 리뷰 레터』에 실릴 수 있는 권리를 얻기 위해 노력했다. 1950년대 말에 이 학술지의 편집자인 새무얼 굿스미트는 입자 산란 실험, 원자핵 붕괴 모델 등과 같이 실험적 증거에 기초한 논문을 그가 기초적인 이론이라고 부른 논문들보다 중요하게 고려하겠다는 것을 확실하게 했다. 그는 『레터』에 일반상대성 원리에 관한 논문을 실을 수 없도록 효과적인 경고를 한 것이다.[20] 스티븐스 그룹의 구성원들은 자신들의 조심스런 계산이 이 두 학술지에 절대로 실릴 수 없다는 것에 대해 우려했다. "우리 중 한 사람이 이것을 알게 되었다. 나는 이 문제를 모임에 제의했다. 나는 굿스미트가 문을 잠근 것은 휠러의 입김이 작용했기 때문이라고 생각했다"라고 드비트는 회상했다.[21]

1957년에 세실 드비트-모레트와 브라이스 드비트는 일반상대성 이론을 주제로 한 많은 정기 학술회의 중 첫번째 학술회의를 조직했다. 채플힐에서 열린 회의는 많은 미국 이론가들을 불러 모았다. 이 모임은 50주년 기념 학술회의보다 젊었고 신선한 공기가 가득했다. 그들은 고전 중력과 양자중력 분야의 중요한 문제를 해결하기 위한 새로운 아이디어에 관심을 집중했다.

학회에서 휠러는 순수한 기하학으로부터 기본 입자들을 구성해내는 제안에 대한 그의 최근 아이디어를 발표했다. 이른바 '게온geon 접근'이라고 불린 그의 아이디어는 거의 1세기 전에 있었던 클리퍼드의 생각을 떠오르게 했다. 학회에 참석했던 사람들 중에 휠러의 생각을 받아들인 사람은 거의 없었다. 베르크만은 게온 이론이 엄밀하지 못하다고 강력하게 비판했다. 파인먼은 그의 전 지도교수를 이론의 이름을 따 '게온 휠러'라고 부르며 놀렸다. 파인먼은 그를 만날 때마다 "하이! 게온"하고 불렀다.[21]

데저도 일반상대성 이론이 양자장 이론의 발산(무한대로) 수수께끼를 중재하는 역할을 할 수 있을지 모른다는 클라인과의 토론 결과의 일부를 발표했다. 일반상대성 이론의 그러한 실용적 용도가 그의 마음을 빼앗았고 이 주제에 대한 회의적인 자세를 바꾸도록 했다.

채플힐의 학술회의와, 다음해 새롭게 구성된 일반상대성 이론과 중력을 위한 국제위원회가 지원한 북부 프랑스에서 열린 회의는 중력의 양자화에 중요한 진전을 이루었다. 1957년에 마이스너는 파인먼의 '역사' 합 방법을 중력에 적용하는 방법을 제안했다. 다음해에 디랙이 총에너지를 나타내는 함수인 하밀토니안Hamiltonian에 기초를 두고 일반상대성 이론을 새로운 형식으로 나타냈다. 아르노비트, 데저, 그리고 마이스너는 일반상대성 이론을 재구성한 ADM 형식을 제안했다. ADM 방법은 중력에서의 정준변수를 찾아내려는 베르크만의 초기 목표를 달성했다. 4차원 시공간을 3차원의 초평면으로 자르고 각각의 조각들이 다음 조각의 형태를 결정하도록 함으로써 중력이 시간에 따라 진화하게 되었다. 우주를 바꿀 수 없는 한 통의 필름으로 보는 대신 한 장 한 장의 사진을 편집할 수 있게 한 것이다.

일단 ADM 팀이 우주를 완전히 분해하는 방법을 찾아내자 휠러와 드비트 같은 다른 이론가들은 다른 기하학적 배열에 근거한 양자역학을 개발할 수 있었다. 모든 가능한 3차원 조각은 이미 만들어진 치즈처럼 확률에 의해 무게가 정해졌다. 그렇다면 실제 양자 우주는 이런 가능성의 샌드위치였다. 미국의 이론가들은 1960년대에 그러한 모델을 만들었고 그 결과가 유명한 양자중력의 휠러-드비트 방정식이다.

고차원의 숙제

압두스 살람은 한때 고차원 통일 이론은 유행에 따라 나오고 들어간다고 말했다. 어떤 해에 옳았던 이론이 다음해에는 오류가 된다. 이런 상황에서는 아무도 다음에 무엇이 나타날지 알 수 없다.

이런 격언대로 칼루차-클라인 접근 방법의 다음 발전은 프랑스 여름학교의 숙제라는 전혀 뜻밖의 방법으로 진행되었다. 이 여름학교는 물리학의 혁신적인 생각을 발전시키기 위해 세실 드비트-모레트가 만든 것이었다.

드비트-모레트는 남부 프랑스의 알프스 지역에 위치한 아름다운 레후세스에 물리학자들이 최근의 발전 내용을 잘 알 수 있도록 하기 위해 여름학교를 개설했다. 여름마다 개설된 과목은 당시의 관심사에 대한 것이었고 그 분야의 지도적 인사가 강의를 담당했다. 이 학교는 칼루차-클라인의 접근 방법을 재생시킬 사람들을 포함하여 다음 세대의 이론가를 배출하는 데 기여했다.

1963년의 중심 주제는 '상대성 이론, 그룹 이론, 위상학'이었다. 한 과목을 강의했던 브라이스 드비트는 학생들에게 칼루차-클라인 이론과 양-밀스 장을 결합하는 방법이 없겠느냐고 질문했다. 드비트는 베르크만의 책을 처음부터 끝까지 꼼꼼히 읽으면서 칼루차-클라인을 공부했다. 양-밀스의 게이지 이론은 양전닝과 로버트 밀스에 의해 강한 상호작용의 가능한 모델로 제안되었다. 특별한 2×2 행렬인 $SU(2)$에 기초하여 아이소 공간에서의 비가환 회전에 의해 양성자가 중성자로, 그리고 중성자가 양성자로 변환할 수 있는 것을 보여주려고 했다. 이것은 아마도 질량이 없을 중간자라는 게이지 입자를 교환하는 것에 해낭되었나. 그러나 중간자는 질량을 가지고 있다는 것이 나중에 알려졌다. 드비트는 학생들에게 두 개념을 합하면 "기하학이 물리학의 기초를 제공하는" 통합된 장이론으로 이끌게 될 것이라고 권했다. 얼마나 야심적인 숙제인가?

드비트의 문제는 통합을 위한 다음 단계의 전조가 되었다. 겸손했던 그는 이 문제와 관계된 소동을 이해할 수 없었다. "모든 것이 자명해 보였다. 만약 베르크만의 교재에 있는 칼루차-클라인 이론을 읽어보았다면 간단한 문제였다. 그것은 양-밀스 다양체 그룹을 찾는 일이었다."[24]

데저는 다르게 느꼈다. "나는 드비트의 고차원 공간에서 아인슈타인과 양-밀스를 연결시키려는 계획에 드비트 자신보다도 더 깊은 인상을 받은 몇 사람 중 하나였다. 나는 그것이 가능하다고 생각했다."[25]

그러나 드비트의 숙제로 통일 이론이 발견되었다는 소식은 전해지지 않았다. 그 이유 중 하나는 초기의 양-밀스 모델이 강한 상호작용을 적절하게 설명하지 못했기 때문이었다. 1960년대에 물리학자들이 깨닫게 되었듯이 양성자, 중성자, 그리고 중간자는 소립자가 아니다. 그들은 글루온을 통해 상호작용하는 쿼크로 구성되어 있다. 중간자가 아니라 글루온이 강력의 전달자였던 것이다.

색깔과 향기의 구별

쿼크 모델은 1963년에 우주선線에서 발견되고 가속기 속에서 만들어지는 수많은 새로운 입자들을 설명하기 위해 칼텍에서 연구하고 있던 머레이 겔만과 게오르크 츠바이크가 제안했다. 1940년대 말부터 물리학자들은 원자를 구성하는 입자들은 빙산의 일각에 지나지 않는다는 것을 알게 되었다. 원자를 구성하는 양성자, 중성자, 전자에 광자, 뮤온, 파이온, 중성미자(1930년대에 예측되었고 1950년대에 발견된)가 첨가되었고 곧 다른 많은 입자들이 발견되었다. 사진 건판에서 액체 수소로 된 '거품상자'에 이르기까지 여러 가지 감지장치를 이용하여 실험 물리학자들은 다른 전하와 질량, 스핀, 수명, 그리고 그밖의 다른 성질을 가진 수없이 많은 입자들을 찾아냈다. 이들 대부분은 매우 불안정하여 다른 입자들로 붕괴하기 전에 지나가는 에너지의 자취만을 남길 뿐이었다.

숲이 우거진 열대 지방의 정원을 만난 식물학자처럼 과학자들은 알려진 입자들을 몇 가지 그룹으로 분류하기 시작했다. 가장 넓은 범위의 분류는 파울리의 배타 원리에 따르는지 여부를 가지고 분류하는 것이다. 이 원리에 따르면 **페르미온**이라고 불리는 반정수 스핀을 가진 입자들은 자신과 똑같은 양자수를 가진 다른 입자들과 절대로 어울리지 않았다. 음식점의 고립된 식탁에서 식사를 하고 있는 사람처럼 페르미온들은 흩어져 있어야 한다. 따라서 페르미온은 모든 에너지 준위를 가지고 있는 넓은 방을 차지해야 한다. 양성자, 중성자, 전자, 중성미자, 그리고 다른 많은 입자들이 페르미온에 속한다.

보존이라고 불리는 입자는 정수 스핀을 가지고 있는 입자로 파울리의 배타 원리의 지배를 받지 않는다. 이 입자들은 그들이 원하는 대로 얼마든지 큰 덩어리를 만들 수 있다. 입자들의 식당에서 그들은 커다란 식탁에 모든 보존 친구들을 초대할 수 있을 것이다. 따라서 에너지 준위의 입장에서 보면 그들은 훨씬 작은 공간을 차지한다. 이렇게 사교성이 좋은 입자들에는 광자와 다양한 중간자들이 속한다.

페르미온과 보존은 우주에서 서로 다른 역할을 한다. 페르미온은 물질을 이루는 구성 물질을 이루는 반면 보존은 물질이 잡아당기거나 밀어내 안정한 상태를 유지하거나 붕괴하도록 힘을 전달한다.

입자를 분류하는 또 다른 방법은 강한 작용을 하느냐를 기준으로 분류하는 것이다. **강입자**라고 부르는 입자들은 강력을 느낀다. 양성자, 중성자, 중간자, 그리고 많은 다른 입자들은 여기에 속한다. **경입자**(렙톤)라고 불리는 다른 입자들에는 전혀 강력이 작용하지 않는다. 여기에는 전자, 중성미자, 그리고 뮤온이 속한다. 분명히 일부 페르미온은 강입자이고 일부는 경입자이다. 페르미온이면서 강입자인 입자를 **중입자**(바리온)라고 부른다.

이러한 분류는 질량에 의한 분류와도 관계가 있다. 일반적으로 '무거

운 입자'라는 뜻을 가진 중입자가 가장 무겁다. '가벼운 입자'라는 의미
의 경입자는 실제로 가벼운 입자들이고 중간자는 이들 사이의 질량을
가진다. 마지막으로 광자는 질량이 0이다.

이러한 분류 체계 속에는 반입자들도 포함되어 있다. 디랙이 최초로
제안한 생각에 근거하여 모든 입자들은 반입자 동반자를 가지고 있다.
질량을 비롯한 여러 가지 면에서는 같은 성질을 가지지만 입자와 반입
자는 많은 중요한 다른 점도 있다. 반입자는 입자가 가진 전하의 반대
부호의 전하를 갖는다. 만약 입자와 반입자가 충돌한다면 그들은 함께
사라지고 에너지가 만들어진다.

이런 다른 종류의 입자들을 감지해내고 그들의 붕괴 과정을 알아내
면서 물리학자들은 특별한 보존법칙을 발견했다. 어떤 변환을 하더라도
변하지 않는 물리량을 발견한 것이다. 예를 들면 최초 전하의 총량은 마
지막의 총 전하량과 항상 똑같다. 다른 보존되는 물리량에는 바리온 수,
렙톤 수, 그리고 스트레인지 수라고 불리는 양이 포함된다. 겔만은 왜
특정한 형태의 붕괴가 일어나지 않는지 설명하기 위해 스트레인지 수를
제안했다.

이 입자들의 동물원을 정리하기 위해 겔만과 이스라엘의 물리학자 유
발 니만은 독립적으로 중간자와 중입자를 다양한 다중 상태로 정리하는
체계를 제안했다. 이 다중 상태는 유카와 이론에서 양성자와 중성자를
아이소스핀 이중 상태로 나타낸 것을 스트레인지의 성질을 더하여 확장
한 것과 비슷하다. 중간자는 자연스럽게 한 그룹에 속하는 반면 중입자
들은 몇 개의 다른 그룹으로 나뉜다. 예를 들면 양성자와 중성자는 람
다, 두 가지 형태의 크사이 입자, 그리고 세 가지 형태의 시그마 입자들
이 포함된 여덟 가지 입자 가족에 속한다. 각 입자 가족은 바리온 수, 스

편, 그리고 대체적인 질량을 포함하는 공통된 특징을 가지고 있다. 겔만은 이 체계를 불교의 표현을 빌려 팔정도eightfold way라고 불렀다.

이 체계는 주어진 다중 상태 내에서 한 입자를 다른 입자로 변환할 수 있게 하는 특별한 대칭성을 가지고 있다. 양과 밀스가 양성자와 중성자 사이의 변환을 SU(2) 그룹으로 나타낼 수 있다는 것을 알아냈듯이 겔만과 니만은 비슷한 입자 가족 내의 변환이 SU(3)에 의해 일어날 수 있다는 것을 알아냈다. SU(3)는 3×3 행렬로 나타내지는 특수한 그룹이다. 가장 간단한 표현이 물체의 삼중 상태 사이의 변환을 가능하게 하지만 다른 표현에서는 더 큰 중첩 상태로 행동한다.

SU(3)가 삼중 상태를 가장 간단하게 나타낸다는 사실은 겔만과 츠바이크가 또 다른 해결책을 내놓을 수 있도록 했다. 그들은 중입자는 세 개의 쿼크 또는 반쿼크로 이루어졌으며, 이와는 대조적으로 중간자는 쿼크와 반쿼크의 쌍으로 이루어졌다는 것을 발견했다. 이것을 이용하면 입자들의 분류를 훨씬 더 아름다운 방법으로 정리할 수 있었다.

칼텍 연구원들의 체계를 따르면 각각의 쿼크는 '향기'로 구분할 수 있다. 물론 이 향기는 우리가 느끼는 맛과는 아무 관계가 없고 다만 쿼크를 구분하는 문학적인 표현일 뿐이다. 그들은 업, 다운, 그리고 스트레인지의 세 가지 다른 향기가 알려진 모든 강입자를 분류하는 데 충분하다고 믿었다. 그후 실험 물리학자들이 여러 개의 새로운 강입자를 발견하여 참, 톱, 그리고 바텀의 세 가지 향기를 더 첨가하게 되었다.

쿼크의 또 다른 성질은 '색깔'이다. 중입자는 세 가지 다른 색깔의 쿼크를 가지고 있어야 한다. 그리고 중간자는 두 가지 색깔을 가지고 있어야 한다. 서로 다른 SU(3) 그룹은 글루온을 교환하여 색깔을 바꿀 수 있다. 글루온을 던지고 받고 하면서 강력이 작용하게 된다. 강력을 설명하는 이론은 성공적인 전지기학 이론을 양자전기역학QED이라고 부르는 것과 비슷하게 양자색역학QCD이라고 부르게 되었다.

대칭성의 붕괴

약한 상호작용은 비슷한 수수께끼를 가지고 있었다. 1950년대 말과 1960년대 초에 물리학자들은 약력의 양자장 이론이 어떤 모습일지에 대해 어느 정도 눈치를 채고 있었다. 그러나 그들은 그것을 완성할 수 없었다. 슈빙거가 제안한 것 같은 가장 간단한 방법은 재규격화가 가능하지 않았다. 그리고 슈빙거 아래서 박사과정을 거쳤던 셸던 글래쇼는 U(1)과 양-밀스의 게이지 그룹을 결합하여 전자기력과 약력을 통합하는 새로운 방법을 발전시켰다. 전자기는 게이지 이론이기 때문에 약력도 자연스럽게 게이지 이론으로 설명할 수 있게 된다. 이 결합은 기본적인 문제를 제외하면 괜찮아 보였다. 양-밀스 메커니즘에서는 오직 질량을 가지고 있지 않은 게이지 입자만이 수학적 대칭성을 보존할 수 있었다. 따라서 그러한 방법으로 약력을 설명하기 위해서 물리학자들은 질량이 없는 새로운 입자를 찾아내거나 기본적인 대칭성을 파괴하지 않고도 게이지 입자에 질량을 부여하는 방법을 찾아내야 했다.

첫번째 방법은 가능하지 않았다. 질량이 없는 입자들이 많다면 그것들은 쉽게 검출되었을 것이다. 알려진 입자들 중에는 광자와 중성미자만이 질량이 없는 것 같다(중성미자는 후에 약간의 질량을 가지고 있다는 것이 밝혀졌다). 광자는 전자기력만을 전달하는 게이지 입자이며 중성미자는 게이지 입자가 될 수 없는 여러 가지 성질을 가지고 있었다. 그중 하나는 중성미자가 게이지 입자가 될 수 있는 보존이 아니라 페르미온이라는 것이다. 따라서 약력을 전달하는 질량이 없는 입자가 없었다.

이제 두번째 가능성만 남았다. 교환을 담당하는 보존 입자에 질량을 부여하는 것이다. 1964년에 에든버러 대학의 피터 힉스는 이것을 가능하게 하는 **자발적 대칭성 붕괴**라는 방법을 찾아냈다. 이 방법은 한 상황에서의 대칭성은 다른 상황에서는 깨진다는 발견을 바탕으로 했다. 환경의 변화는 완전히 대칭인 상태를 그렇지 않은 상태로 바꾸는 상변화를 일으킬 수 있다. 예를 들면 보도의 완전한 정사각형 모양의 블록은 겨울날 아침에 온도가 갑자기 내려가면 저절로 금이 갈 수 있다. 그렇게 되면 처음에 가지고 있던 대칭성이 깨져 블록의 오른쪽은 왼쪽과 더 이상 똑같지 않다.

자발적 대칭성 붕괴의 조건을 만들기 위해서 힉스는 양-밀스 방정식에 여분의 장을 첨가했다. 이 힉스 장은 온도 조건을 변화시키는 반응을 하면서 우주를 채우고 있다. 힉스 장은 우주 초기의 격렬한 조건 아래서는 내부 공간에서 어떤 구성도 가질 수 있는 완전한 게이지 자유도를 가지고 있었다. 힉스 장의 게이지 '지시 벡터'는 빠르게 회전하는 룰렛처럼 어떤 방향으로도 회전할 수 있었다. 그러나 우주가 식어감에 따라 힉스 장은 다른 에너지 상태로의 상변화를 일으켰다. 그렇게 됨으로써 게이지 자유도를 잃었다. 지시 벡터는 힘이 다 떨어진 룰렛처럼 한 방향만 가리키게 되었다.

아인슈타인이 지적했듯이 에너지는 없어지지 않지만 질량으로 바뀔 수는 있다. 힉스 장의 상변화 시에 회전할 수 있는 능력을 상실하면서 잃어버린 에너지는 일정한 양의 질량으로 바뀌었을 것이다. 이 질량을 마침 존재하던 게이지 보존이 갖게 되었다는 것이다. 다시 말해 우주가 식어가는 동안에 게이지 자유도의 희생으로 힘을 전달하는 입자가 질량을 가지게 되었다는 것이다.

이 시나리오는 원형 보트가 조용히 흐르는 물을 따라 흘러가다가 갑자기 급경사 아래로 떨어지는 급류 타기와 비슷하다는 생각이 들 것이다. 절벽으로 떨어지기 전에는 배 안의 어디에 앉아 있던 별 다를 것이 없다. 배가 둥글게 생겼으므로 모든 좌석은 완전히 똑같다. 조용한 물이 배를 천천히 회전시킨다고 해도 어떤 방향이 더 좋고 나쁠 것이 없다. 이것은 게이지 대칭과 비슷한 상태이다.

그러나 배가 밑으로 떨어지기 시작하면 갑작스런 '상변화'가 시작된다. 갑자기 모든 물이 한 방향으로 흐르고 더 나은 좌석이 나타난다. 배가 바닥에 도달하면 내려오던 운동에너지가 큰 물결을 일으킬 것이다. 이런 상황에서 누가 앞자리에 앉겠는가? 뒷자리에 앉은 상대적으로 옷이 덜 젖은 사람들은 함빡 젖은 앞자리 사람들을 보고 웃음을 참지 못할 것이고 조금 더 무거워졌다고 느끼며 배를 떠날 것이다. 배의 원형 대칭성이 깨지면서 물에 젖은 옷의 무게를 증가시켰다. 힉스 메커니즘의 경우에는 이와 똑같은 상황이 자연적으로 하나의 선호하는 방향을 만들고 에너지의 일부를 질량으로 바꾼다.

글래쇼의 제안과 결합된 힉스 메커니즘은 서로 다른 곳에서 일하고 있던 버클리의 스티븐 와인버그와 임페리얼 칼리지의 압두스 살람, 이 두 사람의 젊은 물리학자를 고무시켰다. 1967년에 와인버그와 살람은 약한 상호작용을 하는 입자의 물질장과 힉스 장, 광자 그리고 세 개의 새로운 SU(2) 게이지장—W^+, W^- 그리고 Z^0 라고 부르는—을 결합하여 전자기와 약한 상호작용의 성공적인 통일 이론을 만들었다. 이 결혼으로 전약 힘이라는 새로운 이름이 생겨났다. 이 놀라운 성공으로 자연에 존재하는 네 가지 힘 중에서 두 개는 마침내 하나로 통합되었다.

이 결혼은 성공으로 끝날 것인가 아니면 문제에 봉착할 것인가? 많은 물리학자들은 더 확실한 증거가 나타날 때까지 '기다려보자'는 태도를 취했다. 네덜란드의 물리학자 게라두스 토프트가 안전한 예측을 내놓음으로써 행운이 찾아왔다. 새로운 방법을 적용하여 1971년에 그는 자발적으로 깨지는 양-밀스 이론을 완전히 재규격화할 수 있었고 어떤 무한대의 항도 제거할 수 있었다.

곧 제네바 부근에 있는 유럽 입자물리연구소CERN 가속기에서 연구하고 있던 과학자들은 와인버그-살람 모델의 중요한 예측 중 하나를 확인했다. 이 이론의 핵심인 Z^0 게이지 장은 참가하는 입자들의 전하에 영향을 주지 않는 새로운 형태의 약한 상호작용을 나타내는 것이었다. 이 모델이 제안될 당시에는 그러한 중성입자는 완전히 가상적인 것이었고 전혀 발견되지 않았었다. CERN의 과학자들이 마침내 전하를 띠지 않은 입자를 찾아냈고 이 발견은 전체 모델의 유효성을 승명하는 것이었다. 약한 게이지 입자들의 발견은 전체 그림을 완성했다.

결합을 성공시킨 와인버그, 살람 그리고 글래쇼는 곧 그들의 재능을 이용해 더 큰 통합을 시도했다. 1972년에 물리학자 조거시 패티와 함께 살람은 전약 이론과 강한 상호작용의 이른바 대통일 이론GUT을 최초로 시도했다. 쿼크와 경입자를 한 그룹으로 묶어 그들은 서로를 변화시킬 수 있는 게이지 그룹을 찾아내려고 시도했다. 그들의 예측에는 양성자가 다른 입자로 붕괴할 가능성도 포함되어 있다. 이 가설은 아직도 시험 중에 있다. 당시에는 그의 학생이었고 후에 동료가 된 하워드 게오르기와 함께 연구를 시작한 글래쇼 역시 그러한 대통일 이론을 찾기 위한 시도를 했다. 와인버그는 자연의 '마지막 이론'을 꿈꾸며 역시 그러한 가능성을 탐구했다.

이러한 결합 시도가 이루어지고 있는 동안 중력은 한동안 논의에서 빠져 있었다. 데저와 마찬가지로 토프트와 그의 박사후 연구원 페터르 반 니우벤하이젠이 일반적인 중력은 재규격화된 이론으로 만들 수 없다는 것을 보여주었다. 따라서 형식화하는 방법에 근본적인 변화가 없는 한 중력은 아직 자연의 힘을 통합하는 대열에 동참할 수 없었다. 중력gravity 이 제거할 수 없는 발산의 문제를 해결하기 위해서는 어떤 방법으로든 초인적인 힘을 얻지 않으면 안 되었다. 한마디로 말해서 초중력super-gravity 이론이 문제를 해결하기 위해 전화박스에서 튀어나와야 했다.*

마지막 이론

스톡홀름에서 말년을 보낼 때 클라인은 입자물리학에 큰 관심을 보였다. 데저와 다른 사람들과의 교류를 통해 그는 최신의 접근 방법을 알았고 그 자신이 새로운 제안을 하기도 했다. 예를 들면 겔만의 체계가 완성되기 전에 그는 강입자의 조직 원리를 발전시키기 위해 시도했다. 그것은 궁극적으로 옳은 것으로 판명된 SU(3) 모델과 유사했다. 그는 약력이 패리티parity라고 알려진 자연의 대칭성을 파괴한다는 것을 발견한 양과 T. D. 리에게 노벨상을 수여하는 데 중요한 역할을 했다. 이 결과는 전자기약력의 통합에 핵심적인 역할을 했다. 입자가속기로부터 발견된 새로운 사실이 이론적 설명을 바꾸어놓게 되자 클라인은 이 분

---

*슈퍼맨이 전화박스에서 옷을 갈아입는 것에 비유한 것.

야에서 뒤떨어지지 않기 위해 노력했다.

클라인이 좋아했던 또 다른 주제는 빅뱅 이론의 대안을 찾아내는 것이었다. 한순간의 창조라는 생각이 너무 마음에 들지 않았던 그는 좀더 보수적인 설명을 찾아내려고 노력했다. 1962년에 스웨덴의 플라즈마 물리학자인 한네스 알프벤과의 공동 연구에서 그는 입자와 반입자의 쌍소멸에 근거한 모델을 발전시켰다. 그는 빅뱅 이론을 강력하게 지지하는 우주배경복사의 발견 이후에도 그의 주장을 굽히지 않았다.

나이가 점점 더 들면서 클라인의 지적 관심의 범위는 당당한 나무의 가지처럼 넓게 퍼져나갔다. 그는 철학, 종교, 그리고 과학사에 관한 많은 강연을 했고 논문을 발표했다. 특히 갈릴레오, 파스칼, 그리고 중세 과학자 조르다누스 네모라리우스의 생애와 과학적 업적에 관심이 많았고 조르다누스 네모라리우스를 좋게 평가한 책을 쓰기도 했다. 또한 과학적 주제에 관해 일반인들을 교육시킬 목적으로 스웨덴의 라디오 프로그램에 자주 출연하기도 했다.[26]

말년에 클라인이 가졌던 몇 안 되는 여행 중 하나는 이탈리아의 트리스테에 살람이 설립한 이론물리학 국제 센터ICTP로의 여행이었다. 그가 방문했던 1968년에 두 과학자는 매우 가까워졌다. 전혀 다른 배경에도 불구하고 그들은 많은 공통점을 가지고 있었다.

살람은 클라인의 5차원 이론을 대단히 존중했다. 그 당시 대부분의 동료들과는 달리 그는 클라인의 것과 같은 고차원 이론이 게이지 이론가들이 시작한 통일 프로그램을 완성할 가능성이 있다고 믿었다. 게이지 모델 중 하나를 발전시킨 후에 그는 클라인에게 그에 대해 설명하는 편지를 썼다. "클라인 교수님이 5차원 또는 그보다 고차원에서의 시공간 대칭성을 완성하기 전까지는 이것이 마지막 연결고리가 될 것입니다."[27]

과학적 상호 관심사 외에도 클라인과 살람은 강한 인간적인 유대감을 공유했다. 그들은 자신들보다 형편이 좋지 않은 사람들을 돕는 것을 자신들의 임무라고 생각했다. 클라인은 나치 시절에 동료 과학자들이 스웨덴에 정착하는 것을 도왔었다. 살람도 비슷하게 ICTP에 장학기금을 설립하여 형편이 어려운 파키스탄 학생들이 의미 있는 경력을 쌓을 수 있도록 도와주었다. 그는 제3세계의 기술 발전을 강력하게 주장했다. 클라인과 살람은 국제적인 분쟁을 종식시켜 세계 평화를 가져오기 위해 끊임없이 노력했다.

1967년에 중동에서 발발한 6일 전쟁은 두 사람에게 충격을 주었다. 처참한 파괴는 잔인하고 의미가 없을뿐더러 과학적, 기술적 발전을 뒤로 돌려놓는 것이었다. 자신들의 상호신뢰를 모델로 하여 두 사람은 공동 번영을 위해 차이점을 옆으로 제쳐놓도록 아랍과 이스라엘을 설득하기 위해 노력했다. 트리스테에서 이 문제에 대해 의논한 후 클라인은 살람에게 다음에 할 일에 대해 편지를 썼다. "이번 주 내내 나는 우리가 트리스테에서 나눈 이야기에 대해 생각해보았습니다. 특히 당신이 제안한 이스라엘과 이집트 물리학자들의 만남에 대해 생각했습니다. 아마 그런 시작이 현재 상황에 도움이 될 것입니다."[28]

1970년대 초까지 클라인은 활동적이었다. 그러나 건강의 악화가 그의 모든 과학적, 철학적, 그리고 인본주의적 열정을 빼앗아갔다. 뜻은 있었지만 실행에 옮길 힘이 없었다.

클라인은 1977년 2월 5일에 스톡홀름에서 세상을 떠났다. 그는 자신이 일생 동안 이룬 것을 자랑스럽게 생각했다. 물리학에 대한 그의 공헌도 물론 매우 광범위하고 중요한 것이었지만 그를 아는 사람들에게 오랫동안 깊게 남은 인상은 개인적인 따뜻함, 지적인 호기심, 다른 사람을 배려하는 마음이었다.

슬프게도 운명은 때때로 예언자들이 그들에게 약속한 땅으로 들어가지 못하게 한다. 만약 클라인이 몇 년만 더 살았더라면 그는 칼루차-클라인 이론의 현대적 부활을 목격했을 것이다. 그는 또한 인본주의적 꿈이었던 이스라엘과 이집트 사이의 평화조약 체결도 보았을 것이다. 그리고 마지막으로 그는 수십 년의 통일 노력에 주어진 1979년의 노벨상 수상식에 참석할 수 있었을 것이다. 그는 노벨상 위원회가 전약 이론의 공로를 인정하여 와인버그, 살람, 그리고 글래쇼를 노벨 물리학상의 공동 수상자로 결정하는 것을 반가워했을 것이다.

노벨상 시상식에 참석한 살람은 사람들의 화젯거리가 되었다. 참석자들이 모두 정장차림이었지만 살람의 복장은 서구의 가치와는 아주 달랐다. 그의 학생이었던 미시간의 물리학자 마이클 더프는 그때의 광경을 다음과 같이 묘사했다. "살람은 전통적인 복장을 입고 도착했다. 보석이 박힌 터번, 자루 같은 바지, 언월도, 그리고 끝이 뾰족하게 굽은 신발은 그를 『아라비안나이트』에서 막 튀어나온 사람처럼 보이게 했다. 그 결과 그는 글래쇼와 와인버그를 완전히 압도했다."[29]

살람의 노벨상 수상 강연은 역사적 인용으로 시작되어 혁명적인 언급으로 끝을 맺었다. 그는 전약 모델에 이르는 과정을 설명한 뒤 대통일 이론에 대한 자세한 생각을 이야기했다. 살람은 11차원의 초중력이 나타날 이론물리학의 미래에 대해 설명했다. 프랑스 물리학자 유진 크리머, 베르나르 줄리아, 조엘 세르크와 다른 사람들의 연구 업적에 대해 언급한 그는 그들의 고차원 이론이 모든 알려진 장을 포함하게 되기를 희망했다. 칼루차-클라인의 기적에 대한 그들의 연출은 아인슈타인의 위대한 꿈을 실현시키는 길이 될 것이라고 살람은 제안했다.

11. 끈에 묶인 초공간

텍사스에서 돌아온 스티븐 와인버그는

우리를 당황하게 할 차원을 가져왔다.

그러나 여분의 차원은 모두 공처럼 말려 있고

아주 작아 우리에게 아무런 영향을 주지 않았다.

— 하워드 게오르기,〈입자이론가〉[1]

거울 안의 세상

초대칭성은 현대 물리학적 사고 중에서 가장 대담한 생각이다. 제안된 후 여러 해가 흐른 후에도 그런 것이 존재한다는 실험적 증거는 찾지 못했다. 가속기들은 수없이 많은 입자들을 부쉈지만 그 부스러기 속에서 단 하나의 초대칭 동반자도 찾아내지 못했다. 그러나 아직도 많은 이론물리학자들은 초대칭성이 없는 우주가 존재하리라고는 믿지 않는다. 그들은 오늘날의 가속기는 그런 입자를 만들어내기에는 에너지가 너무 작다고 주장한다. 어떤 다른 물리 이론도 그렇게 적은 실험적 증거에도 불구하고 이처럼 많은 지지를 받은 적이 없었나. 초대칭성은 자체의 수학적 아름다움과 내적인 무모순성으로 인해 살아남을 수 있었다.

셸던 글래쇼 같은 비판자는 초대칭성에 대한 믿음을 종교적 열정에 비유했다. "그것은 일종의 추상적 우아함이다. 나의 친구 중 많은 사람들은 지난 20년 동안 초대칭성에 대한 연구를 계속해왔다. 그것은 대단한 열정이다. 매력적인 이론이며 정교한 이론이지만 현상을 설명하는 면에서는 아무것도 한 것이 없다…… 문제는 이 이론이 예측한 입자가 하나도 발견되지 않았다는 것이다."[2]

간단히 말해 초대칭성은 양성자와 중성자의 스핀 대칭성과 비슷한 페르미온과 보존 사이의 대칭성이다. 모든 페르미온은 보존 동반자를 가져야 하고 반대로 모든 보존은 페르미온 동반자를 가져야 한다. 수학적 '초공간'에서의 특별한 회전이 페르미온의 반정수 스핀을 가져가 파울리 배타원리의 구속으로부터 자유롭게 해방시켜준다는 것이다. 엄격하게 분리된 양자 상태를 지키려던 성향을 옆으로 비켜놓고 다른 입자들과 어울리려는 성질을 얻게 된다. 반대로 사교적인 보존을 외로운 페르미온으로 바꿔놓는 역할도 한다. 모든 입자들은 지킬 박사처럼 보이지만 다른 얼굴을 가진 자신의 하이드를 변환 저쪽에 가지고 있다. 예를 들면 페르미온인 전자(electron, 엘렉트론)는 초공간에서 변환에 의해 보존인 '셀렉트론selectron'으로 바뀔 수 있다. 반면에 보존인 광자(photon, 포톤)는 페르미온인 '포티노photino'가 될 수 있다. 접두어 s-를 붙이거나 접미어 -ino를 붙이는 것이 과학자들이 초대칭 동반자의 이름을 붙이는 방법이다.

초대칭성은 1970년대 초에 위험에 처하게 된 강입자 끈 이론이라고 부르는 강한 상호작용 모델을 구하기 위해 제안되었다. 시카고 대학의 물리학자 요이치로 남부와 다른 과학자들이 제안한 강입자 끈 이론은 양성자, 중성자, 그리고 다른 강한 상호작용을 하는 입자들의 행동을 질량이 없는 탄성적인 연결을 이용하여 설명하려고 시도했다. 입자들을 1차원적인 끈으로 대치함으로써 1960년대에 CERN의 물리학자 가브리엘 베네치아노가 제안한 이중 공명 이론이라 접근 방법을 이해하는 기하학적 방법을 얻을 수 있었다. 베네치아노의 모델이 강입자에 대한 예측을 하기 위해 수학적 형식을 사용한 반면 끈 이론은 진동을 바탕으로 한 시각적 설명을 제공했다. 그것은 끈이 진동할 수 있는 여러 가지 모드를 이용해 질량, 스핀과 입자의 성질을 유도해냈다.

남부가 제안한 가설이 가지고 있는 단점 중 하나는 보존만을 나타낸다는 것이었다. 보존적인 끈은 강한 상호작용을 하는 페르미온(쿼크와 반쿼크)들이 붙어 있는 연결을 구성했다. 페르미온은 보존 끈의 양 끝에 아령처럼 붙었다. 그러나 페르미온 자체를 나타내는 모델은 아무것도 없었다.

또 다른 문제는 이 이론의 차원성과 관계된 것이었다. 러트거스 대학의 이론가 클라우드 러브레이스는 보존 끈은 26차원에서만 자체적으로 모순이 없다는 것을 보여주었다. 이런 이상한 결과를 받아들이는 사람은 거의 없었다.

조숙했던 러브레이스는 열여섯 살 때 아인슈타인과 디랙의 논문을 읽었고 자신의 아마추어적인 통일 이론을 만들려고 시도했다. 살람의 지도하에 박사학위를 받은 그는 CERN에 머물며 연구하는 동안 강한 상호작용의 세계에 발을 들여놓게 되었다. 끈 이론에 매력을 느낀 그는 빛보다 빠른 입자인 타키온을 제거하기 위한 방법을 찾기 시작했다. 러

26차원 끈 이론을 발견한 클라우드 러브레이스가 그의 관상용 새와 함께 있다.

브레이스는 이 수수께끼를 해결하는 유일한 방법은 끈을 26차원 다양체에 위치시키는 방법뿐이라는 것을 발견했다. 1971년 1월에 그는 자신의 노트에 별다른 생각 없이 다음과 같이 기록했다. "나는 완전한 상쇄를 얻기 위해서는 24차원의 공간 차원과 두 개의 시간 차원이 필요하다고 생각한다."[3] 그는 이 발견을 논문의 일부에 포함시켰다.

논문을 읽다가 그런 엄청난 숫자를 발견한 물리학자들은 깜짝 놀랐다. 칼텍의 존 슈바르츠는 다음과 같이 회상했다. "러브레이스의 논문은 모두에게 큰 충격이었다. 그때까지는 누구도 시공간에 4차원 이상의 차원을 허용하는 것을 생각해보지 않았기 때문이다. 우리는 강입자에 대한 물리학을 하고 있었으며 4차원이 틀림없는 해답이었다."[4]

러브레이스는 "그 당시에는 그 발견의 중요성을 알아차리지 못했다"고 말했다. 사실 그 자신도 이것은 말도 안 된다고 생각했다. 그가 학회에서 26차원의 결과를 다른 물리학자들에게 설명했을 때 모두들 웃어넘겼다. 그는 그때의 상황을 "프린스턴 세미나에서 그 이야기를 했을 때 큰 웃음이 터졌다"라고 기억하고 있다.[5]

그후 1971년에 플로리다 대학의 물리학자 피에르 라몽은 페르미온을 끈 이론에 포함시키는 방법을 고안해냈다. 진동하는 방법이 달라지면 보존이 페르미온이 될 수 있었다. 이 방법은 보존과 페르미온 사이의 기본적인 대칭성을 제안했고 한 가지가 다른 종류로 자유롭게 변환될 수 있게 했다. 따라서 두 종류의 강입자—보존과 페르미온—를 포함하기 위한 끈 이론 확장의 필요성이 초대칭성을 낳았다. 더 나아가 슈바르츠와 안드레 누보는 초끈(초대칭성을 가지는 끈)은 26차원이 아니라 단지 10차원만을 필요로 한다는 것을 보여주었다. 그 당시 대부분의 물리학자들은 10차원도 여전히 이상하게 생각했지만 그들은 이것을 상당한 진전이라고 보았다. 슈바르츠는 4차원에서의 끈 이론을 추구했지만 실패하고 결국 10차원이 최소라는 것을 받아들였다.

강입자 끈 이론은 오랫동안 존속되지 못했다. 전약 이론의 두 가지 성공—토프트의 재규격화와 중성류의 발견—에 뒤이어 물리학계의 대부분이 강한 상호작용은 양-밀스 형태의 비가환 게이지 그룹을 이용한 방법으로 가장 잘 이해할 수 있다고 생각했다. 한 종류의 힘에 적용되는 방법이 다른 종류의 힘에도 적용될 것이라고 생각하는 것은 자연스러운 일이다. 결과적으로 색깔 전하를 가진 SU(3)로 강한 상호작용을 분석하는 양자색역학이 표준적인 방법이 되었다. 강입자 끈 이론과 이 이론의 근거가 된 이중 공명 모델은 이제 낡은 방법이 되었다.

그러나 체셔 고양이의 싱긋 웃음처럼 다른 것이 다 사라진 후에도 초대칭성은 그대로 남아 사람들을 유혹했다.* 1970년대 패션에 음양을 나타내는 상징이 어디에나 나타나듯이 반대되는 것의 결합은 시대적 조류에 잘 맞았다. 이론가들은 초대칭성을 더 표준적인 입자 모델에 적용시키는 방법이 없을까 하고 생각하게 되었다. 그러한 목표는 1973년에 줄리안 베스와 부르노 주미노에 의해 달성되었다.

이 물리학자들의 연구 덕분에 초대칭성을 보통의 상이론 언어로 표현할 수 있게 되었다. 다시 말해 역학적인 방정식과 파인먼의 점입자 상호작용 다이어그램으로 설명할 수 있게 된 것이다. 이 적용은 이민자들이 고국의 속어를 새로운 나라의 언어에 접목시키는 것과 같았다. 그때 이후로는 끈 이론가들뿐만 아니라 모든 사람들이 초대칭성을 이야기할

---

*체셔 고양이는 『이상한 나라의 엘리스』의 등장 인물로 중력으로부터 자유롭고 시공간을 초월한 존재다. 소설에서 이 고양이는 싱긋 웃음만 남기고 사라지는 행동을 한다.

수 있게 되었다.

마술 같은 중력

아인슈타인이 죽은 후 20년 동안에는 중력과 다른 힘들을 통합하는 문제에 도전하는 사람들이 거의 없었다. 심지어는 고집 센 교수가 이 야수를 항복시키기 위해 끊임없이 노력했던 고등학술연구소에도 그런 전설적인 투쟁의 흔적이 거의 남아 있지 않았다. 젊은 연구자들은 입자 동물원에 훨씬 정복하기 쉬운 동물들이 많이 있는데 굳이 중력이라는 큰 짐승과 맞설 이유가 없었다.

그러나 1975년에 프린스턴에서 있었던 슈바르츠의 강의로 순식간에 모든 것이 바뀌었다. 그것은 몇 년 전 프린스턴의 물리학과로부터 정년보장을 거부당했던 그에게는 씁쓸한 귀향이었다. 이론물리학의 장래에 대한 그의 아이디어의 중요성은 그들이 큰 실수를 했다는 것을 일깨워주었다.

그 강의는 그가 최근에 프랑스의 물리학자 조엘 셰르크와 함께 발견한 초대칭성과 중력 사이의 깊은 연관성을 보여주었다. 그들은 끈 이론의 체계 안에서 광자의 두 배의 스핀을 가지고 질량이 없는 입자의 비밀을 밝혀냈다. 이 새로운 보존은 알려진 어떤 입자에도 대응되지 않았기 때문에 많은 끈 이론가들은 이것을 쓸모없는 부산물이라고 무시했다. 셰르크와 슈바르츠는 이 스핀 2의 입자가 쓸모없는 것이 아니라 중력을 전달하는 입자인 그래비톤이라는 것을 알아차렸다. 그리하여 그래비톤이 초대칭성의 한가운데 자리 잡게 되었다.

벨벳 언더그라운드라는 록밴드에 대해 비평가들은 그들의 음반을 산 사람은 거의 없지만 그 음반을 들은 사람은 거의 모두 자신의 밴드를 만들었다고 말했다. 마찬가지로 셰르크와 슈바르츠의 발견은 처음에 거의 주목을 받지 못했지만 일단 관심을 보인 사람들은 이론물리학의 미래를 바꿔나갔다. 그들의 메시지를 자세히 들은 사람들 중에는 두 열정적인 물리학자 베르나르 줄리아와 에드워드 위튼도 있었다. 그들은 새로운 고차원 통일 이론을 만드는 데 이바지했다. 그들은 이 발견이 일반상대성 이론을 더 큰 자연 원리의 결과로 생각하게 만들어 그들 생애에 큰 영향을 주었다고 말했다.

1952년 4월 8일에 파리에서 태어난 줄리아는 계산에 뛰어난 재능을 가지고 있었다. 처음에는 수학자가 되려고 했지만 좀더 빨리 응용될 수 있는 물리학을 공부하기로 결심했다.[6] 세상이 움직이는 방법에 근본적인 관심을 가지게 된 그는 자연의 숨겨진 비밀을 풀어내기 위해 자신의 뛰어난 능력을 군론과 미분기하학에 사용하기로 했다. 그는 고등사범학교ENS에서 공부한 다음 오르세이 대학에 진학하여 그곳에서 광학과 전약 이론에 대한 논문을 썼다.

줄리아는 오르세이에서 가장 좋았던 것은 함께 연구를 한 누보, 셰르크와 유진 크리머를 만난 것이라고 말한다. 조용하고 따뜻한 마음씨에 잘 웃던 크리머는 줄리아와 마찬가지로 파리 출신이었고 음악을 좋아했다. 크리머는 클래식 듣는 것을 좋아했고, 줄리아는 클라리넷 연주를 좋아했다. 크리머는 어렸을 때 과학 잡지를 읽으면서 물리학에 관심을 가지게 되었다.

셰르크 역시 조용한 목소리의 친절한 사람이었지만 당뇨와 관계된 병을 앓았던 적이 있어서 침울한 면도 있었다.[7] 수학은 그에게 육체적

그리고 정신적 문제들로부터의 기분전환이 되었다.

크리머, 누보, 그리고 셰르크와의 만남을 통해 줄리아는 입자물리 너머에 자연의 모든 성격과 그 이상을 연주할 수 있는 진동 교향곡의 세상이 있다는 것을 알게 되었다. 줄리아는 끈 이론의 조화로움에 마음을 빼앗겼고, 초대칭성의 가능성에 매력을 느꼈다.

프린스턴에서 연구할 수 있는 기금을 확보한 줄리아는 초대칭성을 미국으로 '전염'시켰다. 그는 곧 새로운 것을 발견하는 즐거움을 함께 나눈 위튼과 가까운 친구가 되었다. 셰르크가 쓴 평론을 위튼에게 전해 준 줄리아는 페르미온과 보존의 결합이 자연에 존재하는 상호작용을 설명하는 경쟁력 있는 이론의 열쇠를 제공할 것이라고 주장했다.

베이비붐 세대에 태어난 위튼은 줄리아와 마찬가지로 통합론자가 되었다. 위튼은 1951년 8월 26일에 태어났다. 그는 영화제작자 배리 레빈슨이 묘사했던 볼티모어 북서쪽 교외의 중류 가정에서 자라났다. 그곳에서 그는 어른이 되어서도 계속 지니게 된 진보적 정치 신념을 키우게 되었다. 중력 물리학자인 그의 아버지 루이스 위튼은 존스 홉킨스를 졸업한 신시내티 대학의 교수였다.

키가 크고 호리호리하며, 검은 곱슬머리에 두꺼운 안경을 쓰고, 수줍어하는 행동과 부드러운 가성의 목소리를 가진 젊은 위튼은 머리가 좋은 학생의 전형이었다. 학교 성적은 아주 뛰어나 몇 학년을 월반했으며 보통 학생들과 다른 교과과정을 배워야 했다. 고등학교에서 그는 많은 과목에서 좋은 성적을 받아 무엇을 전공으로 선택해야 할지 알 수 없었다. 수학이나 물리학에서 뛰어난 재능을 보였을 뿐만 아니라 인문학이나 사회과학에서도 동급생들을 앞질렀다. "에드워드가 없을 때 우리는 모여 앉아 그가 세상에서 가장 똑똑한 사람일 거라는 이야기를 하곤 했

초끈 이론과 M-이론의 뛰어난 이론가 중 한 사람인 에드워드 위튼은 프린스턴 고등학술연구소에서 자연에 존재하는 모든 상호작용의 통일 이론을 연구하여 아인슈타인의 발자취를 따라갔다.

다"라고 동창 중 한 명이 회고했다.[8]

위튼은 브렌다이스에서 학부 공부를 시작했을 때 정치 저널리스트가 되기 위해 역사학을 전공하기로 했다. 1971년에 졸업한 그는 조지 맥거번 대통령 후보의 선거전에 참여했지만 패했다. 위튼은 곧 정치는 직업으로서 적당하지 않다는 것을 깨달았다. 그렇지만 일생 동안 이스라엘과 팔레스타인 사이의 마찰을 해소하는 노력에 초점을 맞추어 적극적인 정치활동을 계속했다. 그런 면에서 그는 국제적인 평화를 위해 노력했던 아인슈타인, 클라인, 살람, 그리고 다른 많은 물리학자들의 전통을 이어받았다고 할 수 있다.

담쟁이 넝쿨로 뒤덮인 캠퍼스에 도착했을 때 위튼은 상당한 문화적 충격을 받았다. 프린스턴은 그에게 익숙한 개방적이고 대도시적이며 다양한 인종으로 구성된 사회와는 달리 훨씬 전통적이었다. "위튼은 프린스턴에서 사회적으로 고립된 것 같은 감정을 느꼈다. 한번은 그가 실망해 있어서 많은 과자를 사준 적도 있다"[9]라고 줄리아는 말했다.

그 당시 줄리아는 고차원 모델의 가능성에 대해 연구하고 있었다. 슈비르츠의 강의는 그로 하여금 고차원에 대한 것이라면 무엇이든지 찾아보도록 했다. 그는 대답을 해줄 수 있는 사람이라면 누구에게나 고차원에 대해 물었다.

아직도 프린스턴에 있던 발야 바르크만은 이 주제에 관한 한 최고의 전문가였다. 바르크만은 줄리아에게 투영 상대론에 대한 파울리의 연구, 그리고 통일 이론에 대한 자신의 생각을 전해주었다. 그는 고차원 이론이 성공하지 못할 것이라는 자신과 파울리의 믿음도 전해주었다.[10]

그러나 줄리아는 아직 칼루차-클라인의 이상한 세계에 대해 더 많이 알고 싶어했다. 트리스테에서 열린 학술회의에서 줄리아는 갑자기 디랙에게 양자장 이론에 고차원이 어떤 물리적 결과를 가져올 것이라고 생각하느냐고 질문했다. 기분이 상한 디랙은 지금은 그 문제를 다룰 적당한 때가 아니라고 말하고 "나중에 생각해봅시다" 하고 퉁명스럽게 대답했다.

하버드에 방문교수로 간 줄리아는 교수들을 위한 공식 점심식사에 초대되었다. 그곳에서 그는 장 이론가 시드니 콜먼에게 접근하여 다시 한번 디랙에게 했던 5차원 문제를 언급했다. 놀라는 눈으로 그를 바라보던 콜먼은 "나는 이 친구를 책임질 수 없어"[11] 하고 대답했다.

위튼은 하버드로 옮겨 여러 해 동안 연구원으로 일했다. 하버드에서의 경험은 매우 흥미로운 것이었으며 초기의 통일 이론 연구를 위한 에너지를 비축할 수 있었다. 그곳에서 박사후 연구원으로 일하고 있던 이탈리아의 젊은 물리학자 치아라 나피와의 만남은 그의 외로움을 치료해 주었다. 그들은 결혼했고 함께 프린스턴으로 돌아왔다. 스물여덟 살의 젊은 나이에 그는 물리학 정교수가 되었다. 그의 아내는 고등학술연구소에서 일하게 되었다. 그의 새로운 직책에서 위튼은 뛰어난 수학적 성취를 계속해서 이루어나가며 세계적인 이론물리학자가 되기 위한 길을 걷기 시작했다.

그동안 근본적인 진리에 대한 줄리아의 추구는 그를 물리학의 가장 격렬한 새 분야인 초중력의 세계에서 선구적 연구자가 되게 했다. 1977년에 고등사범학교로 돌아온 그는 초대칭성, 양자 이론, 그리고 일반상대성 이론을 나란히 연구하기 시작했다.

위대한 경주

초중력 이론은 일 년 전에 경주를 시작했다. 베스와 주미노가 초대칭성이 일반적인 양자 이론과 결합될 수 있다는 것을 발견하고, 셰르크와 슈바르츠가 중력을 초대칭성으로부터 이끌어내자 초대칭적인 중력의 양자장 이론을 발전시키는 것은 시간문제였다. 곧 두 연구팀이 초중력 컵을 차지하기 위해 경쟁하고 있다는 것이 알려졌다. 한 그룹은 뉴욕 주의 스토니 브룩에 있는 C. N. 양 연구소에 근거를 둔 피테르 반 니우벤하이젠, 대니얼 프리드먼, 그리고 세르지오 페라라를 주축으로 하는 그룹이었다. 또 다른 그룹은 CERN에 근거를 둔 그룹으로 데저와 주미노가 주축이었다. 이들 경쟁 그룹의 구성원들 사이에는 박사후 연구과정

동료였던 데저와 니우벤하이젠이나, CERN에서 함께 일한 페라라와 주미노의 관계 같은 많은 개인적인 인간관계가 있었지만 두 팀 사이의 경쟁은 갈수록 치열해졌다.

두 그룹은 같은 목표를 가지고 있었다. 파인먼과 슈빙거가 완성한 일반적인 장이론 방법은 중력을 양자화하는 데 적당하지 않다는 것이 증명되었다. 데저와 반 뉴벤휴이젠이 쓴 1974년의 논문에서 보여주었듯이 아무리 시간이 흘러도 중력은 재규격화되지 않았다. "그와 나는 온갖 형태의 물질과 연결하여 일반상대성 이론의 무한대를 제거하려 많은 노력을 했다. 그러나 그런 기적은 일어나지 않았다"[12]라고 데저는 회고했다.

전자기나 약한 상호작용과는 달리 공포스런 발산이 양자화된 중력의 치명적인 질병이었다. 아무것도 이것을 예방할 수 없을 것 같았다. 따라서 베르크만, 드비트, 디랙, 그리고 다른 사람들에 의해 시작된 양자중력 프로그램은 좌초되었다. 대칭성 원리에 의한 중력의 자연스런 정의인 초중력이 탐구를 기다리는 새로운 약속된 땅처럼 보였다.

$SU(2)$와 $SU(1)$의 결합으로 깨진 대칭성이 전약 이론을 재규격화가 가능한 형식으로 만들었듯이 초중력 연구자들은 깨진 대칭성이 중력을 포함하는 재규격화가 가능한 통일 이론을 만들어낼 수 있을 것이라고 희망했다. 그들은 초대칭성이 흩어지면서 광자나 그래비톤 같은 질량이 없는 힘을 매개하는 입자들과 물질을 구성하는 입자들이 지금과 같은 질량을 가지게 된 것으로 생각했다.

줄리아는 "나는 초대칭성을 목발이라고 생각했다. 목발은 유용하지만 벗어나고 싶은 것이다. 초대칭성을 깨트리고 싶었지만 완력에 의해서는 아니었다. 그것의 쓸모있는 면은 그대로 유지하고 싶었다"[13]라고 말했다.

'초힉스super-Higgs 메커니즘'이라고 이름 붙인 힉스 메커니즘의 강력한 변환 가능성을 이용하여 연구팀은 괴물 같은 부산물을 최소로 유지하면서 익숙한 장을 만들어내기 위해 노력했다. 그들은 만들어진 입자들의 종류가 실험적으로 발견된 것들과 잘 맞아 들어가기를 바랐다.

목표에 도달하기 위해서 그들은 도전에 직면해야 했다. 그 당시에 형식화된 초대칭성은 광범위한 대칭성이었다. 그것은 캔버스 전체를 붉은색으로 칠하듯이 초대칭성이 시공간의 모든 점에서 작용한다는 것을 뜻했다. 힉스 메커니즘 같은 방법을 통해 대칭성을 깨트려 양-밀스와 유사한 게이지 이론을 만들어내려면 그들은 초대칭성을 국부적인 것으로 만들어야 했다. 그것은 시공간의 각 점마다 특정한 변환법칙을 유도해야 한다는 뜻이었다. 화가 조르주 쇠라*처럼 점들로 그림을 그려야 했으며 점에 따른 초대칭성의 미묘한 변화를 찾아내야 했다. 이것은 또한 초대칭성이 일반상대성 이론의 국부적 불변성과도 일치해야 한다는 것을 뜻했다.

몇 달 동안의 고통스런 계산 끝에 1976년 봄에 두 팀은 성공을 선언하고 그들이 얻은 결과를 주요 학술지에 보냈다. 즉시 우선권의 문제가 일어났다. 스토니 브룩 그룹은 그들의 아이디어가 어떤 방법으로든 상대방에게 새어나갔다고 생각했다. 반면에 데저와 주미노의 공동 연구팀은 이 연구가 독립적으로 이루어졌으며 동시에 진행됐다고 확신했다.

데저는 보스턴에서 유럽으로 돌아온 날 아침 4시에 원고의 재작성을 마쳤던 것을 생생하게 기억했다. 그는 휴가를 위해 여러 주 동안 CERN

---

*Georges Seurat, 프랑스의 인상파 화가. 작은 점들로 대상을 그리는 점묘법으로 유명하다.

을 떠나 있었다. 휴가에서 돌아오자마자 그는 논문을 보내도록 주미노의 책상에 놓아두었다.[14] 그들이 결과를 얻은 것은 상대방과 같은 시기였지만 그래서 논문 제출을 며칠 늦어졌다. 그후에 발표된 대부분의 초중력에 관한 논문은 두 그룹의 성과를 동시에 인용했다.

초기의 논문들은 약속된 달콤한 장면을 보여주었고 연구자들은 이 프로젝트를 완성하기 위해 부산을 떨기 시작했다. 연구해야 할 수많은 그룹의 결합과 탐구해야 할 체계가 산적해 있었다. 그중 어느 것이 자연의 비밀을 풀 수 있을지는 알 수 없었다. 물리적으로 정확하고 수학적으로 핵심적인 초중력의 통합을 나타내는 정확한 대칭 그룹과 적당한 차원을 찾기 위한 소모적인 연구가 시작되었다.

강변 왼쪽에서 나온 11차원 동물

파리 출신의 작가들은 항상 센 강의 하류 계층 쪽 강변에 숨어 있는 것에 흥미를 느낀다. 오래전에 낙후한 라틴 구역은 여러 가지 신비스런 이야기의 무대가 되었다. 노트르담의 음울한 처마 장식은 이제 더 이상 강 건너 거리의 개구쟁이들이나, 행상들, 그리고 그 밖의 주름진 사람들을 건너다보고 있지 않지만 한때 그들이 걸었던 미로 같은 거리에는 여전히 햇빛이 그림자를 드리우고 있다. 빅토르 위고의 곱추는 이제 옛날 이야기가 되었지만 한 실험실에서 발명된 11차원의 괴물이 새로운 전설이 되어가고 있었다.

이 창조의 무대는 판테온이라고 부르는 무너져가는 고대 건축물의 이웃에 자리 잡고 있었다. 강변 왼쪽의 가장 훌륭한 건축물 중 하나인

어두운 지하묘지는 프랑스의 가장 위대한 철학자, 작가, 그리고 과학자들의 마지막 안식처가 되었다. 지하 묘지에 묻혀 있는 사람들 중에는 4차원의 창시자 중 한 사람인 조셉-루이 라그랑주도 있다. 살아 있는 동안 그의 말은 학생들로 하여금 공간 밖에 있는 다른 차원을 동경하도록 만들었다. 죽어서는 그의 영혼이 더 큰 차원 영역에서 싸우는 사람들을 돕고 있다. 전하는 이야기에 따르면 많은 이론가들이 초중력 방정식의 특별히 어려운 문제에 대해 '도움을 청하기 위해' 라그랑주의 무덤을 찾았다고 한다.

판테온 건너편에는 또 다른 좁은 미로가 있다. 이 길을 따라 왼쪽으로 돈 다음 다시 오른쪽으로 돌면 고등사범학교의 물리실험실 건물을 만날 수 있다. 그 건물에 있는 크리머의 사무실에서 1978년에 크리머, 줄리아, 그리고 셰르크가 최초로 11차원에서 살아 숨 쉬고 있는 초중력을 추론해냈다.

프랑스 물리학자들이 11차원 모델을 만든 데는 여러 가지 이유가 있다. 다른 연구자들의 계산을 보면 4차원 초중력은 재규격화가 가능하지 않거나 어려웠다. 더구나 보통의 시공간에서 작동하는 대칭 그룹은 자연의 모든 상호작용을 공통된 원리 아래 포함시키는 것이 불가능했다. 완전한 통합을 위해서는 더 큰 경기장이 더 나은 기회를 제공할 것이다.

크리머와 셰르크는 10차원 끈 이론을 다루던 상당한 경험을 가지고 있었다. 1976년에 그들은 여분의 차원이 왜 관측되지 않는지를 설명하기 위해 힉스 메커니즘을 수정한 '자발적 압축'이라는 과정을 발전시켰다. 그들의 모델은 보통의 4차원 시공간을 제외한 다른 물리적 장이 의존성을 잃는 상변화를 포함하고 있다. 즉 차원 사이의 동등성이 사라지고 대부분의 차원(10개 중 6개의 차원)이 압축된 공간으로 변했다. 칼루

고등사범학교의 물리실험실. 파리에 있는 이 연구소에서 유진 크레머, 베르나르드 줄리아, 그리고 조엘 셰르크가 11차원 초중력 이론을 발전시켰다.

차-클라인의 5차원에서와 마찬가지로 이 압축된 영역은 플랑크 크기보다 더 작아 측정이 불가능했다. 플랑크 크기는 측정의 한계를 나타내는 양자 이론적 길이이다.

이러한 메커니즘을 이용하기 위해서 프랑스 연구자들은 10차원의 초중력을 만든 다음 압축을 통해 강한 상호작용, 전약 이론, 중력적 상호작용을 하는 게이지 그룹으로 나누는 시도를 했다. 그러나 10차원 이론은 스칼라장을 가지고 있었고 그것이 문제를 일으켰다. 모든 사람들은 이 문제를 해결하기 위해 노력했다. 마지막에 셰르크가 다른 사람에게 물었다. "이 프로젝트를 끝내려면 우리는 무엇을 해야 되지?"[15]

답은 하나의 차원을 더하는 것이었다. 차원을 하나 더 더하면 스칼라장이 효과적으로 제거돼 모델이 더 잘 작동했다. 크리머가 지적했듯이, 이 방법은 이론적인 필요로 열한 개의 차원을 열 개로 줄이는 것보다 상대적으로 쉬었다(예컨대 끈 이론과 맞추기 위해서).

독일 물리학자 베르너 남의 최근 결과를 통해 그들은 11차원이 '만물의 이론'의 상한선이라는 것을 알고 있었다. 11차원 이상에서는 스핀이 2보다 큰 질량이 없는 장이 나타난다. 스핀이 2이고 질량이 없는 그래비톤이 최대인 자연에는 그런 입자가 없기 때문에 12차원 또는 그 이상의 차원은 생각할 수 없었다.

4차원 초중력을 만들어낸 사람들 중에는 11차원을 즉시 받아들이는 사람도 있었다. 데저는 다음과 같이 기억해냈다. "나 자신을 돌아보면 26차원이나 10차원의 이야기를 들었을 때는 웃음이 나왔다. 그리고 5차원을 기억했다. 그러나 그후 초중력이 나와 11차원이 논의되었을 때 그것은 완전히 정상으로 보였다."[16]

반면에 슈바르츠는 11차원은 너무 많다고 생각할 이유를 가지고 있었다. 영국의 물리학자 마이클 그린에게 요청하여 함께 연구하게 된 그는 초중력이 아니라 초끈이 궁극적인 이론이 될 것이라는 희망을 가지고 있었다. "나는 11차원 초중력이 나타났을 때 약간 당황했다는 것을 인정한다"라고 슈바르츠는 말했다. "나는 연구할 가치가 있는 단 하나의 초중력은 낮은 에너지 상태의 끈 이론에서 나타나는 초중력이라고 생각했다. 그러나 초끈 이론은 10차원만 허용하기 때문에 11차원 초중력의 역할이 남아 있을 것 같지 않다. 나는 이것을 10퍼센트의 오차라고 보았다."[17]

수학적 재능을 지닌 셰르크는 초끈 연구팀이나 초중력 연구팀 모두에게 중요했으며 그들 사이를 연결해주는 핵심적인 역할을 했다. 그러나 비극이 들이닥쳤다. 1980년에 질병과 환각에 시달리던 셰르크가 35세의 나이로 갑자기 세상을 떠난 것이다. 그는 약물 과다복용으로 죽었다. 아마도 자살이었을 것이다.[18] 그의 내부에 살고 있던 악마가 그가 창조한 11차원 괴물보다 훨씬 위험했다는 것이 증명된 것이다. 여러 해 동안 매일 함께 일하던 슈바르츠, 크리머, 그리고 줄리아에게 그의 죽음은 훨씬 더 고통스러운 것이었다.

이른 죽음으로 셰르크는 그가 공동으로 연구했던 분야의 토론에 참여할 수 없었다. 주류 물리학 학술지들은 곧 프로인드와 루빈의 독창적인 논문을 포함해, 11차원 통일 이론이 어떻게 작동하는지에 대한 정밀한 분석을 다룬 논문들의 주 무대가 되었다.

움츠리고 말린 공간

루마니아 태생의 이론가 페터 프로인드의 칼루차-클라인에 대한 관심은 대학 1학년 때 강의실에서 했던 질문에서부터 시작되었다. 1953년에 유명한 수학자 게오르게 브란체아누의 강의에서 프로인드는 전자기력과 중력이 5차원에서 통합될 수 있다는 이야기를 듣고 흥미를 느꼈다. 프로인드는 손을 들고 핵력을 포함시키기 위해서는 어떻게 해야 되느냐고 질문했다. 브란세아누가 아무 대답을 하지 않자 프로인드는 차원의 수를 늘리면 다른 상호작용을 포함시킬 수 있지 않겠느냐고 제안했다. 그는 아마도 차원은 무한히 늘릴 수 있다고 생각했던 모양이다.[19]

고차원에 대한 프로인드의 관심은 수십 년 동안 계속되었다. 그리고 대담한 가설이 위기에 처했을 때 그가 나설 차례가 되었다. 소립자물리학자 조용민(趙庸民, 현재 서울대 물리학부 교수)과 함께 쓴 1975년의 논문은 드비트와 다른 사람들의 연구를 확장하여 고차원적 비가환 게이지 이론이 어떻게 압축될 수 있는지를 보여주었다.

5년 후 그의 학생인 마크 A. 루빈과 함께 프로인드는 잭팟을 터뜨렸다. 그들은 11차원의 초중력이 두 개의 가능한 방법 중 하나로 압축될 수 있다는 것을 결정적으로 증명했다. 한 방법은 일곱 개의 차원을 축소하고 네 개의 차원을 큰 채로 놓아두는 것이었고 다른 한 방법은 네 개의 차원을 축소하고 일곱 개의 차원을 그대로 두는 것이었다. 우리가 살고 있는 공간은 두번째가 아니라 첫번째 가능성에 속했다. 그들은 하나 또는 두 개의 차원만 압축하는 것과 같은 다른 방법은 완전히 불가능하다는 것을 보여주었다.

프로인드와 루빈의 발견은 고등사범학교 그룹의 간단한 우주 역사가 정당함을 증명해주었다. 이 이론의 천재들에 따르면 우주가 시작될 때에는 열한 개의 동등한 차원이 존재했다. 이 원시적 파라다이스에서는 모든 알려진 장과 페르미온과 보존들이 똑같이 상호작용했고 이들 사이에 아무런 차이가 없었다. 이 물체들 사이의 가능한 모든 작용은 똑같은 확률과 같은 세기로 일어났고, 이들 사이에는 주인과 하인이 따로 없었다.

그러나 우주가 식어감에 따라 우주는 진정한 동등성의 상태를 더 이상 유지할 수 없게 되었다. 우주는 상변화를 진행하여 균일하지 않은 바닥상태가 되었다. 4차원의 시공간은 팽창하는 상태로 남겨둔 채 다른 일곱 개의 차원은 말려서 압축된 영역이 되었다. 플랑크 크기보다 작게 된 이 미세한 차원은 그후로 다시는 관측할 수 없게 되었다. 이 과정에서 초대칭성도 함께 붕괴되어 보존과 페르미온이 서로 다른 역할을 맡게 되었다. 시간이 지남에 따라 다른 게이지 대칭성도 깨져서 오늘날과 같이 크게 다른 상호작용과 다양한 입자들을 만들어냈다.

프로인드와 루빈의 논문이 발표되기 직전에 예일의 물리학자 앨런 초도스와 스티븐 데트와일러는 여분의 차원이 어떻게 미세한 영역으로 축소되었는지에 대해서 다른 설명을 제안했다. 그들의 논문 「다섯번째 차원은 어디로 갔는가?」에서는 11차원 초중력에 대한 언급이 전혀 없었다. 11차원 초중력 이론이 최신의 것이어서 그것에 대해 들어본 적도 없는 것 같았다. 그 대신에 이 논문은 칼루차-클라인의 모델로 되돌아가 빅뱅 우주 모델을 약간 수정하여 그것이 가능하다는 것을 보여주었다.

초도스는 그와 데트와일러가 요르단 이후 최초로 칼루차-클라인 우주론을 만들기 위해 어떻게 의기투합했는지에 대한 기억을 되살렸다.

우리가 이 일을 하게 된 것은 일반상대성 이론의 전문가였던 데트와일러가 일반상대성 이론의 카스너 해라고 불리는 것을 알고 있었기 때문이었다. 그 해는 거의 칼루차와 같은 시대로 거슬러 올라간다. 카스너 해는 아인슈타인 방정식의 시간 의존적인 매우 단순한 해였다. 이 해는 일부 차원은 시간이 지남에 따라 커지고 다른 차원은 시간이 지남에 따라 축소된다고 예측했기 때문에 아무도 그 해를 사용하지 않았다. 만약 우리가 단지 4차원의 세계에 살고 있다면 이것은 말도 안 되는 해였다. 그러나 우리는 이 해가 5차원 체계에는 잘 들어맞는다는 것을 알게 되었다. 따라서 우리는 이 해에 관심을 가지고 추구하게 되었다.[20]

다시 말해 초도스와 데트와일러는 더 이상한 빅뱅 모델을 만들어낸 것이다. 이 모델에서는 기하학적인 급격한 변화가 보통 공간을 팽창하게 하고 동시에 여분의 차원을 미세한 크기로 축소시켰다. 이 논문은 프로인드의 초중력에 대한 논문과 스토니 브룩의 대학원생이던 나 자신의 최초 연구 논문을 포함하여 이 시나리오에 바탕을 둔 여러 편의 논문을 이끌어냈다. 이 분야의 초년생이던 나는 초도스와 데트와일러의 생각이 차원을 축소하는 간단하고 흥미 있는 방법이라고 생각했다.

예일 대학의 물리학자 토머스 아펠퀴스트와 함께 쓴 초도스의 후속 논문은 왜 어떤 차원은 다른 차원보다 작은지를 설명하는 다른 방법을 제시하고 있다. 그것은 선택적 축소를 일으키는 카시미르 효과라고 불리는 양자적 현상에 기초를 두었다. 카시미르 효과는 진공 중에서 두 개의 금속판 사이에 발생하는 인력과 관계된다. 예일 대학의 연구자들은 어떻게 밀집한 5차원에서 비슷한 효과가 일어나 플랑크 크기 이하로 축소되는지를 보여주었다. 초도스는 그 논문이 데트와일러와의 연구보다 더 많은 관심을 끌었다고 말했다. 그는 이것이 와인버그와 다른 유명한 물리학자들의 관심을 끈 것을 자랑스러워했다. 당시에는 와인버그, 살람을 포함한 표준적인 입자 모델의 다른 개척자들이 실용성 있는 칼루차-클라인의 통일 이론에 대한 연구에 깊숙이 개입하고 있었다.

좌우대칭의 재난

1981년에 위튼은 서른 살이 되었다. 그 나이에 일부 이론물리학자들과 수학자들은 그들의 최대 업적을 이미 완성했지만(예를 들면 리만과 같이) 위튼은 이제 겨우 수십 년 동안 계속될 경력에 불을 붙였고 아직 격렬하게 타오르고 있었다. 정년을 보장받은 교수로 프린스턴에 정착한 그는 흥미로운 고차원 다양체의 기하학을 연구할 수 있는 자유를 즐겼다. 그는 이것을 통해 궁극적인 실재의 패턴을 나타내는 구성을 알아내려고 시도했다.

그 당시 그가 쓴 논문인 「현실적인 칼루차-클라인의 이론에 대한 연구」는 이 주제의 가능성과 유혹에 대한 그의 통찰력이 깊어졌음을 보여준다. 논문은 이 주제에 대한 뛰어난 역사적 해설이지만 그 아이디어의 제안자도 생각하지 못한 면을 지적하기도 했다. 이 논문은 충분한 개론으로 시작하여 칼루차-클라인의 이론에 익숙하지 못한 독자들을 위해 그때까지 있었던 모든 진전 과정을 설명했다. 위튼은 이 연대기에 오류가 없도록 바르크만과 조심스럽게 의논했다.

역사적인 설명이 있은 후 논문의 본론이 시작되었다. 위튼은 질문했다. "SU(3)×SU(2)×SU(1) 대칭성을 가질 수 있는 다양체의 최소 차원은 무엇인가?"[21] 다시 말해 양자색역학(쿼크와 글루온 그리고 강한 상호작용에서 색깔 교환 메커니즘)과 와인버그 살람의 모델(전약 상호작용의 장이론)을 포함하기 위해서는 몇 개의 차원이 필요한가? 이 대칭 그룹들을 위한 충분한 공간을 포함해야 중력의 시공간 대칭성과 함께 모든 자연의 상호작용을 수용할 수 있는 건물을 지을 수 있다.

위튼의 질문은 결혼을 준비하는 예비부부가 준비해야 할 과정과 비슷한 것이다. 예비부부는 신부의 가족과 친구들, 신랑의 가족과 친구들, 그들의 이웃, 부모님의 이웃, 결혼식 진행자, 결혼식 진행자의 이웃 등을 위해 공간이 얼마나 필요한지를 계산해야 한다. 그런 다음에야 그들은 빌려야 할 식장의 최소한의 크기를 알 수 있다.

위튼은 각각의 게이지 그룹을 위해 필요한 차원의 수를 더해보았다. SU(1)은 원주 위의 운동을 나타내므로 1차원만 필요했다. SU(2)는 구면 위에서의 회전으로 요약할 수 있으므로 두 개의 차원이 관계되었다. 마지막으로 SU(3)는 여러 개의 복소수 변수를 포함한 공간에서의 변환을 나타내므로 네 개의 차원이 필요했다. 이것들을 모두 합하면 일곱 개가 되었다. 여기에 네 개의 시공간을 합하면 11이라는 최소한의 숫자가 얻어졌다. 이것은 초중력의 차원 수와 정확하게 일치하는 것이었다. 11이 차원 수의 **최대 값**이라는 베르너의 주장을 감안하여 추정하면 이 발견은 크리머, 줄리아, 그리고 셰르크의 이론에 특별히 든든한 바탕을 제공하는 것이다. 그들의 주사위는 행운의 숫자를 나타냈던 것이다.

결혼을 앞둔 커플이 예식장을 예약하고 예식장의 크기가 적당하다는 것을 알고는 안심했다. 그러나 손님들이 떠난 후에 새로운 가정을 꾸미는 더 어려운 문제가 남았다. 마찬가지로 위튼이 차원의 수 문제를 해결하고 난 후에 그는 왼손잡이 페르미온과 오른손잡이 페르미온과 관계된 문제, 모든 다른 대칭 그룹의 자발적 붕괴의 문제, 그리고 여러 가지 상수의 값 등과 같은 더 기술적인 문제에 봉착하게 되었다. 그는 이 중에서도 오른손잡이와 왼손잡이의 문제가 가장 어려운 문제라고 생각했다.

오른손잡이와 왼손잡이 페르미온의 문제는 양과 리에게 노벨싱을 안겨준 약한 상호작용의 과정에서 패리티가 보존되지 않는다는 발견과 관계된 문제였다. 패리티는 오른손잡이와 왼손잡이의 대칭성을 나타내는 것으로 하나가 있으면 다른 하나도 있어야 한다는 것을 나타낸다. 그러나 이상한 자연의 변덕에 의해 페르미온의 하나인 중성미자는 단지 왼손잡이만 있었다. 왼손잡이라는 것은 모든 운동에 대해 한 방향으로만 회전한다는 것을 뜻한다. 또 다른 그룹인 반중성미자는 오른손잡이만 존재한다. 반면에 쿼크, 전자, 뮤온 같은 다른 페르미온은 두 종류 모두를 가지고 있다. 오른손잡이와 왼손잡이의 차이는 반대 방향으로 돌리는 오른나사와 왼나사의 차이와 비슷하다. 글래쇼, 와인버그, 그리고 살람이 표준 모델을 발전시킬 때, 그들은 이러한 차이를 이론 속에 포함했다. 그러나 위튼이 밝혀냈듯이 11차원 초중력 모델은 이런 차이를 계산에 넣지 않았으며, 따라서 이 모델에서는 패리티가 보존되었다. 이것은 알려진 물리현상에 확실히 어긋나는 것이었다. 초중력이 모든 것을 포함하기 위해서는 오른손잡이와 왼손잡이를 구별할 수 있도록 수정해야 했다.

그 문제는 운전자가 길의 어느 쪽으로도 운전할 수 있는 새 고속도로를 설계하는 토목기사의 문제와 비슷하다. 그는 고속도로 가운데를 중앙 분리대로 나누었으며 한 길의 우측 차선에서 다른 길의 좌측 차선으로 들어갈 수 있는 진입로를 만들었다. 따라서 우측에서 운전하든 좌측에서 운전하든 아무 차이가 없었다. 사람들은 즉시 그의 계획을 맹렬히 비난할 것이다. 그들은 고속도로의 우측통행 규칙이 도로의 한쪽으로만 운행하도록 되어 있다는 것을 지적할 것이다. 그들은 이렇게 좌우를 구별하지 않은 도로는 사고를 내게 할 것이라고 주장할 것이다. 늦게야 그런 사실을 알게 된 토목기사는 차선 사이의 직접적인 연결을 제거해 그의 설계를 수정해야 할 것이다.

크리머, 줄리아, 그리고 셰르크가 제안한 모델은 우아하고 간단했다. 그것은 정확한 수의 차원을 가지고 있었다. 그러나 차선 사이의 모든 연결을 가능하게 한 고속도로처럼 너무 대칭적이었다. 자연의 설명할 수 없는 편견에 맞추기 위해서는 좌측과 우측을 구별하는 방법을 배울 필요가 있었다.

일단 위튼이 높은 기대의 댐을 터트리자 다른 문제들이 쏟아져 나왔다. 그가 루이 알바레즈 가움과 함께 논문에서 제안한 고차원 초대칭성 이론은 쉽게 상쇄시켜버릴 수 없는 '변칙'이라고 불리는 수학적 문제에 시달렸다. 이 결점은 에너지보존법칙과 같은 물리학 원리를 위배하고 음의 확률 같은 이상한 것을 가능하게 했다. 어떤 특정한 장소에 있을 확률이 0보다 **작은** 경우를 상상해보라.

또 다른 걱정거리는 초중력의 재규격화가 처음 생각했던 것보다 훨씬 더 어렵다는 것이었다. 초대칭성의 조건을 만족시키는 일부의 게이지 그룹은 표준 모델에 맞지 않는 것 같아 보였다. 마지막으로 이해할 수 없을 정도로 큰 우주상수 값도 해결될 희망이 거의 보이지 않는 문제 중 하나였다(우주상수는 반중력을 나타내는 상수로 아인슈타인이 도입했다가 후에 폐기했다).

1980년대 초에는 초중력 전문가들이 이런 문제들을 해결하기 위해 끊임없이 노력했다. 장이론의 창시자들과 전 세계에서 온 많은 젊은 연구자들이 이러한 노력에 참가했다. 이 기간 동안에 초중력 문제 해결을 위해 전력을 기울인 영국의 물리학자 중에는 (살람의 학생이었고 데저의 박사후 연구원이었던) 마이클 J. 더프, 개리 기본스, 피터 웨스트, 그리고 많은 다른 사람들이 포함되어 있다. 이밖에노 벨기에의 프랑세스 엥글러트, 네델란드의 베르나르트 데 비트, 독일의 헤르만 니콜라이, 이탈리아의 리카르도 다우리아와 피에트로 프레, 스웨덴의 E. W. 닐슨, 그리고 미국의 N. 포프, S. 제임스 게이트 주니어, 와렌 시겔 같은 사람들이 이 주제의 연구를 위해 헌신했다.

그 당시 스토니 브룩의 대학원학생이던 나는 초중력 연구자들의 초인간적인 집중력에 경탄했다. 그들은 방학, 휴일, 저녁, 주중, 그리고 주말을 가리지 않고 한결같이 파인먼 다이어그램이 만들어내는 풍경 속에서 소풍을 즐겼다. 그리고 이 그룹의 지도자격이었던 반 니우벤하이젠은 누구보다도 더 열심히 일했다. 그는 한밤중에도 이론물리학 연구소에서 연구하는 것이 일상이었고 학회에서 돌아오는 비행기에서 내리는 즉시 다른 일을 시작했다. 나는 언젠가 그가 이른 시간에 달러화 없이 네덜란드 화폐만을 주머니에 넣고 고향 네덜란드에서 돌아왔던 때를 기억하고 있다. 내가 그에게 몇 달러를 빌려주었을 때 그는 네덜란드 화폐를 대신 주겠다고 우겼고 다음날 우리는 다시 교환했다. 이 문제를 해결하려고 얼마나 많은 노력을 기울이는지를 보면서 나는 내가 이 문제에 작은 도움을 주는 특권을 가지고 있다고 생각하기도 했다.

좋은 진동

거의 십 년 동안 육감적인 초중력은 최고의 대학원생들, 박사후 연구원들 그리고 젊은 교수들을 유혹했다. 심지어는 흠집이 나타나도 이 연구자들은 약간의 연마로 다시 빛나게 할 수 있을 것이라는 희망을 가지고 그들의 소중한 보석에 매달렸다.

같은 기간 동안에 초끈 이론은 가난하고 장래가 불투명한 사촌이었다. 한때 초중력에 동기를 제공하기도 했지만 그러한 제안이 너무 급진적으로 보였다. 표준적인 전약 이론의 명백한 성공을 본 장 이론가들은 우리에게 익숙한 입자들을 이상한 진동하는 끈으로 대치해야 할 이유가 없다고 생각했다.

초끈 이론에 대한 지지가 매우 낮아 이 이론의 초기 제안자 중 한 사람인 존 슈바르츠는 여러 해 동안 칼텍에서 정년을 보장받지 못했다. 또 다른 초끈 이론의 옹호자인 마이클 그린은 미국보다는 새로운 이론에 대해 관대한 영국 퀸 메리 칼리지의 유명하지 않은 교수로 남아 있어야 했다.

1984년에 그린과 슈바르츠는 힘을 합쳐 그들 생애 최대의 업적을 이루어냈다. 꼼꼼한 계산을 통해 그들은 적어도 하나의 10차원 초끈 이론이 완전히 모순이 없다는 것을 증명해낸 것이다. 그들은 이미 그들의 체계에 무한대가 개입되지 않았다는 것을 증명했기 때문에 재규격화의 필요성도 없었다. 무한대가 없는 이유는 끈은 점이 아니라 늘어날 수 있는 물체이므로 0으로 나눌 일이 없기 때문이다. 이것은 초중력에 비해 두 가지 중요한 장점이었다. 그들이 이 결과를 아스펜에서 열린 학술회의에서 발표했을 때 청중들은 이 모델의 새로운 모습에 깜짝 놀랐다. 초라한 학생이 파티를 위해 잘 차려입었을 때처럼 그들의 이론은 많은 사람들의 시선을 끌었다.

프린스턴에서 그들의 계산을 재확인하고 위튼은 이 이론에 대한 열광적인 지지를 선언했다. 잘 알려진 수학 천재의 열렬한 후원으로 끈 이론은 많은 뛰어난 물리학자들의 지지를 얻을 수 있었다. 겔만은 이 이론을 축복하면서 '아름다운 이론'이라고 했고, 와인버그는 '진행되고 있는 유일한 게임'이라고 선언했다.[22] 반면에 같은 물리학자들이 초중력 이론에 대해서는 어제 먹다 남은 식은 죽 같다고 생각했다. 겔만은 학회에서 "11차원 초중력 으!" 하고 말하기도 했다.[23] 첫번째 초끈 이론 혁명은 슈바르츠와 그린이 시작했고 위튼이 그 뒤를 이었다(지금은 M-이론의 출현을 **두번째** 혁명이라고 부르기 때문에 이것은 **첫번째** 혁명이라고 부른다).

이 주제에 새로 참여하게 된 연구자들은 자연을 이루는 기본적인 단위가 점입자 대신에 진동하는 끈이라는 핵심적인 개념에 쉽게 익숙해졌다. 끈에는 두 가지 종류가 있다. 하나는 열린 끈이고 다른 하나는 닫힌 끈이다. 열린 끈은 두 개의 끝점을 가지고 있는 끊어진 실과 같다. 닫힌 끈은 고리 모양을 하고 있는 고무 밴드와 비슷하다.

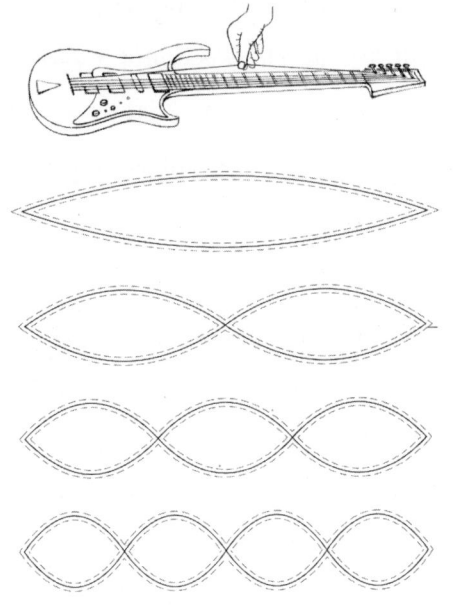

기타 줄을 튕기면 정수개의 마루를 가진 정상파가 만들어진다. 관측이 가능하지 않을 만큼 작은 끈의 진동을 포함하고 있는 초끈 이론에서 각각의 진동 패턴은 특정한 입자의 성질과 관계된다.

끈들의 크기는 이전에 알려진 어떤 것보다도 작아 10^{-33}cm 정도이다. 이 끈들을 이어 1cm의 끈을 만들려면 천조 개의 끈 뭉치 십억 개를 모아놓은 것을 다시 십억 배 한 만큼의 끈이 있어야 한다. 끈의 크기는 이 정도로 작아서 만약 수소 원자를 은하만큼 확대해도 그 속에 포함되어 있는 끈의 크기는 겨우 먼지 알갱이 정도이다. 따라서 어떤 실험도 입자가 가지고 있는 끈의 성질을 직접 밝혀낼 수는 없다.

끈은 지미 헨드릭스가 다양한 선율을 만들어내는 것과 같은 방법으로 자연의 전혀 다른 성질을 만들어낸다. 음악가가 기타 줄을 튕길 때마다 기타 줄은 단지 기본 모드의 정수배로 정해지는 진동수로만 진동할 수 있다. 진동에 나타나는 마루의 수는 하나, 둘, 또는 정수 개이다. 양 끝이 고정되어 있기 때문에 정수 개가 아닌 마루의 수는 존재할 수 없다. 음악에서는 이것이 고유한 소리를 만들어내고 물리학에서는 이것이 불연속적인 에너지 준위를 만들어낸다. 드브로이는 이것을 원자 주위를 돌고 있는 전자에 대한 양자적 설명에 성공적으로 적용했다. 이제 끈 이론은 전자(그리고 다른 입자들) 자체가 아주 작은 진동의 한 형태라고 제안한 것이다.

끈 이론에서는 소립자들의 전하, 질량, 스핀과 같은 기본적인 성질은 다양한 진동과 구성에 해당한다. 같은 끈이라도 다른 방법으로 진동하면 다른 입자가 되는 것이다. 예를 들면 질량이 큰 뮤온은 전자보다 진동수가 큰 진동을 하고 있다. 보존과 페르미온은 서로 다른 방향으로 진동한다. 끈의 진동에는 무한대의 다른 방법이 존재하기 때문에 그들은 알려진 모든 입자들은 물론 아직 발견되지 않은 입자들도 만들어낼 수 있다.

기타를 튜닝하는 것처럼 끈의 장력과 같은 변수를 바꾸면 진동 가능성의 범위를 조절할 수 있다. 장력이 크면 클수록 끈은 진동하기가 더 어려워진다. 이것은 더 큰 에너지를 가진 진동 모드를 만들어내고 더 가깝게 분포한 파동 모양을 만들어낸다.

그러나 초끈과 기타 줄의 근본적인 차이는 (물론 크기는 예외로 하고) 초끈은 자유롭게 움직일 수 있다는 것이다. 실제로 그들은 고차원 세계에 살기 때문에 운동할 수 있는 방향이 훨씬 많다. 확장된 시공간 다이어그램에 기록한다면 그들의 운동 궤적은 입자의 운동 경로를 일반화한 '세상 면'world sheet이 될 것이다. 세상 면은 끈이 시간이 흐름에 따라 움직여가면서 한 올 한 올 짜놓은 파동 치는 모습의 커튼이나 관 모양일 것이다.

끈은 여러 가지 방법으로 합치거나 나눌 수 있다. 끈의 순간적인 연

전약 게이지 이론의 공동 창시자인 압두스 살람
이 초끈 이론의 공동 창시자인 존 슈바르츠가
디랙 메달을 들고 있는 것을 자랑스럽게 바라보
고 있다.

결은 입자의 충돌이나 붕괴에 해당한다. 근사적인 파인먼 다이어그램에
서는 세상 면이 합쳤다가 다시 분리되는 것으로 나타난다. 끈 이론가들
은 자연에서 일어나는 과정을 나타낼 수 있기를 바라며 이런 모델을 끈
의 상호작용을 설명하는 데 이용한다.

초끈 이론의 초기 제안자들은 그들의 성취로 인해 많은 영예를 얻었다.
슈바르츠는 프린스턴이 그의 정년 보장을 거부하고 20년이 흐른 후 마
침내 칼텍에서 정년을 보장받았다. 그는 1988년에 파인먼이 죽은 후 그
의 사무실로 옮겼다. 1989년에 이론물리학 국제 센터는 그린과 슈바르
츠에게 권위 있는 디랙 메달을 수여했다. 4년 후 그린은 케임브리지의 정
교수가 되었다. 위튼은 1985년에 디랙 메달을 받았고 1990년에는 수학
분야의 노벨상인 필즈상을 받았다. 이미 1982년에 위튼에게 천재상을
수여한 맥아더 재단은 1987년에는 같은 상을 슈바르츠에게 수여했다.

부자의 당황

그린과 슈바르츠가 변칙이 없는 초끈 이론에 대한 논문을 발표한 후일 년 내에 많은 물리학자들이 다른 경쟁적인 모델을 발견했다. 그 모델들은 모두 다른 종류의 대칭성에 기초를 둔 것으로 자체의 고유한 특성을 가지고 있었다. 곧 연구자들은 모델들을 다섯 가지로 구분했다. 이다섯 가지의 변형된 형태들은 유형 I, 유형 IIa, 유형 IIb, 이형 O형, 그리고 이형 E형이라고 불린다. 초기의 모델인 유형 I은 열린 끈과 닫힌 끈을 포함하고 있다. 다른 것들은 오직 닫힌 끈만 있다. 유형 IIa는 좌우를 구별하지 않지만 다른 것들은 오른손잡이와 왼손잡이를 구별한다.

위튼의 학과에서 이형 끈 이론을 연구한 네 사람의 물리학자, 즉 데이비드 그로스, 제프리 하비, 에밀 마르티넥 그리고 리안 롬은 '프린스턴의 현악 사중주'라고도 불렸다. 그들은 각각의 끈 이론을 섞어 음악회에서 더 큰 하모니를 만들어내는 방법을 발견했다.

이형異型, heterotic이란 말은 생물학에서 예전부터 사용해온 말이다. 그것은 혼합종의 자손이 부모보다 나은 특성을 가지는 경향을 나타내는 말이다. 끈 이론의 경우에 이 말은 순수한 보존의 이론과 초대칭성 이론의 결합이 부분들의 합보다 더 큰 전체를 형성할 수 있다는 것을 나타낸다.

닫힌 끈의 경우에는 파동이 고리를 따라 시계 방향이나 시계 반대 방향으로 전파될 수 있다. 이 두 가지 가능한 방향이 오른손잡이와 왼손잡이 사이의 자연의 비대칭성을 나타내는 데 적당한 이론을 만들 수 있게 한다. 이것은 두 개의 동심원을 따라 남자는 한 방향으로만 돌고 여자는 반대 방향으로만 돌면서 추는 춤과 같다. 남자 대신에 10차원에 살고 있는 초끈으로 대치하고 여자 대신에 26차원에 살고 있는 보존으로 대치하면 프린스턴 현악 사중주가 연주해내는 파티의 모습을 상상할 수 있다.

'춤 상대'가 잘 어울리도록 하기 위해서 보존 끈은 그들의 26차원 중 16차원을 숨겨야 한다. 여분의 차원은 압축된 공간에 말려 있어야 한다. 여분의 공간은 매우 작지만 광범위한 형태의 대칭성을 가지고 있다. 프린스턴 연구자들이 알아냈듯이 그것은 각각 특정한 대칭성에 대응하는 게이지 장을 표준 모델의 입자들과 여분의 입자들을 만들어내는 데 충분하게 가지고 있다.

그러는 동안에 텍사스 오스틴의 필립 칸델라스, 캘리포니아 대학 산타 바바라의 앤드류 스트로밍거와 개리 호로위츠와 함께 위튼은 끈 이론의 말려 있는 차원을 설명하기 위한 적절한 기하학을 발견했다. 여분의 차원을 원으로 나타낸 오스카 클라인의 모델이나 뭉개진 초구와 초도넛으로 나타낸 칼루차-클라인 이론의 고차원적 일반화와는 달리 초끈 이론은 좀더 이상한 구조를 요구했다. 연구자들은 10차원 초끈 이론에서 여분의 6차원을 압축하는 올바른 방법은 **칼라비-야우 공간**이라고 부르는 비스킷 모양의 형태라는 것을 발견했다. 펜실베이니아 대학의 수학자 유제니오 칼라비와 하버드 대학의 수학자 싱 퉁 야우의 이름에서 유래한 이 공간의 구조는 수만 가지가 존재할 수 있다. 각각의 구조는 캘리포니아의 유카나무처럼 특정한 방법으로 뒤틀려 있다. 주어진 칼라비-야우 공간의 특정한 위상—특히 구멍의 개수—은 대칭성과 그것이 나타내는 물리적 모델의 성질을 지배한다.

각각 수백 가지의 게이지 장과 수천 가지의 압축 방법을 가지고 있는 다섯 가지의 경쟁적인 초끈 이론으로 과학자들은 수학적 풍부함을 즐길 수 있었다. 그들은 곧 현실적 제한이 선택의 폭을 좁혀 유일한 '만물의 이론'을 가려낼 것이라고 생각했다.

1980년대 후반까지는 어떤 모델도 제거되지 않았고 풍부한 가능성은 당황스러움이 되었다. 자연은 구별할 수 없는 수많은 선택이 아니라 올바로 기술하는 하나의 이론을 필요로 했다. 더구나 실험 결과는 이 중 어느 한 가지 이론도 지지하지 않았다. 심지어는 일반적인 초대칭성의 증거도 찾아내지 못했다. 예측했던 많은 입자들은 검출되지 않았다. 글래쇼와 같은 회의론자들은 이론물리학계는 모든 달걀을 칼라비-야우의 바구니에 담지 말아야 한다고 요구하며 비판 강도를 높였다. 통일 이론의 학술회의에서 그는 다음과 같이 끝나는 시를 읊었다.

만물의 이론, 만약 당신이 충분히 대담하다면
끈 원환체 이상의 어떤 것이리라.
당신의 지도자 중 일부는 늙고 굳어져서
혼자서 이형을 믿을 수 없나니
우리의 충고를 마음에 두어 당신도 당하지 않도록 하라—
책은 끝나지 않았나니 마지막 말은 위튼이 아닐지라.[24]

파인먼은 그의 마지막 인터뷰에서 끈 이론이 터무니없는 것이라는 생각을 드러냈다. "나는 내가 아직 젊었을 때 나이 많은 사람들은 새로운 아이디어에 대해 잘 이해하지 못한다고 말했었다…… 아인슈타인이 양자역학을 받아들이지 않았던 것처럼. 나는 이제 늙은 사람이 되었다. 그리고 이것은 새로운 생각이며 나에게는 이것이 미친 것으로 보인다. 그들이 잘못된 길을 가고 있는 것 같다."

중력양자 이론의 대안으로 시라큐스에서 개발된 루프 이론loop theory

이 나온 것은 그때쯤이었다. 그 이론은 진동하는 끈이나 초대칭적인 입자 또는 뭉개진 여분의 차원에 대한 믿음을 필요로 하지 않았다. 그것은 일반상대성 이론 자체를 새롭게 보는 방법이었다.

기하학을 넘어서

수십 년 동안 시라큐스의 상대론 그룹을 지도하면서 페터 베르크만은 매주 맨해튼의 북서쪽 근처에서 통근했다. 처음에는 기차로 통근했고 그후에는 비행기를 이용했다. 기차로는 먼 여행이었다. 먼저 허드슨 강변의 모든 주요 마을에 정차한 기차는 모호크에 이르는 시골 역에 모두 정차했다. 기차가 시라큐스 역에 도착했을 때쯤에는 하루가 거의 다 지났을 때였다. 다른 사람이라면 그렇게 피곤한 기차 여행에 지쳤을 법도 하지만 베르크만은 생각할 충분한 시간을 가질 수 있는 것을 즐겼다. 더구나 어느 방향으로든 여행은 가치 있는 것이었다. 한쪽 끝에는 능력 있는 동료들과 학생들이 기다리고 있었고 다른 한쪽에는 사랑하는 아내 마르고트와 두 아들의 밝은 얼굴이 기다리고 있었다.

1979년 아인슈타인 탄생 100주년과 1982년에 있었던 정년퇴임은 베르크만 자신의 인생을 돌이켜보도록 했다. 아인슈타인과 보냈던 일들을 돌아보는 가운데 그는 5차원 통일 이론을 위해 함께 일했던 것을 생각해냈다. 그는 양자중력 분야에서 이루어진 진전에 대해 이야기했고 그 분야의 미래에 대해 생각해보았다.

베르크만과 시라큐스 그룹은 초중력과 초끈 이론에 관심이 있었고 그런 주제의 논문을 발표하기도 했지만 달리는 마차에 뛰어오르고 싶지 않았다. 그들의 접근 방법은 아인슈타인의 이론에 대한 새로운 통찰력을 바탕으로 양자중력의 발전을 위해 한 단계 한 단계 밟아가는 것이었다. 천천히 달리는 기차가 통과하는 모든 점들처럼 그들은 로젠펠트로부터, 베르크만, ADM 형식을 위한 디랙의 초기 연구, 휘어진 공간에서의 장이론, 일반상대성 이론의 스피너 형식화 등으로 이어지는 일련의 이정표 속에서 양자중력을 보았다. 궁극적인 목표는 일반상대성 이론과 양자 이론이 함께 보존될 수 있는 공통의 장을 찾아내는 것이었다. 그러나 그것은 긴 여행이 될 터였다.

이 이론이 만나는 장소는 시공간 자체이거나 물리적 거리를 측정할 수 있는 기하학일 필요가 없다고 베르크만은 강조했다. 베르크만은 아인슈타인의 말을 인용하기를 좋아했다. "거리를 다른 물리량과는 다른 특별한 종류의 양이라고 생각해서는 안 된다." 다시 말해 "물리를 기하학으로 축소해서는 안 된다"[26]는 것이다.

베르크만은 퇴임한 후 그의 친구 엥겔베르트 슈킹이 친절하게 사무실을 마련해준 뉴욕 대학에서 퇴임 후의 직책을 맡았다. 시라큐스 그룹은 베르크만의 철학을 계속 유지하여 시공간에서 점들 사이의 거리를 나타내는 배경 계량에 의존하지 않는 일반상대성 이론의 기술을 찾아내려 했다. 그들은 시공간의 거리는 양자 이론에서 다룰 수 있는 양에 종속되어야 한다고 생각했다.

1986년에 물리학자 아미타바 센과 압헤이 아쉬테카르는 시공간 구조 위에서가 아니라 내재하는 연결에 근거하여 일반상대성 이론의 새로운 형식을 발전시켰다. 표준적인 일반상대성 이론에서 연결은 시공간의 곡률이 마리우스와 다리우스가 북극을 향해 걸어가는 경우 같은 벡터의 평행이동(두 개의 다른 경로를 통해 평행하게 이동하는)에 어떤 영향을 끼치는지를 나타냈다. 센-아쉬테카르 형식에서는 특별한 종류의 연결이 기본적인 변수가 되었다. 이것은 아인슈타인 방정식의 양자화를 좀 더 쉽게 받아들일 수 있도록 했다. 연결은 SU(2) 비가환 게이지 그룹과 비슷한 성질을 가졌다. 따라서 새로운 형식화는 일반상대성 이론을 양-밀스 형태의 이론으로 바꾸어놓았다.

새로운 형식화를 가지고 그 당시 예일 대학에 있던 물리학자 리 스몰린과 카를로 로벨리는 양자중력의 휠러-드비트 방정식의 해를 구하려고 시도했다. 그들의 연구 이전에는 이 방정식의 해가 거의 알려져 있지 않았다. 따라서 몇몇 지도적 연구자들은 이 시도가 막다른 골목에 부딪힐 것이라고 결론지었다. 놀랍게도 스몰린과 로벨리는 루프 체계 속에서 방정식을 풀 수 있다는 것을 발견했고 그것을 연결과 관련지었다.

스몰린은 시라큐스로 옮겨 아쉬테카르가 이끄는 '루프 이론' 상대론자들의 새로운 그룹과 합세했다. 로벨리도 피츠버그 대학의 교수가 되기 전에 얼마 동안 이 그룹과 시간을 함께 보냈다. 시라큐스의 공동 연구는 루프의 형식을 중력의 양자적 기술로 확장하여 우주가 어떻게 거품 같은 물질로부터 형성되었는지를 보여주었다. 그들의 모델은 양자 수준에서의 기하학에 대한 휠러의 초기 생각이 폭풍이 부는 날의 바다처럼 공허하다는 것을 깨닫게 했다. 그것은 또한 물리학을 시공간에 대한 특정한 생각으로부터 분리시키려는 베르크만의 목표가 진전하도록 도왔다.

그들의 연구로 좋은 평가를 받은 루프 그룹은 다른 대학에도 가지를 뻗었다. 1994년에 아쉬테카르는 펜실베이니아 주립대학의 중력 물리학과 기하학 연구 센터의 소장이 되어, 스몰린과 함께 그곳으로 갔다. 그 후 2001년에 스몰린은 캐나다 워털루 페리메터 연구소의 소장으로 임명되었다.

베르크만은 인생의 후반에 그가 할 수 있는 한 참가하면서 큰 흥미를 가지고 양자중력에서의 이러한 발전을 지켜보았다. 마르고트가 죽은 후 그의 건강도 나빠졌다. 그들은 독일의 슈바르츠발트에서부터 뉴욕의 리버사이드 파크에 이르기까지 65년 이상 인생 여행을 함께한 가장 좋은 친구였다.

베르크만이 죽기 직전인 2002년에 미국 물리학회는 휠러와 그에게 중력 물리학에 대한 기여로 제1회 아인슈타인상을 수여했다. 휠러는 베르크만이 머물렀던 베르크만의 아들 집을 방문해서 따뜻한 축하의 메시지를 남겼다. 슬프게도 베르크만은 휠러의 진심어린 방문을 알지 못한 채 세상을 떠났다.

역동적인 이중성

20세기의 마지막 10년 동안 외부 사람들에게는 두 가지 중요한 양자 중력 이론인 끈 이론과 루프 이론은 매우 비슷해 보일 것이다. 결국 두 가지 모두 작은 1차원적인 줄과 관계된 중력 모델이다.

그러나 근본적인 수준에서 두 모델은 큰 차이가 있었다. 끈 이론은 중력과 다른 힘들을 통합하여 만물의 이론이 되려고 시도하고 있었고 루프 이론은 그런 주장을 하지 않았다. 루프 이론은 일반상대성 이론을 잘게 나누어 양자 이론이 소화할 수 있는 크기로 만드는 것이 목적이었다.

더구나 끈 이론은 고차원 영역에서만 의미를 가지는 칼루차-클라인 이론이었다. 그것은 실험물리학자들이 찾아내려고 했지만 실패한 가상적인 입자와 대칭성을 포함하고 있었다. 반면에 루프 이론은 아인슈타인의 표준적인 4차원적인 접근 방법을 교묘하게 재정리한 것이었다. 따라서 좋건 나쁘건 많은 상상력을 필요로 하지 않았다.

마지막으로 끈 이론은 물리량을 계산할 때 섭동적인 계산 방법에 의존했다. 이것은 특별한 파인먼 다이어그램을 합하는 것을 포함한다. 이 방법이 제대로 작동하기 위해서는 상호작용하는 에너지가 상대적으로 작아야 한다. 반대로 루프 이론은 우주 초기의 조건과 같은 높은 에너지 상태에 적용되는 비섭동적인 모델이었다. 그것의 저에너지 한계는 일반 상대성 이론 그 자체였다.

이론물리학의 역사를 통해서 다양한 문제들이 섭동적인 방법과 비섭동적인 방법으로 분류됐다. 물리학자들은 방정식의 정확한 해를 구하는 것이 어렵거나 불가능할 때 자주 섭동적인 방법을 사용했다. 이 방법은 매우 정교한 근사를 통해 단계별로 해답을 찾아가는 방법이다.

예를 들어 나무의 부피를 알아내려고 한다고 가정해보자. 우선 나무의 높이와 나무의 지름을 잴 것이다. 그런 후에 전체 부피를 예측한다. 이것은 어느 정도 받아들일 수 있는 대략의 값이다. 그런 다음에는 여기에 큰 가지들의 부피를 더할 것이고 다음에는 잔가지들의 부피를 더할 것이다. 이러한 접근을 통해서 참값에 가까운 값을 얻어낼 수 있을 것이다.

반면에 비섭동적인 방법은 문제의 정확한 해답을 구하기 위해 물리학적 또는 수학적 원리를 이용한다. 때로는 복잡한 방정식을 간단하게 만들기 위해 내재적인 대칭성이나 보존법칙을 이용한다. 예를 들어 나무의 부피를 결정하는 비섭동적인 방법은 나무를 뿌리째 뽑아 물속에 넣어보는 것이다. 그런 후에 물이 넘치는 양을 측정한다. 물리법칙대로라면 흘러넘친 물의 양은 나무의 부피와 같다. 그러나 나무가 크다면 이 방법을 사용하는 것이 말처럼 쉽지 않을 것이다.

점차로 1980년대와 1990년대에 끈 이론의 비섭동적인 확장이 나타 났다. 이 새로운 접근은 1차원적인 끈뿐만 아니라 11차원 우주 안에서 의 진동인 멤브레인(Membrane, 막膜이라는 뜻)이라고 알려진 2차원 또 는 그 이상의 차원을 가지는 물체도 포함하게 되었다. 이 늘어진 물체는 다른 물체—또는 1차원적인 끈 자체—와 개개의 수학적 규칙의 지배 를 받는 특별한 관계를 이루고 있었다. 이 규칙은 정확했기 때문에 통합 의 기준을 제공하고 초끈 세계를 정돈했다.

입자가 점이 아니라 멤브레인이라는 아이디어는 1960년대 디랙의 제 안으로 거슬러 올라간다. 1980년대에 끈 이론이 인기 있는 이론이 되기 전에는 디랙의 제안에 대해 알고 있는 사람은 거의 없었다. 그후 1차원 적인 물체가 인기를 얻게 되자 2차원 또는 더 높은 차원의 존재를 포함 시키자는 목소리가 커졌다(물체의 차원과 공간 자체의 차원성은 구별해 야 한다. 이 둘은 일반적으로 다르다).

마침내 1986년에 텍사스 대학의 연구원 제임스 휴스, 준 리우, 그리 고 조셉 폴친스키가 확장된 물체의 초대칭성 이론을 최초로 제안했다. 그들이 초멤브레인이라고 부른 것은 진동할 수 있으며 보존이나 페르미 온처럼 행동하는 다차원적인 형태였다. 그리고 1987년에 그로닝겐 대 학의 물리학자 에릭 베르그쇼에프, ICTF의 에르긴 세치진, 그리고 케 임브리지 대학의 폴 타운젠드는 초중력의 특성을 가지고 11차원 우주 에서 이리저리 흔들리는 2-브레인(2차원적 초멤브레인)의 모델을 고안 했다. 타운젠드는 p-차원 브레인을 p-브레인이라고 불렀는데 여기서 p는 차원의 수를 나타낸다.

같은 해에 영국 물리학자 마이클 J. 더프, 폴 하우, 그리고 켈로그 스텔은 일본 물리학자 이나미 다케오와 함께 원통을 둘러싸고 있는 종이 수건처럼 둥글게 말려 있는 2-브레인은 초끈과 비슷한 성질을 가진다는 것을 증명했다. 실제로 11차원에서의 2-브레인은 10차원의 끈과 같아 보인다. 이 모든 결과는 멤브레인 이론, 끈 이론, 그리고 초중력 이론이 서로 밀접한 관계를 가지고 있다는 것을 나타낸다.

비슷한 시기에 더프, 타운젠드, 그리고 다른 사람들은 다양한 멤브레인과 끈 모델 사이에 놀라운 이중성이 있다는 것을 발견했다. 이중성이란 여러 가지 변수를 교환해도 비슷한 결과를 나타내는 이론물리학적 성질을 나타낸다. 그것은 크게 다른 성질을 가지는 모델 사이의 흥미 있는 연결을 제공한다.

예를 들면 다섯 살 먹은 사람과 아흔다섯 살 먹은 사람이 영화관으로 들어가기 위해 표를 사고 있는 경우를 생각해보자. 그들 뒤에 서 있는 쉰 살 먹은 사람은 앞의 두 사람은 입장료를 반만 내지만 자신은 전액을 내야 한다는 것을 알게 될 것이다. 어쨌든 적은 나이와 많은 나이의 이중성은 그들 두 사람을 할인 영역에 포함시켰지만 중간 나이의 사람은 제외했다.

예를 들어 더프는 그런 종류의 이중성이 1차원적 끈과 5차원적 멤브레인 또는 5-브레인 사이를 연결한다는 것을 보여주었다. 이러한 이중성은 장 방정식에서 전기 부분과 자기 부분을 위한 차원의 수를 교환하는 것을 포함한다. 1990년에 스트로밍거는 5-브레인이 이형 끈 이론에서 약한(다른 끈과의 상호작용이 약하다는 뜻) 끈의 동반자로서 함께 나올 수 있다는 것을 증명했다. 어쨌든 고차원의 해변에서 모든 작은 1차원 물체는 큰 질량을 가지는 5차원 물체를 동반하고 있었다. 더구나 신의 정의가 이중성을 부여한 것처럼 더 가는 끈은 더 살찐 5-브레인을 동반하고 있었고 그 반대도 사실이어서 끈들은 차원적으로 주어진 최선의 보디가드를 가질 수 있었다. 이러한 관계는 끈과 멤브레인의 운명이 서로 단단히 묶여 있다는 강력한 증거를 제공했다.

그러나 더프가 지적했듯이 그 당시 대부분의 끈 이론가들은 멤브레인 이론을 알고 싶어하지 않았다. "내가 알고 있는 한 끈 이론가는 가까운 곳에서 '멤브레인'이라는 말이 언급되기만 하면 귀를 막았다. 실제로 나는 더 보수적인 끈 이론 동료들에게 M-월드라는 말을 하지 못하게 한다고 불평하곤 했다."(27)

초끈 이론이 인정을 받기 위해서 위튼과 같은 존경받는 사람의 축복이 필요했듯이 멤브레인 이론이 받아들여지기 위해서도 같은 물리학자의 축성이 필요했다. 어떤 이중성 관계는 그에게 다섯 가지의 모든 초끈 모델이 하나의 브레인 아래 통일될 수 있다는 확신을 심어주었다. 그는 즉시 그 소식을 널리 알렸다.

모든 이론의 어머니

1995년 2월에 남캘리포니아 대학에서 열린 초끈 이론 학술대회에서 흥분 속에 강단으로 올라간 위튼은 'M-이론'이라는 이름의 새로운 통일장 이론의 시작을 알렸다. 이것은 두번째 초끈 이론 혁명이라고도 알려져 있다. 더프, 타운젠드, 스트로밍거, 그리고 다른 사람들의 연구를 바탕으로 그는 알려진 모든 종류의 끈을 하나의 접근 방법으로 연결하는 방법을 발견한 것이다. 이제 더 이상 다섯 가지 경쟁하는 모델이 존재하지 않았다. 이제는 단 하나만 남았다.

위튼은 다섯 종류의 끈을 S-이중성, 그리고 T-이중성이라고 부르는 두 가지 다른 종류의 이중성을 이용하여 하나로 용접했다. S-이중성은 물리학자 클라우스 몬토넨과 데이비드 올리브의 가정에 근거를 두고 아쇼크 센과 다른 사람들이 더 발전시킨 약한 결합상수(상호작용 세기를 나타내는)와 강한 결합상수의 교환과 관계된 것이다. T-이중성은 초기의 초끈 이론 계산에 근거한 것으로 작은 압축 반지름과 큰 압축 반지름의 대체와 관계된 것이다. 다시 말해 클라인의 작은 원과 천문학적인 영역을 바꿀 수 있는 것이다. '이중성의 이중성'으로 결합된 이러한 변환은 한 형태의 끈을 다른 형태와 닮도록 하는 마술을 가지고 있었다. 심지어는 닫힌 끈만 가지고 있던 이론도 닫힌 끈과 열린 끈의 혼합으로 바뀌었다.

위튼은 'M-이론'이라는 단어를 설명할 때 그답지 않게 모호했다. 그는 "개인의 기호에 따라 'M'은 '마술 같은'Magical이나 '신비스런' Mystery 또는 '멤브레인Membrane'을 뜻하는 것으로 생각할 수 있다"라고 말했다. 다른 사람이 곧 그것은 '모든 이론의 어머니'Mother of All Theories를 뜻한다고 주장했다. 더프는 위튼이 직접적으로 그것을 '멤브레인 이론'이라고 부르지 않아서 실망했다. 그는 이런 모호함이 끈 이론을 연구하던 사람들이 그와 그의 동료들을 무시하던 시절의 유산이라고 생각했다. "이 이론이 멤브레인 이론이 아니라 M-이론이라고 불리게 된 것은 피로스*의 승리였다"라고 더프는 생각했다.[28]

M-이론의 아름다움은 이 논쟁의 밖에 머물던 사람들에게도 깊은 인상을 심어주었다. 그것의 통일에 대한 전망과 비섭동적 설명은 초기 끈

---

*Pyrrhos, 옛 그리스의 왕(BC 319~BC 272)으로 로마와 싸워 이겼으나 너무 많은 전사자를 내고 결국 자기 당대에 패망했다. 이 때문에 이득이 없는 무의미한 승리를 일컬어 '피로스의 승리'라고 부른다.

이론의 근사적이고 중복적인 방법 때문에 기피하던 사람들까지도 유혹했다. 많은 루프 이론가들은 M-이론의 정확한 결과에 감탄했고, 루프 이론과 결합하여 모든 크기에서 중력을 하나로 설명할 수 있게 되기를 기대했다. M-이론의 낮은 에너지 한계는 11차원 초중력이라는 것이 밝혀졌기 때문에 초중력을 연구하는 사람들도 M-이론을 반겼다. 그들은 새로운 모델이 자신들의 11차원 접근을 정당화해줄 것이라고 생각했다. 심지어는 글래쇼까지도 끈과 멤브레인 학계가 같은 기간 동안에 전통적인 게이지 이론가들이 이루어낸 것보다 더 많은 진전을 이루어냈다고 인정했다.

위튼과 프린스턴의 박사후 연구원 페트르 호라바가 1996년에 쓴 논문에서 특히 이형 E형의 끈과 관련된 M-이론의 지형도를 그림으로 나타냈다. 음악 애호가들이 새로운 스피커를 시험해보고 싶어하듯이 호라바와 위튼은 끈의 결합상수를 결정하기 시작했다. 그들이 강도를 더 높이자 끈에 놀라운 일이 일어나기 시작했다. 이중성들의 결합으로 인해 끈들은 자신의 차원을 따라가지 않고 수직한 여분의 차원 방향으로 두꺼워지기 시작했다. 그래서 마침내 2-브레인으로 진화했다. 그 결과는 평평한 세상의 A. 스퀘어가 그의 평면에서 떠올라 새로운 고차원 세계를 발견하는 것과 같았다.

호라바와 위튼의 새로운 지형도는 '브레인 월드'라고 명명되었다. 이 이름은 그들의 특별한 배치에서 유래했다. 프린스턴 연구자들은 그들의 우주 청사진이 세 개의 공간 구역으로 나뉘어 있는 것을 발견했다. 첫째로 '3-브레인'이라는 새로운 이름을 가지게 된 보통의 3차원 공간이 있었다. 두번째는 이중성 원리로부터 나타나는 여분의 차원이었다. 이것은 3-브레인에 둘러싸여 '벌크'bulk라고 부른 4차원 영역으로 뻗어 있었다. 마지막으로 모든 측정으로부터 벗어나 있는 칼라비-야우 형태로 뒤틀어진 6차원의 압축된 영역이 있었다. 이 칼라비-야우 부분은 표준적인 입자 모델의 대칭성을 포함하고 있었다. 따라서 총 열 개의 공간 차원이 있었다. 그중 네 개는 큰 것이었고, 여섯 개는 압축되어 있었다. 여기에 시간을 합하여 위튼과 호라바는 11차원의 '브레인 월드' 우주 지도를 작성했다.

재미있는 것은 닫힌 끈과 열린 끈이 이 우주에 다른 수준에서 접근한다는 것이었다. 닫힌 끈은 그들이 원하는 곳이면 어디라도 갈 수 있었던

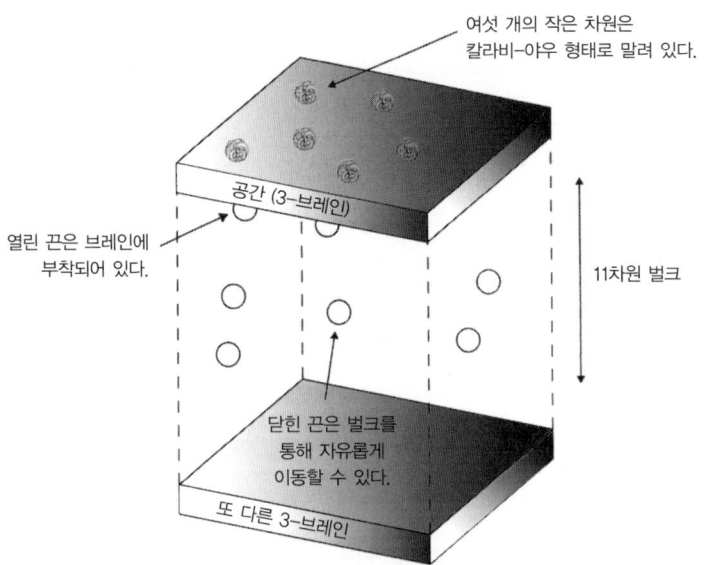

11차원 브레인 월드 시나리오를 나타낸 그림. 이 샌드위치 형태의 브레인 중 하나에 우리가 살고 있는 보통의 3차원 공간이 포함되어 있다. 열린 끈은 디리히렛 브레인, 혹은 D-브레인이라 불리는 이 공간에 부착되어 달아나지 못한다. 여섯 개의 여분의 공간 차원은 미세한 칼라비-야우 형태로 말려 있다. 시간 차원 외에도 측정이 가능할 만큼 큰 또 하나의 여분의 차원이 있다. 닫힌 끈인 그래비톤만이 이 여분의 차원을 따라 여행할 수 있고 벌크라고 부르는 공간을 통과할 수 있다.

반면, 열린 끈은 그들의 끝이 항상 같은 브레인에 속해야 한다는 제한을 가지고 있었다. 따라서 열린 끈은 닫힌 끈보다 하나 낮은 자유도를 가졌다. 이 때문에 그들의 역학에 중요한 차이가 나타났다.

이러한 제한은 열린 끈과 이른바 디리히렛 브레인(줄여서 D-브레인 이라고 부르는)이 공생관계를 가지고 있다는 것을 증명하기 위해 T-이중성을 이용했던 폴친스키가 발견했다. 코알라와 유칼리스 나무의 관계와 마찬가지로 전자가 없으면 후자도 발견할 수 없었다. 호라바-위튼 모델의 3-브레인은 따라서 3차원 D-브레인의 한 예를 나타내는 것이었다. 열린 끈은 여기에 붙어 있다. 반면에 닫힌 끈은 마음대로 돌아다닐 수 있었다.

W-보존, Z-보존, 광자, 그리고 글루온과 같이 다른 힘들을 전달하는 보존들은 열린 끈으로 나타내지는 반면 중력을 전달하는 그래비톤은 닫힌 끈으로 만들어졌다. 사람들은 열린 끈과 닫힌 끈의 차이를 이용하면 '왜 중력은 다른 힘들보다 그렇게 작은가'라는 오래된 수수께끼를 풀수 있을지도 모른다고 생각했다.

곧 자연에서 일어나는 넓은 범위의 상호작용을 물리적으로 설명할수 있는 브레인 월드를 발전시키는 경쟁이 시작되었다. 이 세상은 여분의 압축되지 않은 차원을 가지고 있기 때문에 연구자들은 이 더해진 형태를 시험을 통해 확인할 수 있을 것이라고 생각했다. 실험물리학자들이 여분 차원의 조사 가능성에 흥미를 느끼기 시작하자 이론물리학자들은 그들의 모델에 문제가 없는지 확실히 하려고 했다. 여러 가지 물리적그리고 수학적 변수들을 조합하여 그들은 우리가 사는 세상을 나타내기에 알맞는 브레인 월드를 설계하기 시작했다.

12. 브레인 월드
그리고 평행우주

한 이론이 그들 모두를 지배하고,

한 이론이 그들을 발견하고,

한 이론이 그들을 모두 양자화하고,

그리고 어둠 속에서 그들을 묶어,

어둠만이 살아 숨쉬는 브레인 월드에서[*]

—J. R. R. 톨킨의 용서를 구하며

브레인 은행

　나뭇잎들로 뒤덮인 하버드 캠퍼스의 중심에서 조금 떨어진 곳에 있는 낡은 벽돌 건물에서 젊은 물리학자들이 자연을 기술하는 전혀 새로운 방법을 구상하고 있었다. 19세기 후반에 지어졌지만 아직도 사용하고 있는 제퍼슨 물리실험실은 건물 자체가 그 안에 가득한 유리 상자들, 오실로스코프, 분젠 버너들과 함께 전통적인 과학의 요람이라는 것을 나타내는 것 같았다. 이론이 이 건물의 위층에서 주로 만들어지고 그에 대한 실험이 주로 지하층에서 이루어져온 것은 오래전부터의 일이었다. 실제로 건물의 서쪽에 있는 특별한 탑은 지구의 회전이 낙하하는 물체를 동쪽으로 휘어지게 한다는 것을 시험할 수 있도록 설계되어 있었다. 1960년대에 물리학자 로버트 파운드는 이 탑을 이용해 중력에 의한 적색편이가 아인슈타인이 예측했던 것과 같은 정도로 나타나는지를 측정했다.

　현대 장이론을 시험하는 데 필요한 엄청난 에너지를 생각하면 오늘날에는 그곳에서 그러한 실험적 증명을 할 수 없을 것이다. 그럼에도 불구하고 그 실험 시설은 그대로 남아 있고 고에너지 연구 그룹의 사무실은 땅으로부터는 가장 멀고 하늘에서는 가장 가까운 건물의 맨 위층에

---

*J. R. R. 톨킨의 유명한 소설 『반지의 제왕』에 나오는 시구의 패러디.

자리 잡고 있다.

베블렌은 아늑한 배치를 좋아해서 이론 그룹에 속한 연구원들의 사무실을 안이 들여다보이는 세미나실로 빙 둘러싸도록 배치했다. 커다란 칠판은 바닥부터 천정까지 벽면을 가득 채우고 있었다. 매일 아침 깨끗하게 닦아놓았지만 낮이 되면 방정식, 루프 그리고 꺾은 선들로 칠판이 가득 메워졌다. 세미나실이 사람들로 넘치면 작은 구석도 직접 칠판을 들고 와 지도교수에게 깊은 인상을 남기려는 학생들로 채워졌다.

글래쇼는 한때 끈 이론이 하버드에 들어오지 못하게 하겠다고 다짐했다. 그러나 이제는 그의 사무실에 가기 위해서는 가장 널리 알려진 두 끈 이론과 브레인 이론의 전문가인 니마 아카니 하메드와 리자 랜달의 방 앞을 지나서 가야한다. 중앙으로 향하는 입구의 양쪽에 위치한 그들의 사무실은 독립적이고 급진적으로 개량된 우주 중력 모델을 반영하고 있는 것처럼 보인다. 최근에는 이 과학적 슈퍼스타들의 브레인 월드에 대한 생각이 다른 어떤 이론적 논문보다도 화제에 자주 올랐다.

1밀리미터 떨어져서

가운데 가르마를 탄 긴 갈색 머리에 젊어 보이는 외모와 카리스마가 넘치는 스타일의 아카니 하메드는 모든 면에서 록 음악 스타처럼 보인다. 그는 잘 다린 셔츠를 입고 학교 공식행사에 참석했을 때보다 하버드 광장에서 열리는 음악회를 즐기는 군중들 속에서 훨씬 편안해했다. 그는 기타 줄을 튕기는 피크 대신에 백묵을 이용해 많은 추종자를 만들었다. 대학원 학생들은 기타 소리에 젖어드는 대신 보이지 않는 세상에서 일어나는 미세한 진동이 만드는 선율을 감상했다.

그의 30여 년의 인생 동안 아카니 하메드는 여러 세상을 경험했다. 그는 대학의 자리를 잃게 된 두 이란 물리학자의 아들로 휴스턴에서 태어났다. 곧 그의 가족은 이란으로 돌아갔다. 그리고 혁명이 시작되었다. 혁명 기간 동안에 그들은 서구와의 관계와 높은 과학적 지위 때문에 정치적으로 큰 어려움을 겪게 되었다. 결국 그들은 말을 타고 고국을 탈출해야 했다.[1] 마침내 그들은 아버지가 새로운 직장을 구한 캐나다의 토론토에 정착했다.

안전한 캐나다의 고등학교에서 있게 된 니마는 가족의 직업에 흥미를 느끼기 시작했다. 토론토 대학에 등록한 그는 수학과 물리학을 동시에 전공했다. 그런 후에 버클리에서 이론물리학으로 박사학위를 받았다. 1997년부터는 스탠퍼드 선형가속기 센터SLAC의 이론물리 그룹에서 박사후 연구원으로 연구를 시작했다. 과학적 문제 탐구에 푹 빠진 그는 적당한 공동 연구 프로젝트를 찾기 위해 주위를 둘러보았다.

운 좋게도 그의 초대칭성 연구를 높게 평가하고 있던 스탠퍼드의 물리학자 사바스 디모풀로스도 새로운 연구 기회를 찾고 있었다. 디모풀로스는 그리스의 아테네에서 자랐고 1980년대에 시가고 대학에서 대통일 이론과 표준 모델의 초대칭성을 결합한 하워드 게오르기와 함께 박사학위를 받았다. 그들의 이론이 시험 가능한 예측을 하기는 했지만 현재의 가속기나 검출기는 그 가능성을 판단하기에는 적당하지 않았다. 따라서 다음 세대의 가속기를 기다리는 동안에 디모풀로스는 실험가들이 더 쉽게 시험할 수 있는 다른 가능성을 생각하고 있었다. 디모풀로스는 "나는 실험으로 입증할 수 있는 예측을 하는 것이 물리학자들의 임무라고 생각한다"[2]고 말하기도 했다.

시험 가능한 가설에 대한 그의 관심은 아카니 하메드, 게오르기 (기아) 드발리, 그리고 이그나티우스 안토니아다스와 함께 오래된 물리 문제에 대담한 해법을 제시하도록 했다. 자연에 존재하는 힘들의 가장 이해할 수 없는 면은 왜 중력이 다른 힘들보다 그렇게 작은가 하는 것이었다. 예를 들어 옷에 문지른 빗은 지구 전체에 중력을 이기고 책상 위의 종잇조각을 들어 올릴 수 있다. 디랙과 요르단은 이 문제—'계층구조의 문제'라고 알려진—를 자신들의 이론이나 변해가는 중력상수를 이용해 설명하려고 시도했었다. 스탠퍼드의 공동 연구자들은 다른 전술을 택했다. 그들은 그러한 차이는 중력이 다른 커다란 차원으로 새어나가고 있기 때문이라고 제안했다.

안토니아다스가 참여한 쓴 한 편의 논문과 그가 참여하지 않은 여러 편의 영향력 있는 논문에서 연구자들은 중력이 상대적으로 약한 것을 설명하는 브레인 월드의 구조를 보여주었다. 그들이 만든 모델의 첫번째 요소는 우리에게 익숙한 우리 우주였다. 호라바-위튼 모델에서와 마찬가지로 그들은 이것을 3차원적인 D-브레인이라고 했다. 이것은 또한 3-브레인이라고도 알려져 있다. 파리 외에 다른 해충은 잡지 않는 파리잡이 끈끈이처럼 이 3-브레인은 열린 끈에게는 끈끈하지만 닫힌 끈은 마음대로 도망가도록 놓아두었다. 우리가 익숙한 거의 모든 입자들은 우리 브레인에 영원히 잡혀 있다. 대표적인 예외는 그래비톤이다. 닫힌 끈인 그래비톤은 마음대로 우리 브레인을 떠나 다른 차원으로 들어갈 수 있었다.

만약 이것이 전부라면 중력은 다른 힘들보다 **무한히** 작아야 한다. 길들지 않은 애완동물처럼 모든 그래비톤은 영원히 떠나버렸어야 한다. 그렇게 되면 우리 공간의 커다란 물체들 사이에도 중력이 작용하지 않아야 한다. 그렇다면 무엇이 충분한 중력이 작용할 수 있도록 그래비톤이 달아나는 것을 막고 있을까?

스탠퍼드 팀은 그 이유는 우리 브레인으로부터 다른 차원을 따라서 1밀리미터 떨어진 곳에 또 다른 3-브레인이 있기 때문이라고 제안했다. 이것이 그래비톤을 유한한 영역—브레인 사이의 공간—에 가두어두지만 중력이 상대적으로 약하게 되기에 충분한 공간을 제공한다는 것이다.

우리 3-브레인에 잡혀 있는 그래비톤, 작지만 유한한 벌크 속에 잡혀 있는 그래비톤, 그리고 완전히 자유롭게 달아날 수 있는 그래비톤 사이의 다른 점은 집 안에 있는 늑대와 뒷마당에 있는 늑대 그리고 완전히 자유로운 늑대 사이의 차이와 비슷하다. 집 안에 잡혀 있는 늑대는 가구를 부수고, 손님들을 놀라게 하고, 음식을 망가뜨리는 등 가장 많은 문제를 일으킬 것이다. 완전히 자유로워 넓은 자연을 뛰어다니는 늑대는 사람과 마주칠 가능성이 매우 적을 것이다. 그 중간에 해당하는 시나리오가 담으로 둘러싸인 작은 정원을 돌아다니는 늑대일 것이나. 이 늑대는 자유로운 늑대보다는 더 많은 문제를 만들어내겠지만 집 안에 있는 늑대보다는 적은 문제를 만들 것이다. 마찬가지로 1밀리미터 너비의 벌크 속에 한정된 중력은 어느 정도의 세기는 가지고 있지만 3-브레인에 한정된 힘보다는 훨씬 약하다.

아카니 하메드, 디모폴로스, 그리고 드발리가 만든 이 체계는 (안토니아다스의 제안과 함께) '커다란 여분의 차원' 시나리오 또는 저자들 이름의 첫 자를 따서 ADD라고 알려져 있다. 일반적으로 우리는 1밀리미터를 큰 거리라고 생각하지 않는다. 그러나 이전에 제안되었던 압축된 체계의 미세한 크기와 비교하면 이것은 매우 큰 크기이다.

커다란 여분 차원의 도입은 물리법칙을 크게 바꾸어놓을 수도 있다.

예를 들어 에렌페스트는 3차원 이상의 공간 차원은 우리에게 익숙한 거리 제곱에 반비례하는 중력법칙을 바꾸어놓을 것이라고 예측했었다. 이것은 천문학적인 크기에서 안정된 행성 궤도를 만들지 못하도록 할 것이다.

그러나 ADD 모델이 제안될 시점(1990년대)에는 중력이 밀리미터 거리에서 측정된 적이 없었다. 아무도 이렇게 작은 크기에서도 정확하게 같은 형태의 중력법칙이 성립하는지 알지 못했다. 이것은 이 이론의 실험적 증명을 위한 문을 열어놓게 되었다. 긴 역사를 통해 최초로 여분 차원 이론이 시험대 위에 오르게 되었다. 새로운 발견의 기회를 갖게 된 실험물리학자들은 즉시 밀리미터보다 작은 거리에서의 중력의 구조를 알아내기 위한 실험을 시작했다.

이웃한 어둠

저녁에 인적이 끊어진 길을 걸어가다보면 예상치 못한 물체가 가까이 있어 놀라게 된다. 마주 오는 사람이 개를 데리고 산책하고 있는 이웃이라고 해도 갑작스런 만남으로 등골이 오싹해지기 마련이다. 이제 외계 존재의 뜨거운 숨결이 1밀리미터 떨어진 곳에 있다고 상상해보자. 그러한 일이 아카니 하메드와 그의 공동 연구자들이 보여준 평행우주에서는 가능하다. 여분의 차원은 아주 가까이에서 단지 얇은 커튼에 의해 우리와 구분되어 있는 것이다. 그러나 모든 수단과 방법을 동원해도 중력 외에는 그 장벽을 뚫을 수 없다. 냉전 기간 동안의 베를린 장벽처럼 다른 쪽에 있는 것들과 접촉을 막고 있다.

이상하게도 천문학자들은 연구를 하는 동안 설명할 수 없는 유령 같은 물질과 마주치게 되었다. 여러 해 동안 그들은 우주의 대부분은 여러 가지 보이지 않는 물질로 가득 차 있다는 것을 깨달았다. 이 물질은 중력적인 영향을 통해서만 그 존재를 알 수 있다.

예를 들면 은하 가장자리에 있는 별들은 은하의 모든 물질을 이용해 예측한 것보다 훨씬 빠른 속도로 돌고 있다. 중력을 통해서만 자신의 존재를 드러내는 보이지 않는 질량이 상당히 있는 것이 틀림없다. 천문학자들은 이 보이지 않는 물질의 작은 부분은 '거대 고밀도 헤일로 질량체'MACHOs라는 이름으로 불리는 아주 희미한 천체들이라고 믿고 있다. 다른 부분은 중성미자와 검출이 매우 어려운 다른 입자들일 것이다. 그러나 나머지 대부분은 그 기원이 알려져 있지 않다.

2003년에 윌킨슨 마이크로파 비등방성 검출기WMAP는 자세한 마이크로파 복사 지도를 만들었다. NASA는 이 특별한 인공위성을 빅뱅에서 나온 우주배경복사의 미세한 온도 차이를 기록할 수 있도록 실계하여 지구 궤도에 올려 보냈다. 다른 측정장치와 함께 이 검출장치는 우주의 물질 분포를 알 수 있도록 했다.

새로운 우주 관측의 결과는 우주의 알 수 없는 조성을 확인해주었다. WMAP는 우주의 4퍼센트만이 양성자와 중성자 같은 중입자로 만들어진 보통의 물질로 이루어져 있다는 것을 보여주었다. 약 23퍼센트는 이른바 암흑물질의 형태로 존재했다. 이것은 낮은 온도의 물질로 중력으로만 상호작용하며 빛과는 상호작용하지 않았다(적어도 빛과 쉽게 상호작용하지는 않는다). 나머지 73퍼센트는 암흑에너지라고 불리는 일종의 반중력으로 우주가 밖을 향해 가속 팽창하도록 하는 원인이다. 현대 우주론의 가장 큰 미스터리는 이 숨겨진 물질의 정체이다.

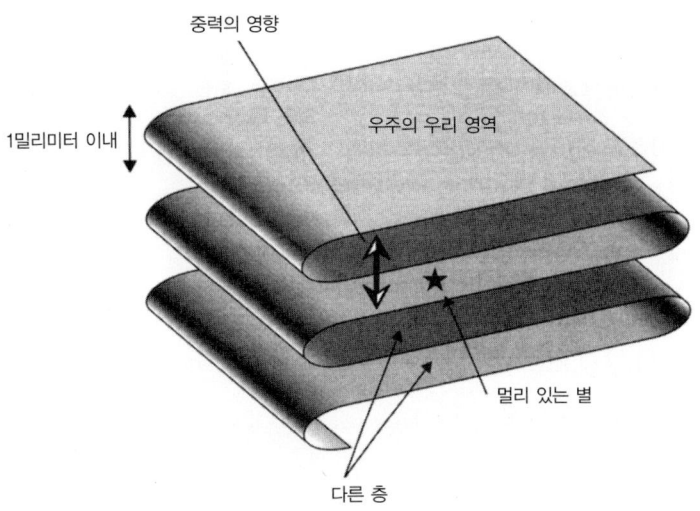

중력의 영향

우주의 우리 영역

1밀리미터 이내

멀리 있는 별

다른 층

여러 겹 우주의 구조를 나타낸 그림. 이 모델에서는 우리 브레인이 담요처럼 접혀 있다. 중력만이 한 층을 떠나 벌크를 통과해 다른 층으로 갈 수 있다. 여러 겹이나 떨어져 있는 먼 곳의 별들도 우리 영역에 있는 물체에 중력을 작용해 그들의 존재를 우리에게 알려주고 있는지도 모른다. 그러나 별들에서 오는 빛은 우리 브레인을 떠날 수 없기 때문에 같은 지점에서 나오는 것으로 관측되지 않는다. 따라서 우리는 별들의 보이지 않는 영향을 암흑물질로 인식하고 있는지도 모른다.

아카니 하메드, 디모폴로스, 드발리, 그리고 스탠퍼드의 연구원인 느만자 칼로퍼는 특별한 브레인 월드 시나리오가 암흑물질의 문제를 풀수 있을지 모른다고 생각했다. 여러 겹 우주라고 불리는 그들의 제안은 하나의 브레인이 고차원에서 부채나 아코디언처럼 접혀 있다는 것이었다. 그중 한 겹이 우리가 사는 공간에 해당한다. 다른 겹은 멀리 있는 다른 지역을 나타낸다. 틈을 메우고 있는 면도날같이 얇은 벌크는 중력 외에 모든 것을 차단하고 있다.

여러 겹 우주 모델이 암흑물질을 설명할 수 있는 것은 이 때문이다. 천문학자가 망원경의 초점을 특정한 은하에 맞춘다고 가정해보자. 그 지역에서 오는 빛은 우리 공간의 별이나 기체가 내고 있는 것이지만 그들이 측정하는 중력은 다른 겹 우주에 있는 물질의 영향까지 합한 것일 터이다. 그들은 아마도 1장에서 설명한 인도네시아 인형극에서처럼 눈에 보이는 실제 뒤에 숨어서 작용하고 있는 평행우주의 중력 그림자를 감지하는 것일 것이다. 천문학자들은 이 보이지 않는 물질을 MACHOs나 다른 종류의 어두운 물질의 탓으로 돌릴 테지만 사실 그것은 여분의 차원 때문인지도 모른다.

예를 들어 수십억 광년 떨어진 곳에서 반짝이는 별을 생각해보자. 이 별빛은 우리에게 도달하는 데 수십억 년이 걸릴 것이다. 표준적인 물리학에 따르면 그것의 중력적 영향이 도달하는 데도 같은 시간이 걸린다. 그러나 여러 겹 우주 이론대로 별이 우리와 분리된 다른 겹 우주 위에 존재한다면 그래비톤은 브레인 사이의 지름길을 통해 우리에게 도달할 것이다. 그것들은 이웃에 있는 물질과 상호작용할 수 있고 공간에서의 궤적을 뒤틀어놓을 수 있다. 심지어 그것들은 오고 있는 빛의 경로마저 바꿔놓을 수 있을 것이다. 간단히 말해 먼 곳에 있는 별은 우리 지역에 보이지 않는 영향을 미쳐 자신을 암흑물질로 보이도록 하고 있는지도 모른다.

차원 해체하기

SLAC에서의 박사후 연구과정이 끝난 후 아카니 하메드는 버클리에 몇 년 동안 머물렀다. 그리고 2001년에 하버드는 그를 교수로 임명했다. 비슷한 시기에 리자 랜달이 교수로 임명되었고, 1998년에는 앤드류 스트로밍거가 교수가 되었다. 이것은 하버드 대학 물리학과로서는 대담한 방향전환이었다. 하버드는 미국의 선두 브레인 은행이 되기 위해 프린스턴, 스탠퍼드, 칼텍, 산타 바바라, 그리고 다른 끈 이론과 M-이론 센터들과 경쟁했다.

하버드에서 아카니 하메드는 그의 연구 방향을 바꾸기로 결심했다. 동업자의 동업자는 좋은 동업자가 될 수 있다는 속담대로 그와 하워드 게오르기는 함께 열심히 일했다. 그 외에도 그들은 사무실이 같은 복도에 있어 서로 왕래하기가 쉬웠다.

게오르기는 그의 방 앞에 걸려 있는 "문이 열려 있으면 들어와 앉으세요"라는 알림표가 보여주는 것처럼 함께 토론하는 것을 좋아했다. 이 알림표 아래에는 또 다른 내용이 적혀 있다. "추신. 괜찮습니다. 노크하지 말고 그냥 들어오세요." 그 아래에는 또 다른 내용이 적혀 있다. "추신의 추신. 정말입니다." 근처에 있는 아인슈타인의 흉상은 사람들이 이 글의 내용을 그대로 따라하는지 유심히 지켜보고 있다.

보스턴 대학의 이론물리학자 앤드류 코헨과 함께 시작한 새로운 공동 프로젝트는 차원 해체하기였다. 문학 이론에서 해체는 1960년대에 프랑스의 철학자 자크 데리다에 의해 문장을 분석하는 특별한 방법과 관계되어 시작된 운동이었다. 그후 해체라는 용어는 사고 방법을 기본적인 측면으로 나누어보는 것을 뜻하는 것으로 널리 사용되었다. 이런 생각으로 아카니 하메드, 코헨, 그리고 게오르기는 완전히 차원이 없는 구조에서부터 물리적 차원의 기초를 만들어내고 싶어했다. 페르미 연구소의 또 다른 그룹도 비슷한 맥락의 경쟁적인 이론을 내놓았다.

역설적인 것은 그들의 접근이 M-이론을 시공간 기하학을 넘어서려는 시라큐스 프로그램에 더 가까이 다가가도록 했다는 것이다. 이 시도는 우주의 시작을 더욱 신비한 것으로 만들었다. 이런 가정의 가장 급진적인 형태에서는 우주가 엄청나게 압축된 물체에서 시작된 정도가 아니라 말 그대로 점에서부터 시작되어 모든 차원이 역학적으로 만들어졌다.

차원이 **없는** 세상을 생각하면서 여분의 차원을 그려내는 것은 어려운 일이다. 애벗의 『평평한 세상』에서 주인공은 하나의 차원만 가지고 있는 선의 세상을 꿈꾼다. 그는 움직임이 왼쪽이나 오른쪽으로만 한정되어 있고 그의 시선은 왼쪽이나 오른쪽의 한 점만을 바라보도록 고정되어 있는 왕을 만난다. 따라서 세상에 대한 왕의 인식은 매우 제한되어 있다. 전 우주에 혼자만 존재하고 전혀 움직일 수 없는 존재를 생각해보자. 우리의 생활은 운동과 변화에 의존하고 있기 때문에 그러한 차원이 없는 세상은 상상하기 힘들다.

하버드와 페르미 연구소의 연구팀이 제안한 차원 생성 과정은 온도가 올라가지는 않고 떨어지기만 하는 드라이아이스 덩어리의 증발 과정과 비슷하다. 드라이아이스 또는 다른 고체에서 분자들은 상대적으로 낮은 운동의 자유도를 가진다. 격자를 이루고 있는 분자들은 평균적인 위치에서 오직 가까운 주변을 움직일 수 있을 뿐이다. 이제 분자가 어떤 방향으로도 움직이지 않는다고 가정해보자. 물리학에서는 그런 상태를 절대온도 0도 상태라고 부르며 실제로는 가능하지 않다. 분자들은 자신들의 위치에 고정되어 있어 차원이 존재하는지 절대로 알지 못한다. 그러나 실온에서 드라이아이스는 기체 상태의 이산화탄소가 된다. 그렇게 되면 분자들은 모든 방향으로 운동할 수 있고 3차원 공간을 알 수 있게 된다. 따라서 어떤 의미에서 분자들이 차원을 얻게 된 것이다.

차원 해체 모델에서는 우주의 온도를 올리는 대신 낮추어 이런 상변화를 유도한다. 처음에는 아무런 힘도 존재하지 않기 때문에 아무런 운동도 가능하지 않을 것이다. 우주가 식어감에 따라 차원이 없던 초기의 상태에서 차원을 가지고 있는 저에너지 상태로 변환된다. 떨어져 있는 점들 사이의 운동을 가능하게 하는 힘이 생겨남에 따라 차원도 나타날 것이다. 따라서 공간은 굳은 '얼음 덩어리'에서부터 해방될 것이다.

좀더 보수적인 모델은 우주가 보통의 4차원 시공간에서 출발했다고 주장한다. 그런 경우에 단지 여분의 차원만이 역동적으로 창조되었다는 것이다. 온도가 내려감에 따라 새로운 상호작용이 나타나 고차원에서의 운동을 허용하게 된다는 것이다. 이러한 방법으로 게오르기와 그의 세대가 개척한 전통적인 게이지 이론이 아카니 하메드와 그의 동료들이 제안했던 형태의 커다란 여분 차원 접근 방법으로 바뀌게 되었다.

헤이, 말다세나!

21세기 초 물리학계에 나타난 주제 중 하나는 전통적인 고에너지 모델과, 브레인과 끈 이론을 포함하는 급진적인 칼루차-클라인 형태의 접근 방법 사이에 긴밀한 연결을 찾아내는 일이었다. 아카니 하메드, 코헨, 그리고 게오르기의 공동 노력은 두 집단을 함께 묶어내는 한 예를 보여준 것에 불과하다.

이러한 대화를 크게 고무시킨 것은 아르헨티나 출신의 젊은 물리학자 후안 말다세나의 강력한 가설이었다. 1990년대에 제안된 이래 말다세나의 제안은 다차원 M-이론의 언어를 4차원 게이지 이론의 언어로 그리고 4차원 게이지 이론의 언어를 다차원 M-이론의 언어로 해석할 수 있게 해주는 일종의 로제타석이 되었다.

산타 바바라에서 열린 끈 이론 학회에서 두 체계를 연결해주는 말다세나의 놀라운 제안에 대해 처음 알게 된 물리학자들은 문자 그대로 복도에서 춤을 추었다. 끈 이론의 대가 제프리 하비(프린스턴 사중주의 한 명)는 힙합 DJ처럼 당시 인기 있던 '마카레나'에 맞추어 풍자적인 가사

를 내뱉기 시작했다. 맥스웰이 그의 과학적 시에서 그랬듯이 하비는 새
로운 발견을 시로 읊었다. 그러는 동안에 수백 명의 끈 이론 물리학자들
이 줄을 맞추어 춤동작을 따라했다. 그 가사는 다음과 같다.

> 당신은 브레인으로 시작했고 브레인은 B. P. S.
>
> 그리고 당신은 브레인에 다가갔고 공간은 A. D. S.
>
> 누가 그것의 의미를 알고 있소─나는 모르오, 고백하리다.
>
> 에헤헤헤헤! 말다세나![3]

  하비의 패러디에서 B. P. S.는 브레인을 위한 특별한 초대칭성 조건
을 뜻한다. A. D. S.는 음의 우주상수(반중력 항)를 포함하고 있는 아인
슈타인 일반상대성 이론의 특별한 변형인 반反드지터 공간을 나타낸다.
반드지터 우주는 시간이 흘러감에 따라 속도가 빨라지는 드지터의 우주
와는 반대로 시간이 흘러감에 따라 속노가 느려시는 경향이 있다. 하비
의 B. P. S. 브레인과 A. D. S. 공간에 대한 언급은 말다세나 이론의 두
가지 요구 조건을 나타낸다. 패러디는 이 접근 방법의 다른 면을 설명하
기 위해 계속 이어진다.
  춤출 수 있는 시가 아니라 과학적 산문 형태로 나타난 말다세나의 가
설은 말안장 형태의 5차원 벌크에서의 끈의 성질과 그 공간을 둘러싼
4차원 영역에서의 표준적인 양자장 이론 사이의 수학적 연결과 관계된
것이었다. M-이론 우주의 표면 위에 새겨진 것은 초대칭적인 양-밀스
모델을 위한 게이지 이론이다. 이것은 끈 이론가들뿐만 아니라 일반적
인 고에너지 물리학자들의 관심도 끌었다. 그것은 마치 끈 이론 학술회
의 참석자들이 창문을 통해 밖에 있는 좀더 전통적인 동료들에게 메시

지를 전해주는 것 같았다. "우리는 안에서 중요한 일을 하고 있소. 이것을 보면 아마 응용하고 싶은 마음이 생길 것이오." 그 메시지는 그렇게 이야기하고 있는 것 같았다.

말다세나의 제안은 게랄두스 토프트, 레너드 서스킨드가 처음으로 발전시켰던 가설인 **홀로그래피 원리**와 밀접한 관계가 있다. 홀로그래피는 경계선의 정보 내용과 내부의 정보 사이의 관계를 포함한다. 그것은 존 휠러가 이름붙인 아주 밀도가 높은 천체인 블랙홀에 대해 알고 있는 것의 연장이었다. 과학자들은 블랙홀을 그 안에 있는 것이 아니라 외부의 성질로 규정한다. 예를 들어 블랙홀이 물질을 삼키면 블랙홀의 경계면은 커져서 더 많은 영역을 차지하게 된다. 이 면적은 내부의 엔트로피, 또는 무질서도에 비례한다. 홀로그래피 원리는 이것이 우주 전체적으로도 사실이라고 제안한다. 다시 말해 우주를 알기 위해서는 단지 바깥 경계면만 알면 된다는 것이다.

둘러싸인 표면만으로 부피를 나타내는 것은 차원 수를 하나 줄이는 것이다. 따라서 3차원 거품을 알기 위해서는 단지 얇은 표면만을 조사하면 된다. 그리고 5차원 벌크를 이해하기 위해서는 그것의 4차원(3-브레인 더하기 시간) 브레인 벽으로 충분할 것이다. 말다세나의 마술이 그것을 해냈다. 하비는 이렇게 표현했다.

누가 그것들이 같다고 했는가—그가 주장한 홀로그래피와?
에헤헤헤헤헤 말다세나![4]

홀로그래픽 원리와 말다세나의 가설은 끈 이론 학회들에 수학적인 형식이든 음악적인 형식이든 많은 토론거리를 제공했다. 그러나 노래와

춤만이 이런 회합의 전부는 아니었다. 학기 중간 중간에는 자연을 벗 삼아 자연과 직접 가설들의 정확성에 대해 이야기할 수 있는 시간이 있었다. 광대한 다른 차원에 대한 이런 대화는 보통 야외 스포츠와 함께 이루어졌다.

휘어진 지역

보어는 양자물리학의 근본적인 반박에 대해 조용히 생각하고 싶을 때 하이킹을 하거나 스키를 타러 갔다. 클라인과 다른 조수들이 자주 그와 동행했다. 오늘날 이론물리학자들이 가장 좋아하는 스포츠 중 하나는 경사가 급하거나 우둘투둘한 지형을 올라가는 암벽타기이다.

절벽을 올라가기 위해서는 손과 발 그리고 목숨까지 걸려 있는 절벽이 든든하기를 기원하면서 손을 옮길 때미디 그리고 발을 옮길 때마다 특별히 조심해야 한다. 바람, 태양, 어지러움과 싸우고 나면 가장 어려운 방정식과의 씨름도 아이들의 장난처럼 보인다. 비판적인 청중들 앞에서 논문을 제출해야 하는 두려움에 대한 백신으로 다음에 내딛는 발걸음이 마지막이 될지도 모른다는 공포에 직면해보는 것보다 더 좋은 것이 있을까?

바위에 매달려 있다보면 열린 끈의 곤경을 이해하게 될 것이다. 그들의 끝은 영원히 D-브레인에 붙어 있어야 한다. 반면에 이웃의 닫힌 끈은 거대한 벌크를 마음대로 돌아다닐 수 있다. 암벽타기와 등산이 M-이론가들에게 인기 있는 스포츠가 된 것은 이상할 것이 하나도 없다. 열성적인 등반가들 중에는 로키 산맥과 시에라 산맥의 여러 봉우리들을 정복한 산타 바바라의 스티븐 기딩스, 그랜드 테턴의 바위투성이 지형을 측정한 칼텍의 스티븐 굽스터, 카프카스 산맥을 종주한 지금 뉴욕 대학에 있는 게오르기 드발리, 그리고 요제미티의 엘 캐피탄에 있는 기념적인 절벽들을 올랐던 펜실베이니아 대학의 버트 오브러트가 포함된다.

오브러트는 이론물리학에 필요한 재능과 등산에 필요한 기술 사이에 밀접한 관계가 있다는 것을 발견했다. "한편에서는 자연에 대한 추상적인 진리와 자연이 어떻게 작동되고 있는지를 배우고 한편에서는 바위 사이에 나 있는 아름다운 틈을 따라 간다. 두 가지 모두 이해해야 하고 실천에 옮겨야 할 아름다운 것들이다."[5]

또 다른 등산가인 리자 랜달의 등반 기술은 다른 종류의 장애를 극복하는 능력과 비교될 만했다. 여자에게 이론물리학은 그리 평범한 직업처럼 보이지 않던 시기에 그녀는 새로운 세대를 위한 역할 모델을 아주 잘 해냈다.

1962년에 뉴욕의 퀸즈에서 태어난 랜달은 수학적인 재능은 특별한 것이 아니라 당연한 것으로 여기는 가정에서 자라났다. 어린 나이부터 그녀는 문제를 푸는 뛰어난 재능을 길렀다. 맨해튼 남단의 명문 스투이베산트 고등학교에 다니던 그녀는 경시대회 수상 경험이 있는 수학 팀에 가입하여 공동 주장까지 맡았다. 성공적인 경력의 출발점으로 알려진 이 팀은 거의 매일 매우 어려운 문제를 푸는 것을 포함하는 훈련 프로그램을 가지고 있었다. 잘 알려진 끈 이론가이며 작가가 된 브라이언 그린도 다른 일로 바빠질 때까지 같은 팀에 있었다. 리자의 동생 다나 역시 수학 팀에 있었고 나중에 조지아 공과대학의 교수가 되었다.

그녀가 스투이베산트 고등학교를 졸업하던 1980년에 랜달은 능력 있는 젊은 과학자들을 선발하기 위한 전국적인 경시대회인 웨스팅하우스

과학 영재 발굴 대회의 우승자가 되었다. 그녀는 하버드에 진학했고 그 곳에서 학사학위와 박사학위를 받았다. 그녀의 학위 논문 지도교수는 하워드 게오르기였고 그는 그녀에게 현대 초대칭 장이론을 소개해주었다. 프린스턴과 MIT에서 연구하고 슬론 장학금을 비롯해 여러 가지 상을 받은 후 2001년에 물리학 교수가 되어 모교로 돌아왔다.

그 당시에 랜달은 라만 선드럼과 함께 발전시킨 혁신적인 고차원 접근 방법으로 널리 알려져 있었다. 휘어진 벌크를 이용하는 기발한 생각으로 브레인 부근의 중력을 국소화한 랜달-선드럼 모델은 ADD 모델의 흥미 있는 대안을 제공했다. 랜달과 선드럼의 논문은 두 분야의 관계를 연구하고 있던 끈 이론가들과 우주론자들 사이에 집중적인 토론을 야기했다.

선드럼은 인도의 마드라스에서 1964년에 태어났다. 그의 이론과는 달리 그는 좀처럼 한 곳에 머물지 않았다. 1965년에 그의 가족은 미국으로 이주했다가 1970년에 다시 인도로 돌아갔다. 3년 동안 인도에 머문 후에 그들은 오스트레일리아의 캔버라로 갔다. 시드니 대학에서 학사학위를 받은 선드럼은 예일 대학으로 가 대학원 과정을 마쳤다. 그의 박사학위 지도교수는 후에 과학 대중화에 앞장섰던 우주학자 로렌스 크라우스였다. 현재 선드럼은 존스 홉킨스 대학의 교수이다.

그의 동료들과는 달리 선드럼은 암벽 등반이나 등산에 관심이 없다. 독서와 같이 조용한 것을 좋아하는 그는 과학에서의 철학적 질문에 매료되곤 했다. 인공지능의 성격과 진화의 신비를 조사하는 것은 고차원 이론을 연구하지 않을 때 그가 좋아하는 주제였다.

선드럼을 M-이론의 세계로 이끈 당황스런 의문 중 하나는 우주상수의 크기였다. 카시미르 효과는 빈 공간도 어느 정도의 에너지를 포함하고 있어야 한다고 예측한다. 이 진공에너지는 아인슈타인의 방정식에 반중력을 나타내는 항으로 포함되어 있다. 우주상수의 존재는 우주의 팽창이 가속되고 있어야 한다는 것을 의미한다. 다시 말해 이론물리학은 우주가 매우 빠른 속도로 팽창하고 있어야 한다고 주장한다. 최근의 측정 결과는 우주가 실제로 가속되고 있다는 것을 보여주었지만 이론이 예측했던 것보다는 훨씬 느린 속도였다.

우주상수가 왜 그렇게 작은지를 설명하기 위한 노력으로 선드럼은 랜달과 팀을 이루어 ADD의 접근 방법과는 상당히 다른 브레인 월드를 발전시켰다. 두 브레인 사이의 틈을 메우고 있는 평평한 밀리미터 크기의 여분의 차원 대신에 그들은 말다세나의 가설을 받아들여 하나의 브레인을 둘러싸고 있는 말안장 모양의 반드지터 우주를 발전시켰다(그들이 쓴 다른 논문은 두 개의 브레인을 다루고 있어 랜달-선드럼 모델을 모호하게 만들고 있다. 이 책에서는 그들의 한 개의 브레인 이론에 초점을 맞추었다). 텔레비전 시리즈인 〈스타 트렉〉에서 용어를 빌려와 '워프 팩터'warp factor라고 부른 특별히 조정된 변수가 여분의 차원 모양을 결정했다.

반드지터 공간의 아름다움은 이 우주가 음수의 우주상수를 가지고 있다는 것이다. 다행스럽게도 이것은 정확하게 브레인 위의 진공에너지와 균형을 이루고 작은 나머지 효과만 남겼다. 천문학자들이 우주의 팽창이 얼마나 빠르게 가속되고 있는지 측정을 통해 결정하면 변수를 조정하여 균형을 맞출 수 있었다.

더구나 음의 곡률은 중력의 집중 효과를 가지고 있었다. 그래서 의도와 목적에 맞게 그래비톤을 브레인에서 매우 가까운 웅덩이에 모아둘 수 있었다. 콜로라도 강의 물이 로키 산맥의 골짜기를 흐르듯이 그들은 지형에 의해 갇혀 있었다. 단지 현재로서는 감지해낼 수 없는 아주 큰 에너지를 가지는 경우에만 그러한 '그랜드캐니언'에서 탈출할 수 있을 것이다. 따라서 중력이 브레인을 벗어나 다른 힘들보다 약하게 된다고 해도 너무 넓게 퍼져 의미 없을 정도로 약해지지는 않는다는 것이다.

랜달과 선드럼이 놀란 것은 이런 집중 효과가 모든 크기의 여분의 차원에서 일어날 수 있다는 사실이었다. 고차원이 무한대의 크기를 가지고 있다고 해도 중력은 실제 세상에서 나타나는 것과 같은 형태를 가질 것이다. 공간 자체만큼 크다고 해도 여분의 방향은 드러날 필요가 없다. 결과적으로 연구자들은 압축의 경쟁력 있는 대안을 찾아냈다는 것을 깨달았다. 여분의 차원은 꼬여 있을 필요가 없다. 그들이 영원히 뻗어나가더라도 중력을 국소화할 수 있다.

랜달과 선드럼의 제안은 새로운 비틀스의 음반처럼 물리학계를 흔들어놓았다. 하룻밤 사이에 많은 이론가들이 새로운 박자에 맞추어 춤(말다세나의 경우처럼 말 그대로의 춤은 아니었지만)을 추기 시작했다. 선드럼은 그때를 다음과 같이 회상했다. "압축의 대안을 다룬 논문은 놀라운 것이었다. 왜냐하면 그때까지는 압축하는 방법 외에는 돌아가는 다른 길이 없었기 때문이다. 그것은 저자들을 포함해 대부분의 사람들을 놀라게 한 대단한 마술이었다. 그리고 그것은 비밀스런 휘어진 시공간이 가지고 있던 신비였다."[6]

무한대까지

랜달-선드럼 모델이 무한대 크기의 고차원을 다룬 최초의 논문은 아니었다. 1962년에 이미 퍼듀 대학의 데이비드 W. 조셉이 우리에게 익숙한 시공간이 다차원 공간으로 둘러싸인 '위치에너지 홈통' 속에 놓여 있다고 제안했다. 이상하게도 상대적으로 모호한 이 주제에 관한 그의 글에는 칼루차-클라인에 대한 언급이 없었다. 러시아의 이론물리학자 발레리 루바코프와 미샤 샤포쉬니코프가 쓴 잘 알려지지 않은 논문에도 여분의 차원이 중력을 희석시키고 있다는 주장이 담겨 있다.

그리고 1986년에 케임브리지의 물리학자 개리 기본스와 데이비드 월트셔가 이 문제를 다시 다루었다. 그들은 4차원 멤브레인('브레인'이라는 이름을 붙이기 전에)이 고차원 우주 속에 포함되어 있다고 했다. 고차원 영역은 그다지 너그럽지 않아 주로 블랙홀로 이루어졌지만 우리가 살고 있는 4차원 구조는 생명체에게 적당하게 되어 있다는 것이다. 어쨌든 물리법칙은 우리가 관찰하는 모든 것들이 고차원에 골고루 퍼져 있는 것이 아니라 4차원 공간에 한정되도록 해야 한다. 그러나 케임브리지의 이론가들은 중력을 국소화하는 데 실패하고 크게 실망했다.

여러 해 뒤에 캐나다 워털루 대학의 천체물리학자 폴 웨슨은 모든 방향으로 똑같이 거대한 고전적인(양자적인 아닌) 5차원 이론을 발전시켰다. 통일 이론은 물질을 기하학을 통해 설명할 수 있어야 한다는 아인슈타인의 생각을 부활시킨 웨슨은 다섯번째 차원은 압축되어 있어야 한다는 조건을 제거하여 칼루차-클라인의 가설을 수정했다. 이것은 아인슈타인 방정식에 새로운 항을 추가하게 했는데 그는 이 항이 우주의 질량과 에너지의 양을 나타낸다고 했다. 웨슨은 그후 국제적인 '5차원 시공간 학회'를 결성하여 무한대의 여분 차원을 포함시켜 수정한 칼루차-클라인의 이론에 대한 토론을 증진시켰다.

이런 접근 방법들이 가지고 있는 공통점은 다른 차원은 그대로 두고 일부 차원만 압축하는 것은 자연의 동등성을 파괴하는 일이라는 생각이다. 왜 어떤 고속도로는 영원히 뻗어 있는데 어떤 고속도로는 둥글게 말려 있어야 하는가? 어떤 토목기사가 길이, 너비, 그리고 높이를 조절하여 무한대로 곧게 뻗어나가도록 하고 다른 차원은 작은 고리를 구성하도록 하겠는가?

한편 기본스가 지적했듯이 표준적인 칼루차-클라인의 압축된 차원 접근 방법은 무한대 크기의 여분 차원보다 장점이 있다. "최초의 모델이 좀더 완성된 형태이다. 그것은 정보를 제한한다. 반드지터 우주를 배경으로 하는 하나의 브레인은 특이점의 문제를 가지고 있다. 정보가 우주의 밖에서 올 수도 있다"라고 기본스는 말했다.[7]

기본스는 랜달-선드럼의 우주는 인과율을 어기게 될 것이라고 염려했다. 사건의 원인이 우리가 볼 수 있는 우주 밖에서 언제라도 일어날 수 있고 거의 어떤 일도 일어날 수 있다. 벌크와 브레인 사이의 알 수 없는 작용으로 수영장 안에 갑자기 상어가 만들어질 수도 있다. 우리가 언젠가 세상을 모두 이해할 수 있을 것이라는 생각은 매우 불확실한 것이 되었다. 기본스는 "나는 그것을 연못 안에 있는 조류를 어떤 사람이 언제라도 파괴할 수 있는 것과 마찬가지라고 생각한다"[8]라고 말했다.

랜달과 선드럼은 각자 다른 종류의 모델로 옮겨갔다. 열린 마음을 유지한 채 각자는 전통적인 압축 이론에서부터 브레인의 다른 배열에 이르기까지 다양한 접근 방법을 연구했다. 예를 들면 랜달은 우주를 기술하는 데 1-브레인이나 2-브레인 중 어느 것이 더 적당한지 확신하지 않고 있다.

"그것들은 다른 응용법을 가지고 있다. 나는 한 학생에게 4차원을 만들어내는 2-브레인 반드지터 공간을 연구하도록 하고 있다. 우리는 아직 어떤 이론이 최선인지 알아내려고 노력하는 중이다." 게임의 이 단계에서 그녀는 "우리는 가능한 것을 알고 싶을 뿐이다"[9]라고 말한다.

우주가 충돌할 때

폴 스타인하트는 우주론에서 오랫동안 지도적인 위치에 있었다. 그는 인플레이션 우주 모델을 발전시킨 사람으로 널리 알려져 있다. 인플레이션은 원시 빅뱅 이론에 추가된 것으로 우주의 진화 과정에서 짧은 시간 동안의 갑작스런 팽창 단계가 있었다는 것을 뜻한다. 그렇게 함으로써 왜 우주가 모든 방향에서 상대적으로 균일한가라는 오래된 문제를 해결하는 데 도움을 주었다. 공간이 빠른 속도로 팽창할 때 모든 흠집들이 사라지고 팬케이크처럼 평평하게 되었다는 것이다.

최근의 천문학적인 발견은 인플레이션 이론과 잘 맞는다. 우주배경복사의 분포를 조사한 WMAP와 같은 인공위성의 관측 결과는 어떤 일이 있었는지에 대한 이론의 일반적인 설명을 지지하고 있다. 이 이론에 대한 공로는 이 접근 방법의 다른 공동 발명자들인 앨런 구스, 안드레이 린데, 그리고 안드레아스 알브레히트에게 돌아갔다.

스타인하트도 이 이론의 성공을 마찬가지로 기뻐했지만 그는 하나의 특정한 모델에 의존하는 것이 위험하다고 느꼈다. "단 하나의 후보로 좁혀지면 그것은 바람직한 상태가 아니다. 두 개 또는 그 이상의 경쟁적인 모델을 가지고 있으면 이론에 대해 더 조심스럽게 생각하고 예측과 관측을 조심스럽게 하기 때문에 훨씬 좋다."[10]

이런 이유로 그는 펜실베이니아의 끈 이론가 버트 오브르트, 케임브리지의 닐 투록, 그리고 프린스턴의 저스틴 코우리와 함께 브레인 월드 시나리오에 근거를 둔 우주의 균일성을 설명하는 다른 접근 방법을 연구하기 시작했다. 브레인을 이용하여 그들은 인플레이션이 만들어내는 에너지 스펙트럼을 똑같이 나타내는 충돌 시나리오를 발전시켰다. 두 개의 브레인—그중 하나는 우리 우주를 나타내고 다른 것은 우리 쪽으로 향하고 있는 불량한 3-브레인이다—이 여분의 차원에서 충돌하게 된다. 이 우주적 대재앙이 일어나는 동안에 우리 브레인은 찌그러진 자동차처럼 온도가 올라가게 된다. 모든 여분의 에너지는 뜨거운 물질과 복사선으로 바뀌어 특이점이 필요 없는 빅뱅을 위한 초기 조건을 만들어낸다. 충돌하는 두 브레인은 평평하기 때문에 충돌의 부산물도 인플레이션의 경우처럼 기본적으로 균일하다. 놀랍게도 이때 만들어지는 우주배경복사는 인플레이션으로 만들어지는 우주배경복사와 비슷하다. 연구자들은 이 모델을 우주는 불을 통해 새로워진다는 그리스 스토아 철학의 믿음을 따라 에크파이로틱 우주Ekpyrotic Universe라고 이름 지었다.

순환우주Cyclic Universe라고 불리는 이와 관계된 제안에서 스타인하트와 투록은 두 브레인의 충돌이 어떻게 시작도 없고 끝도 없는 우주를 만들어낼 수 있는지에 대해 설명했다. 모든 것은 끝없는 창조와 파괴를 반복적으로 경험한다는 오래된 생각을 되살려 그들은 브레인 월드 시나리오가 처음 시간과 마지막 시간을 가정하지 않고도 현재의 천체물리학적 관측 결과들을 설명할 수 있다는 것을 보여주었다. 우리 브레인과 다른 브레인이 주기적인 상호작용으로 에너지가 넘쳐흘러 모든 존재하는 것을 쓸어버리고(아마도 블랙홀을 제외하고), 새로운 은하의 씨앗을 심는다는 것이다. 이 은하들은 수십억 년 동안 발전하여 다양한 형태의 생명체를 탄생시키지만 결국은 '대수축'Big Crunch의 재앙을 통해 모두 파괴된다. 이러한 과정은 계속 영원히 반복하여 일어난다. 저자들은 그들의 새로운 접근 방법이 빅뱅과 인플레이션에 대한 설명을 어느 정도 유지하면서 우주의 기원과 운명에 대한 철학적 문제를 줄여준다고 생각했다. 더구나 그들의 모델은 최근에 발견된 우주의 가속 팽창도 설명할 수 있었다.

에크파이로틱 우주와 순환우주에 대한 제안이 흥미롭고 전통적인 모델의 극적인 대안이기는 하지만 아직 많은 사람들의 지지를 받고 있지는 않다. 스타인하트와 그의 공동 연구자들은 우주론 학자들과 초끈 이론 연구자들이 그들의 제안에 대해 회의적이라는 것을 깨달았다. 그는 인플레이션의 다른 공동 개발자들이 브레인 월드 접근 방법을 심각한 대안으로 고려하는 것을 거절한 것에 크게 실망했다.

예를 들어 린데는 매우 의심스러워했다. 유명한 케임브리지의 이론가 스티븐 호킹의 60회 생일을 기념하는 회의에서 그는 두 제안을 하나하나 비판했다. 그는 브레인 월드가 설명하지 못하는 많은 것을 인플레이션은 설명할 수 있다고 지적했다. 그럼에도 불구하고 그것은 생일 축하 모임이었으므로 린데는 강의를 긍정적인 말로 끝냈다. 그는 자신이 알고 있는 한 최선의 대안을 발전시킨 데 대해 에크파이로틱 우주와 순환우주 모델의 제안자들에게 축하를 보냈다. 하지만 그는 인플레이션 모델이 가장 대담한 도전자도 물리칠 수 있다는 것을 증명했다.

그의 동료 우주론자들에 대한 그의 기대와는 대조적으로 스타인하트는 기본적인 끈 이론가들의 반응에는 덜 당황해했다. 그는 브레인에 근거한 우주론은 시기상조라는 그들의 생각을 이해했다. 그는 다음과 같이 설명했다.

끈 이론과 우주론에는 문제가 있었다. 끈 이론에서는 시간 의존적인 것을 다룰 수 없었다. 그들은 아직 그 지점에 도달해 있지 않았다. 그것들은 매우 다른 특징을 가지고 있는 두 분야이다. 우주론은 모든 이야기를 하나로 합치는 이론이고 끈 이론은 좀더 형식적인 수학 이론이다. 두 분야는 문화적으로도 맞지 않았다. 따라서 그들은 "예, 이것은 끈 이론과 모순이 없습니다"라고 말할 수 없기 때문에 그들 나름대로 회의적이다. 어느 정도의 불안감이 존재한다. 많은 관심, 하지만 어느 정도의 불안감.

랜달은 끈 이론가들의 동의를 얻기까지는 브레인 우주론이 가야 할 길이 많이 남아 있다는 생각에 동의했다. "그 이론들은 아직 충분히 개발되지 않았다."[11] 선드럼도 그런 생각을 가지고 있다. "거기에는 너무 많은 종과 휘슬, 그리고 비틀림과 회전이 있다. 누구나 더하고 빼서 원하는 결과를 얻어낼 수 있다."[12] 그럼에도 불구하고 그들은 언젠가 완전한 모델이 큰 것과 작은 것을 합칠 수 있게 되기를 희망하면서 끈 이론가들과 우주론 학자들 사이의 계속된 대화를 지시하고 있다.

시험대에 오르다

우주론은 고차원에 대한 가설을 시험할 수 있는 유일한 방법이다. 장이론이 옳은지를 확인해보는 전통적인 방법은 입자가속기를 이용하는 것이다. 연구자들은 쿼크와 경입자에 대한 개념과 표준 전약 모델을 포함한 여러 가지 20세기 이론을 확인하기 위해 그러한 '원자분쇄기'를 이용했다.

만약 초대칭 동반 입자들이 발견되면 그것은 초끈 이론, 초중력, 그리고 M-이론의 접근 방법을 크게 고무할 것이다. 이론가들은 대형 강입자 충돌기LHC라고 불리는 CERN의 거대한 새 가속기가 스쿼크, 셀렉트론, 그리고 뉴트랄리노와 같은 이론적으로 가정한 입자들을 만들어내기에 충분한 에너지를 내기를 바라고 있다. 2007년 완공을 목표로 하고 있는 LHC는 양성자 쌍을 14 TeV의 에너지로 부술 것이다. 이 에너지 밀도는 10억 개 건전지가 내는 에너지를 벼룩의 1조 분의 1의 크기에 집중시키는 것과 같다. 이 가속기에서는 길이가 약 25.6킬로미터나 되는 관 속을 빛의 속도에 가까운 속도로 반대 방향에서 달려온 입자들이 정면 충돌하여 많은 입자들을 만들어내게 된다. LHC는 현재 가동 중인 가장 강력한 가속기인 페르미 연구소의 테바트론보다도 큰 에너지를 낼 수 있다.

그러나 초대칭성의 실험적 증명은 여분의 차원의 존재를 증명하기에는 충분하지 않다. 4차원 모델과 마찬가지로 10차원, 그리고 11차원의 초대칭 모델이 있기 때문에 초대칭 입자의 발견은 그것들을 구별하는 충분한 자료가 되지 못할 것이다. 시간과 공간 너머에 있는 차원에 대한 명백한 증명은 다른 방법을 통해 이루어져야 한다.

여분 차원의 발견은 그들의 크기에 달려 있다. 플랑크 크기로 단단하게 말려 있는 원통은 간접적인 방법으로밖에는 측정할 방법이 없다. 이와는 대조적으로 아카니 하메드, 디모풀로스, 그리고 드발리가 제안한 것과 같이 커다란 여분의 차원은 조사하기가 훨씬 쉬울 것이다. 밀리미터 이하의 거리에서는 중력법칙에 분명한 모순이 생길 것이다. 만약 이론이 옳다면 이보다 작은 크기에서는 중력이 더 이상 거리 제곱에 반비례하지 않고 다른 비율로 떨어질 것이다. 실험물리학자들은 그러한 효과를 측정하려고 시도하고 있다.

2001년에 에외트 바쉬 연구팀은 밀리미터보다 작은 크기에서의 중력의 행동을 측정한 실험 결과를 발표했다. 에오트 바쉬 연구팀은 에릭 아델버거가 이끄는 워싱턴 대학의 연구팀이다. 이 연구팀의 이름은 유명한 헝가리 중력 물리학자의 이름의 발음을 따서 붙였다.

이 팀은 그들이 설계한 매우 정밀한 기구를 이용하여 중력법칙을 시험했다. 이 장치는 고리 모양의 알루미늄 진자가 천천히 회전하는 두 개의 구리판 위에 매달려 있다. 두 판 중 하나는 다른 판보다 약간 두꺼웠다. 만약 역제곱의 법칙이 옳다면 구리판들의 영향이 정확히 상쇄되도록 판들이 배치되었다. 그러나 밀리미터 정도의 작은 거리에서 다른 중력법칙이 성립된다면 진자가 토크를 받아 약간 틀어지기 시작하도록 되어 있었다.

처음에 연구자들은 신성한 중력법칙에 어긋나는 약간의 힘이 고리에 작용하는 것 같다고 보았다. 이 운동을 설명하려고 온갖 노력을 다했지만 설명할 수 없었다. 마침내 연구팀의 한 사람이 그 원인을 찾아냈다. 진자를 매달고 있던 시중에서 구입한 끈에 잘못된 설명이 붙어 있었던 것이다. 진자는 움직여야 할 만큼의 98퍼센트만 움직였다. 이것을 계산에 넣자 문제가 깨끗이 해결되었다. 거리 제곱에 반비례하는 중력법칙은 0.2밀리미터에서도 성립했다. 연구자들은 그들의 실험장치를 더 작은 거리에서 측정할 수 있도록 개량했다.

에외트 바쉬의 결과는 커다란 여분 차원의 지지자들에게 실망스런 것이었다. 뉴턴 법칙에 대한 이 연구팀의 정교한 확인은 가장 간단한 접근 방법 몇 가지를 제외시켰다. 그러나 디모풀로스가 지적했듯이 그의 모델이 아직 경쟁력이 있는지 여부를 판단하기에는 너무 이르다. 그는 "더 작은 길이에서의 실험이 곧 실시될 것이다"라고 말했다.[13]

콜로라도 대학의 존 프라이스와 조슈아 롱이 이끄는 차원을 찾아내려는 또 다른 연구팀은 중력의 차이를 알아내기 위해 다른 장치를 이용했다. 회전하는 원판을 이용하는 대신 그들은 1초당 천 번 진동하는 텅스텐으로 만든 떨림판을 이용했다. 정밀한 관측기기가 얻어낸 결과는 표준적인 중력법칙이 머리카락 두께의 두 배 정도인 0.1밀리미터 거리에서도 성립한다는 것을 보여주었다.

다른 연구자들은 빛의 속도와 중력의 속도 사이의 차이를 측정하려고 시도했다. 그런 차이가 발견된다면 그래비톤이 벌크의 지름길을 통해 이동한다는 것이 증명되는 것이었다. 그러나 그런 증거는 쉽게 찾아지지 않았다. 2003년에 미주리 대학의 세르게이 코페이킨과 버지니아에 있는 국립 전파천문학 관측소의 에드 포말론트는 두 속도 사이에 의미 있는 차이를 발견하지 못했다는 관측 결과를 발표했다.

그러나 여분의 차원이 압축되어 있다면 그것을 측정하기 위해서는 다른 방법이 필요하다(여기에서 '압축되었다'는 것은 꼭 작다는 뜻이 아니라 닫혀 있거나 둘러싸여 있다는 것을 뜻한다). 가속기에서 만들어지는 입자들에 하이젠베르크의 불확정성 원리를 적용하는 것이 한 방법이다. 그 개념을 적용하면 물리적으로 작은 공간에 한정된다는 것은 운동량은 넓은 범위의 가능성을 가진다는 뜻하는 것이 된다. 같은 사실이 여분 차원의 닫힌 루프 속에 한정된 경우에도 적용된다. 결과적으로 동굴을 통해 울리는 소리처럼 원래 입자가 공명하여 나타나는 고에너지 입자들의 스펙트럼이 있어야 한다. 이른바 이 칼루차-클라인의 모드들은 에너지가 질량과 관계된다는 아인슈타인의 법칙으로 원래보다 훨씬 무거워야 한다. 그들은 점점 무거워지는 입자들의 사다리로 이루어진 '상태의 탑'을 이룰 것이다. 연구자들은 가속기 자료에서 고차원 세계의 유령 같은 영향을 밝혀줄 확실한 증거를 찾아내기를 바라고 있다.

고차원을 찾아내는 연구에서 가장 뛰어난 두 사람의 전문가는 시카고 대학의 이론가 조지프 리켄과 실험물리학자 마리아 스피로풀루이다. 그들은 우리 브레인에서 벌크로 탈출하는 고에너지 그래비톤이 특정한 형태의 입자와의 충돌을 통해서 자신을 들어낼 것이라고 믿고 있다. 스피로풀루가 학회에서 이야기한 것처럼 "그래비톤은 가장 확실한 여분 차원의 탐침"[14]이다.

사라지는 그래비톤을 다른 영역으로 들어가기 전에 직접적으로 볼 수 있는 방법은 없다. 그러나 강력을 전달하는 보존인 글루온으로부터 나오는 강입자의 흐름에서 그들이 있었다는 증거를 찾을 수 있을 것이다. 이 강입자들은 사라지는 그대비톤의 이야기를 말해주는 방식으로 나타날 것이다. 검출기에 나타난 결과는 퍼즐의 잃어버린 조각에 대한 중요한 정보를 제공해줄 것이다.

2001년에 브라운 대학의 그렉 랜드베르크가 이끄는 연구팀은 4년 동안 테바트론에서 일어났던 6천만 번의 입자 충돌을 재조사했다. 산처럼 쌓인 고고학적 증거를 들춰내가면서 그들은 사라진 그래비톤의 흔적을 찾아보았다. 그들은 잃어버린 금을 찾지 못했다.

LHC가 가동을 시작하면 자연스럽게 실험물리학자들이 다양한 고차원 이론을 시험하기 위해 줄을 설 것이다. 존재하는 입자들의 칼루차-클라인 모드를 열심히 찾을 것이고, 사라진 그래비톤의 믿을 만한 흔적을 찾기 시작할 것이다. 그러는 동안에 초대칭 동반자의 자료를 찾으려고 노력할 것이며 오랫동안 찾아온 힉스 보존에 대한 증거에도 눈을 떼지 않을 것이다. 이루어질 모든 놀라운 발견으로 실험물리학에는 영광스런 시기가 될 것이다.

여분 차원의 감지

여분의 차원에 대한 물리학은 발전 중인 혁명이다. 만약 여분의 차원이 존재한다면
눈에 보이는 세상은 단지 한 조각에 불과할 것이다. 나머지는 숨어 있는 영역이다.

—조지프 리켄, 미국 물리학회 강의에서

차원 혁명

2003년에 열린 미국 물리학회에서 조지프 리켄은 칼루차-클라인 이론
과 브레인 월드 모델의 실험적 측면에 대해 '여분 차원의 신비'라는 제
목의 강의를 했다. 리켄은 이 주제를 대할 때의 전통적인 망설임에 대해
이야기하면서 연설을 시작했다. "제목을 보면 이 강의가 마치 일종의
정신적 현상을 다루는 것처럼 보인다. 그러나 나는 이것이 물리학에 대
한 이야기라는 것을 확실히 하고 싶다."[1]

실제로 실험물리학자들이 숨겨진 차원으로 향하는 출구를 발견하는
일에 자신의 시간을 투자하기 위해서는 많은 확신이 필요하다. 몇 년 전
에는 실험 논문에서 고차원에 대한 참고문헌을 찾는 것이 매우 힘들었

다. 그들의 시간을 검출기의 조립에 사용하거나 충돌 자료를 분석하는 데 사용하는 사람들은 이론물리학자들이 10차원, 11차원, 그리고 26차원 우주에 대해 이야기하는 것을 들으면서 웃음을 감출 수 없어한다. 그들은 킬킬대면서 그렇게 비현실적인 연구도 물리학이라고 할 수 있을까 하고 의아하게 생각한다. 그보다는 단순히 추상적인 철학이라고 하는 것이 나을 것 같다고 여긴다.

그런 시기에 칼루차-클라인 이론에 대한 논문을 주요 학술지에 제출하는 것은 러시안 룰렛과 마찬가지였다. 그런 논문은 그 주제를 정신 나간 사람들의 생각이라고 간주하는 심사자의 손에서 끝나버릴 것이다. 앨런 초도스는 다음과 같은 심사평을 전해 받은 것을 기억하고 있다. "이 여분 차원에 대한 어떤 것도 근거가 없다. 증명되기 전에는 이 논문은 게재될 수 없다."[2]

고차원에 대한 생각이 그러했으므로 이 주제를 연구하는 이론가들은 다시 한번 생각해보아야 했다. 처음에는 기내를 가지고 시작하지만 많은 사람들이 주류 쪽으로 방향을 전환하게 되었다. 양자화에 집중하기 위해 한동안 5차원 이론을 버렸던 클라인이나 그의 모델을 젖혀놓고 강의, 저술, 그리고 가족에 전념했던 칼루차에게도 그것은 진정 사실이었다. 아인슈타인이나 파울리와 같이 보수적인 사상가들은 때때로, 심지어는 해마다 태도가 흔들리기도 했다. 아인슈타인의 조수였던 베르크만과 바르크만은 쉽게 그 주제를 밀어놓고 그들 자신의 길을 갔다. 마음의 변화는 이 논쟁의 여지가 있는 접근 방법에 만연된 것 같았다.

초도스는 그의 공동 연구자 토마스 아펠퀴스트가 결국 고차원의 상자를 닫기로 결심했던 것을 기억하고 있다. "어느 시점에 그는 나와 함께 진행하던 일에서 손을 뗐다. 그는 '이제 충분하다. 나는 좀더 실질적인 물리학을 하고 싶다'라고 말했다. 그는 여러 편의 논문을 발표했고 공동으로 책을 쓰기도 했지만 이것들을 믿지 않게 되었다."[3]

이러한 오랫동안의 동요에도 불구하고 현대 끈 이론가들이 그들의 아이디어를 이 분야에 쏟아 붓도록 실험물리학자들을 설득하는 데 성공한 것은 대단한 일이었다. 그들은 부분적으로는 여분의 차원이 해결할 수 있는 모든 문제들을 지적함으로써 그 일을 해냈다. 여기에는 왜 중력이 다른 힘들보다 그렇게 작은가 하는 계층구조의 문제, 왜 우주가 특정한 비율로 가속되고 있는가와 관계된 우주상수와 암흑에너지의 문제, 중력을 어떻게 양자화하느냐 하는 문제, 그리고 자연의 통합 이론을 찾아내는 문제가 포함된다. 더구나 말다세나의 가설 덕분에 여분의 차원 모델은 양자색역학과 다른 표준적인 게이지 이론의 몇몇 어려움을 해결할 가능성도 있었다. 이런 오래된 문제들을 해결할 수 있을지도 모른다는 가능성은 M-이론과 여분의 차원을 심각하게 받아들이도록 하는 강력한 이유가 되었다.

만약 여분 차원의 가설을 시험할 수 있는 적당한 실험 방법이 제시되지 않는다면 이런 논쟁은 실험실 공간과 장비의 사용 시간을 확보해주지 못할 것이다. 다행스럽게 책상 위에서 가능한 실험에서부터 거대한 가속기 실험에 이르는 넓은 범위의 실험이 있다. 특히 LHC는 이들 문제의 일부를 해결해줄 것이다. 2000년대에 완전히 가동을 시작하면 어떤 비밀을 풀어낼지 누가 알 수 있을 것인가?

읽기, 쓰기 그리고 초공간

이 모든 것이 사실이라면 어떻게 될까? 만약 실험 결과를 통해 숨겨진 공간에 대한 칼루차, 클라인 그리고 그들의 후계자들의 생각이 옳다는 것이 밝혀진다면 어떻게 될까? 고차원이 물리학의 모든 면을 간단한 원리로 설명하는 데 필수적이라는 것이 밝혀졌다고 가정해보자. 이러한 중요한 발견이 우리 문화를 어떻게 바꿔놓을까? 특히 과학은 고차원은 신비스러운 것과 연관되어 있다고 믿고 있는 사람들에게 이러한 생각을 어떻게 전달할 수 있을까?

지구가 태양을 돌고 있다는 사실을 사람들이 믿도록 설득하는 데 몇 세대가 필요했다. 다윈이 진화론을 제안하고 150년이 지났지만 아직도 일부 사람들은 받아들이지 않고 있다. 어떤 이들은 아마 일정한 수준의 학교교육을 통해 우주에 대한 마지막 이론을 모든 사람들이 받아들일 수 있을 것이라고 희망한다. 그러나 우리의 감각이 한정되어 있기 때문에 이 주제를 이해할 수 있는 방법으로 설명하는 것은 대단한 교육적인 도전이 될 것이다.

19세기 후반에 리만, 케일리, 그리고 다른 사람들이 처음으로 고차원을 수학에 도입했던 것에서 교훈을 얻을 수 있을 것이다. 점차적으로 초공간에 대한 생각은 기하학적 모델, 강의, 수필, 그리고 이야기를 통해 사람들의 상상 속으로 스며들었다. 췰너나 접신론자들 같은 이들의 사이비과학적 설명과 경쟁하면서 고차원에 대한 어느 정도의 기본적인 생각이 적어도 과학적 소양이 있는 사람들로부터 인정받게 되었다. 점차로 이 새로운 개념이 미래파나 입체파의 예술적 표현에서도 발견되었고 이는 일반적인 관심을 이끌어냈다.

여러 해 동안 M-이론과 같은 10차원 또는 11차원 통일 모델은 도전 이상의 무엇이었다. 초입방체, 칼라비-야우 형태, 그리고 브레인과 끈의 이중성은 상상하는 것만으로도 어려운 일이었다. 만약 그러한 요소가 과학법칙에서 핵심적인 역할을 한다면 학생들에게 그런 구조를 이해시키기 위해서는 특별한 교육 기자재가 필요할 것이다. 전해지기로는 위튼은 그의 사무실 창문 밖을 내다보면서 그런 구조를 머릿속에 그릴 수 있다고 한다. 하지만 나머지 우리 평범한 사람들은 어떻게 하란 말인가?

아마 미래의 과학 교실은 초공간으로 빠져 들어가게 하는 가상 현실 시뮬레이터를 갖추어야 할 것이다. 사용자들은 고차원 물체의 영상을 다루고 그들이 어떻게 들어맞는지 이해하는 법을 배워야 할 것이다. 그런 방법으로 '고차원 감지법'을 어린이들에게도 가르칠 수 있을 것이다. 복잡한 기하학적 관계를 이해하도록 그들의 지능을 발전시킬 수도 있을 것이다. 외국어를 배우는 것처럼 새로운 세대는 초공간에 익숙해질지도 모른다.

불가능한 그림

다행스러운 것은 많은 시각적 컴퓨터 과학자들과 예술가들이 초공간 교육을 위한 기초를 닦기 시작했다는 것이다. 보강된 그래픽, 애니메이션, 입체영상, 그리고 다른 도구들을 이용하여 그들은 보는 것이 불가능한 것을 보게 하는 방법을 개발하고 있다. 새로운 기술로 무장한 힌턴처럼 그들의 목표는 고차원을 경험 세계로 불러들이는 것이다. 슬로모션 사진 기술이 자연의 다양한 면을 생생하게 보여줄 수 있었던 것과 비슷한 식이다.

이런 운동의 선구자들 중 한 사람이 브라운 대학의 토마스 밴초프이다. 그는 브라운 컴퓨터 그래픽 실험실에서 동료들과 함께 운동, 투영, 투시도를 이용해 고차원을 생활 속으로 가져오는 일을 개척하고 있다. 많은 학생들이 그와 일하면서 초공간 물체의 이상한 구조를 여러 가지 각도로 회전시켰을 때나 다른 평면으로 잘라냈을 때 어떻게 되는지 배우고 있다. 찰스 스트라우스와 함께 컴퓨터를 이용하여 만든 〈초입방체: 투영과 자르기〉를 포함해 그의 영화들은 여러 상을 받았다. 밴초프는 에드윈 애벗의 작품과 생애에 대한 연구로 인정받는 학자이기도 하다.

밴초프에게 큰 영향을 받은 예술가로 뉴욕에 근거를 둔 화가이며, 조각가이고, 건축가인 토니 로빈이 있다. 패턴 페인팅의 창시자인 로빈은 여러 가지 색깔의 기하학적 디자인으로 캔버스를 채우는 표현 방법을 찾아냈다. 초기에 그는 무늬를 넣은 천 위에 스프레이나 판화를 이용하여 작품을 만들었다.

그리고 로빈은 밴초프의 다차원 영상을 만나게 되었다. 그것은 중요한 순간이었다. 그는 그때부터 예술적 창작 속에서 고차원을 탐구하기로 했다. 그는 다음과 같이 기억한다. "사흘 밤 동안 나는 밴조쯔의 컴퓨터에서 본 초록색 스크린, 떨리는 기하학적 모양이 나타나는 꿈에서 깨어났다. 그 모양들이 내 마음속에 깊이 새겨진 것 같았다. 나는 4차원을 직접 보았다. 여기에 나의 야심을 채우는 데 필요한 비밀이 있었다."[4]

전문적인 프로그래머가 되기 위해 기술을 익힌 로빈은 가장 정교한 초공간의 그래픽 명령어들을 발전시켰다. 그는 이것을 3차원 형태를 고차원의 통일적 디자인 속에 배열하는 데 이용했다. 이 그래픽은 그대로 감상할 수도 있고 3차원 안경을 쓰고 감상할 수도 있다.

또 다른 현대 예술가이며 영화제작자인 피터 로즈는 공간화한 시간을 네번째 차원으로 가정했다. 〈충분히 멀리 볼 수 없는 사람〉과 같은 영화에서 그는 우리의 감각적 한계를 넘어서고, 직접 경험할 수 있는 것 너머에 있는 것을 추정하는 방법을 제안했다. 로즈는 시간지연과 다른 기술을 이용하여 과거, 현재, 미래를 만화경 같은 영상 속에 짜 넣고 시간축을 회전시켜 공간처럼 만들었다.

로즈는 가모브의 책 『하나 둘, 셋…… 무한대』와 다른 잘 알려진 공상과학소설들을 통해 처음으로 고차원에 대해 배웠다. 그는 냅킨 사이에서 수천 개의 시간이 지연된 영상을 본 초월적인 경험을 가지고 있었다. 그 경험이 그의 첫 다중영상 효과에 영향을 주었다.

로즈는 고차원에 대한 생각을 대중들에게 전달할 수 있는 가능성을 보았다. "복잡한 고차원 행동에 대한 시뮬레이션이 설득력을 얻을 즈음에 컴퓨터 애니메이션이 등장했다. 그러나 가장 직접적인 구애를 받은 것은 대중문화에서였다. 수많은 영화 중에서 〈스타 트렉〉은 시간, 인과성, 공간 등의 문제를 다루었다. 나는 대체로 많은 사람들이 수십 년 전만 해도 접근할 수 없었던 개념에 편안해졌다고 생각한다."[5]

실제로 하인라인과 도이치의 시대와 마찬가지로 공상과학소설은 우주의 구조에 대한 독특한 아이디어를 만들어내는 역할을 계속하고 있다. 오늘날 그런 분야에서 가장 상상력이 풍부한 두명의 작가인 루디 럭커와 이언 스튜어트는 대학의 수학 교수로 애벗과 캐롤의 전통 속에서 그들의 생각을 전달하는 별난 방법을 찾았다.

럭커는 많은 직함을 가지고 있는 사람이다. 어떤 사람들은 4차원의 역사에 대한 연구, 특히 이 주제에 대한 그의 책과 힌턴의 작품에 대한 그의 편저를 통해 그를 기억한다. 다른 사람들은 그를 세포 자동자

cellular automata라고 알려진 불연속적이고 자기 조직화된 복잡성 과학의 중요한 공헌자라고 본다. 반면에 어떤 사람들은 그를 자유로운 생활 방식과 이상한 헤어스타일, 그리고 컴퓨터 파일에 대한 전문 기술을 강조하는 사이버펑크 운동의 창시자라고 생각한다.

이 운동과 그가 '초현실주의'라고 부른 운동의 맥락에서 럭커는 다른 우주나 초공간을 다룬 많은 공상적인 이야기를 창조해 충성스런 추종자들을 얻었다. '럭커 우주'Ruckerverse의 시민 중에는 남자들을 유혹하는 육감적인 초공간의 원인 밥스, A. 스퀘어의 전통을 따라 고차원을 손에 넣은 3차원의 영웅 조 큐브가 있다.

밴초프와 로빈의 작품에 감명을 받은 럭커는 그의 학생들에게 자신들만의 다차원 시뮬레이션을 완성하도록 했다. 그는 공간 너머에 있는 세상을 통찰할 수 있는 마음의 능력을 강하게 믿었다. "두뇌는 믿을 수 없을 정도로 복잡한 메시지와 연결의 망이다. 두뇌를 구성하는 물질은 엄격하게 3차원적이지만 두뇌가 4차원적 구조의 정확한 모델이나 역학적 그림자를 만들지 못할 이유가 없다."[6]

초공간을 학문적으로 그리고 소설적으로 다룬 또 다른 작가이며 수학자는 워릭 대학의 이언 스튜어트 교수이다. 『사이언티픽 아메리카』의 정기적인 칼럼니스트이며 『새로운 과학자들』의 기고가인 스튜어트는 주석을 단 『평평한 세상』을 출판했다. 또 현대 다차원 이론들을 포함시켜 그 책의 후속편으로 『더 평평한 세상』을 썼다.

다른 많은 작가들도 성공적으로 현대 끈 이론과 초공간에 대한 예리한 통찰력을 대중적인 독자들에게 전달했다. 과학자 브라이언 그린, 미치오 카쿠, 그리고 클리퍼드 피코버가 쓴 최근의 작품은 이 주제를 명료하게 설명하고 있다. 마이클 더프도 11차원 M-이론의 용어들을 사용하게 된 10차원 끈 이론가가 등장하는 『평평한 세상』의 패러디를 써서 여기에 동참했다.[7] 만약 우주가 고차원의 만화경으로 밝혀진다면 '만물의 이론'을 이해하려고 노력한 독자들은 틀림없이 유리한 고지를 점령할 것이다.

내일의 기술

'마지막 이론'이라는 말에는 일단 그것이 발견되고 나면 모든 과학 활동이 멈추게 될 것 같은 실망스러운 무엇이 들어 있다. 모든 알려진 힘들의 통합 모델이 굉장한 성공이라고 하더라도 그것이 인간이 가지고 있는 의문의 끝은 아닐 것이다. 적어도 수세기 동안은 해설과 응용이 물리학자들의 월급을 정당화하기에 충분할 것이다.

만약 우리가 다중차원 우주에 살고 있다면 과학자가 시도해볼 만한 가능한 연구의 하나는 공간의 천을 통한 지름길을 발견하려고 시도하는 것이다. 이것은 우주의 한 부분과 다른 부분 사이의 빠른 통신과 빠른 통과를 가능하게 할 것이다. 먼 거리를 가로질러 빛보다 빠른 속도로 정보나 물질을 전달하는 것은 우주의 탐험에서 말로 표현할 수 없을 이익을 가져다줄 것이다.

분리되어 있는 공간 사이의 기하학적 연결은 1935년에 아인슈타인과 로젠에 의해 최초로 제안되었다. 아인슈타인-로젠의 다리 또는 웜홀이라고 알려진 이것은 두 개의 평평한 다양체를 굽어진 입구를 통해 연결한 것이다. 아인슈타인, 로젠 그리고 후에 휠러는 이것을 입자물리에 이용하려고 시도했다. 칼텍의 킵 손 같은 연구자들은 특별히 설계된 웜홀은 성간 여행에 이용될 수 있다고 생각한다. 만약 그것을 크고, 안전하고, 안정되게 만들 수 있다면 우주의 멀리 떨어진 부분 사이의 지하철과 같은 역할을 할 것이라고 상상할 수 있다.

여러 겹 우주 모델에 따르면 다른 종류의 연결이 가능하다. 우리 세상의 물질이나 전자기 복사선은 일종의 평평한 세상에 붙잡혀 있지만 그래비톤은 다른 겹으로 빠져나갈 수 있다. 따라서 중력만이 지름길을 이용할 수 있다.

우리 자신은 그런 길을 직접 이용할 수 없지만 우리는 그래비톤을 이용하여 에너지나 정보를 보낼 수 있을 것이다. 우리 브레인으로부터 다른 브레인으로 보냄으로써 이 입자들은 물리적 공간을 통한 긴 여행을 단축할 수 있다. 따라서 빛보다 빠른 통신이 가능할 것이다.

우리에게는 우선 믿을 수 있는 중력파 송신기와 수신기가 필요할 것이다. 메시지를 보내기 위해서 송신기는 벌크를 통해 이동할 수 있도록 중력신호를 변조해야 할 것이다. 그런 다음에 먼 곳에 있는 수신기는 중력파를 다시 읽을 수 있는 정보로 바꾸어야 할 것이다. 그러한 통신 체계를 이용하면 벌크를 통한 거리가 아주 멀지 않는 한 멀리 떨어져 있는 우주선과 교신할 수 있을 것이다.

현재의 기술 수준으로는 그러한 메커니즘은 먼 후일에나 가능한 일이다. 더구나 특정한 우주 모델이 옳다는 것이 밝혀진 후에나 가능하다. 그러나 물리학의 통일 이론의 미래 응용 가능성을 생각해보는 것은 즐거운 일이다. 적어도 그것은 '마지막 이론'이 과학적 의문의 마침표를 찍을지 모른다는 염려를 없애버릴 수 있을 것이다.

칼루차와 클라인의 유산

쾨니히스베르크의 다리에서부터 거대한 강입자 터널에 이르기까지, 그리고 앤아버의 거리로부터 그래비톤의 달아나는 샛길에 이르기까지 길고 이상한 여행이었다. 우리가 여행한 길이 구불구불한 길이었다면 그것은 우리가 여분 차원을 통해 난 뒤틀리고 휘어진 길을 따라왔기 때문이다.

무엇이 사람들로 하여금 익숙한 공간의 경계를 밀어놓고 그 너머를 생각하게 하는 것일까? 왜 우리는 감각경험과는 전혀 닮지 않은 이상한 시나리오를 생각하는 것일까? 일반적인 물리학의 모든 기회가 주어져 있는데 왜 특별한 무엇을 찾는 것일까?

아마 제한에 대한 인간의 반감 때문일지도 모른다. 우리는 지식의 경계 밖에 있는 것을 알고 싶어한다. "이 지점 이상은 들어오지 마시오"라는 말을 들으면 우리는 참을 수 없다. 만약 자연이 셋을 세면 우리는 넷, 다섯, 그리고 그 이상을 세고 싶어한다.

칼루차와 클라인에게 그것은 완전함에 대한 욕망이었다. 다섯번째 차원은 자연의 모든 하숙생을 받아들일 수 있는 여분의 공간을 제공했다. 중력은 아늑한 시공간에서 쉬고 있는 동안 왜 전자기는 밖에서 추위에 떨고 있어야 하는가? 좀더 확실한 어떤 것 안에서 살아갈 수 있는데 왜 양자 이론은 희미한 체계 속에서 살아가야 하는가?

오늘날 이론가들은 더 많은 본질적으로 다른 아이디어를 수용하려고 노력하고 있다. 그들은 전자기와 약력, 강한 상호작용의 아름다운 표현, 중력의 기하학적 모델—양자 이론 자체를 포함해서—을 모두 수용하고, 그들의 상대적인 세기를 설계에 모두 반영한 거대한 건물을 지을 수 있기를 바라고 있다. 그것은 암흑물질, 암흑에너지, 그리고 다른 신비스러운 요소까지 모두 포함할 수 있는 거대한 구조가 되어야 할 것이다. 이 탑이 하늘에 있는 새로운 차원의 구름에까지 도달할 수 있을까? 시간만이 우주의 숨겨진 구조를 밝혀줄 것이다.

감사의말

  우선 나는 이 책을 쓰는 데 필요한 자료와 시간을 마련해준 존 사이
먼 구겐하임 기념 재단의 폭넓은 지원에 감사드린다. 구겐하임 연구원
들이 쌓아온 과거와 현재의 뛰어난 업적들은 내가 이 책을 쓰는 동안 큰
도움이 되었다.

  이 책을 위해 많은 충고를 해준 제럴드 홀턴, 존 스타첼, 마틴 J. 클라
인 그리고 다니엘라 뷘쉬를 비롯한 뛰어난 과학사학자들의 도움에 대해
서도 깊이 감사드린다. 그리고 친절하게 여러 가지로 도와준 쥐르겐 렌
과 안 J. 콕스에게도 감사드린다. 아울러 수학사에 관한 필라델피아 지
역의 세미나를 통해 많은 도움을 받았음도 밝혀둔다. 이 세미나 참석자
들의 지적과 데이비드 지타렐리, 로버트 잔트첸, 폴 파슬스, 짐 바이힐
러 그리고 토마스 바르틀로우의 날카로운 비판이 내게 큰 도움이 되었
다. 나는 또한 나의 지도교수였으며 다양한 강의를 통해 과학의 역사에
생명을 불어넣은 막스 드레스덴에게 존경을 표한다.

  전설적인 물리학자 존 휠러를 만나 인터뷰 할 수 있었던 것은 커다란
기쁨이었다. 나는 휠러 교수의 친절과 통찰력에 감사드리고, 이 인터뷰
를 주선하고, 자신의 견해를 밝히기도 한 케네스 포드에게도 감사드린
다. 또한 브라이스 드비트, 개리 기본스, 폴 스타인하트, 라만 선드럼,

사바스 디모풀로스, 앨런 초도스, 리자 랜달, 클라우드 러브레이스 그리고 폴 웨슨과 같은 많은 뛰어난 물리학자들을 만나 토론할 수 있었는데 기꺼이 시간을 할애해준 이분들에게 깊은 감사를 드린다. 나는 또한 유용한 참고문헌을 제공해준 피터 반 뉴벤휴이첸에게도 감사드린다. 제프 하비는 흔쾌히 그의 풍자 노래를 인용하도록 허락해주었다. 아인슈타인과 관련된 인용에 대해서는 캘리포니아 공과대학의 아인슈타인 논문 프로젝트와 이스라엘 예루살렘에 있는 히브리 대학의 알베르트 아인슈타인 기록 보관소의 허락을 받았음을 밝혀둔다.

자신의 통찰력을 전해주고 오스카 클라인의 세계로 들어가는 창문을 제공하기 위해 많은 시간을 할애해준 스탠리 데저에게 특별히 감사드린다. 파리를 방문하는 동안 친절하게 대해주고 많은 조언을 해준 에콜 노르망 슈페리에의 베르나르드 줄리아와 유진 크레머에게도 깊은 감사를 드린다. 나는 또한 많은 제안과 지원을 아끼지 않은 천문학자 해리 십맨과 스티븐 딕 그리고 물리학자 디터 프로스터, 저스틴 바스케스 포리스에게도 감사드린다. 괴팅겐 대학의 수학자 사무엘 J. 패터슨과 마틴 크네서는 칼루차 시대의 괴팅겐 대학 수학과의 역사를 소상하게 설명해주었다. 정신과 의사인 존 스미티스는 차원과 마음에 대한 자료와 조언을 통해 큰 도움을 주었다. 대중 매체에 발표된 기사들과 고차원의 관계를 명확하게 설명해준 영화제작자 피터 로스에게도 감사드린다.

베르크만 가족은 이 책을 쓰는 동안 큰 도움을 주었다. 2002년 여름에 페터 베르크만과 대화할 기회를 가졌던 것은 특별한 즐거움이었다. 그의 죽음으로 물리학계는 뛰어난 학자이자 교육자 한 사람을 잃었다. 나는 아버지에 대한 많은 질문에 친절히 대답해준 어네스트 베르크만에게 감사드린다. 나는 또한 여러 가지 도움을 준 존 베르크만, 조슈아 골드베르크, 그리고 린다 진 오웬스(베르크만의 간병인)에게도 감사드린다. 상대성 이론에 대한 위대한 학자이며 페터 베르크만의 가장 가까운 친구 중의 한 사람이었던 엥겔베르트 슈킹 역시 나에게 많은 도움을 주었다.

나는 또한 친절하게 많은 것을 도와준 로버트 S. 콕스, 발레리-앤 루츠, 그리고 미국 철학회 원고 도서관의 직원들에게 감사드린다. 알베르트 아인슈타인의 서류 복사본을 검토할 수 있도록 도와준 마가렛 리치, 안나리 폴스를 비롯한 프린스턴 대학의 희귀 도서 및 특별 수집본 담당자들에게도 감사드린다. 펜실베이니아 대학 도서관, 템플 대학 도서관, 괴팅겐 대학 도서관, 케임브리지 대학 도서관 그리고 런던 문서보관소도 이 책을 쓰는 동안 많은 도움을 주었다. 에드윈 애벗의 유품들을 보여주고 학교를 둘러보도록 안내해준 런던 학교 도서관의 사서인 데이비드 로저에게도 깊은 감사를 드린다. 런던 학교의 수학 주임교사인 데이비드 마틴 역시 많은 도움을 주었다.

코펜하겐을 방문하는 동안 많은 친절을 베풀어주고 오스카 클라인의 논문들을 살펴볼 수 있도록 허락해준 펠리시티 포스와 핀 아서루드 그리고 닐스 보어 문서보관소의 직원들에게 깊이 감사드린다. 내가 라이덴에 있는 보어해브 박물관에서 파울 에렌페스트와 관련된 자료들을 조사할 때 친절하게 도와준 해리 리치버치에게도 감사드린다.

강의와 각종 위원회 일에서 벗어나 자유롭게 생산적인 연구년을 보낼 수 있도록 도와준 필립 제르비노, 바바라 바이른, C. 레이놀드 베렛, 찰스 기블리, 마가렛 카스초, 엘리자베스 브레시스토프, 알렌 미셔, 안토니 맥캐그, 존 마티노, 조셉 트레이너, 로버트 부그너, 스탠리 지츠를 비롯한 필라델피아 과학 대학 관계자 여러분들께도 감사를 드린다. 나는 또한 로이 롭슨, 데이비드 트락셀, 바바라 벤들, 데이비드 케릭, 살라 알사다리, 듀레이 사바파티, 타록 오로라, 핀 쿤리페, 에이미 킴척, 리아 바스, 그렉 만코, 버나드 브런너, 찰스 사무엘스, 로이 슈리프트만, 아나톨리 쿠르코프스키, 로버트 필드, 아라 데어 마르데로이시안을 비롯한 동료 교수들에게도 감사드린다. 뛰어난 학과 행정직원인 주디스 쿠친스키와 원격 대여를 담당하는 도서관 사서인 섀넌 스턴너에게도 깊이 감사드린다.

사진과 관련하여 많은 도움을 준 아르렌 르니 핀스톤과 도표에 관하여 많은 도움을 준 리치아트 그래픽스에게도 감사드린다.

나의 출판 대리인인 길스 앤더슨은 특히 많은 것을 도와주었고 격려해주었다. 존 와일리 앤드 선스의 편집자 에릭 넬슨을 비롯한 직원들로부터도 많은 도움을 받았음을 밝혀둔다.

마지막으로 가족과 친구들에게 깊은 감사의 말을 전하고 싶다. 내 부모님이신 스탠리와 버니스 그리고 처가의 조와 알린, 허브와 페기로부터도 많은 도움을 받았고, 리처드, 아니타, 앨런, 베스, 케네스를 비롯한 다른 가족들도 큰 도움이 되었다. 엘라나와 로이 루빗, 스코트 베제버그, 마르시 글릭스만, 도로시와 헬무트 푼케, 시모네 젤리치, 두그 부치홀츠, 린드세이 풀, 그렉 스미스, 도널드 버스키, 프레드 슈에퍼, 두브라프코 클라부카르, 미치와 웬디 칼츠, 프란 슈가르만, 그리고 미카엘 에를리히도 내게 친절한 많은 도움을 제공했다. 그러나 무엇보다도 나의 아내 펠리시아와 아들 엘리와 아덴의 사랑이 이 책을 쓰는 몇 년 동안 가장 큰 힘이 되었다.

인류는 아주 오랫동안 직접 관측하는 것이 사실을 확인하는 가장 확실한 방법이라고 생각해왔다. 따라서 인간의 감각을 통해 알게 된 자연의 모습이 자연의 '실제' 모습이라고 여겼다. 우리가 관측하고 경험하는 세상은 세 개의 공간 차원과 하나의 시간 차원으로 이루어진 4차원 시공간이다. 그러나 언젠가부터 인간은 우리가 경험하는 공간 밖에 또 다른 공간이 있을지도 모른다는 가능성을 생각하기 시작했다. 그리고는 많은 고차원 이론을 만들어냈다. 때로는 공상과학소설을 통해, 때로는 예술작품을 통해 고차원의 가능성을 이야기했다.

수학에서 고차원을 다루게 된 것은 어쩌면 당연한 일일 것이다. 수학은 고차원을 다루기에 가장 적절한 형식을 가지고 있기 때문이다. 그러나 관측된 자연을 대상으로 하는 물리학에서 고차원을 다루게 된 것은 분명 혁명적인 일이다. 물리학에서 고차원을 대상으로 삼는다는 것은 고차원의 존재를 전제로 하기 때문이다.

그렇다면 사람들은 왜 4차원 시공간만으로는 만족하지 못하는 것일까? 우리가 경험하는 4차원 이상의 고차원은 도대체 무엇을 의미하는 것일까? 5차원, 10차원, 11차원, 그리고 26차원은 왜 필요한 것일까? 우리가 관측하고 경험하는 세상은 실제로 우주의 아주 작은 부분에 지나지 않는 것일까?

이 책은 차원에 관한 이런 의문들의 해답을 탐색하는 의미 있는 책이다. 저자는 과학, 수학, 문학, 그리고 예술 분야에서 시도했던 노력을 포괄적으로 소개하고 있다. 이 책의 주요 내용은 칼루차와 클라인이 제안한 고차원에서의 중력과 전자기학의 통합 이론이 어떻게 현대 물리학의 끈 이론과 브레인 이론으로 발전해왔는지를 설명하는 것이다. 그러나 저자는 물리학 분야에서의 차원 이론에 한정하지 않고 수학과 문학 그리고 예술 분야에서 차원에 대한 생각이 어떻게 발전되어왔는지를 자세히 다루고 있다. 따라서 이 책은 '고차원 이론의 역사서'라고 할 수 있다.

인간이 4차원 시공간 이상의 고차원을 이해한다는 것은 쉬운 일이 아니다. 따라서 저자의 친절한 설명에도 불구하고 과학자들과 수학자들이 다루어온 고차원 이론을 쉽게 이해하기는 어렵다. 하지만 적어도 이 책을 통해 인류가 감각의 한계 너머에 있는 새로운 차원의 세계를 찾아내기 위해 얼마나 많은 노력을 기울여왔는지를 알 수 있을 것이다. 그들이 제안한 고차원의 실재 여부에 관계없이 그런 노력 자체를 높게 평가하지 않을 수 없는 것은 그런 노력이야말로 인간다움을 가장 잘 나타내기 때문일 것이다.

고차원 이론을 폭넓게 다룬 이 책을 번역하는 것은 특별한 즐거움이었다. 어떤 한 분야를 총체적으로 이해할 수 있는 기회가 주는 즐거움은 번역 작업의 번거로움을 상쇄하기에 충분했다. 일단 번역을 시작한 후 마지막 장을 번역할 때까지 책을 놓을 수 없었던 것은 이 책이 안내하는 새로운 세상이 주는 즐거움 때문이었다. 이런 즐거움을 함께 나눌 수 있는 기회를 제공하고 좋은 책을 만들기 위해 애쓴 지호출판사 편집진의 노고에 감사드린다.

| 주석 |

머리말_칼루차 - 클라인의 기적

1. Gary Gibbons, "Brane – Worlds," *Science* 287(January 7, 2000): 49.
2. Interview with Stanley Deser, Brandeis University, November 22, 2002.

1. 기하학의 힘

1. H.G. Wells, "Time Machine," in *Seven Science Fiction Novels of H. G. Wells*(New York: Dover, 1934), p. 4.
2. Diderot and Jean D'Alembert, *Encyclopédie ou Dictionnaire Raisonné des Sciences des Arts et des Métiers*, Vol. 4(Stuttgart: Friedrich Frommann, 1988), p. 1010.
3. R. C. Archibald, "Time as a Fourth Dimension," *Bulletin of the American Mathematical Society*(May 1914): 409~412
4. Immanuel Kant, "Thoughts on the True Estimation of Living Force," in *Kant's Inaugural Dissertation and Early Writings on Space*, trans. John Handyside(Chicago: Open Court, 1929), p. 13.

2. 초공간의 전망

1. Eric Temple Bell, *Men of Mathematics*(New York: Simon and Schuster, 1937), p. 221.
2. Ibid., p. 220.
3. Leonard Mlodinow, *Euclid's Window: The Story of Geometry from Parallel Lines to Hyperspace*(New York: Simon and Schuster, 2001), p. 119.
4. Bell, *Men of Mathematics*, p. 497.
5. David Wells, *The Penguin Book of Curious and Interesting Mathematics*(New

York: Penguin, 1997), p. 139.

6. Letter from J. J. Sylvester to Joseph Henry, April 12, 1846. Reprinted in Karen Hunger Parshall, *James Joseph Sylvester: Life and Work in Letters*(Oxford: Clarendon Press, 1998), p. 15.

7. James J. Sylvester, "A Plea for the Mathematician," *Nature* 1(December 30, 1869): 238.

8. 가우스의 책벌레 비유는 사토리우스 폰 발터샤우젠(Sartorius von Waltershausen)이 1856년에 쓴 가우스의 전기에 나온다. 수학자 헤르만 폰 헬름홀츠도 1870년의 대화에서 구의 표면에 사는 2차원적 존재에 대해 언급한 적이 있다.

9. Sylvester, "A Plea for the Mathematician," p. 238.

10. Ibid.

11. Claude Bragdon, *Four-Dimensional Vistas*(New York: Alfred A. Knopf, 1916), p. 38.

12. Helena P. Blavatsky, *The Secret Doctrine*, vol. 1(London: Theosophical Publishing Society, 1888), pp. 251~252.

13. C. W. Leadbeater, quoted in Alexander Horne, *Theosophy and the Fourth Dimension*(London: Theosophical Publishing Society, 1928), p. vii.

14. Charles Howard Hinton, *The Fourth Dimension*(London: Allen and Unwin, 1904), p. 207.

15. John Stegall, quoted in Thomas Hinde, *Carpenter's Children: The Story of the City of London School*(London: James and James, 1994), p. 66.

16. Edwin Abbott Abbott, *Flatland: Romance of Many Dimensions*(London: Seeley and Co., 1884), p. ii.

17. Rudy Rucker, *The Fourth Dimension*(Boston: Houghton Mifflin, 1984), p. 11.

18. Abbott, *Flatland*, p. ii.

19. Ibid.

20. James E. Beichler, "The Psi-ence Fiction of H.G. Wells," *YGGDRASIL: The Journal of Paraphysics*, http://ourworld.compuserve.com/homepages/Paraphys/psifi.htm, pp. 2~4.

21. S.(pseudonymous author), "Four−Dimensional Space," *Nature* 31(March 26, 1885): 481.

22. Bernard Bergonzi, *The Early H. G. Wells: A Study of the Scientific Romances*(Manchester, England: Manchester University Press, 1969), p. 3.

23. H. G. Wells, "The Plattner Story," in 28 *Science Fiction Stories of H. G. Wells*(New York: Dover, 1952), p. 444.

24. Wells, "Time Machine," p. 5.

25. Ibid., p. 4.

26. Simon Newcomb, "Modern Mathematical Thought," *Nature* 49(February 1, 1894): 328∼329.

3. 물리학자의 돌 : 전기, 자기 그리고 빛의 통합

1. James Clerk Maxwell, "Lines written under the conviction that it is not wise to read mathematics in November after one's fire is out," reprinted in Lewis Campbell and William Garnett, *The Life of James Clerk Maxwell*(London: Macmillan And Co., 1882).

2. James Clerk Maxwell, "Reported on Tait's lecture on force," reprinted in Campbell and Garnett, *The Life of James Clerk Maxwell*, p. 647.

3. James Clerk Maxwell, "A Paradoxical Ode," reprinted in Campbell and Garnett, *The Life of James Clerk Maxwell*, pp. 649∼650.

4. Albert Einstein, *Autobiographical Notes*, trans. and ed. Paul Arthur Schilpp, (La Salle, Ill.:Open Court, 1979), p. 49.

5. Peter Galison, "Minkowski's Space−Time: From Visual Thinking to the Absolute World," in *Historial Studies in the Physical Sciences*, vol. 10, ed. Russel McCormmach, Lewis Pyenson, and Roy Steven Turner(Baltimore: Johns Hopkins, 1979).

6. Henry Poincaré, "Science and Hypothesys," in *The Value of Science: Essential Writings of Henry Poincaré*, ed. Stephen Jan Gould(New York: Modern Library, 2001), p. 48.

7. Henry Poincaré, "Science and Method," in *The Value of Science*, p. 438.

8. Hermann Minkowski, address delivered at 80th Assembly of German Natural Scientists and Physicians, September 21, 1908.

9. Albert Einstein's Third Year Curriculum Performance Report, 1898~1899, in *The Collected Papers of Albert Einstein*, vol. 1, John Stachel, ed., and Anna Beck, trans.(Princeton, N.J.: Princeton University Press, 1995), p. 27.

10. Barry Parker, *Einstein's Dream: The Search for a Unified Theory of the Universe*(New York: Plenum, 1986), p. 31.

11. Einstein, *Autobiographical Notes*, p.15.

12. Abraham Pais, *Subtle Is the Lord: The Science and the Life of Albert Einstein*(New York: Oxford University Press, 1982), p. 152.

13. Dennis Overbye, *Einstein in Love*, p. 160.

14. Albert Einstein and Jakop Laub, "über die elektromagnetischen Grundgleichungen für bewegte Körper," *Annalen der Physik* 26(1908): 532 translated and quoted in John Stachel, *Einstein from "B" to "Z"* (Boston: Birkhäuser, 2002), p. 287.

15. Overbye, *Einstein in Love*, p. 287.

16. Letter from Albert Einstein to Arnold Sommerfeld, July 1910, in *The Collected Paper of Albert Einstein*, vol. 1, Robert Schulmann, ed., and Anna Beck, trans.(Princeton, N.J.:Princeton University Press, 1995), p. 157.

17. Albert Einstein, "The Theory of Relativity," lecture given at meeting of the Zurich Naturforschende Gesellschaft, January 16, 1911, in *The Collected Papers of Albert Einstein*, vol. 3, A. J. Kox, Martin J. Klein, and Robert Schulmann, eds., Anna Beck, trans.(Princeton, N.J.: Princeton University Press, 1993), p. 350.

18. Letter from Einstein to A. Kleiner, April 3, 1912.

19. Albert Einstein and Leopold Infeld, *The Evolution of Physics*(New York: Simon and Schuster), p. 207.

20. Interview with Gerald Holton, Harvard University, November 22, 2002.

21. Paul M. Laporte, "Cubism and Relativity (With Letter of Albert Einstein)," *Art Journal* 25(1966): 246.

4. 중 력 모 양 만 들 기

1. Stachel, *Einstein from "B" to "Z"* (Boston: Birkhäuser, 2002), p. 262.

2. Louis Kollross, "Albert Einstein en Suiss – Souvenirs," *Fünfzig Jahre Relativitätstheorie*(Bern, 11 ~ 16 July 1955), *Helvetica Physica Acta, Supplementum IV*(1956): 274~275.

3. Letter from Albert Einstein to C. Seelig, May 5, 1952, quoted in *Albrecht Fölsing, Albert Einstein, Ewald Osers, trans.*(New York: Penguin, 1997), p. 296.

4. Albert Einstein amd A. D. Fokker, "Die Nordströmsche Gravitationstheorie vom Standpunkt des absoluten Differentialkalküls," Annalen der Physik IV Folge, 44(1914).

5. Letter from Albert Einstein to Michele Besso, December 10, 1915, in Albert Einstein – Michele Besso, Correspondance, Pierre Speziali, ed.(Paris: Hermann, 1972), p. 59.

6. Interview with John Wheeler, Princeton University, November 5, 2002.

7. Eva Isaksson, "Gunnar Nordström: On Gravitation and Relativity"(paper presented at the X VIIth International Congress of the History of Science, University of California, Berkeley, August 1985).

8. Thomas Appelquist, Alan Chodos, and Peter Freund, *Modern Kaluza – Klein Theories*(Reading, Mass.: Addison – Wesley, 1987), p. 10.

9. Gunnar Nordström, "On the Possibility of Unification of the Electromagnetic and Gravitational Fields," *Phys. Zeitsch.* 15(1914): 504, trans. Peter Freund; in Appelquist, Chodos, and Freund, *Modern Kaluza – Klein Theories*, p. 52.

10. Ibid.

11. Paul Ehrenfest, Research Notebook, Museum Boerhaeve, Leiden.

12. Martin J. Klein, *Paul Ehrenfest: The Making of a Theoretical*

Physicist(London: North-Holland, 1970), p. 309.

13. Ibid.

14. Interview with John Stachel, Boston University, July 30, 2002.

15. Paul Ehrenfest, "In what way does it become manifest in the fundamental laws of physics that space has three dimension?" *Proceedings of the Royal Academy*(Amsterdam), 20(1917): 200~209.

16. Phone interview, Martin J. Klein, September 11, 2002.

17. Letter from Hermann Weyl to Albert Einstein, March 1, 1918, in *The Collected Papers of Albert Einstein*, vol. 8, Robert Schulmann and A. J. Kox, eds., and Ann Hentschel, trans.(Princeton, N.J.: Princeton University Press, 1995).

18. Letter from Albert Einstein to Hermann Weyl, March 8, 1918, in ibid.

19. Ibid.

20. Letter from Albert Einstein Hermann Weyl, April 8, 1918, in ibid., p. 522.

21. Letter from Albert Einstein Hermann Weyl, May 19, 1918, in ibid., p. 562.

22. Letter from Albert Einstein Hermann Weyl, November 29, 1918, in ibid., p. 699.

23. Letter from Albert Einstein Hermann Weyl, December 20, 1918, in ibid., p. 709.

5. 다섯번째 코드 치기 : 칼루차의 놀라운 발견

1. Daniela Wünsch, private communication, July 16, 2002.

2. Daniela Wünsch, "Theodor Kaluza: Leben und Werk(Life and Work)," vol. 1(Ph.d. diss., University of Stuttgart, 2000), p. 127.

3. Ibid., p. 24.

4. Ibid., p. 11.

5. Varadaraja V. Raman, "Theodor Kaluza," in Charles Gillespie, ed., *Dictionary of Scientific Biography*(New York: Scribner, 1970), p. 212.

6. Theodor Kaluza, Jr., *Erinnerungen(Remembrances)*, University of Hannover

Mathematics Department reprint(1990), p. 24.

7. Wünsch, "Theodor Kaluza," p. 70.

8. Ibid., p. 66.

9. Kaluza, *Erinnerungen*, p. 24.

10. Interview with Martin Kneser, Göttingen, January 8, 2003.

11. Varadaraja V. Raman, "Theodor Kaluza," in Gillespie, *Dictionary of Scientific Biography*, p. 212.

12. Kaluza, *Erinnerungen*, p. 24.

13. Ibid.

14. Daniela Wünsch, "Einstein, Kaluza and Fifth Dimension" (talk presented at the Sixth Conference on the History of General Relativity, Amsterdam, July 26 ~ 29, 2002).

15. Theodor Kaluza, Jr., interview on "Nova: What Einstein Never Knew," originally broadcast October 22, 1985.

16. Theodor Kaluza, "On the Unity Problem of Physics," trans. Peter Freund, T. Muta, and C. Hoensalaers, reprinted in Thomas Appelquist, Alan Chodos, and Peter Freund, *Modern Kaluza – Klein Theories*(Reading, Mass.: Addison – Wesley, 1987), p. 61.

17. Ibid., p. 62.

18. Letter from Albert Einstein to Theodor Kaluza, April 21, 1919, trans. C. Hoensalaers, in Venzo De Sabbata and Ernst Schmutzer, eds., *Unified Field Theories of more than four Dimensions*(Singapore: World Scientific, 1983), p. 449.

19. Letter from Albert Einstein to Theodor Kaluza, April 28, 1919, in ibid., p. 451.

20. Letter from Albert Einstein to Theodor Kaluza, October 14, 1921, in ibid., p. 451.

21. Kaluza, "On the Unity Problem of Physics," p. 68.

22. Letter from Albert Einstein to Hermann Weyl, June 6, 1922(Einstein Archives).

23. Letter from Albert Einstein to Paul Ehrenfest, August 18, 1925(Einstein

Archives).

24. Letter from Theodor Kaluza to Albert Einstein, February 6, 1925(Einstein Archives).

25. Letter from Albert Einstein to Theodor Kaluza, February 27, 1925 in *Unified Field Theories*, p. 457.

26. Letter from Albert Einstein to Karl Herzfeld, probably January 1927(Einstein Archives).

27. Postcard from Albert Einstein to Paul Ehrenfest, September 3, 1926(Einstein Archives).

6. 클라인의 양자 항해

1. Interview with Stanley Deser, Brandeis University, November 22, 2002.

2. Oskar Klein, "From My Life of Physics," reprinted in *Oskar Klein Memorial Letters*, vol. 1(Singapore: World Scientific, 1989), p. 106.

3. Interview with Stanley Deser, Brandeis University, 22, 2002.

4. Niels Bohr, quoted by Edward Teller in S. Rozental, ed., *Niels Bohr*(New York: Wiley, 1967), P.103.

5. Klein, "From My Life of Physics," p. 107.

6. Oskar Klein, interview with John L. Heilbron and Léon Rosenfeld, Copenhagen, February 20, 1963.

7. John Stachel, Einstein and 'Zweistein,' in John Stachel, *Einstein from "B" to "Z"*(Boston: Birkhäuser, 2002), p. 540.

8. Oskar Klein, *Kosmos* 37(1959): 9.

9. Abraham Pais, "Glimpses of Oskar Klein as Scientist and Thinker," in *Proceedings of the Oskar Klein Centenary Symposium*, Ulf Lindström, ed.(Singapore: World Scientific, 1995), p. 8.

10. Klein, interview with Heilbron and Rosenfeld.

11. Klein, "From My Life of Physics," p. 108.

12. Ibid., p. 111.

13. Klein, interview with Heilbron and Rosenfeld.

14. Abraham Pais, *Subtle Is the Lord: The Science and the Life of Albert Einstein*(New York: Oxford University Press, 1982), p. 332.

15. George Uhlenbeck, interview with Thomas S. Kuhn, Rockefeller Institute, April 5, 1962.

16. Letter from Paul Ehrenfest to Albert Einstein, August 26, 1926(Einstein Archives).

17. Werner Heisenberg, in Rozental, *Niels Bohr*, p. 103.

18. Letter from Albert Einstein to Max Born, December 4, 1926, in *Albert Einstein – Max Born, Briefwechsel(Correspondence)*, Max Born, ed.(Munich, 1969), p. 129.

19. Letter from Oskar Klein to Paul Ehrenfest, March 1930, Archives for the History of Quantum Physics.

20. Letter from Paul Ehrenfest to Oskar Klein, March 19, 1930.

21. Oskar Klein, "On Political Quantization," unpublished letter submitted to the *Journal of Jocular Physics*(1935; Niels Bohr Archives).

22. Oskar Klein, interview with Thomas S. Kuhn and John L. Heilbron, Copenhagen, July 16, 1963.

23. Ibid.

24. Ibid.

25. Letter from Heinrich Mandel to Oskar Klein, December 4, 1928(Niels Bohr Archives).

26. Abraham Pais, "Glimpses of Oskar Klein as Scientist and Thinker," in *Proceedings of the Oskar Klein Centenary Symposium*, p. 14.

7. 아인슈타인의 딜레마

1. Albrecht Fölsing, *Albert Einstein*, Ewald Osers, trans.(New York: Penguin, 1997), p. 637.

2. Letter from Albert Einstein to the Lebach family, January 16, 1931, ibid., p. 636.

3. Charles Chaplin, *My Autobiography*(New York: Simon and Schuster, 1964), p. 320.

4. Ibid., p. 252.

5. Ibid., p. 321.

6. Ibid.

7. Albert Einstein, "Isaac Newton," *Nature* 119(1927): 467; *Science* 65(1927): 347.

8. Fölsing, *Albert Einstein*, p. 637.

9. Letter from Albert Einstein to Niels Bohr, May 2, 1920, in Banesh Hoffman with Helen Dukas, *Albert Einstein : Creator and Rebel*(New York: Viking, 1972), p. 178.

10. Ibid.

11. Postcard from Albert Einstein to Michele Besso, May 1, 1926, in *Albert Einstein – Michele Besso, Correspondance*, Pierre Speziali, ed.(Paris: Hermann, 1972).

12. Letter from Albert Einstein to Vero and Bice Besso, March 21, 1955, in Fölsing, *Albert Einstein*, p. 741.

13. Letter from Albert Einstein to Paul Ehrenfest, January 11, 1927(Einstein Archives).

14. Ruth Moore, *Niels Bohr: The Man and the Scientist*(London: Hodder and Stoughten, 1967), p. 164.

15. W. Heisenberg, in *Niels Bohr: A Centenary Volume*, A. P. French and P. J. Kennedy, eds.(Cambridge, Mass.: Harvard University Press, 1985), pp. 170~171.

16. Letter from Albert Einstein to Paul Ehrenfest, January 21, 1928(Einstein Archives).

17. "Einstein Extends Relativity Theory," *New York Times*, January 11, 1929, p. 1.

18. "Einstein Distracted by Public Curiosity; Seeks Hiding Place," *New York Times*, February 4, 1929, p.1.

19. Letter from Richard Tolman to Paul Ehrenfest, January 27, 1931(Ehrenfest Archives).

20. Albert Einstein and Leopold Infeld, *The Evolution of Physics*(New York: Touchstone, 1967).P. 310.

21. Albert Einstein and Walther Mayer, "Einheitliche Theorie von Gravitation und Elektrizität[Unified Field Theory of Gravitation and Electricity]," *Sitzungsberichte der Preussischen Akademie der Wissenschaften zu Berlin*(1931), p. 541; in Fölsing, *Albert Einstein*, p. 648.

22. Wolfgang Pauli, review of *Ergebnisse der exakten Naturwissenschaften*, 10, Band, *die Naturwissenschaften* 20, pp. 186~187, in John Stachel, *Einstein from "B" to "Z"*(Boston: Birkhäuser, 2002), p. 544.

23. Letter from Albert Einstein to Wolfgang Pauli, January 22, 1932, in Abraham Pais, *Subtle Is the Lord: The Science and the Life of Albert Einstein*(New York: Oxford University Press, 1982), p. 347.

24. Fölsing, *Albert Einstein*, p. 649.

25. Letter from Albert Einstein to Abraham Flexner, July 30, 1932, in Pais, *Subtle Is the Lord.* p. 493.

26. Chaplin, *My Autobiography*, p. 322.

27. Interview with Gerald Holton, Harvard University, November 22, 2002.

28. Phone interview with Martin J. Klein, September 11, 2002.

29. Letter from Paul Ehrenfest to Richard Tolman, February 3, 1931(Archives for the History of Quantum Physics).

30. Phone interview with Martin J. Klein, September 11, 2002.

8. 진리가 망명하다 : 프린스턴에서의 연구

1. Letter from Oswald Veblen to Albert Einstein, October 28, 1931(Einstein Archives).

2. Banesh Hoffmann, interview with Albert Tucker, "The Princeton Mathematics Community in the 1930s," October 13, 1984, transcript no. 20.

3. Letter from Banesh Hoffmann to Albert Einstein, February 11, 1932(Einstein Archive).

4. Banesh Hoffmann, "Reminiscences," in *Albert Einstein: Historical and Cultural Perspectives*, Gerald Holton and Yehuda Elkana, eds.(Princeton, N.J.: Princeton University Press, 1982), p. 401.

5. Ernest Bergmann, personal communication, December 25, 2002.

6. Ibid.

7. Phone interview with Engelbert Schucking, December 9, 2002.

8. John R. Klauder, "Valentine Bargmann," *Biographical Memoirs*(Washington D.C.: National Academy Press, 1999), p. 38.

9. Letter from Peter Bergmann to Albert Einstein, March 14, 1936(Einstein Archives).

10. Letter from Max Bergmann to Albert Einstein, December 31, 1940(Max Bergmann Archives).

11. Jamie Sayen, *Einstein in America*(New York: Crown, 1985), p. 147.

12. Interview with John Wheeler, Princeton University, November 5, 2002.

13. Banesh Hoffmann, "Working with Einstein," in *Some Strangeness in Proportion: A Centennial Celebration to Honor the Achievements of Albert Einstein*, Harry Woolf, ed.(New York: Addison–Wesley, 1980), pp. 476~477.

14. Peter Bergmann, "Reminiscences," in Holton and Elkana, *Albert Einstein*, p. 398.

15. Phone interview with Peter Bergmann, June 27, 2002.

16. Valentine Bargmann, "Working with Einstein," in Woolf, *Some Strangeness in Proportion*, p. 488.

17. Nathan "Reminiscences," in ibid., p. 406.

18. Oskar Klein, interview with Thomas S. Kuhn and John L. Heilbron, Copenhagen, July 16, 1963.

19. Banesh Hoffmann, "Working with Einstein," p. 476.

20. Ibid., p. 476.

21. Peter Bergmann, *Introduction to the Theory of Relativity*(New York: Prentice－Hall, 1942), p. 477.

22. Albert Einstein and Peter Bergmann, "On a Generalization of Kaluza's Theory of Electricity," *Annals of Mathematic* 39(1938): 683.

23. Letter from Wolfgang Pauli to Albert Einstein, September 6, 1938, in Wolfgang Pauli, *Wissenschaftlicher Briefwechsel*(Scientific Correspondence), vol. 2, 1980～1939, A. Hermann, K. v. Meyenn, and V. F. Weisskopf, eds.(Berlin: Springer, 1985), p. 598.

24. Letter from Albert Einstein to Wolfgang Pauli, September 19, 1938, in ibid., p. 601.

25. Jeroen van Dongen, "Einstein and the Kaluza－Klein Particle," *Study in the Histroy and Philosophy of Modern Physics* 33(2002): 185.

26. Albert Einstein, Peter Bergmann, and Valentine Bargmann, "On the Five Dimensional Representation of Gravitation and Electricity," *Theodore von Kármán Anniversary Volume*(Pasadena: California Institute of Technology, 1941), pp. 224～225.

27. Letter from Léon Rosenfed to Friedrich Herneck, 1962, in F. Herneck, *Einstein und sein Weltbild*(Berlin: Buchverlag der Morgen, 1976), p. 280.

28. Robert P. Crease and Charles C. Mann, *The Second Creation*(New York: Collier Books, 1986), P. 169.

29. Letter from Peter Bergmann to Albert Einstein, August15, 1938(Einstein Archives).

9. 멋진 신세계 : 분열의 시대에 통일을 추구하다

1. Interview with Stanley Deser, Brandeis University, November 22, 2002.

2. Ibid.

3. Abdus Salam, "Nobel Prize Lecture," December 8, 1979.

4. David J. Gross, "Oskar Klein and Gauge Theory"(talk presented at the Oskar Klein Centenary Symposium, Stockholm, Sweden, 1994).

5. Interview with Stanley Deser, Brandeis University, November 22, 2002.

6. Letter from Albert Einstein to the president of the Bavarian Academy of Science, April 21, 1933, in Albert Einstein, *Ideas and Opinions*, Sonja Bargmann, trans.(New York: Bonanza Books, 1954), pp. 210~211.

7. Max Pinl and Lux Furtmüller, "Mathematicians Under Hitler." *Leo Baeck Yearbook*, Robert Weltsch, ed.(London: Secker and Warburg, 1973), p. 133.

8. Daniela Wünsch, "Theodor Kaluza: Leben und Werk(Life and Work)", vol. 2(PhD diss., University of Stuttgart, 2000), p. 57.

9. Ibid., pp. 59~61.

10. Ibid., pp. 72~74.

11. Theodor Kaluza and Georg Joos, *Höhere Mathematik für den Praktiker* (Leipzig: Barth, 1938).

12. Wünsch, "Theodor Kaluza," p. 75.

13. Ibid., p. 86.

14. Interview with Gerald Holton, Harvard University, November 22, 2002.

15. Letter from Albert Einstein to Vern O. Knudson, June 1, 1940(Einstein Archives).

16. Ernest Bergmann, personal communication, December 25, 2002.

17. Steven Weinburg, quoted in Dennis Overbye, "Obituary for Peter Bergmann," *New York Times*, October 23, 2002.

18. Lee Iacocca, *Iacocca: An Autobiography*(New York: Bantam, 1985), pp. 21~22.

19. Ernest Bergmann, personal communication, December 25, 2002.

20. Al Mclennan, "History of the Physics Department," Lehigh University, http://www.physics.lehigh.edu/resources/history/pdf.

21. John R. Klauder, "Valentine Bargmann," *Biographical Memoir*(Washington, D.C.: National Academy Press, 1999), p. 38.

22. Phone interview with Kenneth Ford, November 2002.

23. Engelbert Schucking, "Jordan, Pauli, Politics, Brecht, and a Variable

Gravitational Constant," *Physics Today*, October 1999, p. 26.

24. Interview with Stanley Deser, Brandeis University, November 22, 2002.

25. Ibid.

26. Abraham Pais, *Subtle Is the Lord: The Science and the Life of Albert Einstein*(New York: Oxford University Press, 1982), p. 350.

27. Abraham Pais, "Wolfgang Ernst Pauli," *The Genius of Science*(New York: Oxford University Press, 2000), p. 216.

28. Freeman Dyson, "Another Visit with Wolfgang Pauli," *Physics Today*, August 2001, p. 11.

29. John Stachel, "Einstein and 'Zweistein,'" in *Einstein from "B" to "Z"*(Boston: Birkhäuser, 2002), p. 545.

30. Karl von Meyenn and Engelbert Schucking, "Wolfgang Pauli," *Physics Today*, (February 2001): 43.

31. Albert Einstein and Wolfgang Pauli, "On the Non–Existence of Regular Stationary Solutions of Relativistic Field Equations," *Annals of Mathematics* (April 1943): 13.

32. Albert Einstein, *Autobiographical Notes*, Paul Arthur Schilpp, trans. and ed.(La Salle, Ill.: Open Court, 1949), p. 85.

33. Interview with John Wheeler, Princeton University, November 5, 2002.

34. Engelbert Schucking, "Jordan, Pauli, Politics, Brecht, and a Variable Gravitational Constant," *Physics Today*, October 1999, p. 27.

35. Ibid., p. 28.

36. Peter Bergmann, "Unified Field Theory with Fifteen Field Variable," *Annals of Mathematic* 49, no. 1(January 1948): 255.

37. Letter from Wolfgang Pauli to Pascual Jordan, March 23, 1948, reprinted in Wolfgang Pauli, *Wissenschaftlicher Briefwechsel(Scientific Correspondence)*, vol. 3, 1940~1949, A. Hermann, K. v. Meyenn and V. F. Weisskopf, eds.(Berlin: Springer, 1985), p. 516.

38. Letter from Pascual Jordan, Jr., to Daniela Wünsch, December 19, 1996,

reported in Wünsch, "Theodor Kaluza," vol. 2, p. 111.

39. Schucking, "Jordan, Pauli, Politic, Brecht," p. 28.

40. W. H. McCrea, "Jordan's Cosmology," *Nature* 172, no. 4366(July 4, 1953): 3~4.

41. Hans Reichenbach, *The Philosophy of Space and Time*(New York: Dover, 1957), pp. 281~282.

42. F. Rahaman, S. Chakraborty, N. Begum, M. Hossain, and M. Kalam, "A Study of Four and Higher-Dimensional Cosmological Models in Lyra Geometry," *Fizika B* 11(2002): 57.

43. Dieter von Reeken, personal communication, December 16, 2002.

44. Letter from Wolfgang Pauli to Pascual Jordan, March 5, 1952, reprinted in Wolfgang Pauli, *Wissenschaftlicher Briefwechsel*(Scientific Correspondence), vol. 4, part 1, 1950~1952, p. 568.

45. John R. Smythies, "Minds and Higher Dimensions," *Journal of the Society for psychical Research* 55, no. 812(1952).

46. John R. Smythies, personal communication, December 20, 2002.

47. John R. Smythies, "Space Time and Consciousness," *Journal of Consciousness Studies* 10, no 3(2003): 47~56.

48. H. P. Lovecraft, "The Dunwich Horror,"in *The Best of H. P. Lovecraft*(New York; Ballantine Books, 1982), p. 132.

49. Lovecraft, "Through the Gates of the Silver Key," *Weird Tales* 24, no. 1(July 1934): 60.

50. H. P. Lovecraft, "The Dreams in the Witch House," in *The Best of H. P. Lovecraft*, p. 297.

51. Madeleine L'Engle, *A Wrinkle in Time*(New York: Scholastic Books, 1962), p. 94.

10. 강력과 약력의 게이징

1. John Archibald Wheeler with Kenneth Ford, *Geons, Black Holes and*

Quantum Foam: A Life in Physics(New York: Norton, 1998), p. 168.

2. Robert P. Crease and Charles C. Mann, *The Second Creation*(New York: Collier Books, 1986), p. 138.

3. Hans Bethe, "Quantum Theory," *Reviews of Modern Physics* 71, no. 2(1999): S4.

4. Phone interview with Engelbert Schucking, December 9, 2002.

5. Joshua Goldberg, "Peter Bergmann"(talk presented at the American Physical Society, April 5, 2003).

6. Ernest Bergmann, personal communication, December 25, 2002.

7. Albert Einstein, reported to the National Science Foundation, April 18, 1954.

8. Jagdish Mehra and Kimball A. Milton, *Climbing the Mountain: The Scientific Biography of Julian Schwinger*(Oxford: Oxford University Press, 2000), p. 640.

9. Phone interview with Bryce DeWitt, December 4, 2002.

10. Ibid.

11. Interview with Stanley Deser, Brandeis University, November 22, 2002.

12. Ibid.

13. Interview with John *Wheeler, Princeton* University, November 5, 2002.

14. Albrecht Fölsing, *Albert Einstein*, Ewald Osers, trans.(New York: Penguin, 1997), pp. 739~740.

15. Daniela Wünsch, "Theodor Kaluza: Leben und Werk(Life and Work), vol. 2(PhD diss., University of Stuttgart, 2000), pp. 140~141.

16. Letter from Helen Dukas to Abraham Pais, April 30, 1955, quoted in Abraham Pais, *Subtle Is the Lord: The Science and the Life of Albert Einstein*(New York: Oxford University Press, 1982), p. 332.

17. Interview with Stanley Deser, Brandeis University, November 22, 2002.

18. Stanley Deser, "Oskar Klein: From His Life and Physics," in *Proceedings of the Oskar Klein Centenary Symposium*, Ulf Lindström, ed.(Singapore: World Scientific, 1995), p. 50.

19. Interview with Stanley Deser, Brandeis University, November 22, 2002.

20. S. Goudsmit, editorial, *Physical Review Letter* 3 no. 11(1959): 505.

21. Phone interview with Bryce DeWitt, December 4, 2002.

22. Ibid.

23. Lecture Notes by Bryce DeWitt, 1963, Les Housches Summer School, reprinted in Thomas Appelquist, Alan Chodos, and Peter Freund, *Modern Kaluza – Klein Theories*(Reading, Mass.: Addison – Wesley, 1987), p. 114.

24. Phone interview with Bryce DeWitt, December 4, 2002.

25. Interview with Stanley Deser, Brandeis University, November 22, 2002.

26. Deser, "Oskar Klein," p. 53.

27. Letter from Abdus Salam to Oskar Klein, January 18, 1965(Niels Bohr Archives).

28. Letter from Oskar Klein to Abdus Salam, June 12, 1969(Niels Bohr Archives).

29. Michael J. Duff, "A Tribute to Abdus Salam"(talk presented at the Workshop on Frontiers in Field Theory, Quantum Gravity and String Theory, Puri, India, December 12 ~ 21, 1996).

11. 끈에 묶인 초공간

1. Howard Georgi, quoted in Robert P. Crease and Charles C. Mann, *The Second Creation*(New York: Collier Books, 1986), p. 417.

2. Sheldon Glashow, interview on "Nova: What Einstein Never Knew," originally broadcast October 22, 1985.

3. Claud Lovelace, personal communication, July 17, 2003.

4. John H. Schwarz, "Reminiscences of Collaborations with Joël Scherk"(talk presented at Conférence anniversaire du LPT – ENS(2000), Caltech preprint, p. 5.

5. Claud Lovelace, personal communication, July 17, 2003.

6. Interview with Bernard Julia, ENS, Paris, January 13, 2003.

7. Interview with Eugene Cremmer, ENS, Paris, January 13, 2003.

8. "Edward Witten," *Brandeis Review*(Summer 1999): 26.

9. Interview with Bernard Julia, ENS, Paris, January 13, 2003.

10. Bermard Julia, personal communication, January 13, 2003.

11. Interview with Bernard Julia, ENS, Paris, January 13, 2003.

12. Interview with Stanley Deser, Brandeis University, November 22, 2002.

13. Interview with Bernard Julia, ENS, Paris, January 13, 2003.

14. Interview with Stanley Deser, Brandeis University, November 22, 2002.

15. Interview with Bernard Julia, ENS, Paris, January 13, 2003.

16. Interview with Stanley Deser, Brandeis University, November 22, 2002.

17. John H. Schwarz, "Reminiscences of Collaborations with Joël Scherk", p. 5.

18. Interview with Eugene Cremmer, ENS, Paris, January 13, 2003.

19. Michio Kaku, *Hyperspace: A Scientific Odyssey through Parallel Universes, Time Warps and the Tenth Dimension*(New York: Oxford University Press, 1994), pp. 104~105.

20. Phone interview with Alan Chodos, September 11, 2002.

21. Edward Witten, "Search for a Realistic Kaluza–Klein Theory," reprinted in Thomas Appelquist, Alan Chodos, and Peter Freund, *Modern Kaluza–Klein Theories*(Reading, Mass.: Addison–Wesley, 1987), p. 282.

22. Barry Parker, *The Search for a Supertheory; From Atoms to Superstrings*(New York: Plenum, 1987), p. 247.

23. Michael J. Duff, "A Layman's Guide to M–Theory"(talk presented at the Abdus Salam Memorial Meeting, ICTP, Trieste, Italy, November 1997).

24. Sheldon Glashow, in *Seventh Workshop on Grand Unification*, J. Arafune, ed.(Philadelphia: World Scientific, 1987), p. 548.

25. Richard Feynman, in *Superstrings: A Theory of Everything?* P. C. W. Davies and J. Brown eds.,(New York: Cambridge University Press, 1988) p. 193.

26. Albert Einstein, quoted by Peter G. Bergmann, "Quest for Unity: General Relativity and Unitary Field Theories," *in to Fulfill a Vision: Jerusalem Einstein Centennial Symposium on Gauge Theories and Unification of*

Physical Forces, Yuval Ne'eman, ed.(Reading, Mass.: Addison-Wesley, 1981), p. 20.

27. Michael J. Duff, "A Layman's Guide to M-Theory."

28. Ibid.

1 2 . 브레인 월드 그리고 평행우주

1. Kaey Davidson, "Parallel Universe Theory Not Just Sci-Fi," *San Francisco Examiner*, July 24, 2000, p, A1.

2. Savas Dimopoulos, personal communication, December 16, 2002.

3. Jefferey Harvey, quoted in George Johnson, "Almost in Awe, Physicists Ponder 'Ultimate' Theory," *New York Times*, September 22, 1998, p. D1.

4. Ibid.

5. Burt Ovrut, quoted in George Johnson, "A Passion for Physical Realms, Minute and Massive," *New York Times*, September 22, 1998, p. D1.

6. Phone interview with Raman Sundrum, December 3, 2002.

7. Interview with Gary Gibbons, Cambridge University, January 15, 2003.

8. Ibid.

9. Interview with Lisa Randall, Harvard University, November 22, 2002.

10. Interview with Paul Steinhardt, Princeton University, November 5, 2002.

11. Interview with Lisa Randall, Harvard University, November 22, 2002.

12. Phone interview with Raman Sundrum, December 3, 2002.

13. Savas Dimopoulos, personal communication, December 16, 2002.

14. Maria Spiropulu, "In Search of Extra Dimensions"(talk presented at the AAAS annual Meeting, Boston, February 17, 2002).

[결론] 여분 차원의 감지

1. Joseph Lykken, "Mysteries of Extra Dimensions"(talk presented at the American Physical Society Annual Meeting, Philadelphia, April 5, 2003).

2. Phone interview with Alan Chodos, September 11, 2002.

3. Ibid.

4. Tony Robbin, *Fourfield: Computers, Art and the Forth Dimension* (Boston: Bulfinch Press, 1992), p. 25.

5. Peter Rose, personal communication, December 15, 2002.

6. Rudy Rucker, foreword, in Robbin, *Fourfield*, p. 11.

7. Michael J. Duff, "The World in Eleven Dimensions: A Tribute to Oskar Klein," Oskar Klein Professorship Inaugural Lecture, University of Michigan, March 16, 2001.

(전문적인 저술은 *로 표시했다.)

Abott, Edwin Abbot. *Flatland: Romance of Many Dimensions*. London: Seeley and Co., 1884.

_____. *The Annotates Flatland*. Introduction and notes by Ian Stewart. Cambridge, Mass.: Perseus, 2002.

Appelquist, Thomas, Alan Chodos, and G. O. Peter Freund. *Modern Kaluza – Klein Theories*. New York : Addison – Wesley, 1987. 이 모음집에는 칼루차 – 클라인 이론에 대한 아주 중요한 논문들이 실려 있다. 다음의 기념비적인 논문들의 영역본도 이 책에 포함되어 있다.

*Kaluza, Theodor. "Zur Unitätsproblem der Physik." *Sitzungsberichte der Preussischen Akademie der Wissenschaften* 54(1921): 966~972.

*Klein, Oskar. "Quantentheorie und fündimensionale Relativitätstheorie." *Zeitschrift für Physik* 37(1926): 895.

Arkani –Hamed Nima, Dimopoulos Savas, and Dvali Georgi. "The Universe's Unseen Dimensions." *Scientific American* 283, no. 2(August 2000): 62~69.

Banchoff, Thomas F. *Beyond the Third Dimension: Geometry, Computer Graphics and Higher Dimension*. New York: Scientific American Library, 1990.

Barrow, John. "Dimensionality." *Philosophical Transactions of the Royal Society of Astronomy* 310(1983): 337~346.

Bell, Eric Temple. *Men of Mathematics*. New York: Simon and Schuster, 1937.

Bergmann, Peter. *Introduction to the Theory of Relativity*. New York: Prentice – Hall, 1942.

_____. *The Riddle of Gravitation.* New York: Charles Schribner's Sons, 1968.

Benola, Roberto. *Non – Euclidean Geometry: A Critical and Historial Study of Its Development.* Chicago: Open Court, 1912.

Boyer, Carl B. *A History of Mathematics.* New York: John Wiley & Sons, 1968.

Bragdon, Claude Fayette. *A Primer of Higher Space.* Rochester, N.Y.: Manas Press, 1913.

_____. *Four – Dimensional Vistas.* New York: Alfred A. Knopf, 1916.

*Cayley, Arthur. "Chapters in the Analytical Geometry of n Dimensions." *Cambridge Mathematical Journal*(1843).

*Chodos, Alan, and Steven Detweiler. "Where Has the Fifth Dimension Gone?" *Physical Review* D21(1980): 2167~2170.

Clark, Ronald W. *Einstein: The Life and Times.* New York: Avon Books, 1971.

Clifford, William Kingdom. "On the Space – Theory of Matter." *Proceeding on the Cambrige Philosophical Society* 2(1876): 157~158.

Crease, Robert P., and Charles C. Mann. *The Second Creation.* New York: Collier Books, 1986.

Davies, Paul. *Superforce: The Search for a Grand Unified Theory of Nature.* New York: Simon and Schuster, 1984.

Davies, Paul, and Julian Brown, eds. *Superstrings: The Theory of Everything?* Cambridge: Cambridge University Press, 1988.

*De Sabbata, Venzo, and Ernst Schmuzer, eds. *Unified Field Theory of More than Four Dimensions: Proceedings of the International School of Cosmology and Gravitation.* Singapore: World Scientific, 1983. 이 책에는 칼루차와 아인슈타인 간의 서신 교환 또한 담겨 있다.

Deutsch, A. J. "A Subway Named Möbius." *Astounding Science Fiction.* December 1950.

Duff, Michael J. "The Theory Formerly Known as Strings." *Scientific American* 2(February 1998): 64~68.

*Duff, Michael J., ed. *The World in Eleven Dimensions: Supergravity,*

Supermembranes and M−theory. Philadelphia: Institute of Physics, 1999.

Eddington, Arthur. *The Mathematical Theory of Relativity*. New York: Chelsea, 1924.

Ehrenfest, Paul. "In What Way Does It Become Manifest in the Fundamental Laws of Physics that Space Has Three dimension?" *Proceedings of the Royal Academy*(Amsterdam), 20(1917): 200~209.

Einstein, Albert. *Autobiographical Notes*. Paul Arthur Schilpp, ed. and trans. La Salle, Ill.: Open Court, 1979.

_____. *Ideas and Opinions*. Sonja Bargmann, trans. New York: Bonanza Books, 1954.

_____. *The Meaning of Relativity*. Princeton, N.J.: Princeton University Press, 1956.

*Einstein, Albert, and Peter Bergmann. "On a Generalization of Kaluza' s Theory of Electricity." *Annals of Mathematics* 39(1938): 683~701.

Fölsing, Albrecht. *Albert Einstein*. Ewald Osers, trans. New York: Penguin, 1997.

Galison, Peter. "Minkowski' s Spacetime: From Visual Thinking to the Absolute World." *Historical Studies in the Physical Science*, 10(1979): 85~121.

Gamow, George. *One Two Three······ Infinity*. New York: Viking, 1947.

Gardner, E. L. "The Fourth Dimension." *Theosophist*(October 1916): 53~63.

Gibbons, Gary. "Brane−Worlds." *Science* 287(January 7, 2000):49~50.

Goenner, Hubert. "Unified Field Theories: From Eddington and Einstein up to Now." In *Proceeding of the Sir Arthur Eddington Centenary Symposium*, vol. 1. Edited by V. de Sabbata and T. M. Karade. Singapore: World Scientific, 1984, pp. 176~196.

Golding, John. *Marcel Duchamp: The Bride Stripped Bare by Her Bachelors, Even*. New York: Viking Press, 1973.

Gray, Jeremy. *Ideas of Space*. Oxford: Oxford University Press, 1989.

Green, Michael. "Superstrings." *Scientific American*, September 1986.

Greene, Brian. *The Elegant Universe: Superstrings, Hidden Dimensions, and the*

Quest for the Ultimate Theory. New York: Vintage Books, 2000.

Halpern, Paul. *Cosmic Wormholes: The Search for Interstellar Shortcuts.* New York: Dutton, 1992.

_____. *The Pursuit of Prediction.* Cambridge, Mass.: Perseus, 2000.

_____. *Time Journeys: A Search for Cosmic Destiny and Meaning.* New York: McGraw–Hill, 1990.

Heinlein, Robert. "And He Built a Crooked House." *Astounding Science Fiction,* February 1941.

Henderson, Linda. *The Fourth Dimension and Non–Euclidean Geometry in Modern Art.* Princeton, N.J.: Princeton University Press, 1983.

Hinton, Charles. *An Episode of Flatland, or How a Plane Folk Discovered the Fourth Dimension.* London: Sonnenschein, 1907.

_____. *The Fourth Dimension.* New York: Arno Press, 1976.

_____. "What Is the Fourth Dimension?" Reprinted in *Speculation of the Fourth Dimension.: Selected Writings of Charles H. Hinton,* edited by Rudolf v. B. Rucker. New York: Dover, 1980, pp. 1~22.

Hoffman, Banesh. *Relativity and Its Roots.* New York: Scientific American Books, 1983.

Hoffman, Banesh, with Helen Dukas. *Albert Einstein: Creator and Rebel.* New York: Viking, 1972.

Holton, Gerald, and Yehuda Elkana, eds. *Albert Einstein: Historical and Cultural Perspectives.* Princeton, N.J.: Princeton University Press, 1982.

*Horava, Petr, and Edward Witten. "Eleven–Dimensional Supergravity on a Manifold with Boundary." *Nuclear Physics* B475(1996): 94~114.

Jammer, Max. *Concepts of Space: The History of Theories of Space in Physics.* Cambridge, Mass.: Harvard University Press, 1954.

Kaku, Michio. *Hyperspace: A Scientific Odyssey Through Parallel Universes, Time Warp, and the 10th Dimension.* New York: Doubleday, 1994.

Kant, Immanuel. *Critique of Pure Reason.* Translated by Norman Kemp Smith.

London: Macmillan, 1929.

Klein, Martin J. *Paul Ehrnefest: The Making of Theoretical Physicist.* London: North ─ Holland, 1970.

Klein, Oskar. "From a Life of Physics." In *From My Life of Physics.* Edited by Abdus Salam et al. Singapore: World Scientific, 1989.

Kline, Morris. *Mathematics in Western Culture.* New York: Oxford University Press, 1953.

Lanczos, Cornelius. *Space through the Ages: The Evolution of Geometrical Ideas from Pythagoras to Hilbert and Einstein.* New York: American Press, 1970.

Laporte, Paul M. "The Space ─ Time Concept in the Work of Picasso." *Magazine of Art* 41(January 1948): 26 ~ 32.

*Lee, H. C., ed. *An Introduction to Kaluza ─ Klein Theories.* Singapore: World Scientific, 1984.

L' Engle, Madeleine. *A Wrinkle in Time.* New York: Yearling Books, 1973.

Lovecraft, H. P. "The Dreams in the Witch House," In *The Best of H. P. Lovecraft.* New York; Ballantine Books, 1982.

Manning, Henry. *The Fourth Simply Explained.* New York: Peter Smith, 1941.

_____. *Geometry of Four Dimensions.* New York: Macmillian, 1914.

Mlodinow, Leonard. *Euclid's Window: The Story of Geometry from Parallel Lines to Hyperspace.* New York: Simon and Schuster, 2001.

Neville, Eric. *The Fourth Dimension.* Cambridge: Cambridge University Press, 1921.

Newcomb, Simon. "The Fairyland of Geometry." *Harper's Monthly* 104(January 1902): 249 ~ 252.

_____. "Modern Mathematical Thought." *Nature* 49(February 1, 1894): 325 ~ 329.

_____. "The Philosophy of Hyperspace." *Bulletin of the American Mathematical Society* 4(February 1898): 187 ~ 195.

Pais, Abraham. *Subtle Is the Lord: The Science and the Life of Albert Einstein.*

Oxford:: Oxford University Press, 1982.

Parker, Barry. *Einstein's Dream: The Search for a Unified Theory of the Universe.* New York, Plenum, 1986.

_____. *Search for a Supertheory: From Atoms to Superstrings.* New York: Plenum, 1987.

Pickover, Clifford. S*urfing through Hyperspace: Understanding Higher Universes in Six Easy Lessons.* New York: Oxford University Press, 1999.

Poincaré, Henry. *The Value of Science.* New York: Modern Library, 2001.

Putz, John F. "Going Out on a Limb: A Reading and Writing Course about the Fourth Dimension." *Primus* 11(2001):1 ~ 15.

*Randall, Lisa, and Raman Sundrum. "An Alternative to Compactification." *Physical Review Letters* 83(1999): 4690 ~ 4693.

Rashevsky, Nicholas P. "Is Time the Fourth Dimension?" *Scientific American* 131(December 1924): 400 ~ 402, 446.

Reichenbach, Hans. *The Philosophy of Space and Time.* Translated by Maria Reichenbach and John Freund. New York, Dover, 1957.

Reid, Constance. *Hilbert.* Berlin: Springer, 1970.

Richardson, John Adkins. *Modern Art and Scientific Thought.* Urbana: University of Illinois Press, 1971.

Riemann, Bernard. "On the Hypotheses Which Lie at the Bases of Geometry." William Kingdom Clifford, trans. *Nature* 8(May 1, 1873): 14 ~ 17.

Robbin, Tony. *Fourfield: Computer, Arts and the Fourth Dimension.* Boston: Bulfinch Press, 1992.

_____. "The New Art of Four – Dimensional Space: Spatial Complenity in Recent New York Work." *Artscribe*, no. 9(1977): 19 ~ 22.

Rucker, Rudy. *The Fourth Dimension.* Boston: Houghton Mifflin, 1984.

_____. *Geometry, Relativity and the Fourth Dimension.* New York: Dover, 1977.

Shlain, Leonard. *Art and Physics: Parallel Visions in Space, Time and Light.*

New York: William Morrow, 1991.

Smolin, Lee. *Three Road to Quantum Gravity*. New York: Basic Books, 2001.

Stachel, John. *Einstein from "B" to "Z."* Boston: Birkhäuser, 2002.

_____. "History of Relativity." In *Twentieth Century Physics*, vol. 1. Laurue Brown et al., eds. New York: American Institute of Physics Press, 1995.

Stringham, W. I. "Regular Figures in n – Dimensional Space." *American Journal of Mathematics* 3(1880): 1 ~ 12.

Sylvester, James Joseph. "Four – Dimensional Space." *Nature* 31(March 1885): 481.

Tegmark, Max. "On the Dimensionality of Spacetime." *Classical and Quantum Gravity* 14(1997): L69 ~ L75.

Van Nieuwenhuizen, Peter, and Damiel Z. Freedman. "The Hidden Dimensions of Spacetime." *Scientific American*, March 1985.

Van Oss, Rocine. "D'Alembert and the Fourth Dimension." *Historia Mathematica* 10(November 1983): 455 ~ 457.

*Vizgin, Vladimir. "The Geometrical Unified Field Theory Program." In *Einstein and the History of General Relativity*. Edited by Don Howard and John Stachel. Boston: Birkhäuser, 1989, pp. 300 ~ 314.

Weinberg, Steven. *Dream of a Final Theory: The Scientist's Search for the Ultimate Laws of Nature*. New York: Vintage, 1992.

Wells, H. G. "The Plattner Story." *New Review*(April 1896).

Wells, H. G. *The Time Machine, an Invention*. London: W. Heinemann, 1895.

Wesson, Paul S. *Space – Time – Matter: Modern Kaluza – Klein Theory*. Singapore: World Scientific, 1999.

Weyl, Hermann. *Space, Time, Matter*. New York: Dover, 1950.

Wheeler, John Archibald, with Kenneth Ford. *Geons, Black Holes and Quantum Foam: A Life in Physics*. New York: Norton, 1998.

Whitrow, G. J. "Why Physical Space has Three Dimensions." *British Journal for the Philosophy of Science* 6(1955): 13 ~ 31.

*Witten, Edward. "Search for a Realistic Kaluza –Klein Theory." *Nuclear Physics* B186(1981): 412~428.

Wünsch, Daniela. "Theodor Kaluza: Leben und Werk(Life and Work)," Ph.d. diss. University of Stuttgart, 2000.

Zöllner, Johann Carl Friedrich. "On Space of Four Dimensions." *Quarterly Journal of Science* 8(April 1878): 227~237.

| 찾아보기 |

그레이트 비욘드:
고차원, 평행우주 그리고 만물의 이론을 찾아서

초판 1쇄 인쇄일 | 2006년 12월 20일
초판 1쇄 발행일 | 2006년 12월 27일

지은이 | 폴 핼펀
옮긴이 | 곽영직

발행처 | 지호출판사
발행인 | 장인용
출판등록 | 1995년 1월 4일
등록번호 | 제10-1087호
주소 | 서울시 마포구 서교동 410-7 1층 121-840
전화 | 02-325-5170
팩시밀리 | 02-325-5177
이메일 | chihopub@yahoo.co.kr

표지 디자인 | 오필민
본문 디자인 | 이미연
편집 | 김희중
마케팅 | 전형세

종이 | 대림지업
인쇄 | 대원인쇄
라미네이팅 | 영민사
제본 | 경문제책

ISBN 89-5909-022-0